U0266138

本书获 中央高校基本科研业务费人文社科重大项目（2013RW037）

湖北省农业厅、湖北省农学会委托项目（13NXH01）　　　资助

湖北省高等学校教改项目（2011A06）

农业经济管理国家重点学科

农业与农村经济发展系列研究

# 多元化农业技术推广服务体系建设研究

陈新忠◎著

科学出版社

北　京

# 内 容 简 介

本书是一部从系统论出发，运用系统分析方法，论述土地流转加速、城乡一体化和科技服务一体化趋势下农业技术推广服务体系建设的专著。本书探讨了多元化农业技术推广服务体系的功能与建设原则、建设框架及运行机理，考察了国内外农业技术推广服务体系建设的演进历程，以湖北省为例分析了农业技术推广服务体系建设的成效、问题及其原因，借鉴国内外经验做法，提出了"一主多辅"多元化农技推广服务体系建设的构想及建议。

本书可供农业技术推广相关领域的研究人员、管理人员、科技工作者，农村科技服务人员及大专院校师生等阅读参考。

**图书在版编目(CIP)数据**

多元化农业技术推广服务体系建设研究 / 陈新忠著. —北京：科学出版社，2014

（农业与农村经济发展系列研究丛书）

ISBN 978-7-03-041515-8

Ⅰ. ①多… Ⅱ. ①陈… Ⅲ. ①农业科技推广–体系–研究–中国 Ⅳ. ①S3-33

中国版本图书馆 CIP 数据核字（2014）第 170323 号

责任编辑：林 剑 / 责任校对：朱光兰
责任印制：赵德静 / 封面设计：耕者工作室

**科 学 出 版 社** 出版
北京东黄城根北街 16 号
邮政编码：100717
http://www.sciencep.com

**中国科学院印刷厂** 印刷
科学出版社发行 各地新华书店经销

\*

2014 年 6 月第 一 版 开本：720×1000 1/16
2014 年 6 月第一次印刷 印张：19 1/2 插页：2
字数：391 000

**定价：120.00 元**
（如有印装质量问题，我社负责调换）

# 总　序

农业是国民经济中最重要的产业部门，其经济管理问题错综复杂。农业经济管理学科肩负着研究农业经济管理发展规律并寻求解决方略的责任和使命，在众多的学科中具有相对独立而特殊的作用和地位。

华中农业大学农业经济管理学科是国家重点学科，挂靠在华中农业大学经济管理学院和土地管理学院。长期以来，学科点坚持以学科建设为龙头，以人才培养为根本，以科学研究和服务于农业经济发展为己任，紧紧围绕农民、农业和农村发展中出现的重点、热点和难点问题开展理论与实践研究，21 世纪以来，先后承担完成国家自然科学基金项目 23 项，国家哲学社会科学基金项目 23 项，产出了一大批优秀的研究成果，获得省部级以上优秀科研成果奖励 35 项，丰富了我国农业经济理论，并为农业和农村经济发展作出了贡献。

近年来，学科点加大了资源整合力度，进一步凝练了学科方向，集中围绕"农业经济理论与政策"、"农产品贸易与营销"、"土地资源与经济"和"农业产业与农村发展"等研究领域开展了系统和深入的研究，尤其是将农业经济理论与农民、农业和农村实际紧密联系，开展跨学科交叉研究。依托挂靠在经济管理学院和土地管理学院的国家现代农业柑橘产业技术体系产业经济功能研究室、国家现代农业油菜产业技术体系产业经济功能研究室、国家现代农业大宗蔬菜产业技术体系产业经济功能研究室和国家现代农业食用菌产业技术体系产业经济功能研究室等四个国家现代农业产业技术体系产业经济功能研究室，形成了较为稳定的产业经济研究团队和研究特色。

为了更好地总结和展示我们在农业经济管理领域的研究成果，出版了这套农业经济管理国家重点学科《农业与农村经济发展系列研究》丛书。丛书当中既包含宏观经济政策分析的研究，也包含产业、企业、市场和区域等微观层面的研究。其中，一部分是国家自然科学基金和国家哲学社会科学基金项目的结题成果，一部分是区域经济或产业经济发展的研究报告，还有一部分是青年学者的理论探索，每一本著作都倾注了作者的心血。

本丛书的出版，一是希望能为本学科的发展奉献一份绵薄之力；二是希望求教于农业经济管理学科同行，以使本学科的研究更加规范；三是对作者辛勤工作的肯定，同时也是对关心和支持本学科发展的各级领导和同行的感谢。

李崇光

2010 年 4 月

# 前　言

　　农业技术（简称农技）推广是促进农业现代化的主要手段，是保障粮食安全的重要举措。改革开放 30 多年来，我国农业科技对农业增长的贡献率由"一五"时期不足 20% 提高到"十二五"初期的 53%，科技进步成为农业发展最重要的支撑。然而，其中关键的一环，农业技术推广"最后一公里"的问题并未得到根本解决。计划经济时代组建的农业技术推广体系虽然历经多次改革，仍未建立起与市场经济相适应的完善形式。据中国科学院中国现代化研究中心研究，我国农业水平与英美发达国家相差 100~150 年，农业现代化水平仅相当于发达国家的 1/3。在土地流转加速、城乡一体化和科技服务一体化的趋势下，我国农业技术推广服务体系面临着重构的机遇和挑战。为此，本书立足我国当前实际，以新修订的《中华人民共和国农业技术推广法》（简称《农业技术推广法》）为基本依据，力图构建一个面向未来的多元化农业技术推广服务体系。

　　目前对于农业技术推广体系的研究，国内学者借用西方理论和模型进行分析的多，结合本土实际进行创新的少，还未形成比较系统的理论；国外学者注重对客观现状的理论假设、理论印证和理论构建，虽然提出了一系列高度抽象的数理模型，但形式复杂，过分强调随机性，参数缺乏明显的解释力，实际应用大受影响，对农业技术推广与农民、农业、农村的互动机理探讨仍不系统、不深入。在研究对象上，我国学者大多以专职农业技术推广人员为主考察农业技术推广状况，很少对科研院所、农民专业合作社或涉农高等院校的农业技术推广人员进行跟踪调研以寻求变化规律，也没有从农村直接选取大量务农农民进行广泛调查以揭示内在机理；国外学者注重选取农业技术推广人员及其服务的农户对象进行研究，极少有人直接选取农村某区域的大量务农农民为对象进行农业技术推广与农村经济社会关系的专门研究。在研究内容上，我国学者侧重农业技术推广中的具体服务效益分析和服务性事业单位改革背景下的农业技术服务方式创新探讨，对区域和国家农业技术推广体系重构极少予以现实关注和建设性研究；国外学者研究农业技术推广人员或农户等个体行为的较多，研究某一区域或整个国家农业技术推广服务体系建设的较少。在研究目标和结论上，我国学者虽然在陈述问题的基础上提出了一些改进现状的设想，但是较少对某一地区多元农业技术推广主体进行全面调研分析，缺乏结合实际的区域性多元化农业技术推广服务体系建设的具体设计和政策建议，更没有从某一方面或角度为未来科技服务业主导背景下国家农业技术推广发展提出过整体性可行方略；国外学者注重在众多因素分析中澄清农业技术推广的关键问题，尽管提出了一些改进农业技术推广服务的建议和措施，但是并没有为区域或国家构建出较为系统的农业技术推广服务体系发展的具体策略。在研究视野和目的上，国内学者虽然开始认识到知识服务业背景下农业技术推广的问题和差距，但还没有以此为契机找到重构和发展农业技术推广服务体系的切入点和突破口；国外学者虽然开始面向知识服务业审视农业技术推广的地位和改变，但还没有思考清楚如何系统化地重构工农一体化农业技术推广服务体系。

本书紧紧围绕"多元化农业技术推广服务体系建设"这一主题，沿着"理论探讨—历史回溯—现状分析—经验借鉴—对策建议"的研究思路，在基本理论探讨、文献及实践的历史回溯、国内现状分析和国外经验借鉴的基础上，本书运用系统分析方法，将多元化农业技术推广服务体系看成一个既封闭又开放的有机系统，提出科技服务业兴起背景下我国多元化农业技术推广服务体系快速、健康、可持续发展的选择路径和实现策略。本书认为，我国及各地区应努力建设以政府公益性农业技术推广机构为主体、其他非政府农业技术推广组织为辅助的"一主多辅"多元化农业技术推广服务体系，不断拓展服务内容，改进服务方式，促进农业技术推广服务体系对现代农业和农村发展形成最优支撑，发挥最佳合力，实现最大促进。

农业技术推广服务体系建设是一项极其复杂的系统工程，无论学术研究还是实际建设都很难一蹴而就。本书只是在前人研究和实践基础之上提出了一些大胆设想和建议，仅供感兴趣的学者、师生和相关部门或组织的管理人员参考。笔者翘首以盼更多的学者关注和加入这一研究，也期待相关部门或组织的管理者加盟推动这一研究产出更多优秀成果！

陈新忠

2014 年 4 月 18 日

# 目　录

# 第 1 章
# 导　　论

农业是国民经济的基础，马克思认为"农业劳动是其他一切劳动得以独立存在的自然基础和前提"。21 世纪以来，中共中央、国务院连续 11 年将 1 号文件锁定在农村、农业和农民的发展上，足见对"三农"问题的重视。2003 年至今，虽然我国粮食产量连续 10 年增产，2013 年粮食总产量超过了 6 亿吨，达到 12 039 亿斤①，比 2012 年增产了 247 亿斤，比 2003 年增产了 3425 亿斤；农民收入连续 10 年增长，2013 年农民人均纯收入达到 8896 元，比 2012 年增加了 979 元，增长幅度扣除物价指数之后达到 9.3%；但是农业生产依旧存在诸多问题。我国农业的现代化水平还不高，国内农产品供给远不能满足人民的需求，粮食安全仍然存在巨大隐患。习近平同志指出，农业的出路在现代化，农业现代化的关键在科技进步；我们必须比以往任何时候都更加重视和依靠农业科技进步，走内涵式发展道路。作为农业科技转化为农业生产力的主要支撑和环节，农业科技推广对于实现农业现代化至关重要。在科学技术显著成为第一生产力的今天，国内外农业生产环境的变化迫切要求研究适应时代发展和未来趋势的农业技术推广服务体系并予以建设。

## 1.1　研究背景及缘起

任何一种体制都是特定背景下的产物，其存在都有一定的合理性。随着依附背景的转变，旧的体制将被新的体制所取代。农业技术推广服务体系也不例外，它是某一具体时代的产物，必将随着时代的迁移变化而不断健全完善。

### 1.1.1　研究背景

近年来，我国农业技术推广面临着"三变"的局面，处于"三困"的境

---

① 1 斤 = 500 克

地，亟须研究和改进。"三变"即农业技术推广的依据——《农业技术推广法》、农业技术推广的对象——农民、农业技术推广的环境——服务业都发生了重大变化;"三困"即与国外农业现代化水平差距的困境、与国内工业现代化水平差距的困境和农业基础地位稳而不牢的困境。

（1）新《农业技术推广法》的要求

1993 年 7 月 2 日，第八届全国人民代表大会常务委员会第二次会议通过了《中华人民共和国农业技术推广法》。时过近 20 年之后，2012 年 8 月 31 日第十一届全国人民代表大会常务委员会第二十八次会议通过了《关于修改〈中华人民共和国农业技术推广法〉的决定》（简称新《农业技术推广法》），并于 2013 年 1 月 1 日起施行。为做好新《农业技术推广法》的贯彻实施工作，农业部于 2013 年 1 月 4 日专门出台了《农业部关于贯彻实施〈中华人民共和国农业技术推广法〉的意见》（农科教发〔2013〕1 号）。

与旧法相比，新的《农业技术推广法》规定了政府农业技术推广的公益性和国家农业技术推广机构的公共服务性质，明确了多元化推广服务组织的法律地位。

对于政府农业技术推广机构及其行为的性质，新《农业技术推广法》进行了多次阐述和反复强调。第十一条规定，"各级国家农业技术推广机构属于公共服务机构，履行下列公益性职责：①各级人民政府确定的关键农业技术的引进、试验、示范；②植物病虫害、动物疫病及农业灾害的监测、预报和预防；③农产品生产过程中的检验、检测、监测咨询技术服务；④农业资源、森林资源、农业生态安全和农业投入品使用的监测服务；⑤水资源管理、防汛抗旱和农田水利建设技术服务；⑥农业公共信息和农业技术宣传教育、培训服务；⑦法律、法规规定的其他职责"。第十三条规定，"国家农业技术推广机构的人员编制应当根据所服务区域的种养规模、服务范围和工作任务等合理确定，保证公益性职责的履行"。第十五条规定，"对农民技术人员协助开展公益性农业技术推广活动，按照规定给予补助"；"农民技术人员经考核符合条件的，可以按照有关规定授予相应的技术职称，并发给证书"。第二十条规定，"国家引导农业科研单位和有关学校开展公益性农业技术推广服务"。第二十四条重申，"各级国家农业技术推广机构应当认真履行本法第十一条规定的公益性职责，向农业劳动者和农业生产经营组织推广农业技术，实行无偿服务"。第二十八条和第二十九条强调，"国家逐步提高对农业技术推广的投入，各级人民政府在财政预算内应当保障用于农业技术推广的资金，并按规定使该资金逐年增长"；"各级人民政府应当采取措施，保障和改善县、乡镇国家农业技术推广机构的专业技术人员的工作条件、生活条件和待遇，并按照国家规定给予补贴，保持国家农业技术推广队伍的稳定"。第三十条又强调，"各级人民政府应当采取措施，保障国家农业技术推广机构获得必需的试验示范场所、办公场所、推广和培训设施设备等工作条件"；"地方各级人民政府应当保障国家农业技术推广机构的试验示范场所、生产资料和其他财产不受侵害"。

对于农业技术推广体系，新《农业技术推广法》提出了分类管理的原则，并在多处明确了各种农业技术推广组织或形式并存的合法性。第四条规定，农业技术推广应当遵循"有利于农业、农村经济可持续发展和增加农民收入""公益性推广与经营性推广分类管理"等原则。第十条规定，"农业技术推广，实行国家农业技术推广机构与农业科研单位、有关学校、农民专业合作社、涉农企业、群众性科技组织、农民技术人员等相结合的推广体系"；"国家鼓励和支持供销合作社、其他企业事业单位、社会团体以及社会各界的科技人员，开展农业技术推广服务"。第十六条规定，"农业科研单位和有关学校应当适应农村经济建设发展的需要，开展农业技术开发和推广工作，加快先进技术在农业生产中的普及应用"；"农业科研单位和有关学校应当将其科技人员从事农业技术推广工作的实绩作为工作考核和职称评定的重要内容"。第十七条规定，"国家鼓励农场、林场、牧场、渔场、水利工程管理单位面向社会开展农业技术推广服务"。第十八条规定，"国家鼓励和支持发展农村专业技术协会等群众性科技组织，发挥其在农业技术推广中的作用"。第二十二条规定，"国家鼓励和支持农业劳动者和农业生产经营组织参与农业技术推广"。第二十五条规定，"国家鼓励和支持农民专业合作社、涉农企业，采取多种形式，为农民应用先进农业技术提供有关的技术服务"。第二十六条规定，"国家鼓励和支持以大宗农产品和优势特色农产品生产为重点的农业示范区建设，发挥示范区对农业技术推广的引领作用，促进农业产业化发展和现代农业建设"。第二十七条规定，"各级人民政府可以采取购买服务等方式，引导社会力量参与公益性农业技术推广服务"。

在原《农业技术推广法》的影响下，我国农业技术推广机构改革存在着公益性职责与经营性推广不分、盲目"减员减支"等误区，随意撤并农业技术推广机构、压缩编制、精简人员、削减经费的现象较为普遍，地方政府侵占、变卖农业技术推广设施和设备时有发生，农业技术推广体系建设出现了倒退局面。2012年4月24日，全国人民代表大会农业与农村委员会主任委员王云龙代表全国人民代表大会农业委员会作《农业技术推广法》修正案（草案）的说明时特别强调，确立国家农业技术推广机构的公益性定位是此次修改的重要内容，是总结正反两方面经验得出的结论（张媛，2012）。《农业部关于贯彻实施〈中华人民共和国农业技术推广法〉的意见》也指出，依法完善国家农业技术推广机构、创新农业技术推广运行机制、促进多元化农业技术服务组织发展是当前及今后相当长一段时期内农业工作的重中之重。面对新《农业技术推广法》的正确定位，重构新时期多元化农业技术推广服务体系以促进农业科技整体进步、推进我国农业现代化步伐显得尤为必要而迫切。

（2）农业经营主体发展变化的呼唤

新中国成立以来，我国农业经营主体经历了从农户到集体、从集体再到农户的转变，农业技术推广服务也相应地采取了不同的形式。新中国成立之初，中国共产党和中国政府将土地按人头分田到户，实行家庭经营。由于农业技术人员短缺，农业先进技术的推广主要依靠农村党政干部的上传下达和以身示范，以及家庭之间的口碑相传、影响帮带来完成。此后，在互助组、初级农业生产合作社和高级农业生产合作社的基础上，我国农村快速将土地、耕畜和大型农具等生产资料并归集体所有，于1958年进入集体化的人民公社时期。这一时期我国农业技术推广机构基本以公社为中心进行筹建和改革，主要为公社及其所属的各级集体服务。但是，由于众所周知的政治因素影响，期间大多农业技术推广机构被裁撤，大批农业技术推广人员流失。改革开放后，我国农村实行"家庭承包联产责任制"，一家一户又成为农业经营主体。围绕农户所需，我国逐步建立健全了以农业生产为中心的中央、省、市（地）、县、乡五级农业技术推广体制。

然而，在改革开放进程中，我国农民群体发生了巨大变化，务农农民人口显著减少，务工从商人员快速增长，农村农业面临着农村劳动力大规模转移与农业劳动力素质结构性下降的矛盾。据国家统计局（2013）抽样调查结果推算，2012年全国农民工总量达到26 261万人，比4年前增加3719万人，增长14.2%；2011年全国农民工总量为25 278万人，比上年增加1055万人，增长4.4%（表1-1）。随着农村劳动力转移速度加快，从事农业生产的劳动力总体呈结构性下降趋势。在年龄结构上，留乡务农的劳动力以老年人口居多，平均年龄49岁以上；在性别结构上，留乡务农的劳动力以妇女居多，65.8%的是女性；在文化结构上，留乡劳动力中高中以上文化程度的仅占8%左右，其中以农业为主的劳动力只有5%；在科技素质上，留乡劳动力懂得基本农业知识和技能的仅有30%左右，11.7%的劳动力根本不能正确处理养殖过程中最常见的问题（杨雄年，2008）。湖北省农业厅对部分村庄逐户调查发现，务农人员中60岁以上的占25%，小学文化和文盲占55%（杨伟鸣和程良友，2011）。农业部部长韩长赋（2011）在全国农业农村人才工作会议上指出，我国农业和农村人才总量不足，农村实用人才占农村劳动力的比重仅为1.6%；整体素质偏低，农村实用人才中受过中等及以上农业职业教育的比例不足4%；人才是强国的根本，农业农村人才是强农的根本；解决农业和农村现代化水平过低的问题，出路在科技，关键在人才，基础在教育。当前，人才匮乏已妨碍了农业和农村科技成果的产出质、农业技术推广人员的胜任力和农业劳动力对于新技术的接受力，成为农业和农村发展的致命"短板"（陈新忠，2013a）。

表 1-1  2008 ~ 2012 年全国农民工数量  单位：万人

| 年份 类别 | 2008 | 2009 | 2010 | 2011 | 2012 |
|---|---|---|---|---|---|
| 农民工总量 | 22 542 | 22 978 | 24 223 | 25 278 | 26 261 |
| 1. 外出农民工 | 14 041 | 14 533 | 15 335 | 15 863 | 16 336 |
| 住户中外出农民工 | 11 182 | 11 567 | 12 264 | 12 584 | 12 961 |
| 举家外出农民工 | 2 859 | 2 966 | 3 071 | 3 279 | 3 375 |
| 2. 本地农民工 | 8 501 | 8 445 | 8 888 | 9 415 | 9 925 |

资料来源：国家统计局 2013 年 5 月 27 日发布的《2012 年全国农民工监测调查报告》

面对农业经营主体正在向以农户为基础的"农户+集体"转变的态势，以及越来越多的农村青壮年劳动力进城务工、留乡劳动力日益老龄化和低素质的趋势，我国必须思考和解决未来靠谁种田、如何助推依托科技发展现代农业建设新农村的严峻问题。中国农业科学院农业经济与发展研究所研究员、《经济之声》特约评论员胡定寰认为，我国农业种植规模太小，正式从事农业种植的都是老年人，文化程度比较低的人，而发达国家从事农业的大都是年轻人，知识化的人，这正是我们国家与发达国家的根本差异。我国农业要赶上发达国家，关键要在制度上进行改革，让年轻的、知识化的、有管理能力的人进行大面积种植（陈新忠，2013c）。全国政协委员、河南绿色中原集团董事长宋丰强调研认为，我国目前每百亩①耕地平均拥有科技人员仅 0.0491 人，每百名农业劳动者中只有科技人员 0.023 人；而发达国家每百亩耕地平均拥有 1 名农业技术员，农业从业人口中接受过正规高等农业教育的达到 45% ~ 65%，差距非常显著（郭嘉，2011）。全国人民代表大会常务委员会委员、华中农业大学校长邓秀新（2012）认为，大量农村人口流向城市，从事农业生产的人口缺乏新陈代谢，给农业科技的推广和农业生产效率的提高造成掣肘；随着农业基础设施的不断改善、农业机械化率的不断提升以及农业生产的集约化发展，农民应该向专业化、职业化发展，这就需要"培养出'农业工人'才能适应现代农业发展的需要"。韩长赋部长在 2012 年全国农业科技教育工作会议上指

---

① 1 亩≈666.67 平方米。

出，为了解决将来"谁来种地"问题，必须加快转变农业发展方式，大力发展农业教育，着力培养新型职业农民，"关键是培养适应现代农业需要的职业农民"；"如果今后我国有一亿专业技能和经营能力比较高的职业农民，农业现代化必将呈现一片新面貌"（韩长赋，2012）。在农业经营主体快速转变的现实状况下，怎样改进服务以促进新型农业经营主体成长为我国农业和农村现代化建设的生力军是当前农业科技推广面临的重大课题。

（3）科技服务业蓬勃兴起的冲击

科技服务业是指运用现代科技知识、现代技术和分析研究方法，以及经验、信息等要素向社会提供智力服务的新兴产业，包括科学研究、专业技术服务、技术推广、科技信息交流、科技培训、技术咨询、技术孵化、技术市场、知识产权服务、科技评估和科技鉴证等活动。科技服务业是现代服务业的重要组成部分，是推动产业结构升级优化的关键产业。在我国，科技服务业是随着科学技术高速发展、科技成果快速产业化而涌现出的新兴产业，从属于第三产业。1992年国家科学技术委员会首次提出"科技服务业"的概念，2005年国家设立了"科技服务业统计"。

科技服务业在我国科技应用水平较高的城市和地区发展迅速，并呈蔓延之势。香港科技服务业机构数量多，2004年已达19 248个，2008年达到21 864个，年均增长3.24%；科技服务业从业人员充裕，2004年有116 550人，2008达到137 666人，年均增长4.25%。截至2007年年底，香港科技服务业主体产业增加值已达607亿港元，占香港GDP的3.8%。香港科技服务业不仅产业规模大，而且增长较快。在主体行业增加值增速放缓的背景下，2004～2007年香港科技服务业主体行业增加值增长率仍旧保持在6%以上，2007年甚至高达13.04%；香港科技服务业主体行业增加值的增长弹性系数除2006年略低于1外，其余年份都超过1，2004年高达1.96。香港科技服务业的增长速度远远超过GDP的增长速度，对GDP的贡献率一直维持在3.5%以上，2004年甚至接近7%（陈岩峰等，2010）。北京市第三产业发展势头猛进，其产值在"十一五"之初就占据了总产值的70%以上，率先在全国建立了以服务业为主导的产业结构。2010年，北京市服务业规模达10 600.8亿元，突破万亿元大关，占经济总量的75.11%，比"十五"末期翻了一番多；三次产业结构由2006年的1.1∶27.0∶71.9变为2010年的0.9∶24.1∶75。这表明，第三产业对经济的拉动作用已经超过传统的第一产业和第二产业，服务业已成为支撑经济发展、优化产业结构、保障充分就业、提升生活品质的主导产业，在北京市经济社会全面协调可持续发展中占据重要地位。北京市在产业结构方面基本达到了发达国家平均水平，预计到"十二五"末期，服务业占全市经济总量的比重将超过78%。在北京市第三产业中，虽然传统服务业在总数上依旧保持较大的比较优势，但是科技服务业同金融业、现代物流业等现代科技服务型产业已成为最具活力的产业（韩鲁南等，2013）。除了香港、北京之外，广东、江苏、上海等地区科技服务业的发展形势也较为良好。

科技服务业集研发、试验、示范、推广等为一体，通过研发活动获得科学发现、技术发明或技术创新的新技术成果，通过应用、推广、扩散科学技术成果为国民经济、社会发展和科学技术本身发展提供服务。科技服务业的兴起对各种甚至各项科技服务的范围、内容、形式、时效、质量等都提出了更高的期望和要求，尤其给农业科技服务带来了巨大的挑战和机遇。当前，我国"三农"形势仍然十分严峻，农村家庭"空巢"现象较为普遍，外出务工人数快速增长而农业新型经营主体还未成熟起来，国家粮食安全问题日益突出。科技服务业的发展冲击着传统农业科技服务的发展，不少学者开始审视农业科技服务的现状和问题，试图重构和发展农业科技服务体系，以提升我国农业科技服务的水平和能力，推进农业现代化步伐。

（4）强化农业基础地位的期待

早在160多年前，马克思和恩格斯就指出，"我们首先应当确定一切人类生存的第一个前提也就是一切历史的第一个前提，这个前提就是：人们为了能够'创造历史'，必须能够生活。但是为了生活，首先就需要衣、食、住以及其他东西。因此第一个历史活动就是生产这些需要的资料，即生产物质生活本身"。1844年，马克思就认识到，"劳动起初只作为农业劳动出现，然后才作为一般劳动得到承认"。1884年，恩格斯进一步指出，"农业是整个古代世界的决定性的生产部门，现在它更是这样了"。我国自古就高度重视农业生产，认为"王事唯农是务，无有求利于其官，以干农功"；"民之大事在农，上帝之粢盛于是乎出，民之蕃庶于是乎生，事之供给于是乎在"（左丘明，1995），只有重视农业，才能确保国家长治久安。当前，尽管农业依然关乎国家稳定、黎民生存，自中央到地方各级政府都将农业放在首位，但农业的基础地位在明显下降却是不争的事实。

首先，农业产值比重持续减小，增长速度缓慢。1952年，我国农业产值为342.9亿元，占国内生产总值的50.5%（国家统计局，2000）；这一比重在30年后的1982年下降至33.3%（国家统计局，2011），在60年后的2012年下降至10.1%（国家统计局，2013）（表1-2）。以2012年为例，该年度国内生产总值为519 322亿元，比上年增长7.8%。其中，第二产业增加值达235 319亿元，增长8.1%；第三产业增加值为231 626亿元，也增长8.1%；第一产业增加值仅有52 377亿元，只增长了4.5%。在国内生产总值的三大产业比重中，第一产业增加值仅占 10.1%，第二产业增加值占 45.3%，第三产业增加值占 44.6%（国家统计局，2013）。

表 1-2　1952～2012 年三大产业产值及其比重

| 年份 | 国内生产总值/亿元 | 第一产业 | | 第二产业 | | 第三产业 | |
|---|---|---|---|---|---|---|---|
| | | 产值/亿元 | 比重/% | 产值/亿元 | 比重/% | 产值/亿元 | 比重/% |
| 1952 | 679.0 | 342.9 | 50.5 | 141.8 | 20.9 | 194.3 | 28.6 |
| 1982 | 5 294.7 | 1 761.6 | 33.3 | 2 383.0 | 45.0 | 1 150.1 | 21.7 |
| 2002 | 120 332.7 | 16 537.0 | 13.7 | 53 896.8 | 44.8 | 49 898.9 | 41.5 |
| 2012 | 519 322.0 | 52 377.0 | 10.1 | 235 319.0 | 45.3 | 231 626.0 | 44.6 |

资料来源：《中国统计年鉴 2000 年》《中国统计年鉴 2011 年》与《中华人民共和国 2012 年国民经济和社会发展统计公报》

其次，农业的经济效益低，地方政府不愿过多地投入。农业是投资大、见效慢、效益低的产业，地方各级政府大多只想保持稳定局面或稍有增长，未期望其能给地方带来多大的利益。地方各级政府领导更愿意将有限的心思、精力和资金投入到能够立竿见影给他们带来政绩的工业和高科技服务业上，追求短期内的效率和效益。在此思想观念指导下，很多地方政府对农业投入少、建设少，有的地方甚至不仅没能保持农业稳定，而且出现了滑坡倒退现象。中央财经领导小组办公室副主任、中央农村工作领导小组办公室主任陈锡文（2009）曾告诫各地政府，要警惕和预防局部地区的农业生产滑坡、农民收入徘徊、农村发展势头逆转的风险，要求采取强有力的政策措施和科技手段，平抑农业生产风险，拓展农民增收渠道。

最后，农业的比较效益差，农民不愿全身心务农。改革开放以来，我国农资涨价 25 倍，而粮价只涨了 5～6 倍。欧洲农民生产 5000 千克蔬菜和水果可以换回一辆轿车，而中国农民生产 5 万千克蔬菜或水果也很难换回一辆轿车，农业生产价值在工业品面前不及欧洲的 1/10。我国一个农民种五六亩水稻，毛收入仅七八千元，除掉投入成本和劳动力成本，几乎得不到纯利润。农业市场不稳定、风险多，农业比较效益低，务农不划算，很多农民选择了以外出务工为主、兼种承包地的做法，有的甚至直接将土地撂荒不种（陈新忠，2013c）。在人多地少的四川省武胜县，全县撂荒耕地竟达 3.2 万亩，占全县耕地总面积 7.8%。湖北省滨湖村由于劳动力短缺、种粮效益较低等原因，农民对发展农业生产特别是粮食生产兴趣不大，2008 年全村耕地撂荒面积达 40%以上，并且存在"隐性撂荒"现象，本来可以种植双季稻的水田，一半以上都只种了单季稻。武胜县乐善镇黄角湾村有耕地 681 亩，人口 1015 人，人均耕地只有 0.67 亩，但全村仍然撂荒 21 亩，撂荒率达 3%。武胜县农业局副局长彭国华认为，因为种植业效益比较低，投入效益极差，农民不得已而撂荒寻求其他出路。

农业是安天下、稳民心的产业，事关人类的存亡和其他一切产业的发展。商务部报告，2012 年我国粮食进口超过了 7000 万吨，是历史上粮食进口最多的一年。2013 年的数据显示，我国粮食进口又创新高，表明我国粮食自给率在明显下降。为加强农业基础地位，我国亟须用科技撬动农业发展。

（5）与国外农业水平差距的逼迫

农业现代化可按时间分为两次现代化，第一次农业现代化约在 1763 ~ 1970 年，主要是指从传统农业向初级现代化农业、从自给型农业向市场化农业的转变；第二次农业现代化约在 1970 ~ 2100 年，主要是指从初级现代农业向高级现代农业、从工业化农业向知识化农业的转变。第一次农业现代化模式主要是农业与工业化、农业与城市化的一些组合，包括种植业与畜牧业，劳动与土地、土地类型、气候类型、地理区位等的不同组合和选择；第二次农业现代化模式主要是信息农业、有机农业、高效农业、自然农业之间的相互组合（中国科学院现代化研究中心，2012）。

我国农业现代化在 19 世纪中后期（1880 年左右）才开始起步，比发达国家晚了 100 多年。我国农业现代化可以分为三个阶段：第一阶段是清朝末年的农业现代化起步；第二阶段是民国时期的局部农业现代化；第三阶段是新中国的全面农业现代化。我国农业发展水平如何呢？中国科学院现代化研究中心"中国现代化战略研究课题组"对 1970 年、2000 年和 2008 年的指标进行国际比较，认为 2008 年我国农业大约有 12% 的指标达到发达国家水平，4% 的指标为中等发达国家水平，34% 的指标为初等发达国家水平，51% 的指标为欠发达国家水平，即一半指标属于欠发达水平（表 1-3）。我国农业指标中表现比较好的主要是谷物单产，例如，水稻单产排世界第 15 位，小麦单产排第 22 位，玉米单产排第 34 位；但是农业劳动生产率位列第 91 位，农业相对生产率排至第 92 位。我国农业劳动生产率与发达国家相比，美国是我国的 90 多倍，日本和法国是我国的 100 多倍，甚至巴西也比我国高。我国农业发展水平与发达国家的差距更大，以农业增加值比例、农业劳动力比例和农业劳动生产率三项指标计算，2008 年我国农业水平与英国相差约 150 年，与美国相差 108 年，与德国相差 86 年，与法国相差 64 年，与日本差 60 年，与韩国差 36 年。我国农业现代化水平有多高呢？2008 年第一次农业现代化指数为 76%，第二次农业现代化指数为 35%，相当于发达国家的 1/3（何传启，2012）。

表 1-3　国际视野下中国农业现代化水平（2008 年）

| 项目 | 农业生产指标 | 农业经济指标 | 农业要素指标 | 合计 | 比例/% |
|---|---|---|---|---|---|
| 发达水平 | 4 | 4 | 1 | 9 | 11.7 |
| 中等发达水平 | 1 | 1 | 1 | 3 | 3.9 |
| 初等发达水平 | 6 | 17 | 3 | 26 | 33.8 |
| 欠发达水平 | 16 | 15 | 8 | 39 | 50.6 |
| 合计 | 27 | 37 | 13 | 77 | 100 |

资料来源：何传启，2012

此外，我国农业科技转化率不高。我国每年产生 6000 多项农业科技成果，但转化率只有 30%～40%，远远低于发达国家 70%～80% 的水平（高兴明，2012）。因此，我们一方面要加大农业科技攻关力度，推动农业科研跨越式发展，多出成果，快出成果，出大成果；另一方面要加大农业科技推广力度，努力提高科技成果转化率。在土地、劳动力、资金等农业生产要素大量外流的情况下，依靠科技进步提高土地产出率、资源利用率和劳动生产率是根本选择。为此，建立适应新形势要求的农业技术推广体制、机制迫在眉睫（刘振伟，2012）。

整体而言，我国农业经济水平比美国等发达国家落后约 100 年。赶超发达国家农业现代化先进水平，我国急需依靠科技成果及其广泛应用，协调推进两次农业现代化，加速从传统农业向初级现代农业和高级现代农业转型。

（6）与国内工业水平差距的驱使

竺可桢（1979）在新中国成立之初指出，"中国之有近代科学，不过近四十年来的事"。清朝大臣、洋务派代表张之洞在呈报皇帝的奏折中认为，"近年工商皆间有进益，唯农事最疲，有退无进。大凡农家率皆谨愿愚拙、不读书识字之人。其所种之物，种植之法，止系本乡所见，故老所传，断不能考究物产，别悟新理新法，惰陋自安，积成贫困"（杨直民，1990）。作为后发追赶型现代农业，我国农业现代化缘起于 19 世纪末对国外农业技术的引进（费孝通，1981）。在 100 余年的求索中，我国农业现代化既经历了新中国建立前京师大学堂农科大学的筹建和农业科技的初步研究及推广，也经历了新中国建立后传统农业向农业现代化的全面推进（张法瑞和杨直民，2012）。尽管新中国成立 60 余年我国以占世界 7% 的耕地养活了占世界 22% 的人口，实现了 2004 年以来粮食产量和农民收入两个"十连增"，但从发展状况看，我国农业和农村现代化不仅明显滞后于西方发达国家，而且国内农业劳动生产率比工业劳动生产率低约 10 倍（陈新忠，2013c）。

1960 年以来，我国人均可耕地面积、人均谷物种植面积均下降了约一半。2008 年，我国 8 种人均农业资源都低于世界平均值。我国农业劳动力比例、农业增加值比例 1960 年以来下降了大约 50%，而农民的人均生产肉食、人均生产粮食 1961 年以来分别提高了 26 倍和 3 倍。在这一发展过程中，我国农业基本处于"一条腿长"（谷物单产高）、"一条腿短"（农业劳动生产率比较低）的状态（中国科学院现代化研究中心，2012）。1960~2008 年，我国第一次农业现代化指数提高了 42 个百分点，国家农业现代化建设取得了很大成绩。然而，我国农业现代化是一种工业优先型农业现代化，地区多样性和不平衡性很明显。1990 年以来，我国的农业现代化指数均低于我国的国家现代化指数；农业和工业劳动生产率的剪刀差在扩大，2008 年达到 11 倍（何传启，2012）。由表 1-4 可以看出，2008 年我国第一次农业现代化指数为 76，比同年我国第一次现代化指数（89）低 13；我国第二次农业现代化指数为 35，比同年我国第二次现代化指数（43）低 8；我国综合农业现代化指数为 38，比同年我国综合现代化指数（41）低 3（何传启，2012）。

**表 1-4　中国农业现代化水平的国际比较**（2008 年）

| 项目 | 第一次农业现代化 | 第二次农业现代化 | 综合农业现代化 | 第一次现代化 | 第二次现代化 | 综合现代化 |
|---|---|---|---|---|---|---|
| 中国指数 | 76 | 35 | 38 | 89 | 43 | 41 |
| 中国排名 | 75 | 62 | 65 | 69 | 60 | 69 |
| 高收入国家 | 100 | 100 | 100 | 100 | 100 | 100 |
| 中等收入国家 | 71 | 26 | 29 | 89 | 38 | 40 |
| 低收入国家 | 53 | 15 | 21 | 58 | 20 | 24 |
| 世界平均 | 74 | 38 | 36 | 94 | 50 | 54 |
| 国家样本数 | 131 | 130 | 131 | 131 | 131 | 131 |

资料来源：何传启，2012

中国科学院现代化研究中心（2012）中国现代化战略研究课题组认为，我国农业劳动生产率比我国工业劳动生产率低约 10 倍，我国农业现代化水平比国家现代化水平低约 10%。显然，农业现代化已经成为中国现代化的一块短板，农业现代化水平亟待提高。2012 年 3 月，在全国人民代表大会会议上，全国人民代表大会常务委员会农业与农村委员会副主任委员尹成杰接受《农民日报》记者采访时认为，21 世纪以来我国农业科技创新与应用发挥了重大作用，粮食产量和农民收入连创新高，但是仍然面临着许多问题，特别是基层农业技术推广体系薄弱，公益性服务体系建设严重滞后，这是我国农业现代化这个"木桶"的"短板"，是我国现代农业建设的内伤（宁启文，2012）。基于此，为了提高以科技为核心的农业劳动生产率，提升农业和农村现代化水平，我国农业和农村现代化建设必须以农业科技创新和农业科技推广为抓手，进行发展方式的转型，即由部分机械操作向全面现代装备转变、由依赖资源投入向依靠创新驱动转变、由重抓产品产业向重抓品牌精品转变、由小农粗放经营向规模集约经营转变，推动我国农业从初级现代农业向高级现代农业、从工业化农业向知识化农业转变（陈新忠，2013a）。

总之，内外部环境的急剧变化要求我们时刻关注和研究农业技术推广的改进与完善。另外，我国土地资源、水资源约束趋紧，耕地面积自 1996 年的 1.3 亿公顷下降到 2011 年的 1.22 亿公顷，平均每年减少 66.67 万公顷；人均耕地 906.67 平方米，相当于世界平均水平的 40%；人均淡水资源 2300 立方米，相当于世界平均水平的 28%（刘振伟，2012）。人均占有资源少、经营规模小、现代农业发展缓慢使得我国对高水平农业技术成果及其推广的需求尤为急切。

### 1.1.2 研究缘起

笔者工作在湖北武汉一所教育部直属的"211 工程"建设重点农业大学，关注地方"三农"发展，对农业科技服务与推广有着深厚的感情。近年来，湖北省委、省政府建设农业强省的号召激励着我，部分农业科技工作者和农民科技兴农的努力感染着我，湖北农业大而不强的现状鞭策着我，持之以恒地进行农业科技推广服务的调查和思考。从事本课题研究，既有个人研究基础与"三农"情怀的因素，更是促进地方现代农业发展和新农村建设的责任与使命使然。

（1）湖北农业地位长期徘徊不前

湖北地处中国中部，土地肥沃，人口众多，是农业大省。全省耕地面积大，达 4900 多万亩，位列全国第 12 位；农业人口多，达 4000 多万人，位列全国第 9 位。21 世纪以来，湖北粮食产量、农民人均纯收入等主要农业指标基本徘徊在全国第 10~13 名，陷入了一个难以超越的瓶颈期。2010 年，江苏省农民人均纯收入达 9118.24 元，而湖北省农民人均纯收入仅为 5832.27 元，居全国第 13 位，低于全国的平均水平 5919.01 元（李忠云等，2013），如表 1-5 所示。2013 年，湖北省粮食总产量为 2501.3 万吨，位列全国第 11 位，单位面积产量远远低于北京、上海、吉林、江苏等地区（表 1-6）。

表 1-5　2010 年全国排名前 13 位的地区农村居民家庭人均纯收入

单位：元

| 排序 | 地区 | 农民人均纯收入 |
|---|---|---|
| 1 | 上海 | 13 977.96 |
| 2 | 北京 | 13 262.29 |
| 3 | 浙江 | 11 302.55 |
| 4 | 天津 | 10 074.86 |
| 5 | 江苏 | 9 118.24 |
| 6 | 广东 | 7 890.25 |
| 7 | 福建 | 7 426.86 |
| 8 | 山东 | 6 990.28 |
| 9 | 辽宁 | 6 907.93 |
| 10 | 吉林 | 6 237.44 |
| 11 | 黑龙江 | 6 210.72 |
| 12 | 河北 | 5 957.98 |
| 13 | 湖北 | 5 832.27 |
| 平均 | 全国 | 5 919.01 |

资料来源：根据《中国统计年鉴 2011》整理

表 1-6　2013 年全国各地区粮食产量

| 地区 | 播种面积/千公顷 | 单位面积产量/（千克/公顷） | 总产量/万吨 |
|---|---|---|---|
| 北京 | 159.0 | 6043.5 | 96.1 |
| 天津 | 332.8 | 5249.9 | 174.7 |
| 河北 | 6 315.9 | 5 327.9 | 3 365.0 |
| 山西 | 3 274.3 | 4 009.4 | 1 312.8 |
| 内蒙古 | 5 617.3 | 4 936.5 | 2 773.0 |
| 辽宁 | 3 226.4 | 6 805.2 | 2 195.6 |
| 吉林 | 4 789.9 | 7 413.7 | 3 551.0 |
| 黑龙江 | 11 564.4 | 5 191.9 | 6 004.1 |
| 上海 | 168.5 | 6 774.1 | 114.2 |
| 江苏 | 5 360.8 | 6 385.3 | 3 423.0 |
| 浙江 | 1 253.7 | 5 854.1 | 733.9 |

| 地区 | 播种面积/千公顷 | 单位面积产量/（千克/公顷） | 总产量/万吨 |
|---|---|---|---|
| 安徽 | 6 625.3 | 4 950.1 | 3 279.6 |
| 福建 | 1 202.1 | 5 526.9 | 6 64.4 |
| 江西 | 3 690.9 | 5 733.2 | 2 116.1 |
| 山东 | 7 294.6 | 6 207.6 | 4 528.2 |
| 河南 | 10 081.8 | 5 667.3 | 5 713.7 |
| 湖北 | 4 258.4 | 5 873.9 | 2 501.3 |
| 湖南 | 4 936.6 | 5 926.7 | 2 925.8 |
| 广东 | 2 507.6 | 5 247.8 | 1 315.9 |
| 广西 | 3 076.0 | 4 947.3 | 1 521.8 |
| 海南 | 421.8 | 4 526.8 | 190.9 |
| 重庆 | 2 253.9 | 5 093.8 | 1 148.1 |
| 四川 | 6 469.9 | 5 235.2 | 3 387.1 |
| 贵州 | 3 118.4 | 3 302.9 | 1 030.0 |
| 云南 | 4 499.4 | 4 053.9 | 1 824.0 |
| 西藏 | 171.6 | 5 583.4 | 95.8 |
| 陕西 | 3 105.1 | 3 915.5 | 1 215.8 |
| 甘肃 | 2 858.7 | 3 983.8 | 1 138.9 |
| 青海 | 280.0 | 3 656.5 | 102.4 |
| 宁夏 | 801.6 | 4 658.2 | 373.4 |
| 新疆 | 2 234.8 | 6 161.4 | 1 377.0 |

资料来源：《国家统计局关于 2013 年粮食产量的公告》

（2）湖北农业产业化建设不快

2007 年，农业部、财政部联合启动现代农业产业技术体系，旨在围绕产业发展需求，进行共性技术和关键技术的研究、集成和示范；收集、分析农产品的产业及其技术发展动态与信息，为政府决策提供咨询，向社会提供信息服务，对用户开展技术示范和技术服务，给产业发展提供全面系统的技术支撑；推进产学研结合，提升农业区域创新能力，增强农业生产力和竞争力。现代农业产业技术体系实施以来，成效巨大，很多省份也纷纷建立起自己的现代农业产业技术体系。据统计，2008～2011 年已有 18 个省份启动实施了现代农业产业技术体系地方创新团队建设（表 1-7）。然而，湖北直至 2012 年 12 月才启动现代农业产业技术体系建设。现代农业产业技术体系建设缓慢，一定程度上阻滞了湖北现代农业的发展步伐。

表 1-7　省级现代农业产业技术体系创新团队建设表

| 启动时间 | 启动地区 | 设置产业 |
|---|---|---|
| 2008 年 | 四川 | 茶叶、蔬菜、生猪、水稻、玉米、油菜、食用菌、马铃薯、攀西特色水果、柑橘（共 10 个） |
| | 宁夏 | 枸杞、肉羊、肉牛、奶牛、马铃薯、设施瓜菜、水稻、小麦、玉米、淡水鱼、葡萄、红枣、苹果、农作物制种、优质牧草、地道中药材、农产品加工（共 17 个） |
| | 陕西 | 马铃薯、玉米、生猪、小麦、奶山羊、猕猴桃、小杂粮、蔬菜、樱桃（共 9 个） |
| 2009 年 | 北京 | 果类蔬菜、生猪、观赏鱼（共 3 个） |
| | 广东 | 水稻、生猪、岭南水果、特色蔬菜、花卉（共 5 个） |
| | 广西 | 甘蔗、水稻、奶水牛、桑蚕、玉米、柑橘、芒果、食用菌、罗非鱼（共 9 个） |
| | 吉林 | 水稻、蔬菜、人参、经济作物、淡水鱼（共 5 个） |
| | 福建 | 水稻、茶叶、生猪、食用菌、马铃薯、甘薯、蔬菜、水果、鸡、鸭（共 10 个） |
| | 云南 | 水稻、玉米、马铃薯、生猪、奶牛、甘蔗、油菜、蚕桑、肉羊、蔬菜、茶叶、土著鱼（共 12 个） |
| | 贵州 | 马铃薯、茶叶、油菜、果蔬、中药材、生猪、肉牛、水稻、玉米（共 9 个） |
| 2010 年 | 山东 | 玉米、蔬菜、水果（共 3 个） |
| | 山西 | 玉米、小麦、谷子、马铃薯、小杂粮、棉花、蔬菜、食用菌、水果、干果、中药材、生猪、牛、羊、鸡、蚕桑、特种养殖（共 17 个） |
| | 上海 | 水稻、绿叶蔬菜、西甜瓜、中华绒螯蟹（共 4 个） |
| | 湖南 | 水稻、生猪（共 2 个） |
| | 安徽 | 水稻、棉花、生猪、小麦、玉米、奶牛、肉牛、家禽、水产（虾蟹）、水果、蚕桑、茶叶、蔬菜、中药材、油菜、肉羊（共 16 个） |
| | 河南 | 小麦、玉米、大宗蔬菜（食用菌）、水稻、花生（共 5 个） |
| | 内蒙古 | 玉米、马铃薯、向日葵、设施园艺、绒毛用羊、肉牛、肉羊、奶业、人工草牧场建设与保护、旱作农业（共 10 个） |
| 2011 年 | 辽宁 | 水稻、玉米、油料（花生、大豆）、薯类（马铃薯、甘薯）、设施蔬菜、果树（苹果、梨、葡萄、桃）、设施果树（草莓、葡萄、桃、大樱桃）、食用菌、中药材、柞蚕（共 10 个） |
| 2012 年 | 湖北 | 玉米、水稻、油菜、脐橙、萝卜、地方鸡、河蟹（共 7 个） |

资料来源：根据各省、直辖市、自治区现代农业产业技术体系进展情况整理

（3）湖北农业科技化水平不高

湖北省是农业大省，也是国家重点高校和农业科技资源密集的省份之一。目前，省内高校拥有涉农国家重点实验室 3 个、国家级工程技术研究中心 10 个、省部级重点实验室及省级工程技术研究中心 30 多个，涉农中国科学院院士 8 人、中国工程院院士 4 人；全省拥有省市（地）级农业科学院 17 个，另有中央在武汉的涉农科研院所、省农业系统科研单位等，科教力量雄厚。长期以来，湖北省农、科、教三方致力于农业增产增收，有效推进了农业发展，不但维护了地方粮食安全和社会稳定，而且保持了农业产量在全国的上游地位（李忠云等，2013）。然而，与我国农业生产"一条腿长"（谷物单产高）、"一条腿短"（农业劳动生产率比较低）的状况相似，湖北省农业生产也存在着许多地方粮食单产高、全省粮食平均亩产低等问题，并且农业科技推广人员素质不高，农业产品产后加工水平较低。例如，湖北黄冈市乡镇农业技术推广队伍中，45 岁以上者占到了 69%，大专及其以下学历者达 92%。湖北省涉农企业虽然较多，农产品加工率 2010 年达 62.76%（表 1-8），但大多仅仅停留在对农产品清洗、分拣、干燥、去壳、脱绒（胶）、粉碎、抽丝、屠宰、分级、速冻、炒制、榨浸、包装、储藏保鲜等初级加工水平之上，对农产品进行精制精炼、罐装、熟制、发酵、提取、变性等精深加工的较少（表 1-9）。以 2010 年为例，湖北省销售收入 500 万元以上的农业产业化龙头企业有 5611 家，其中加工企业 5157 家；销售收入过亿元的企业 551 家，10 亿元以上的企业 26 家，过 30 亿元的企业 8 家（表 1-9）；涉农龙头企业固定资产总值 1125.3 亿元，销售收入 4514.9 亿元，农产品加工产值 4894.2 亿元（其中食品工业产值 2657 亿元），但与农业总产值之比仅为 1.39∶1，对农产品价值的提升幅度不大（李忠云等，2013）。

表 1-8  2010 年湖北主要农产品产量及加工率

| 序号 | 品种 | 产量/万吨 | 加工率/% |
| --- | --- | --- | --- |
| 1 | 粮食 | 2 315.8 | 86 |
| 2 | 棉花 | 47.18 | 100 |
| 3 | 油料 | 311.8 | 98 |
| 4 | 蔬菜 | 3 025.7 | 50 |
| 5 | 水果 | 437.2 | 55 |
| 6 | 茶叶 | 16.6 | 100 |
| 7 | 生猪 | 440.15 | 70 |
| 8 | 肉禽 | 116.66 | 30 |

| 序号 | 品种 | 产量/万吨 | 加工率/% |
|------|------|-----------|----------|
| 9 | 牛羊 | 58.38 | 10 |
| 10 | 禽蛋 | 132.6 | 10 |
| 11 | 水产品 | 353.09 | 31.6 |
| | 合计 | 7 255.06 | 62.76 |

资料来源：根据湖北省 2010 农业农村经济发展指标整理

表1-9 　2010 年湖北销售收入前 10 强涉农龙头企业　　　单位：万元

| 序号 | 企业名称 | 固定资产 | 销售收入 | 主营产品 |
|------|----------|----------|----------|----------|
| 1 | 湖北稻花香集团 | 113 460 | 708 881 | 白酒 |
| 2 | 福娃集团有限公司 | 26 837 | 433 357 | 大米 |
| 3 | 益海嘉里（武汉）粮油工业有限公司 | 50 516 | 392 191 | 小包装食用油 |
| 4 | 劲牌有限公司 | 71 389 | 327 201 | 劲酒 |
| 5 | 湖北奥星粮油有限公司 | 21 575 | 321 792 | 菜籽油 |
| 6 | 洪湖市洪湖浪米业有限责任公司 | 46 230 | 318 000 | 大米、食用油、生物柴油 |
| 7 | 湖北银丰实业集团有限责任公司 | 3 284 | 310 727 | 皮棉、棉纱 |
| 8 | 湖北国宝桥米有限公司 | 34 156 | 305 689 | 国宝大米 |
| 9 | 湖北白云边股份有限公司 | 58 302 | 262 774 | 白酒 |
| 10 | 襄樊万宝粮油有限公司 | 14 064 | 213 729 | 菜籽油、面粉、大米 |

资料来源：根据湖北省 2010 农业农村经济发展指标整理，所有数据为企业自报

（4）研究者的研究经历与机遇

笔者从 20 世纪 90 年代初便开始关注和研究农村、农业和农民问题，力图对我国的"三农"发展贡献自己的绵薄之力。从 1993 年起，笔者陆续撰写了《我迷恋稻米》《潜心水稻科研的人》《稻田里的葡萄园》《固县村农民基金会作用大》《庄稼汉登上科技殿堂》《冯希运与节能开放型养鸡场》《痴情科研绽奇葩》《千里送科技》《白杨卫士郭厚贵》等文章在《科普田园》（月刊）（现更名为《农家参谋》）《农民日报》《河南日报》《河南科技报》等报刊上发表。其中，《农业经合组织——农民增收的有效途径》一文荣获 2000 年度河南省广播电视新闻奖三等奖。21 世纪以来，笔者撰写并发表了《大学科技兴农的经营路径》（《科技管理研究》2006 年第 8 期）、《大学科技兴农引入经营理念的必要性》（《高等农业教育》2007 年第 1 期）、《新农村建设背景下高等院校的使命探析》（《国家教育行政学院学报》2008 年第 5 期，该文被"新华网"数十家网站全文转载）、《服务新农村建设高等院校需要功能重构》（《湖北日报（理论版）》2009 年 9 月 18 日第 11 版，该文被"人民网"等数十家网

站全文转载)、《高等教育分流打通流向农村渠道的思考与建议》（《中国高教研究》2013 年第 3 期）、《农业技术推广人才的演进历程与成才规律》[《华中农业大学学报（社会科学版）》2013 第 3 期，该文荣获全国高等农业教育研究会 2012 年学术年会优秀论文一等奖)] 等系列研究论文 60 余篇，多篇被《新华文摘》、国务院发展研究中心网站等转载或收录。近年来，笔者主持了国家社科基金、教育部人文社科项目等相关课题 10 多项；协助中共湖北省委决策咨询顾问、华中农业大学党委书记李忠云教授主持湖北省农科教结合领导小组委托项目《湖北省农科教结合运行机制研究》，该报告得到省委书记李鸿忠等领导批示，并荣获湖北省 2011 年度优秀调研报告一等奖、湖北省科学技术协会 2012 年度国家级科技思想库优秀决策咨询成果评选一等奖；作为第一副主编编著《湖北省农科教结合研究》一书在中国农业科学技术出版社出版。2013 年 5 月，在新《农业技术推广法》颁布和《农业部关于贯彻实施〈中华人民共和国农业技术推广法〉的意见》出台背景下，笔者受湖北省农业厅、湖北省农学会委托，主持"多元化农业技术推广服务体系建设调查研究"课题。

## 1.2　研究目的和意义

农业技术推广是连接科技与农民的桥梁，是打通农业科技"最后一公里"的重要渠道。与世界发达国家相比，我国农业科技转化率较低，农业现代化水平不高；与国内发达省份相比，湖北农业技术推广力量不强，现代农业产业化程度较低。在中共中央连发 11 个"一号文件"加强农业发展的背景下，以新《农业技术推广法》颁布和《农业部关于贯彻实施〈中华人民共和国农业技术推广法〉的意见》出台为契机，调研湖北省农业技术推广队伍建设现状，构建以国家公益性农业技术推广机构为主体的多元化农业技术推广服务体系，对于提升农业科技创新对农业发展的支撑力、推动以湖北为代表的粮食主产区由农业大省向农业强省跨越具有重大意义。

### 1.2.1　研究目的

本书以湖北为着眼点和立足点，回溯我国农业技术推广的发展历程，调研湖北多元化农业技术推广服务体系建设的现状和问题，借鉴发达国家多元化农业技术推广服务体系建设的经验，提出我国多元化农业技术推广服务体系深化建设的策略。本书旨在以湖北为例，蹲点调研，以点带面，辐射全国，对兄弟省份和国家农业技术推广服务体系建设有所裨益。

（1）探寻基本理论依据以缘理而论

农业技术推广服务虽然是操作性极强的事务工作，但仍然蕴涵着丰富而深刻的活动和工作理论。只有充分发现和深入揭示农业技术推广服务系列理论，我们才能将农业技术推广服务做实做好。本书在前人相关理论的基础上，进一步探讨多元化农业技术推广服务体系的内涵与特征、功能与建设原则，以及多元化农业技术推广服务体系的建设框架和运行机理等，既为本书论述多元化农业技术推广服务体系建设打好基础，也为农业技术推广人员开展相关工作、进行相关活动提供理论依据。

（2）回溯国内农业技术推广发展历程以反思教训

作为以农业立国的世界文明古国，我国农业技术及其推广的历史源远流长。正是依靠农业技术及其推广，长江、黄河两岸的炎黄子孙才能够衣食自给、代代相传，中华文明史才能五千多年绵延不绝、历久弥新。本书将追溯自人类文明产生以来我国农业技术推广服务的历史与现实，总结经验，反思教训，以期能够吸取精华，剔除糟粕，继往开来，对21世纪深化建设多元化农业技术推广服务体系有所启迪。

（3）调研湖北建设现状以发现问题

湖北各项农业指标全国居中，是我国具有典型意义的农业大省，也是具有典型意义的粮食主产区。本书通过调查分析湖北省多元化农业技术推广服务体系建设的现状，总结成效，查找问题，揭示原因，以期折射我国多元化农业技术推广服务体系的建设状况。通过现状分析，我们将发现政府农业技术推广机构、农业高校、农业科研单位、农民专业合作组织、涉农龙头企业等在当前农业技术推广服务体系中的角色定位及其社会担当和期望。

（4）提炼国内外建设特点以汲取经验

发达国家的工业化起步较早，农业生产在耕作机械方面受益的同时，其全面实现现代化也远远早于我国。发达国家的农业现代化很大程度得益于农业技术推广，研究发达国家的农业现代化只有从农业技术推广入手才能看清真相。在我国，由于幅员辽阔，各地发展不平衡；即使同一省域内，也存在着极大的发展差别。本书将具体提炼部分发达国家和国内个别省份在多元化农业技术推广服务体系建设中的成功做法，从而获得对我国多元化农业技术推广服务体系深化建设的启示。

（5）提出我国深化建设方略以建言献策

本书将在理论探讨、历程反思、现状分析、经验借鉴的基础上，以湖北省为目标地域，构建我国以国家公益性农业技术推广机构为主体的多元化农业技术推广服务体系，提出我国多元化农业技术推广服务体系深化建设的科学路径和政策建议。该策略虽然只是针对湖北省而提出，因湖北农业在我国具有典型性和代表性，对其他省份深化建设多元化农业技术推广服务体系同样具有重要参考价值，对我国完善和深化多元化农业技术推广服务体系建设也具有极大借鉴作用。

## 1.2.2 研究意义

无论自然科学研究，还是人文社会科学研究，大都是为了在纷繁复杂的联系中揭示现象真相，阐明物理、事理，指明趋向、方向，以追求理论上的创新、认识上的突破和实践上的促进（陈新忠，2013b）。本书以"多元化农业技术推广服务体系建设"为题，旨在发展农业技术推广与服务的相关理论，冲破传统农业技术推广的认识框桎，建设符合时代需求、适合中国国情的多元化农业技术推广服务体系，促进我国农业现代化步伐。

（1）理论意义

农业技术推广服务体系建设研究是一项应用性极强的研究，其基础理论建设状况影响着该项研究的广度和深度。工业革命带来的产业分化使得国外较早开始了农业推广学理论建设，研究中不断创建的新理论指导着他们的农业技术推广服务体系建设研究深化发展。我国的农业推广学理论舶自西方，不少学者直接援引国外理论以分析中国问题，但西方农业推广学理论在我国的本土化进程缓慢。基础理论的匮乏影响了人们对多元化农业技术推广服务体系的认识，妨碍了农业技术推广服务体系建设研究的深入开展。本书立足我国国情探讨基本理论，力求丰富和完善具有我国特色的农业技术推广服务理论体系。具体而言，本书将通过分析多元化农业技术推广服务主体的各自优势、适应范围、发展前景等，深化和拓展人们对农业技术推广主体的认识；通过分析多元化农业技术推广服务体系建设的制约因素、构建原则、建设框架及运行机理等，为各省份乃至我国构建以国家公益性农业技术推广机构为主体的多元化农业技术推广服务体系提供理论参照和指导。

（2）实践意义

理论研究的目的是为了指导实践，在指导实践中理论的实践价值才能够真正得以彰显（陈新忠，2013b）。农业技术推广服务体系建设研究是基于基础研究的应用研究，也是对实践具有直接指导作用的理论研究，所以本书以促进农业技术推广服务体系完善和深化建设为目标，并期望以此推动相关研究的深入发展。具体而言，本书将通过对我国多元化农业技术推广服务体系建设的现状分析，发现存在的问题并揭示问题原因，帮助人们认清我国多元化农业技术推广服务体系建设的现实状况，增强改进我国农业技术推广服务体系状况的紧迫感和针对性；将通过对国内外多元化农业技术推广服务体系建设典型做法的剖析，总结提炼他们建设多元化农业技术推广服务体系的成功特点，为各省份乃至我国深化建设多元化农业技术推广服务体系提供经验借鉴；将通过构建我国多元化农业技术推广服务体系深化建设的科学路径和政策框架，提出关于我国深化建设多元化农业技术推广服务体系的具体建议，为各省份和国家建设、建好以国家公益性农业技术推广机构为主体的多元化农业技术推广服务体系提供策略参考（陈新忠，2013b）。

# 1.3　国内外研究概况

国内外对于农业技术推广服务的研究颇多，为开展多元化农业技术推广服务体系深化建设研究打下了良好基础。梳理国内外相关文献，有助于回溯研究历程，总结研究成果，反思存在问题，明确研究方向。本书从国外和国内两个方面对已有的"农业技术推广服务"相关文献进行综述，并对国内外研究文献进行简要评价。

## 1.3.1　国内研究综述

我国的农业技术推广活动自古有之，清末洋务运动中开始有学者倡导农业技术提高及推广，助推农业院校建立和农业技术推广实务开展。20 世纪 30 年代，一些学者开始编著农业技术推广的专门书籍，如 1933 年唐启宇著有《近百年来中国农业之进步》、1935 年章之汉和李醒愚编著了《农业推广》、1935 年孙希复编写了《农业推广方法》等，介绍欧美农业推广理念和方法，总结我国历史经验。新中国成立后，随着农业技术推广活动普及，研究农业技术推广的学者逐渐增多。21 世纪以来，我国农业技术推广的时代滞后性凸显，如何构建新的农业技术推广服务体系成为学界的研究热点。进入 21 世纪尤其是近年来，国内相关研究呈现以下主要特点。

（1）注重政府公益性农业技术推广服务的研究

学者们普遍认为，政府是中国农业技术推广服务体系的中坚力量，在增强农业科技服务、促进农业科技进步等方面发挥着重要作用（邵喜武等，2013）。然而，李立秋等（2003）研究认为，20 世纪 90 年代以来，由于中央政府对农业技术推广投资较少，各级政府对农业技术推广机构性质认识不一致，我国农业技术推广服务体系建设受到较大冲击，因此必须加快建立国家公共农业技术推广服务体系。中国农业技术推广体制改革研究课题组（2004）通过对全国 7 省 28 县 363 个专业技术推广站 1245 名专业技术推广人员和 420 家农户调查分析，认为我国政府农业技术推广服务体系存在着体制不合理、投资不充足、推广方式方法落后、人员知识断层与老化等问题，必须改革现行农业行政体制、推进农业技术推广"一人一村"工程。农业部农村经济研究中心课题组（2005）基于全国统计数据和个案实地调查资料的分析，认为我国政府农业技术推广服务体系存在着人员数量多、专业素质差，经费不足、工作开展困难、管理体制不顺、职能发挥不平衡等问题，必须对我国政府农业技术推广服务体系进行大幅度改革。黄季焜等（2009）回顾了 1978 年以来我国基层农业技术推广服务体系的发展历程，认为农业技术推广体系在取得一系列成就的同时，也存在着职能定位不清、管理体制不顺、激励机制缺乏、推广方式单一等一系列问题，解决这些问题，亟须明确农业技术推广的公益职能，落实财政的足额支持，全面深化相关改革。张新华和田玉敏（2013）研究认为，我国政府农业技术推广人才存在着总量严重匮乏、整体素质偏低等问题，提升农业技术推广能力关键在于提升农业技术推广人才队伍的数量与素质，因此必须加强农业技术推广人才队伍建设，提高其整体素质，以促进农业科技创新成果转化。另有学者认为，在以城带乡、以工补农和加快农村公共服务体系建设环境下，基层农业科技推广队伍建设具有人员工作积极性较高但角色错位突出、学历教育与实践探索并重、业务培训地位凸显等群体性特征，面临工作条件差、职业忠诚度不高、队伍老化等问题，应采取加大投入、创新机制等措施优化建设，提升农业科技推广服务水平（姚江林，2013）。李忠云等（2013）通过对湖北省农业技术推广服务体系调研，认为始于 2005 年的"以钱养事"改革使得农业技术人员不再是事业单位的国家干部，而成为企业性质组织中的一员，变成了自负盈亏的社会人，无安全感和归属感，待遇也差；很多地区的农业技术推广资金短缺，办公条件简陋，甚至"线断、网破、人散"，农业技术队伍萎缩，大学毕业生不愿加盟。强化公益性职能，提高基层农业技术推广机构公共服务的能力和水平，必须完善以政府为主导，省、地（市、州）、县（市、区）三级农业技术推广组织机构，健全以乡（镇）公益性农业技术推广机构为主体的基层农业技术推广服务体系。郑家喜和宋彪（2013）通过对湖北省农业技术推广现状调研，也认为基层公益性农业技术推广存在着管理体制不顺、职能定位不清、项目化倾向严重、投入保障不足和人员素质不高等问题；公益性农业科技推广服务体系运作效率低、服务效果有限、农民认可度低，制约了基层农业技术推广服务事业的健康发展。为加强基层公益性农业技术推广服务，需进一步理顺管理体制、加大政府支持、整合农业科技资源、提升运行效率和服务能力，构建满足农业科技服务多元化需求的农业科技推广体系。

（2）重视非政府农业科技推广服务的研究

学者们认为，农业科技服务既需要政府的支持，更依赖于非政府组织的参与；从支付能力和支付意愿来看，农户已具备对科技服务的支付能力，但其对科技服务支付的意愿受年龄、受教育程度、家庭人口数、家庭收入水平、耕地面积以及是否接受过农业科技服务等因素的影响（熊鹰，2010；徐金海，2010；王青等，2011；石绍宾和邵文珑，2013）。张克云等（2005）通过对河北省河间县棉花生产领域的农民专业技术协会——国欣农研会的调查分析，认为农村专业技术协会进行农业技术推广的最大特点是研究与推广相联系、实现了"农民对农民"的水平技术传播；为更好地发挥农民专业合作组织在农业推广中的作用，必须重视本土知识的利用，强化自下而上的技术推广策略，扩大技术创新的空间。杨敬华和蒋和平（2005）以陕西宝鸡、福建漳州、重庆渝北、山西太原等地的农业专家大院实践为案例，分析了农业专家大院与农民科技对接的基本做法和成效，归纳出宝鸡、漳州、渝北、太原四地四种农业专家大院与农民进行科技对接的运行模式。刘东（2009）认为，20世纪80年代出现的农民专业合作社、农村专业技术协会、农产品行业协会、农业企业等新兴农业科技服务组织是农业技术推广的新生力量，有效促进了农业增产和农民致富。李维生（2007）提出，我国在发展农业中除进一步加强现行政府系统的农业技术推广机构建设之外，应确立农业科研、教育单位在农业技术推广体系中的主体地位，充分发挥涉农组织在多元化农业技术推广体系中的作用。汤国辉等（2006）分析了农业高校对推进我国现代农业及其产业发展的优势，认为发展我国现代农业产业要充分重视和发挥农业高校的农业科技推广作用。高强和孔祥智（2013）通过对1978～2013年我国农业社会化服务体系演进轨迹的研究，认为改革开放以来我国农业社会化服务体系建设尽管取得了快速发展，但还存在制度供给不足、体系不健全、供需结构不合理、"全要素"服务滞后等问题，迫切需要在构建新型农业经营体系过程中，同步推进新型农业社会化服务体系建设，形成公共性服务、合作型服务、市场化服务有机结合、整体协调、全面发展的新型农业社会化服务体系。丁楠和周明海（2010）研究认为，随着我国现代农业的发展、农村信息化的推进和农民素质的普遍提升，农民对农业科技服务的需求越来越迫切，政府包揽提供科技服务的局面出现失灵；科技NGO因其自身的特殊优势，在参与农业科技服务过程中能够提高服务的质量和效率、满足农户个性化和多样化的需求、培育新型农民和提高农业科技服务的回应性；适应农户多元化的技术需要，应鼓励和规范科技NGO参与农业科技推广服务。石绍宾（2009）、姜绍静和罗泮（2010）研究认为，当前农民对农业科技服务的需求与政府供给之间失衡，农民对政府供给的满意度不高；农民专业合作社是解决农业科技服务供给不足的可行性选择之一。相比"自上而下"的政府供给体制而言，扁平化的农民专业合作社"自下而上"模式更为有效，使得农民的农业科技需求可以得到即时发现，供给决策更为科学合理，筹资方案更为公平，信息反馈更为及时。然而，合作社提供农业科技服务的边界受到政府职责范围与财力水平以及市场发育程度的制约，迫切需要建立更加有效的科技服务机制，整合各种科技资源，实现科技资源的优化配置，提高农业科技推广的效果。

（3）强调农业技术推广服务具体效益的微观研究

学者们认为，农业技术推广应讲求效益，内部、外部及推广人员自身的因素都影响农业技术推广效益的实现和发挥。邵法焕（2005）认为，农业技术推广绩效评价包括推广能力、推广水平、推广效率、推广效果、创新能力与推广的可持续性等方面，根据推广体制、评价对象的不同，可对农业技术推广的绩效运用多种方法进行定性分析与定量分析。张雅光（2012）认为，农业技术推广的体制、手段、经费等都严重影响着农业推广人员能力的发挥，进而影响其农业技术推广的效果。廖西元等（2012）基于对我国 14 省 42 县 566 位农业技术人员及其对应指导的 4729 家农户进行调研的数据分析，认为中国农业技术推广管理体制和运行机制对农业技术推广行为和推广绩效均有显著影响。王建明等（2011）基于全国 42 个"水稻科技入户"工程示范县（市、区）的调查数据分析，认为农业技术推广的经费保障制度、工作设计制度、人员管理制度、对外合作发展制度对农业技术人员技术推广行为和效率有显著影响。李冬梅等（2009）通过对四川省水稻主产区 238 家农户的实证分析，认为种植规模、工作态度、对农户指导次数等因素显著影响农业技术人员推广效率，提高农业技术人员推广效率必须改革管理制度、改进推广方式和方法。展进涛和陈超（2009）基于 2007 年对全国 13 个粮食主产省份 411 个县农业技术需求及渠道选择调查数据的分析，认为家庭劳动力转移程度越高的农户对农业技术的需求就越小，并且选择农业技术推广部门作为技术渠道的可能性会随着家庭劳动力转移数量的增加而降低（农业机械使用技术除外）；家庭经营规模越大，农户则对技术的需求越大，且偏好于农业技术推广部门的技术指导（病虫害防治技术除外）。黄武（2010）通过对江苏省 187 家种植业农户的调查分析，认为农户对有偿技术服务有着较强的需求意愿，种植业收入占比较大的农户对有偿技术服务的需求意愿尤为强烈。郑红维等（2011）通过对河北省 640 家农户的调研分析，认为基层农业技术推广中存在着农科教缺乏良性协作、推广队伍供给与务农劳动者需求偏差较大、推广体系缺乏政府长期稳定支持等问题，要改善这一状况需要建立公益性推广管理体制、推行有效技术推广服务方式、完善推广经费保障政策等。赵肖柯和周波（2012）通过对江西省1077户种稻大户的调查分析，认为农户的受教育水平、收入水平、经营规模等个体因素，以及亲友乡邻、政府宣传、农业示范户、大众媒体、企业宣传等信息渠道因素，都显著影响着其对农业新技术的认知，关系着农业技术推广的效果。汪发元和刘在洲（2012）运用定量的方法对湖北省39年来农业技术人员和农业GDP的关系进行了分析，认为农业技术人员是农业GDP增长的重要因素，对农业产值的正效应为1.164，其影响非常显著并具有长期效应。李忠云等（2011）对湖北、湖南、河南、江西中部四省514名农业技术推广人员的问卷调查和基于Cooper和Graham模型的分析，发现大多农业技术推广人员年龄偏大、学历层次偏低、专业知识能力欠缺、市场驾驭能力较低、沟通交往能力不强、组织管理能力较弱、自我平衡能力较差，认为现行农业技术推广体制妨碍了基层农业技术推广人员的工作积极性，影响了农业技术推广人员的工作胜任能力[①]。邓正华等（2012）通过对湖南省洞庭湖湿地水稻主产区6个乡镇的调查，认为提高教育水平、强化农业技术推广能促进农民接受新技术，提升农业技术推广效率。张海燕和邓刚（2012）以柯布-道格拉斯生产理论为基础，通过建立农业技术扩散模型，测算出农业技术创新扩散对四川农业经济增长的贡献率约为3.9%；加速农业技术扩散速度，必须选择适宜扩散的农业新技术，加大地方政府对农业技术扩散的政策扶持力度，提高农民掌握、运用农业技术的能力，从思想上重视与行动上加强农业科研机构、高校和企业的紧密合作，促使最新的农业科技成果尽快转化成现实的农业生产力。申红芳等（2012）通过对全国14个省份42个水稻科技入户示范县基层农业技术推广人员的调研，发现"水稻科技入户示范县"逐渐建立的农业技术推广人员考核激励机制对农业技术推广人员的行为和绩效有显著影响，认为以农户为服务对象、以客观指标为评价标准的考核能够显著改进农业技术推广人员的推广行为，提高其推广绩效。曹丽娟（2011）对农业技术推广的整个过程，即产前、产中、产后3个阶段分别赋予相应指标，建立农业技术推广评价指标体系，并采用专家咨询法和层次分析法对各个指标赋予权重，建立起农业技术推广评价的通用数学模

---

① 从业人员工作胜任能力即胜任力（competence），最早由美国社会心理学家、激励理论的巨匠戴维·麦克利兰（David C. McClelland）于1973年提出。他应用胜任力指标来代替传统的智力测验，预测工作绩效，甄选工作人员的核心胜任能力，由此引发了理论界与实践界对胜任力模型开发及应用的广泛关注。与此同时，胜任力研究在农业技术推广体系中也得到广泛应用。2004年，Moore和Rudd（2004）将农业技术推广组织中的领导胜任力分为人际技能、概念技能、技术技能、情绪智力技能和产业知识技能五大领域。

型。王建明等（2011）则从农户的角度运用因子分析法对农业技术人员的技术指导次数、指导时期、指导内容、指导方法、指导态度和指导技能进行分析，以衡量农业技术人员在技术推广工作中的行为表现。

（4）突出现代农业科技服务创新的研究

学者们认为，我国农业技术推广服务体系远远落后于时代发展和社会需求，急需建立适合中国国情的新农业技术推广服务体系。周曙东等（2003）研究认为，我国农业技术推广体制是在长期计划经济体制下形成的，具有一套与计划经济相适应的组织结构和运行机制，农业技术推广效率低，技术需求与技术供给脱节现象严重，必须面向市场加快多元化农业技术推广体系建设。简小鹰（2006）研究认为，市场经济条件下的农业技术推广服务体系以市场为导向，需要农业技术推广者转变角色，以服务为宗旨，真正确立农民在农业技术推广应用过程中的主体地位，以农民对农业技术的需求为动力，优化农业技术推广和应用的自然环境、社会环境、市场环境和政策环境，提高农民对农业技术的需求水平和应用能力。杨汭和罗永泰（2006）认为，农业社会化服务体系事关社会主义新农村建设的全局，但存在着定位不准确、结构不合理、功能不完善等问题，影响着新农村建设的进程；进一步加强农业社会化服务工作，对于促进农村经济发展，实现农业增效、农民增收和农村发展意义重大，政府迫切需要面向新农村建设健全和完善农业社会化服务体系。陈锡文（2012）、韩长赋（2013）认为必须下决心发展农民自己的科技服务组织，完善农业的社会化服务体系，提高农业生产的组织化程度，把一家一户办不了、办不好、办起来不经济的事情办好，才能真正确保粮食安全。熊鹰（2010）从博弈视角分析了农业科技服务的公共物品、私人物品和准公共物品属性，认为农业科技服务是各利益主体之间的博弈过程，要注重提高农业科技服务供给效率。吴淼和杨震林（2008）认为，目前我国的农业技术推广体制，完全依靠财政供给和行政力量，不仅服务单一、低效，而且自身运转难以为继，无法适应现代农业发展的要求；应按照市场经济的客观规律，建立以服务主体多元化、服务机制市场化、服务设施网络化和财政支持激励化为特征的科技服务体系，为农业提供充分而有效的服务产品。王武科等（2008）基于对我国农业技术推广模式及发展趋势的分析，认为市场机制下的农业技术推广服务体系应由农业技术研发机构（技术供给者）、农业技术推广中介平台机构（销售者）和农业技术采用者（需求者）三部分构成，其中农业技术推广中介平台机构是整个体系构建的核心，可体现为农业技术经营性模式、农民协会模式、农资连锁经营模式等。张开云等（2012）研究认为，当前农村经济发展、农民增收和农业现代化已经到了必须借助农业技术有效扩散和农业技术服务供给体系创新的杠杆才能实现新飞跃的重要阶段，但由于农村科技服务供给主体单一，专业技术人才匮乏，经费短缺，综合技术服务能力弱，农户运用农业科技进行生产的积极性不高，农业科技对农业生产的作用效应也不理想。因此，必须通过建构"差异性服务"策略、多元化策略、系统供给策略和资源配置优先策略的系统制度，改变农业科技服务的"缺位和种类单一"格局，完善农业科技服务供给体系，为农户提供可持续、多样化的农业科技服务，推动农村经济发展和农业现代化。梁镜财等（2011）以广东为研究对象，认为可以以自主创新为中心，以服务"三农"为目标，构建"技术中心—成果转化—技术推广""三位一体"的推广模式。王方红（2008）从产业链视角、田北海等（2010）从农户视角分别研究了我国现代农业科技服务体系与农村产业发展技术支撑体系的建设思路。

（5）关注现代社会科技服务业建设的研究

在我国，科技服务业是随着科学技术高速发展、科技成果快速产业化而涌现出的新产业，从属于第三产业。国内学者对科技服务业的研究大多始于1992年国家科学技术委员会首次提出"科技服务业"的概念之后，2005年国家设立"科技服务业统计"后逐渐成为研究热点。科技服务业的出现冲击着传统农业科技服务的发展，不少学者开始重新审视农业科技服务现状和问题，试图寻找农业科技服务体系重构和发展的新机。学者们认为，与传统服务业相比，科技服务业在资源要素禀赋、内在服务模式和外在服务功能上呈现出蕴涵密集的知识资产、高素质的从业人员、向客户提供知识服务、高交互性、高度创新性等显著特征（刘树林，2010；许可和肖德云，2013）。20世纪90年代以来，学者们对科技服务业的概念与内涵、种类与功能、运行机理与政策、发展问题与能力评价等方面进行了详细研究。程梅青等（2003）、杭燕（2006）认为，科技服务业是指一个区域内为促进科技进步和提升科技管理水平提供各种服务的所有组织或机构的总和。王永顺（2005）、王晶等（2006）认为，科技服务业是依托科学技术和其他专业知识向社会提供服务的行业，是现代服务业的重要组成部分。蒋有康等（2010）则认为，科技服务业是指一个区域内为促进科技进步和提升科技管理水平，运用现代科学知识、现代技术手段和分析方法，为科学技术的产生、传播和应用提供智力服务并独立核算的所有组织或机构的总和。王任远等（2013）认为，科技服务业的内涵从宏观看，是指将最新的科学技术进行创新、传播、扩散和应用的产业，旨在为整个社会科学技术的发展提供各项服务的活动；从微观看，是指主要进行科学技术研究、科学技术孵化推广、科学技术培训和交流并提供技术支持、产权保护的行业。程梅青等（2003）根据服务对象的差异将科技服务业分为营利机构和非营利机构、互助性科技服务机构，以及为政府、企业、科学研究服务的机构等。梅强和赵晓伟（2009）根据服务内容的差异将科技服务业分为科学研究与试验发展、科技推广服务、科技中介服务和其他科技服务。孟庆敏和梅强（2010）根据服务方式的差异将科技服务业分为研究与试验发展类机构、技术推广服务类机构、科技中介服务类机构和其他科技服务机构。王晶等（2006）从科技服务业的自身功能出发，应用系统论、控制论的思想和方法，结合我国科技管理体制和科技市场运行特征，依据科技成果产业化进程，将科技服务业的功能分为科技信息、科技金融、科技贸易、企业等子系统。张振刚等（2013）从科技服务业的外部作用出发，基于2000～2011年珠江三角洲地区空间面板数据分析，探讨科技服务业对区域创新能力提升的影响，认为科技服务业的产业规模、服务水平以及信息化程度对区域创新能力具有不同程度的正向影响，其中服务水平的影响最大，而且科技服务业的发展不单能够显著提高本地区创新能力，同时能够通过空间溢出效应促进邻接乃至不相邻地区创新能力的提升。在运行机理方面，高本泉（1995）提出服务业应从间接服务转为直接和间接服务并举，并使其成为科技服务业发展的着眼点和基础方式；赵晓伟（2009）认为集聚的发展模式能更好地带动科技服务业和其相关行业发展，有利于科技服务业本身行业目标的实现；陈劲等（2009）提出了科技服务业产学研战略联盟的新模式——知识集聚和质变模式；孟庆敏和梅强（2011）建立了区域创新体系内科技服务业与相关企业互动创新的因果关系图。在政策支持方面，杜振华（2008）就科技服务业的准入条件揭示了现有政策的制约弊端；陈岩峰和吕一尘（2011）用四维普适政策体系从横向政策、纵向政策、时序政策和结构政策方面建构了激励政策；张玉强和宁凌（2011）从形式、内容和对象的视角构建了科技服务业激励政策的理论框架。在发展问题方面，刁伍钧等（2012）总结了科技服务业面临的十大问题，即产业规模较小，发展不平衡；科技服务机构人员素质偏低；具有核心竞争力的骨干科技服务机构偏少；适应市场经济要求的科技服务业运行机制尚未完全建立；科技服务业资源配置不合理，科研院所的科技资源效率低；政府介入过多，垄断了部分行业的资源配置，部门分割现象没有得到明显改善；行业自律机制急需加强；相关科技中介服务的法规政策体系不健全；公共信息资源少，公共信息基础设施不足，科技服务机构获得信息和知识的成本高、途径少；缺少品牌优势。在能力评价方面，陈岩峰和于文静（2009）从科技服务业发展水平、社会科技活动和科技服务业发展环境三个维度构建了科技服务业服务能力的评价指标体系，运用因子分析法建立评价模型，分析了广东科技服务业在全国31个省份中的服务能力水平；周梅华等（2010）从地区科技、经济基础环境和产业发展现状等维度构建地区科技服务业竞争力评价体系，分析了江苏省 13 个城市科技服务业的竞争力水平；张术茂（2011）从科技服务业规模、投入、产出三个维度建立科技服务业发展水平评价模型，分析了沈阳市科技服务业在副省级城市中的发展水平。研究发现，农业科技服务虽然历史悠久，但发展缓慢，与现代科技服务业接轨还存在很大差距；从事农业科学研究与发展的人均年工资在科技服务业中最低，成为影响农业科技服务发展的重要瓶颈因素（唐守廉和徐嘉玮，2013）。

## 1.3.2  国外研究综述

农业技术推广概念源于 19 世纪中叶的英国，国外农业技术推广活动于 19 世纪 60 年代在西欧兴起。1847 年，克拉伦顿（Elarendon）伯爵为解决当时西欧的马铃薯霉菌疫情最早提出"农业技术推广"概念及相关理论。克拉伦顿伯爵认为，农业技术推广就是通过说服、培训和提供信息等非强制方式帮助农民改进生产技能，发展农业生产。国外学者的相关研究主要聚焦于以下方面。

（1）在理论依据上，从借用其他学科理论向借用其他学科理论与创建自身特色理论相结合转变

20 世纪 40~60 年代，西方学者在农业技术推广研究中仍然不断引进教育学、心理学、传播学、社会学及行为科学等相关学科的理论和概念，这对后来农业技术推广理论的发展产生了重要影响。例如，这一时期 Kelsey 和 Hearne（1949）合著的《合作农业推广工作》就将社会心理学家马斯洛（Arahanm H. Maslow）的需要层次理论作为农民技术行为产生和改变的重要理论依据；传播理论学家罗杰斯（E. M. Rogers）于 20 世纪 60 年代初提出的创新扩散理论也被农业技术推广研究者广泛运用。20 世纪 60 年代以来，研究农业技术推广的学者们在借用其他学科理论的同时，逐渐创建出富有农业技术推广特色的理论与模型。舒尔茨（T. W. Schultz）早在 1964 年就研究指出，尽管并不存在使任何一个国家的农业部门不能对该国的经济增长做出重大贡献的基本原因，但发展中国家的传统农业的确不能对经济增长做出巨大贡献，只有现代农业才能对经济增长做出巨大贡献，因此问题的关键是如何把传统农业改造为现代农业。Hayami 和 Ruttan（1985）认为，传统农业是一种特殊类型的经济均衡状态，要想打破这种均衡状态，提高农业生产效率，使传统农业向现代农业转变，必须有新的要素投入进来，通过增加农业科技投入、优化农业科技投入的结构和功能，为改造传统农业提供科技支撑，进而打破传统农业均衡的基础；然而，农业相关要素禀赋相对丰裕度的不同会导致技术变迁路径的差异，市场经济条

件下要素价格的变化会通过利益驱动促使农民致力于寻求那些能够替代日益稀缺的生产要素的技术，这就要求具有不同农业生产要素禀赋的国家发展适于本国农业要素禀赋特征的农业技术。根据这些思想，Hayami 和 Ruttan（1985）提出了农业技术诱导理论，即以资源稀缺诱导农户采用新技术；Davis（1989）提出了农业技术接受模型，认为感知有用性和感知易用性决定了采纳者的技术态度；Venkatesh 等（2003）提出了农业技术采纳与利用整合模型，认为技术利己程度、驾驭技术程度、农户群体及科技趋势力量与其他促成因素一起决定着农民对农业新技术的采纳意愿。Marsh 等（1998，2004）对以农民技术需求为目标的新推广模式进行研究，认为有效的农业技术推广应该是"科技需求拉动型"而非"科技供给推动型"，如果缺乏来自农民的技术信息反馈，研究与农业技术推广之间的联系就会变得十分脆弱。Wozniak（1987）对农户采用饲料添加剂的行为进行了研究，将农户采用饲料添加剂的利润最大化行为用数学函数公式来表达；后来他研究了不同类型农户采用农业相关新技术的行为及其影响因素，将农户采用农业新技术的决策过程创建为一个特定模型（Wozniak，1993）。

（2）在研究目的上，从推介使用农业技术向推介使用农业技术与改进提高农村整体科技水平相结合转变

农业技术推广的目的是通过试验、示范、培训、指导以及咨询服务等把农业技术普及应用于农业生产，从而使农民增收、农业增效，农业技术推广研究的初衷就是助推这一活动的良性开展。舒尔茨（1987）研究指出，"实现农业现代化，必须改造传统农业，依靠技术进步和人力资本改造传统农业"。刘易斯（1983）研究认为，"研究是推广的一个先决条件，所以在基础研究尚待进行的地方，没有推广农业技术的余地可言。不过，一旦掌握了知识，推广这种知识的工作人员就非常之需要了"。范登班和霍金斯（1990）研究认为，农业技术推广是一种有意识的社会影响形式，通过有意识的信息交流来帮助人们形成正确的观念和做出最佳决策。Evenson（1997）研究认为，农业技术推广的主要职能是将新技术信息以及好的农业生产经验和管理方法传递给农民。Jin 等（2002）研究认为，农业技术推广将"技术"这类新要素提供给需求者——农民，在提升农业生产力方面起了非常重要的作用。随着农业技术推广活动的深入开展，学者们在研究中逐渐认识到，农业技术推广并非单一性活动，而是一项极其复杂的工作，关联到农业、农民和农村整体发展。刘易斯（1999）研究认为，"推广新技术要求进行许许多多的变革，不仅在经济和社会结构方面进行变革，还要在提供资金和获得新技艺方面进行变革。因此，必须把农业技术推广工作仅仅看成是范围更加广泛的农业改良计划的一个部分，这种计划还

包括诸如修路、农业信贷、供水、卓有成效的销售、土地改革、开发新产业吸收剩余劳力、办合作社等其他事情"。美国现代学者大多把农业技术推广与农民教育、农村科技普及联系在一起进行研究，认为合格的农业技术推广者应该能够为农村中的农民提供他们需要的各种各样的新技术。现今美国的农业推广活动包括农业技术推广、家政推广（即针对妇女开展的教育子女、美化生活的农业教育推广）和4-H俱乐部（即增强农村青年 head，heart，hands，health 能力及潜力的成长培育活动），就是农业技术推广内涵和行为扩大化的明证。

（3）在研究目标上，从澄清农业技术推广问题向澄清农业技术推广问题与促进相关问题解决相结合转变

最初，克拉伦顿伯爵面对 1845～1849 年爱尔兰地区马铃薯严重歉收导致饥荒的情况，提议建立一个小型的农业咨询指导机构，该咨询指导机构的部分成员就肩负着调查研究的重任，其主要职责和工作目标是查清影响马铃薯收成的各种原因尤其是技术因素。之后，农业技术推广研究人员大多以澄清农业技术推广中的具体问题为研究目标，把找到影响农业技术推广的主要因素作为研究的首要任务。Larson 等（1999）针对美国田纳西州相当一部分农户并不热心采用精细农业种植技术的状况开展研究，主要研究目标是找出这一反常现象背后的影响因素，尤其想弄明白哪个因素是影响农户选择技术行为的决定性因素。Kaliba 等（1997）针对坦桑尼亚奶牛养殖户普遍没有采纳奶牛养殖新技术的现象进行调研，主要研究目标是查清奶牛养殖户不用新技术的背后因素，尤其想认识哪一因素是其中的关键因素。Wozniak（1993）针对美国养殖户多不使用新饲料添加剂的现状进行调查，主要研究目标是试图认清养殖户不大接受新饲料添加剂的制约因素，尤其想明白哪些因素是直接阻滞因素、哪些因素是间接阻滞因素。越来越多并且越来越深入的研究使得农业技术推广研究者发现，许许多多的因素在影响着农业技术推广行为；要想使农业技术推广顺利进行，必须研究和推动相关问题的解决。Rogers（1995）认为，农业技术推广是一个包括认识、说服、决策、实施、证实决策的系列过程，资源状况、技术基础、经济条件、市场状况、基础设施、政策环境等条件都影响着农户对农业新技术的选择。Rivera（1991）、Umali 和 Schwartz（1994）提出，现代农业技术推广强调"顾客导向"，农业技术推广部门应围绕农户的技术需求意愿开展工作。Lane 和 Powell（1996）进一步认为，农业技术推广服务体系改革应以广大农户的根本利益为主要目标，充分考虑农户接受农业新技术的能力，在农业技术推广制度中引入农户反馈机制。Rivera（2001）通过研究提出，为保障农业技术推广取得实效，必须将农业技术推广与农村地区的农业整体发展协调起来进行考虑。

（4）在研究对象上，从考察地区农业产业向考察地区农业产业与调查农业技术人员及农民相结合转变

农业产业陷入某种困境或发展不够强大是农业技术推广的直接原因，因此农业技术推广研究者大都把考察所在地区的农业产业状况放在首要地位。克拉伦顿伯爵提议建立的农业咨询指导小组为解决当时发生的马铃薯疫情，专门考察了爱尔兰地区的马铃薯产业及其栽培技术状况。Larson 等（1999）为了了解农户采用精细农业种植技术情况，详细考察了美国田纳西州小麦、水稻等种植业及其种植技术状况。Kaliba 等（1997）为了了解养牛农户采纳奶牛养殖新技术情况，全面考察了坦桑尼亚的奶牛产业及其养殖技术状况。Wozniak（1993）为了了解养殖户使用新饲料添加剂的情况，深入考察了美国部分地区的养殖业及其喂养饲料状况。农业技术推广活动开展不久，学者们便开始关注推广活动的实际效果，着手调查和研究与农业技术推广活动相关的人的因素。众多学者认为，农业技术推广是实现农业技术高效转化的关键环节，而农业技术人员是农业技术推广服务体系中最关键、最活跃的实施主体，理应是农业技术推广研究的焦点。Chapman 和 Tripp（2003）研究认为，农业技术推广人员必须训练有素并且愿意指导农民，农业技术推广活动才能富有成效。Tripathi 等（2006）研究认为，农业技术推广人员必须不断提高自身的组织能力、管理能力和沟通能力，不断提高自身的技术能力，才能提高农业技术推广工作的效率。Goletti 等（2007）在对农业技术推广者进行深入观察后，认为农业技术推广人员待遇低、推广机构经费短缺等制约着其技术推广行为的效度。在农业技术推广研究中，学者们也逐渐认识到，农户是农业技术的受施主体和需求主体，直接影响着一项新的农业技术成果能否被最终采用，市场经济条件下更是农业新技术能否被最终采用的决定者，对农业的技术进步和增产增收起着关键作用，研究者必须对农户的农业技术选择行为进行研究。20 世纪 50 年代以来，国外一批农业技术推广学者对农户的农业新技术采用行为做了大量调查研究。Griliches（1957，1960）较早研究了美国种植杂交玉米的农户对新品种及其种植技术的选择行为；舒尔茨（1987）明确肯定了农民作为农业技术新要素需求者的研究价值；Lindner 和 Gibbs（1990）则对小麦、玉米、大豆、水稻等种植业以及畜牧业、林业、渔业的农户选择新技术行为做了深入研究。

（5）在研究内容上，从分析农业技术推广问题向分析农业技术推广问题与关注农村社会问题相结合转变

农业技术推广研究起步伊始，研究者主要聚焦于分析农业技术推广中所涉及的具体问题。1847 年，爱尔兰农业咨询指导小组针对马铃薯疫情，调研分析了马铃薯的生产面积、受灾面积、疫情扩散范围、疫情产生原因，并跟踪调

研分析了爱尔兰农户采用马铃薯栽培新技术后的生产状况。此后至今，学者们仍将分析某项农业技术推广的具体方面和问题作为农业技术推广研究的中心任务。例如，Griliches（1957）分析了美国种植杂交玉米农户的年龄、性别、土地规模、种植收益、再种打算及对新产品、新技术的接受渠道等；Hayami（1981）分析了 5 个亚洲国家 30 个村庄采用水稻新品种的农户采用新技术（品种）与群体规模之间的关系；Wozniak（1987）分析了美国使用新饲料添加剂农户的教育水平、信息来源、养殖规模、对新技术的咨询频率等；Kaliba等（1997）分析了坦桑尼亚采纳新技术奶牛养殖户的个人情况、家庭情况、土地情况及采纳新技术的影响等；Larson 等（1999）分析了美国采用精细农业种植技术农户的教育程度、种植技术历史及收益、新技术预期收益等；Ullah和 Anad（2007）分析了大洋洲斐济共和国使用农业新机械农户的经济状况、地形地貌、土壤类型、地块大小、持续天气、租用成本、燃料成本、维修费用等。在现实活动和研究中，面对农业技术推广困难程度和复杂程度的逐步提高，学者们不得不关注农业技术推广的相关问题甚至是农村社会问题。Singh等（1986）分析了市场经济条件下采用农业新技术农户的种植模式与农产品市场价格、地理气候条件、自身资源禀赋、个人消费偏好等关系；Svoanson 等（1997）分析了农业技术推广效率与推广组织的管理体制、国家和地方政府的管理制度及双方之间运行机制的关系；Dinar（1996）研究了农业技术推广与农村土地可持续利用、农业其他资源可持续利用及国家粮食持续增长的关系；Hanumanth（1976）、Grabowski（1979）则从农村社会公平和平等的角度调查研究了发展中国家在经济优势家庭群体优先采用农业新技术背景下，现代水稻技术促进粮食增长与加剧农村地区农户间贫富分化的关系。

（6）在研究方法上，从统计农业技术推广问题状况向统计农业技术推广问题状况与构建问题分析模型相结合转变

20 世纪 60 年代之前，学者们主要运用数理统计的方法研究农业技术推广问题，以获取农业技术推广中采用或未采用农业新技术的土地面积、农户数量、农民年龄、农民性别、农民教育水平、农业技术人员数量等相关数据的百分比例。例如，爱尔兰农业咨询指导小组统计分析了当地马铃薯的生产面积、受灾面积等数据百分比；Griliches（1957）计算分析了美国种植杂交玉米农户的土地规模、文化程度等数据百分比。学者们根据这些统计数据比例来衡量农业新技术的实施状况和推广成效，以判断未来对农业新技术是继续推广扩大还是另选更加适合的新秀。20 世纪 60 年代之后，学者们虽然仍把数理统计作为研究农业技术推广问题的重要方法，但开始运用愈发高深的数理知识构建数学模型对农业技术推广问题进行研究分析。Wozniak（1987）用数学函数公式表

达农户采用饲料添加剂的技术选择行为，并以之分析所有农户采用农业新技术的行为；他创建模型表达农户采用农业新技术的决策过程，并用其研究各种农户采用农业新技术的选择过程（Wozniak，1993）。学者们以创新扩散理论为基础，提出了多种农业技术推广模型，如按经济运行体制，将农业技术推广分为集中型、非集中型、综合型三种。其中集中型适应计划机制环境而产生，也为市场机制环境中的政府所采用；非集中型适应市场机制环境而产生，也为计划机制环境中的政府所采纳；综合型介于两者之间，兼有两者之利弊（Hagestrand，1967）。Mansfield 于 1968 年提出新技术扩散的 S 形模型后，学者们相继提出了适应于农业技术推广的 Sharif-Kabir 模型（Sharif and Ramanthan，1981）、Skiadas 模型（Skiadas，1986）、NUL 模型（Chatterjee and Eliashberg，1990）、GRMI 模型（Vijay et al.，1990）、Karmeshu 模型（Maryellen and Bookds，1991）、Havrda-Charrat 模型（Karshenas and Stoneman，1993）等，被农业技术推广研究者广泛应用。近年来，一些学者还使用动态分析法分析农户的技术选择行为，例如，David 等（2004）利用持续分析法（duration analysis）分析了埃塞俄比亚东部和西部地区采用有机化肥和除莠剂技术的农户随着时间迁移而发生的变化。

（7）在研究结论上，从揭示农业技术推广问题及原因向揭示农业技术推广问题及原因与提出系统思考策略相结合转变

与研究对象、研究内容、研究目的和研究目标相一致，研究结论也在研究演进中逐步深化。在农户的研究方面，爱尔兰农业咨询指导小组 1847 年的调研发现，种植和栽培方法不当引发霉菌产生是马铃薯疫情的主因。Larson 等（1999）通过对美国田纳西州农户使用精细农业种植技术的影响因素进行研究，指出影响农户决定是否采用精细农业种植技术的最大因素是预期农业净收入问题，即农户要估算和判断是否能够实现农业纯收入的最大化。Kaliba（1997）等通过对坦桑尼亚农户采纳奶牛养殖新技术的影响因素进行研究，指出农民性别、年龄、家庭劳动力多少、家户土地规模都对农户采纳奶牛养殖新技术的行为有较大影响。Wozniak（1993）通过对美国农户使用新饲料添加剂的影响因素进行研究，指出农民的教育水平、接受信息量、接触农业技术推广人员的频度等与农户使用新产品的行为密切相关。Singh 等（1986）对农户技术选择行为的研究表明，市场完善地区的农户种植模式主要取决于农产品市场的价格和自然条件，市场不完善地区的农户种植模式主要取决于农户本身的需求及自身的资源禀赋和消费偏好。Horna 等（2007）对尼日利亚农户选择水稻新品种的偏好研究表明，农户技术选择发生的主要依据是自身社会经验、经济条件及对新品种特性的了解；Clarke（2000）、Ullah 和 Anad（2007）对农户选

择农业机械行为的研究表明，土地所有权制度、农民经济状况、租种土地规模、租（用）机械成本等都是影响农业机械化发展的重要因素。针对农户中存在的问题，一些学者在揭示影响因素的同时，提出了解决问题的构想，如加强农民职业技术教育、加快农村科技信息化建设（Wozniak，1993）、加大惠农财政补贴力度、改革土地所有权制度（Ullah and Anad，2007）等一系列举措建议。在农业技术推广人员的研究方面，Cooper 和 Graham（2001）通过对美国阿肯色州农业技术推广组织的调查，发现大多农业技术人员存在着胜任力不足的问题；Burton 等（1997）对农业技术推广组织的研究表明，农业技术推广人员缺乏竞争和激励，90% 的农业技术推广人员处于极其困难的工作环境，很多农业技术推广组织缺乏科学设计的管理体系和运行机制。基于此，联合国粮食及农业组织（Food and Agriculture Organization of the United Nations，FAO）早在 1985 年就提出，各国农业技术推广机构应为农业技术推广人员设置适当的收入结构，提供合适的职务晋升机会，并制定相应的奖惩措施。Honadle（1982）研究指出，政府应对农业技术推广人员建立以需求为基础的参与式评价系统，确定农民参与决策和适当的服务目标；Onyango（1987）研究认为，政府应为农业技术推广人员提供发挥技术和展现技能的机会，使他们赢得更多的社会尊重和获得较高的社会经济地位；Vijayaragavan 和 Singh（1992）研究认为，农业技术推广人员的绩效考核应包括设定关键绩效指标、分析绩效的关键特性、定期审查绩效、与推广人员交流、分析培训和发展需求等；Moore 和 Rudd（2004）则研究认为，应加强和提高农业技术推广人员的人际技能、概念技能、技术技能、情绪智力技能和产业知识技能五大方面的胜任力；Kiplang（2005）还分析了农业技术人员与研究人员之间的关系，认为建立双方间的信息交流平台也非常必要。面对农业技术进步带来的收入分配效应，Hanumanth（1976）、Grabowski（1979）从社会公平出发，提出在广大农村均衡推进农业新技术的思想；Lane 和 Powell（1996）从农业技术推广服务体系改革出发，提出以农户反馈机制为核心重构农业技术推广制度的建议；刘易斯（1999）从农业技术推广长远发展出发，提出了农业改良计划和工农业技术术创新协调开展的设想；Rivera（2001）从工农社会协同发展出发，提出在工农并重中开展农业技术推广、大力发展现代农业的思路。

（8）在研究视野上，从瞄准农业技术推广领域向瞄准农业技术推广领域与面向知识服务产业相结合转变

研究伊始，西方学者们主要将目光定位于农业技术推广领域，致力于把农业技术推介给广大农民，力图解决直接阻碍农业技术推广的所有瓶颈问题。正如上文所述，他们研究农户接受新技术的反应、农业新技术的适应性、农业技

术人员推广工作的效率，以及与此相关的农村土地制度、农户经济状况、农民职业教育、农业技术推广机制等。20 世纪 70 年代以来，以生物工程技术、新材料技术、微电子技术为标志的新技术革命快速、大规模兴起，国外学者们追踪研究这一现象，将科技产业称为知识密集型产业，将科技服务业称为知识服务产业。Bell（1974）率先明确提出了知识服务业的概念，认为由于理论知识居于中心地位，科学与技术之间出现了一种新的关系，这种使社会的重心日益转向知识领域的行业就是知识服务业；Miles 等（1995）、Kam（2007）指出，依赖专业知识的私营企业或组织，提供以知识为基础的中介产品或服务的行业就是知识服务业。Windrum 和 Tomlinson（1999）、Muller 和 Zenker（2001）研究表明，科技服务业为客户提供的服务在内容和质量上很大程度是由作为服务提供商的科技服务业机构和其客户制造企业之间的互动过程和联系决定的。Barras（1990）、Sundbo 和 Gallouj（2000）、Corrocher 等（2009）都认为用户在参与科技服务业这种知识密集型产业的过程中，他们的生产和交付需求往往与消费相重合，所以各个科技服务机构根据各个用户的不同需求提供有针对性的服务是科技服务业的特色。从功能和创新的角度看，Tether 等（2001）、Hershberg（2007）、Muller 和 Doloreux（2009）指出科技服务业具有整合科技资源、推动技术转移、加速技术信息传递、连接技术供需双方等特点，能够支持其他公司或组织创新。Duranton 和 Puga（2002）用基尼系数测量了全球工业化程度较高地区的区位功能专业化水平，认为发达国家的科技服务业对其他产业具有明显的推动作用，经济和科技比较发达地区的科技服务业更容易发展壮大，并随着科技服务业的发展会逐步产生集聚效应；Henderson（2003）分析了美国企业 1972～1992 年的科技水平数据，认为高科技服务产业能在产业经济活动中得到更多的外部机遇。Tether 等（2001）、Vander Aa 和 Elfring（2002）指出，由于知识服务业有多层面的特点，人们需要制定新的定义和新的措施来明确规范非技术方面的创新服务。与此同时，学者们开始有意无意地觉察到，应该将农业技术推广纳入到大科技服务的范畴之中，关注和研究知识服务业兴起背景下农业科技服务面临的挑战和改革。Akino 和 Hayami（1975）在农业生物育种技术方兴之际调研了公共农业科研的回报及其在生产者之间的分配收益，指出日本、美国等发达国家作物品种改良研究的社会回报率仍然很高，发展中国家的社会回报率更高；Evenson（1997）对全球 375 项农业科研投入回报率的国际比较表明，世界农业科研投入回报率高达近 50%；Coombs 等通过研究都发现，农业科技服务是科技服务业中的最弱项，吸引投资少，人员收入低（Tether，2005）；Freel（2006）通过研究则提出，农业科技服务是极具潜力的产业，采用现代知识服务产业的运作方式，农业科技研究及推广效益将有极大跃升。

### 1.3.3 国内外研究评价

国内外关于农业技术推广的研究取得了明显成效，为进一步深化研究我国多元化农业技术推广服务体系建设打下了深厚基础；但也存在着不少问题，仍需后来者继续攻关探究。分析中外已有研究的利弊得失，我们才能明确农业技术推广领域研究的软肋和方向。

（1）国内研究评价

我国的农业技术推广理论从西方引进，国内研究在深化政府农业技术推广属性认识的同时，逐渐关注非政府农业技术推广的建设和问题，并从宏观构想走向微观剖析，从体制机制思考转向实践问题考察，为今后开展多元化农业技术推广服务体系深化建设研究提供了丰富成果。然而，国内已有研究在研究对象、研究内容、研究方法、研究视角等方面还存在诸多问题。概而言之，在理论依据上，我国学者借用西方理论和模型进行分析的多，结合本土实际进行创新的少，对于农业技术推广服务研究还未形成比较系统的理论；在研究对象上，我国学者仍以专职农业技术推广人员为主考察农业技术推广状况，很少对科研院所、农民专业合作社或涉农高等院校的农业技术推广人员进行多年社会跟踪以寻求变化规律，也没有从农村直接选取大量务农农民进行广泛调查以揭示内在机理；在研究内容上，我国学者侧重农业技术推广中的具体服务效益分析和服务性事业单位改革背景下的农业技术服务方式创新探讨，对农业技术推广服务体系重构极少予以现实关注和建设性研究；在研究方法上，我国学者综合运用定量研究与定性研究、归纳研究与演绎研究、证验研究与规范研究、事实研究与价值研究、冲突研究与和谐研究等诸多方法（陈新忠，2009a），对农业技术推广与农民、农业、农村关系进行分析的少，综合运用农学、经济学、社会学、政治学、历史学、教育学、哲学、心理学、生态学等多种学科理论对农业技术推广与"三农"关系进行分析的更少；在研究目标和结论上，我国学者虽然在陈述问题的基础上提出了一些改进现状的设想，但是较少对某一地区多元农业技术推广主体进行全面调研分析，缺乏结合实际的区域性多元化农业技术推广服务体系建设的具体设计和政策建议，更没有从某一方面或角度为未来科技服务业主导背景下国家农业技术推广发展提出过整体性可行方略；在研究视野和目的上，国内学者虽然开始认识到了知识服务业背景下农业技术推广的问题和差距，但还没有以此为契机找到重构和发展农业技术推广服务体系的切入点和突破口。

（2）国外研究评价

国外农业技术推广研究起步较早，成效显著，20世纪60年代以来在理论依据、研究目的、研究目标、研究对象、研究内容、研究方法、研究结论和研究视野八个方面呈现出从单一取向向二元（或多元）结合转变的特点（陈新忠，2009a）。他们的相关研究日趋成熟，值得我国学者学习和借鉴。然而，在理论依据上，国外学者更多注重呈现客观现状的理论假设、理论印证和理论构建，虽然提出了一系列高度抽象的数理模型，但形式十分复杂，过于强调随机性，参数缺乏明显的解释力，实际应用大受影响，对农业技术推广与农民、农业、农村的互动机理的探讨仍不系统、不深入；在研究对象上，国外学者仍然注重选取农业技术推广人员进行研究，即使20世纪60年代实现考察对象由单一向多元转变后，大多学者也仅仅是立足农业技术推广人员，将对象延伸至其服务的群体——农户，极少有人直接选取农村某区域的大量务农农民为对象进行农业技术推广与农村经济社会关系的专门研究；在研究内容上，国外学者研究农业技术推广人员或农户等个体行为的多，研究某一区域或整个国家农业技术服务体系状况及其改进的少；在研究方法上，国外学者注重数理统计和模型分析，量化研究与质性分析有机结合的较少，以数据为基础对区域或国家农业技术推广服务状况进行质性分析的更少；在研究目标和结论上，国外学者注重在众多因素分析中澄清农业技术推广的关键问题，尽管提出了一些改进农业技术推广服务的建议和措施，但是并没有为区域或国家构建出较为系统的农业技术推广服务体系发展的具体策略；在研究视野和目的上，国外学者虽然开始面向知识服务业审视农业技术推广的地位和改变，但还没有思考清楚如何系统化地重构工农一体化农业技术推广服务体系。

# 1.4　研究方法与思路

农业技术推广是一种极为复杂的行为和活动，需要运用科学的方法和思路进行研究。清晰的思路是一部著作得以展开的基础，严谨的研究方法则有助于我们认识繁华掩盖下的问题和本质。本书以前人研究成果为借鉴，将理论探讨与实践探索密切结合，把国内研究与国外研究有机统一，为湖北省乃至我国农业技术推广服务体系深化建设作一次大胆而有益的尝试。

## 1.4.1　研究方法

任何一种研究方法都有其局限性，"没有一种研究方法能揭示一切"（伯顿·克拉克，2003）。本书以科学发展观为指导，坚持理论联系实际、洋为中用等原则，综合运用文献研究、调查研究和案例研究等方法，以期在研究方法上有所进步和创新。

（1）文献研究法

文献研究法是指根据研究目的或课题需要，对记录相关知识的图书、报刊、文件、报告、学位论文、专利材料和各种音像视听资料等载体进行查阅和梳理，全面了解研究项目，从中发现问题、寻求借鉴的一种研究方法（陈新忠，2010）。农业技术推广伴随着人类社会的产生而出现，在人类社会发展过程中引起了众多学者的关注和研究，积累了大量的文献资料；现代意义上的农业技术推广在欧洲走过了160多年的历程，在我国也有80余年的历史，对农业和农村发展发挥了重大作用，已有的相关研究形成了丰富的文献成果。本书从图书馆、资料室、有关部门及互联网上查阅国内外有关农业技术推广的相关专著、论文与文件，整理和分析资料，获取所需信息。

（2）调查研究法

调查研究法是指根据研究目的或课题需要，综合运用观察、谈话、问卷、测验、计算、实验等方式，有目的、有计划、有系统地获取研究对象历史资料和现实状况，借以总结成效、发现问题、探究原因、寻求出路或规律的一种研究方法（陈新忠，2013b）。美国学者莫顿·亨特（1989）指出，社会科学是建立在系统考察取得的具体数据基础之上的科学，这些数据"必须被进一步的观察和实验所证实或修正"。多元化农业技术推广服务体系建设研究是一项实践性课题，不可能脱离农业技术推广的实际只进行单纯的理性思辨。本书以湖北省为例，通过走访湖北省农业系统人事部门，查阅《湖北统计年鉴》和统计网站，了解湖北省农业技术推广的整体情况；通过选择湖北省有代表性的市、县（区）、乡（镇）、村进行问卷与访谈调查，了解农业技术推广的具体现状和问题；通过访谈部分专家、学者，了解农业技术推广中存在问题的原因及其发展趋势。

（3）案例研究法

案例研究法是指根据研究目的或课题需要，选取具有典型意义的一个或多个案例为基本素材，概括其成长特点，提炼其发展经验，分析其本土化启示，以寻求对研究项目的问题解决有所借鉴的一种研究方法（陈新忠，2010）。国内外现代农业技术推广历史悠久，在影响农业和农村发展中发挥了重大作用，形成了自己特色，他们积累的经验值得我国学习。本书对美国、英国、日本和我国部分地区农业技术推广的经验进行具体分析，对其特点进行归纳总结，以寻求研究借鉴。

（4）系统分析法

系统分析法是指以系统理论作为指导，把研究对象看成是一个由若干相互联系、相互作用的要素组成的具有特定结构、性质和功能的有机整体，在强调系统的整体性、系统要素之间相互作用和相互依存的前提下，以边界开放的功能和有序化的原则探究对象事物最佳运行机理的研究方法。本书将多元化农业技术推广服务体系看成一个有机系统，从农业科技服务组织、地方政府、农民、农业新型经营主体、社会等方面着眼，分析新形势下区域或国家发展农业科技服务的瓶颈要素和科学途径，提出系列的政策建议。

## 1.4.2　研究思路

本书紧紧围绕"多元化农业技术推广服务体系建设"这一主题，沿着"理论探讨—历史回溯—现状分析—经验借鉴—对策建议"的研究思路展开。

第一，在澄明多元化农业技术推广服务体系相关概念前提下，本书对农业技术推广的有关理论进行探讨，分析多元化农业技术推广服务体系的功能与建设原则，探析多元化农业技术推广服务体系的建设框架及运行机理，提出多元化农业技术推广服务体系建设的理论依据。

第二，本书回溯我国农业技术推广服务体系建设的历史演进，考察和分析我国古代农业技术推广服务的诞生与演变、民国时期农业技术推广服务的曲折变革、新中国成立后政府农业技术推广服务的创立与发展，以及改革开放以来社会农业技术推广服务的探索与实践。

第三，本书以湖北省为例对多元化农业技术推广服务体系建设的现状进行调研，回顾和分析湖北省现行农业技术推广服务体系的渊源及困境，概括湖北多元化农业技术推广服务体系建设的成效，明确湖北多元化农业技术推广服务体系建设的问题，揭示湖北多元化农业技术推广服务体系建设的症因。

第四，本书对国内外多元化农业技术推广服务体系建设的经验做法进行研究，分析世界农业技术发展及其推广的历史与现实，提炼发达国家多元化农业技术推广服务体系建设的经验特点，并分别探讨我国国内政府主导的农业技术推广服务体系、大专院校开展的农业技术推广服务、科研院所开展的农业技术推广服务、农民组织开展的农业技术推广服务、涉农企业开展的农业技术推广服务等典型模式的经验。

第五，在理论探讨、文献及实践的历史回溯、现状分析和经验借鉴的基础上，本书运用系统分析方法，把多元化农业技术推广服务体系看成一个既相对封闭又永恒开放的有机系统，从系统论和又好又快发展农业科技服务出发，以

21 世纪以来农业科技服务发展的现实境况为背景，提出科技服务业兴起背景下我国多元化农业技术推广服务体系快速、健康、可持续发展的选择路径和实现策略。

多元化农业技术推广服务体系建设研究技术路线图如图 1-1 所示。

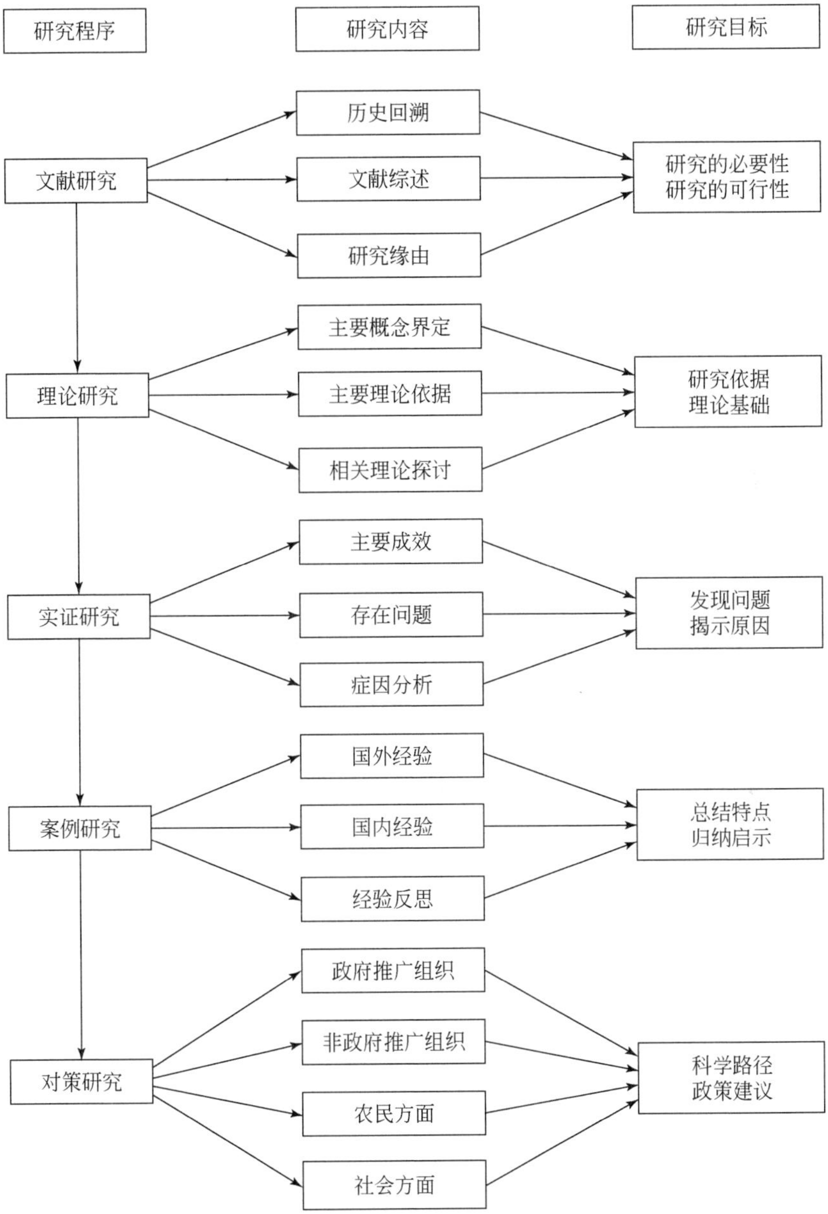

图 1-1　多元化农业技术推广服务体系建设研究技术路线图

# 第 2 章
## 多元化农业技术推广服务体系
## 建设的理论基础

理论基础即基础理论研究，是对研究所涉及的基本概念、理论依据和相关理论的探讨，是开展研究的起点和前提。马克思主义认识论认为，科学理论来源于实践，又能动地指导实践。自然科学如此，社会科学亦然。根据理论在研究中的地位和作用，社会科学研究大致可以分为三种：一是基于实践的理论推导，即没有现成理论做指导，直接从实践中或自我认识的积累中概括、提炼、分析、演绎出理论的研究；二是基于理论的实践分析，即运用已有理论做指导，对实践中的现象或问题进行认识、归纳、解析和阐释的研究；三是基于理论和实践的双重研究，即既运用前人理论对实践进行认识和分析，又能够从实践中进行理论创新，以指导人们深入认识实践、科学推动实践完善发展的研究（陈新忠，2013b）。多元化农业技术推广服务体系建设的研究属于以理论和实践为基础的社会科学研究，既需要运用前人理论进行考察，又需要对相关理论进行探讨。作为新背景下选取新的研究对象进行的一项新研究，本书研究伊始有必要对多元化农业技术推广服务体系的基本内涵进行界定，对其特征、功能和建设原则进行探究，对其建设框架和运行机理进行分析，对其研究的理论依据进行阐明。

## 2.1　多元化农业技术推广服务体系的内涵与特征

马克斯·韦伯曾经说过，"对概念的入门性讨论尽管难免会显得抽象，并因而给人以远离现实之感，但却几乎是不能省略的"。对研究概念的梳理及其内涵的厘定既可以回顾研究对象的演变发展历史，又能够进一步明确所要研究对象的具体范畴和分析维度。

### 2.1.1 多元化农业技术推广服务体系的内涵

概念及其内涵是历史时代的特定产物，世界各国农业技术推广的概念及其内涵随着时间的变化而不同。本书按照概念出现的历史先后顺序，试从农业推广、农业技术推广、农业技术推广体系、多元化农业技术推广服务体系四个词汇解读多元化农业技术推广服务体系的现代内涵。

（1）农业推广

"农业推广"是国外较早和普遍使用的概念，内涵由狭义向广义逐渐演变。继克拉伦顿伯爵最早提出"农业技术推广"后，19世纪60年代英国剑桥大学和牛津大学持续倡导"推广教育"（extension education），同期美国赠地学院也广泛开展农业推广（agricultural extension）。英美这一时期农业推广的含义是：把大学教育带给普通大众和农民，把大学和科学研究机构的研究成果通过适当的方法介绍给农民，使农民获得新的知识和技能，并在生产中运用，从而增加其经济收入（徐森富，2011）。此后，法国使用农业发展、日本使用农业改良普及、丹麦使用农业咨询服务、德国使用农业推广咨询表达农业推广的意蕴。这时期的农业推广是一种单纯以改良农业生产技术为手段，以促使农民采用新技术、新成果、新工艺，帮助农民提升农业生产水平、提高产量、增加收入为目标的农业技术推广活动，是狭义的农业推广，迄今世界上很多发展中国家的农业技术推广仍属于这一范畴。随着现代农业发展和农村现代化步伐加快，世界许多国家或地区仍在沿用的农业推广内涵发生了变化，演变为广义的农业推广。1962年，在澳大利亚召开的世界第十届农业推广会议将农业推广界定为：通过教育过程，帮助农民改善农场经营模式和技术，提高生产效益和收入，提高乡村社会的生活水平和教育水平。1973年，联合国粮食及农业组织（1973）出版的《农业推广参考手册》（第一版）将农业推广解释为：农业推广是在改进农业耕作方法和技术、增加农产品效益和收入、改善农民生活水平和提高农村社会教育水平方面，主要通过教育来帮助农民的一种服务活动。由此可以看出，广义的农业推广除了涵盖农业技术推广的内容外，还包括农民教育培训、农民组织化、农户经营指导、农民家政指导、农村社区建设、农村环境保护等更多内容，更加注重市场、科技等多方面的信息服务，以及通信、网络等现代技术手段的运用（刘东，2009）。现阶段，欧美发达国家的农业推广活动大多都从属于广义的农业推广领域，除了对农业生产、农业资源合理化使用、农产品经营及储藏进行技术指导外，也对市场信息反馈、农户各种生产经营等内容进行管理。具体而言，国外农业推广活动主要集中于以下方面：①有效的农业生产指导；②农产品运销、加工、储藏的指导；③市场信息和价格的指导；④资源利用和环境保护的指导；⑤农户经营和管理计划的指导；⑥农民家庭生活的指导；⑦乡村领导人的培养与使用指导；⑧乡村青年的培养与使用指导；⑨乡村团体工作改善的指导；⑩公共关系的指导（许无惧，1989）。

（2）农业技术推广

农业技术推广（简称农技推广）是国外最早提出而被我国广泛使用的概念，内涵随着时代发展不断丰富。1847 年，克拉伦顿伯爵提出了农业技术推广的概念，赋予其主要推广农业技术的内涵；新中国成立后，我国开始普遍使用农业技术推广概念，其意旨仍然主要在于推广先进的农业技术。1993 年 7 月 2 日第八届全国人民代表大会常务委员会第二次会议通过的《中华人民共和国农业技术推广法》第一章第二条规定："本法所称农业技术推广，是指通过试验、示范、培训、指导以及咨询服务等，把农业技术普及应用于农业生产产前、产中、产后全过程的活动。"2012 年 8 月 31 日第十一届全国人民代表大会常务委员会第二十八次会议通过的新《中华人民共和国农业技术推广法》也是如此规定："本法所称农业技术，是指应用于种植业、林业、畜牧业、渔业的科研成果和实用技术，包括良种繁育、施用肥料、病虫害防治、栽培和养殖技术，农副产品加工、保鲜、贮运技术，农业机械技术和农用航空技术，农田水利、土壤改良与水土保持技术，农村供水、农村能源利用和农业环境保护技术，农业气象技术以及农业经营管理技术等。"由此可以看出，我国长期以来一直沿用的农业技术推广主要是指社会相关产业或领域将现有科研成果采取符合实际的措施、手段或途径推广介绍给广大农民群众，进而使得农民群众在汲取最新科研成果与知识的基础上，实现增产与增收的活动（王慧军，2002），属于狭义的农业推广范畴。近年来，随着我国农业经济和农村社会的快速发展，科学技术对农村经济社会发展的支撑和引领作用日益显著。在农村，不仅农业经济需要技术推广服务，第二产业、第三产业和社会事业的发展也迫切需要科技服务。为适应这一趋势，我国政府文件中开始使用农业科技推广、农村科技推广、农业科技服务、农村科技服务等概念来补充说明和扩大丰富农业技术推广的内涵。

（3）农业技术推广体系

与农业技术推广概念相对应，我国长期以来采用农业技术推广体系这一概念。体系是要素的集合，是指若干有关事物或某些意识互相联系、互相制约而构成的一个整体。农业技术推广体系是指为做好农业技术推广工作，由许多相关农业技术推广机构和个体按照一定的规则和要求组成的有机整体。1993 年颁布的《中华人民共和国农业技术推广法》第二章和 2012 年修正的《中华人民共和国农业技术推广法》第二章题目都是农业技术推广体系，对农业技术推广体系进行了详细规定。对于农业技术推广体系的构成，1993 年《中华人民共和国农业技术推广法》第二章第十条规定："农业技术推广，实行农业技术推广机构与农业科研单位、有关学校以及群众性科技组织、农民技术人员相结合的推广体系。" 2012 年新《中华人民共和国农业技术推广法》第二章第十条规定："农业技术推广，实行国家农业技术推广机构与农业科研单位、有关学校、农民专业合作社、涉农企业、群众性科技组织、农民技术人员等相结合的推广体系。" 对于农业技术推广体系的发展方向和运行机制，2002 年 12 月 28 日第九届全国人民代表大会常务委员会第三十一次会议修订的《中华人民共和国农业法》第五十条规定："国家扶持农业技术推广事业，建立政府扶持和市场引导相结合，有偿与无偿服务相结合，国家农业技术推广机构和社会力量相结合的农业技术推广体系，促使先进的农业技术尽快应用于农业生产。" 此外，随着国家农业技术推广体系的改革和社会化农村科技服务体系的发展，政府文件和学术论著中陆续出现了农业科技推广服务网络、农业科技推广服务体系、新型农村科技服务体系等提法，表明农业技术推广体系的内涵随着时代发展而更加丰富。

（4）多元化农业技术推广服务体系

多元化农业技术推广服务体系是我国近年来常提的一个概念，它在原来农业技术推广体系之上增加了"服务"和"多元化"两个限定词，体现了时代要求和国际特色。"多元化"表明我国在管理体制上由"计划"向"市场"的彻底转型，"服务"则突显了现代服务业兴起背景下我国运用先进科技改造农业的态度和方式。当代西方发达国家，农业已实现了现代化、企业化和商品化，农民文化素质和科技知识水平已有极大提高，农产品产量大幅度增加，面临的主要问题是如何在生产过剩的条件下提高农产品的质量和农业经营的效益。因此，农民在激烈的生产经营竞争中，不再满足于生产和经营知识的一般指导，更重要的是需要提供科技、市场、金融等方面的信息和咨询服务。为此，联合国粮食及农业组织（1984）在新版的《农业推广》中指出："推广工作是一个把有用信息传递给人们（传播过程），然后帮助这些人获得必要的知识、技能和正确的观点，以便有效地利用这些信息或技术（教育过程）的一种过程。" 面对时代变化和实践要求，我国在《中华人民共和国农业技术推广法》《中华人民共和国农业法》等法律条文和官方文件中都不同程度地表达了农业技术推广体系的服务倾向和多元化构成。科学技术部、农业部联合编撰的《21 世纪中国农业科技发展战略》较早明确地将农业技术推广体系界定为：

"我国农业技术推广体系是以政府从中央到乡镇自上而下的种植业技术、畜牧业技术、水产技术、农业机械化、农业经营管理、林业技术、水利技术等七大专业技术推广体系为主体，供销社、农业科教单位、涉农企业、农民组织等共同推广的多元化体系。"国务院2010年7月制订并颁布的《国家中长期科学和技术发展规划纲要（2010—2020年)》也明确指出："国家对农业科技推广实行分类指导，分类支持，鼓励和支持多种模式的、社会化的农业技术推广组织的发展，建立多元化的农业技术推广体系。"2013年1月，农业部在颁发的《农业部关于贯彻实施〈中华人民共和国农业技术推广法〉的意见》中多次提到农业技术推广服务，并要求"明确乡镇农业技术人员工作责任，通过包村联户等方式，联系村级农业技术服务站点、农民技术人员、科技示范户和试验示范基地，确保农业技术推广服务全覆盖。将农业技术推广机构和每名农业技术人员的服务区域和服务内容向社会公开，向服务对象作出服务时限、服务质量等承诺"。

从以上对概念及其内涵的追溯和分析可以看出，狭义农业技术推广是一个国家处于传统农业发展阶段，农业商品生产不发达，农业技术水平制约农业生产的状况下的产物。在此背景下，农业技术推广首要解决的是农业生产技术问题，势必形成以农业技术指导为主的推广活动。广义农业技术推广则是一个国家由传统农业向现代农业过渡时期，农业商品生产比较发达，农业技术已不再成为农业生产的主要限制因素的状况下的产物。在该背景下，农业技术推广主要解决的问题除了农业技术之外，还有许多非技术问题，由此便产生了内容广泛的现代农业技术推广活动。当代农业技术推广不仅需要农业技术推广人员将新的科研成果和技术信息介绍给农民，而且要帮助信息接受者合理地利用和使用技术及信息，尤其要帮助信息接受者正确处理非技术因素，提高他们的知识文化素养，激发他们创造生活的潜能。作为新时期的农业技术推广承担者，多元化农业技术推广服务体系将集科技、教育、管理及生产生活活动于一身，通过扩散、沟通、教育、干预等方法，使我国的农业和农村走上依靠科技进步和提高劳动者素质而发展的轨道，促进农业增产、农民增收、农村经济社会进步目标的实现。因此，我国多元化农业技术推广服务体系建设面临着更多的机遇和挑战。

## 2.1.2 多元化农业技术推广服务体系的特征

按照农业技术推广的构成要素和活动过程，以及农业技术推广服务体系发展的新趋向，多元化农业技术推广服务体系应具有如下特征。

（1）推广主体的多元竞争

以往的农业技术推广虽然也有很多主体在进行，但主要依靠政府自上而下比较完整的农业技术推广系统支撑和开展工作。其他农业技术推广组织，如科研院所、大专院校、农民合作社等尽管也做了不少工作，但涉及范围小，力量不大，只能算政府农业技术推广系统的点缀。多元化农业技术推广服务体系则不然，除了政府系列的农业技术推广服务系统之外，将允许、鼓励和支持社会化农业技术推广机构开展农业技术推广工作，并在法律法规的规范下逐渐形成多元竞争的发展态势。

（2）推广对象的个群兼具

近年来的农业技术推广虽然也关注服务对象，很多地区农业技术推广站所建立"联户示范"的制度，但主要关注的是"农民群体"，以能否将政府要求的推广项目推广给某一村或某一地区的农民群众为主要目标。在政府行政任务和工作使命之下，农业技术推广组织及其人员对农民个体关注得很少，对农村新兴起来的经营主体等新型群体也关注不够，大多以完成任务、取得政绩为终极目的。多元化农业技术推广服务体系将一反过去工作常态，除实施地方农业布局和结构调整的战略任务外，将以农民个体和新兴农业经营主体为服务对象，更加关注多数农民及其产业组织的需求，为他们进行现代化服务。

（3）推广内容的农业技术外延

我国的农业技术推广基本上拘泥于农业技术方面，农业技术之外的其他农村技术、农村事务很少涉及。这一方面是因为法律法规将其限定在农业技术的范畴，如1993年和2012年颁布的《中华人民共和国农业技术推广法》第二条都明确规定，"本法所称农业技术，是指应用于种植业、林业、畜牧业、渔业的科研成果和实用技术"；另一方面是因为我国政府设置相应岗位时没有考虑农业技术之外的庞杂事务，农业技术推广人员少、待遇低，也无暇顾及其他事务。多元化农业技术推广服务体系则在巩固政府系列农业技术推广机构和人员外，充分向社会开放，利用社会力量开展农业技术推广，势必迫使众多农业技术推广组织和个体在竞争中为农户和农村实际着想，将推广内容与农民所需链接起来，而不仅局限于农业技术。

（4）推广手段的高科操作

现行政府农业技术推广机构虽然也在使用新工具、新机械、新途径等为农民群众服务，但相当部分的农业技术推广机构基层站所没有稳定的专门办公场所、现代化办公设施，交通工具落后，农业技术设备甚至连农民专业合作社和一般农民的装配都不如。陈旧的推广手段严重制约了推广效果，也损害了农业技术推广机构及其人员在农民群众心目中的地位和形象。面对不断推陈出新的现代化新工具、新机械、新设备，多元化农业技术推广服务体系将在政府的支持下，在有序的竞争中，涌现出越来越多运用高科技手段为农民、种植大户、养殖大户、农机大户，甚至为专业合作社、涉农龙头企业等服务的农业技术推广新组织、新群体和新个体，利用为农服务的公益性微利收入把农业科技服务做大做强。

（5）推广形式的个性服务

对于采取什么样的形式进行推广，现行农业技术推广体系更多考虑的不是农民个体的接受程度，而是怎样才能将上级要求的推广任务完成好。多元化农业技术推广服务体系置身于服务业蓬勃兴起的社会大背景下，必然首先考虑客户即需求方——农民的期待，按照他们的要求和希望提供个性化的服务。为在竞争中赢得客户，多元化农业技术推广服务体系中的推广组织和个体将根据服务对象的需要，为农民尤其种植大户、农民专业合作社等新型农业经营主体"量体裁衣"，定身创制适合他们的个性化服务形式。随着农业技术推广内容范围的扩大，农业技术推广组织及其成员将为越来越多的农民、农民群体提供适合的个性化知识、信息、教育和科技服务。

（6）推广评价的客户反馈

与推广形式的个性服务相对应，多元化农业技术推广服务体系中各推广组织及其成员的推广效果应该主要由消费技术的对象客户来进行评价。以往的农业技术推广评价虽然也调查和听取农民的意见，但技术推广者与消费者并不一一对应，农业技术推广评价工作仅仅将其作为一个辅助参考，最终评价结果主要仍然依靠技术推广人员的互评和机构领导的定论。社会主义市场经济日趋完善的背景下，为充分发挥市场配置资源的主体作用，多元化农业技术推广服务体系中各推广组织及其成员的推广效果将主要依据推广客户的信息反馈评定。

## 2.2　多元化农业技术推广服务体系的功能与建设原则

新中国成立以来的农业技术推广具有鲜明的针对性，表现出极强的农业经济振兴功能。新时期建设的多元化农业技术推广服务体系适应时代要求，功能在演进和调整中也将得以拓展。重构多元化农业技术推广服务体系，我国要遵循基于历史规律的农业技术推广要求和趋势。

### 2.2.1　多元化农业技术推广服务体系的功能

根据中外农业技术推广的发展历史和态势，我们将多元化农业技术推广服务体系在经济社会发展中已然具备和必然呈现的功能分类如下。

（1）经济功能

新《农业技术推广法》第三条对我国农业技术推广的功能进行了规定，"国家扶持农业技术推广事业，加快农业技术的普及应用，发展高产、优质、高效、生态、安全农业"。可见，农业技术推广的功能主要在于促进农业经济发展。实践证明，科学技术是第一生产力，促进了社会跨越式发展，但科学技术是潜在生产力，它对生产力的作用是通过影响劳动者、劳动对象、劳动工具而实现的（林毅夫，2008）。农业生产条件复杂、不同地区经济状况差异显著，农业科研成果在付诸农业生产实践之前必须进行试验、示范、培训，通过这些环节，使新的农业技术及知识自然而然地在特定的社会成员之间扩散和推广。作为促进科学技术转化为现实生产力的有力手段和纽带，农业技术推广承担着这样的使命，利用教育、传授和咨询的方法，借助现代信息技术，使农业新技术、新成果有效地传递到农业生产中去，极大地提高农业科技成果转化率，提升农业生产的效率和效益。2013 年我国粮食总产量达到 60 194 万吨，首次突破 60 000 万吨大关。国家统计局农村司高级统计师黄加才等指出，我国粮食生产"十连增"和农民增收"十连快"的最重要"功臣"是农业科技支撑。统计显示，在确保粮食"十连增"的众多因素中，单产提高的贡献率超过 65%；尤其是近年来，伴随着良种良法的配套，农机农艺的融合，我国已经在高产品种、栽培技术、农机化水平等方面形成了有效的技术示范和推广体系（乔金亮，2013）。

（2）社会功能

以美国为代表的西方发达国家的现代农业技术推广肩负对农村青年、妇女等群体进行改造的职责，直接社会功能发挥得较好。正如凯尔塞等阐述农业技术推广工作哲学时所言，"由于每个人对他人及社会的进步有着重要的影响，因此农业技术推广人员需要帮助民众发展自己，以达到较高的发展水平。农业技术推广人员应当了解农民的需要，引导其明确生活的总体目标。每个人的发展途径不同，农业技术推广工作应根据个人的兴趣、需要和能力来安排不同的工作活动。同时，农业技术推广人员应促进提高合作参与和领导发展的效果从而改善社区的整体状况。这样，未来将会取得一些良好的社会性目标成果，在社会进步的过程中将会显示出更好的公民素质、民主以及科学的赏识"（Kelsey，1949）。我国农业技术推广工作通过教育、影响和改造农民，进而发挥着间接的社会功能。例如，农业技术推广为农村居民提供了良好的非正式校外教育机会，在某种意义上就是把大学带给了人民，不仅可以增进农村居民对农业基本知识与信息的认识和了解，提高了农民的科技素质，而且很大程度上作为一种无形力量，使农民愿意为了增强个人的社会竞争力而主动获取各种新技能、新知识，实现了农村人力资源的开发。随着推广内容的扩大和推广方式的改进，多元化农业技术推广服务体系将发挥更加强大的直接和间接社会功能。

（3）文化功能

文化是农村发展的灵魂，文化的状况是农村文明程度的标志。农业技术推广人员既是农业先进技术的传播者，也是民族文化的传播者，是先进文化的代表，负有塑造乡村文化的历史重任（陈新忠，2008）。在农业技术推广实践中，农业技术推广人员通过推广农业技术及相关的知识、信息等，提高了农村人口的文化素质，扩展了他们对自然界的认识范围和认识深度，引发了农民对事物态度、观念和行为的改变，对农村文化的构建产生了较大影响。农业技术推广者通过宣传、教育和咨询等方式，促使农民参与到农业生产计划的制订中去，影响了农民的价值标准、行为取向、伦理原则，更新了他们的文化观念，推动着农村文化事业的发展。建设新农村文化需从文化观念、文化价值入手，以科学、和谐、人本、发展为取向，以物质形式为载体，以精神追求为核心（陈新忠，2008）。农业技术推广人员长期工作和活动在农村，对农民影响极大；我国多元化农业技术推广服务体系建设将延伸和扩大推广内容，更加直接地关注和介入农村发展。这些便利条件，决定着多元化农业技术推广服务体系将在农村文化建设中发挥更加突出的功能。未来农业技术推广人员甚至可以专门研究和从事农村文化建设，设计适合农村地域特色的文化发展模式，为农村文化发展提供具体可依的蓝本；可以运用农村文化推广创新方面的理论成果，引导农村文化风尚。

（4）政治功能

农村稳定是国家最大的政治问题之一，粮食安全则是全球最大的政治问题之一。新中国成立以来，我国大批农业技术推广人员活跃在农村一线，大力推广农业新技术，确保了粮食不断增产增收。基于农业技术推广人员和政府、农民的共同努力，我国用7%的世界耕地养活了22%的世界人口，不仅有效解决了中国的粮食安全问题，而且对世界粮食稳定做出了巨大贡献。在建设多元化农业技术推广服务体系中，农业技术推广人员的这一功能将继续发挥。此外，农业技术推广人员对乡村政治建设也具有明显的促进作用。乡村政治是农村秩序的政治保障，乡村政治建设就是要建设政治文明。随着农村物质生活的改善，村民的政治参与愿望和需求日益增长，而农民贫富差距拉大、村干部理事不公等正在成为影响农村政治和谐的绊脚石，妨碍着农村物质文明和精神文明的正常化和良性化建设（陈新忠，2008）。农业技术推广人员公平地推广农业先进技术，可以使贫困农民脱贫，缩小贫富差距，有效均衡农民群众之间的地位；农业技术推广人员以身作则，公正地待人接物，宣传民主知识和信息，可以有效影响农村群众民主、文明地处理纠纷，建设和谐的乡村政治。同时，随着多元化农业技术推广服务体系建设的逐步推进，农业技术推广人员可以有意地推介国内其他地方的农村管理方式或国外发达国家和地区的农村管理方式，探讨农村问题，研究乡村政治改革途径，在农业技术推广中做乡村民主政治体制改革的促进者。

（5）生态功能

生态环境是人类生存的条件和依托，也是经济持续发展和社会不断进步的基础。然而，世界许多国家和地区的农村生态环境状况不容乐观。作为全球化肥和农药使用量最大、各种洗涤用品使用最多的国家，我国耕地平均施用化肥224.8千克/公顷，有17个省份平均施用量超过了国际公认的上限225千克/公顷，4个省份达到了400千克/公顷；每年农药总施用量达131.2万吨，平均每亩施用931.3克，比发达国家高出一倍；农用地膜、各种塑料方便袋造成的"白色污染"，成为土壤新的污染源；农村畜禽粪便年产生量27亿吨，80%直接排入河道，既污染了环境又污染了水体；农村每年产生生活垃圾约2.8亿吨，生活污水约90多亿吨，人粪尿年产生量为2.6亿吨，绝大多数没有处理；农村饮用水得不到保障，仍有3亿多农村人口饮水达不到安全标准（余维祥，2009）。美国生物学家雷切尔·卡逊（1997）在《寂静的春天》中描写的因过度使用化学药品和肥料而导致环境污染、生态破坏的状况，今天在我国普遍存在。对于维护和改善农村生态，农业技术推广人员曾经功不可没，今后仍将大有作为。在以往的农业技术推广活动中，农业技术推广人员通过知识传播和科技服务等工作方式，有效改变了农民对生活环境及质量的认识和期望水平，并引导农民正确使用化肥、农药和日常化学用品，主动参与农村社区改善活动，较好保障了农村大多环境安全而优质。建设多元化的农业技术推广服务体系，农业技术推广人员除了继续做好以前的生态教育和引导工作外，可以认真探究生态发展，创新生态教育体系，并通过人才培养、职业培训、期刊专著、媒体网站等渠道传播生态知识和思想，使之逐渐内化为农民的行动指南；还可以针对农村实际，发挥综合科研优势，因地制宜地为农村设计全面、协调、可持续的生态决策模式、生态生产模式、生态生活模式等，及时解决农村生态发展中的困难和问题，调节农村生态状况，引导农村生态进步，推动农村持续健康发展。

## 2.2.2 多元化农业技术推广服务体系的建设原则

在漫长的工业化过程中，农业、农村和农民为经济社会发展做出了巨大的贡献和牺牲，长期处于弱势地位。多元化农业技术推广服务体系建设要突出致富农民、做强农业、美化农村的目的，以"微利服务"甚至"无偿服务"为行为标尺。

（1）公益性至上原则

我国自20世纪50年代组建农业技术推广队伍以来，一直将农业技术推广机构及人员行为的公益性服务放在重要位置。然而，20世纪80年代之后，受市场经济影响，我国开始推行以市场化行为为取向的农业技术推广机构改革，允许有偿农业技术推广服务，并将相当一部分农业推广人员推向市场，逐渐扩大了农业技术推广的市场化有偿服务比重，严重冲击了农业技术推广队伍及体系。2012年新修订的《农业技术推广法》特别强调了农业技术推广的公益性质，其中第十一条规定，"各级国家农业技术推广机构属于公共服务机构"，履行"公益性职责"；第十三条规定，"国家农业技术推广机构的人员编制应当根据所服务区域的种养规模、服务范围和工作任务等合理确定，保证公益性职责的履行"；第二十四条规定，"各级国家农业技术推广机构应当认真履行本法第十一条规定的公益性职责，向农业劳动者和农业生产经营组织推广农业技术，实行无偿服务"；第二十条和第二十七条还规定，"国家引导农业科研单位和有关学校开展公益性农业技术推广服务""各级人民政府可以采取购买服务等方式，引导社会力量参与公益性农业技术推广服务"。由此可以看出，多元化农业技术推广服务体系建设要将"公益性"放在首要位置，确保农业技术推广队伍稳定，农民、农业、农村获得最大收益。

（2）倾斜性扶持原则

农业技术推广属于公益性质，不以赚取巨大经济利益为目的，为使农业技术推广系统发挥更大作用，政府对于多元化农业技术推广体系建设必须予以大力扶持。由于投入和扶持有限，我国农业技术推广处境艰难。据河南农业技术推广总站统计，经费短缺致使河南省农业技术推广机构仅有大约1/3可以正常运转。不完全统计表明，全国44%的县级农业技术推广机构和43%的乡镇农业技术推广机构缺乏经费，使得1/3的农业技术推广人员被迫离岗，基层推广组织专业人员明显减少，有的机构在岗人员还不到总数的40%；而且中青年农业技术推广人员偏少、老化严重，造成了一些基层推广组织"网破""人散"的局面（高岩等，2013）。建设多元化农业技术推广服务体系，政府要对多元主体均予以倾斜性扶持。首先，政府要大力扶持农业系统的官方农业技术推广服务体系建设。官方农业技术推广服务体系是国家农业技术推广服务体系的主干，目前因经费和政策问题遭受重大损失，必须大量投入经费、出台具体优惠政策，将其做强做大。其次，政府要大力扶持社会上的农业技术推广组织和机构。诸如科研院所、大专院校、科技协会、涉农企业等社会性质的农业技术推广组织和机构是政府农业技术推广系统的有益补充，也是适应时代发展起来的富有生机和活力的农业技术推广团体。它们大多依靠自身力量进行农业技术推广，因经费有限很难持久。要想使其农业技术推广行为持续下去，并使其成为具有竞争活力的农业技术推广主体之一，政府必须给予资金和政策的大力扶持。最后，政府要大力扶持农民自己创建的农业技术推广组织和机构。我国农民在实践中探索创立了农作物专业研究会、农民专业合作社等一些具有部分农业技术推广功能的新组织，因贴近群众和实际而深受欢迎，政府要及时大力扶持使其真正成为农业技术推广中具有竞争力的主体之一。

（3）内源性驱动原则

农民是农业技术的最终接受者和采用者，是农业技术推广中农业技术发挥作用的真正主体。为使农业技术推广取得实效，使农业技术转化为现实的生产力，农业技术推广工作必须激发农民内在的积极性和潜力，让农民主动想获取技术、自觉地去获取技术。实践证明，当农民本人主动想获取农业技术帮助农业生产时，他会积极地开辟多种途径联系技术推广者，并耐心地询问一切可能发生的细节问题；他还会通过其他渠道获取该项技术的相关信息，以更深入地了解该技术实施的可能效果；他在技术实施过程中，也会表现出对技术问题的关注热情和解决渴求。总之，只要调动起农民内心对农业技术的兴趣，农业技术推广就变得轻而易举了。为此，多元化农业技术推广服务体系建设一定要遵循内源性驱动原则，在真情打动农民中占领技术市场。一要培育农民对农业技术的积极信念，让农民在生产的反思中不断建构自己尊重技术、相信技术、运用技术的自我信念，乐观地面对现实生产环境和条件，不断更新生产观念，提高自主发展的意识与能力；二要激发农民运用技术成长的主体意识，通过分析部分农民运用技术成长的历程，帮助农民认识自己在农业生产中的有利方面和不利方面，总结优势与缺陷，看到差距，产生危机感，以便正确定位，做好规划，并付诸实施，成为自身技术发展的主人；三要培养农民运用技术成长的执著精神，不断激发农民运用技术成长的梦想和激情，让每一位农民在技术致富的追梦过程中大胆探索，最终在农业生产实践中真正享受到运用技术的幸福。

（4）广泛性服务原则

传统农业技术推广主要专注于农业技术，但现代农业技术推广已经远远超出了农业技术的范围，面向更加广泛的农村领域拓展服务。虽然2012年新《农业技术推广法》规定了农业技术包括良种繁育、栽培、肥料施用和养殖技术，植物病虫害、动物疫病和其他有害生物防治技术，农产品收获、加工、包装、储藏、运输技术，农业投入品安全使用、农产品质量安全技术，农田水利、农村供排水、土壤改良与水土保持技术，农业机械化、农用航空、农业气象和农业信息技术，农业防灾减灾、农业资源与农业生态安全和农村能源开发利用技术，以及其他农业技术八个方面，但多元化农业技术推广建设仍要突出推广内容广泛化这一趋势。目前，世界现代农业技术推广已经从狭隘的"农业技术推广"延伸为"农村教育与咨询服务"，说明随着农业现代化水平、农民素质以及农村发展水平的提高，农民不再满足生产技术和经营知识的一般指导，更需要得到科技、管理、市场、金融、家政、法律、社会等多方面的信息及咨询服务。当今世界各国农业技术推广的组织、策略、内容和方法虽然不大相同，但"协助民众去帮助自己"的信念却得到广大农业技术推广机构和工作者的认同。从人类的基本需要和全面发展来看，通过个人知识、技能、态度和行为的改变来促进农村社会的综合发展是最为基本且自然而然的选择，因而农业技术推广者根本而神圣的职责就是通过改善农村居民获取知识的机会，进而帮助他们获得经济、社会和文化生活的进步（高启杰，2011）。

（5）生态化发展原则

科学技术是一把双刃剑，在带给人类巨大利益的同时，也存在着可能破坏人类生活的隐患。传统经济条件下，农村以传统农业为主，生产力低下，农户对生产项目和规模的选择主要基于满足自身需要的考虑，而且重经验轻技术，多采用精耕细作的方式进行生产，肥料多以有机肥料为主，因而生产经营造成的污染较少，生态系统保护较好。改革开放后，我国实行家庭联产承包责任制为基础的农业生产经营模式，农业现代化和农产品市场化快速发展，农户生产经营逐渐转变为以赚取利润为最大目标的现代集约生产，农户生产经营行为极大影响着农村生态系统保护，关系着农村生态环境质量和农村可持续发展（侯俊东等，2012）。新修订的《农业技术推广法》规定，可持续发展是现代农业的必然要求，农业技术推广工作必须同时兼顾经济效益、社会效益、生态效益，并使三者协调发展，达到整体最佳效益。为此，多元化农业技术推广建设要有利于农业和农村生态环境的改善。农业技术推广人员在推广农业技术项目时，要从微观效益与宏观效益、眼前利益与长远利益等多个方面综合考虑项目的未来发展，确保农业生产健康持续发展。同时，农业技术推广人员还要勤于教育、指导农民的生产和生活行为，使农民逐渐养成生态化生产和生活的习惯，保障农村生态化发展。

（6）社会化建设原则

新中国成立以来，我国农业技术推广体系基本是在一个相对封闭的独立体系内运作，很少因外界变化而进行体制上的重大改变。然而，时代的发展变化将使我国农业技术推广体系不再独处"世外桃源"，多元化农业技术推广服务体系建设将在科技服务业兴起背景下实现服务理念、方式、内容、手段等显著变化。作为服务业的最新分支，科技服务业已经在世界许多发达国家和地区占据重要地位。面对蓬勃兴起的服务业，我国农业科技服务也应积极应对。2010年，科学技术部与北京市共建国家现代农业科技城，提出了"一城、多园、五中心"的建设目标，其中"五中心"为国家层面的高端服务平台，包括农业科技网络服务中心、农业科技金融服务中心、农业科技创新产业促进中心、良种创制与种业交易中心、农业科技国际合作交流中心，是现代服务业在现代农业中的五种服务业态。2012年4月，科学技术部副部长张来武表示，要让三大产业结合起来，以现代服务业引领现代农业发展。张来武认为，用现代服务业引领现代农业发展可以将科技创业与新型服务体系有机结合起来，有效推进工业现代化、农业现代化和服务业现代化的"三化"同步；将以科技金融为杠杆，以农村农业信息化为通道，帮助下一代农民走向平等、共同富裕和共同幸福。在此背景下，多元化农业技术推广服务体系建设必须融入时代，遵循社会化原则，构建城乡社会一体化的服务体系。

## 2.3 多元化农业技术推广服务体系的
## 行为主体及运行机理

当今世界各国的农业技术推广体系有很大差异，但也有不少共同之处。"差异"在于有的政府负责，有的社会承担；有的单一主推，有的多元促进；有的重咨询，有的重技术；有的重农业，有的重农民，如此等等。"相同"在于各国都在努力运用知识和技术武装农民，都在努力推进农业的现代化和农村的现代化。我国建设多元化农业技术推广体系，既要立足国情，彰显特色，培育和壮大适合我国实际的多元化农业技术推广服务体系行为主体，又要遵从农业技术推广发展的基本运行机理。

### 2.3.1 多元化农业技术推广服务体系的行为主体

农业技术推广服务体系是一个由诸多子系统耦合构成的复杂系统，它们相互作用共同推动农业技术推广工作。具体而言，我国多元化农业技术推广服务体系主要包括政府农业技术推广系统、科研院所农业技术推广系统、大专院校农业技术推广系统、涉农企业农业技术推广系统、行业协会农业技术推广系统、农民合作社农业技术推广系统、科技协会农业技术推广系统、供销合作社农业技术推广系统等。

（1）政府农业技术推广系统

政府农业技术推广系统是国家农业技术推广的主体和主干，主要承担公益性农业技术推广服务职责。新中国成立以来，我国建立了自中央农业部到地方乡镇农业技术站的政府农业技术推广体系，迄今为止，政府农业技术推广系统仍是全国机构最为完整、功能最为健全的农业技术推广系统。新修订的《农业技术推广法》规定政府（国家）农业技术推广系统必须履行各级人民政府确定的关键农业技术的引进、试验、示范，植物病虫害、动物疫病及农业灾害的监测、预报和预防，农产品生产过程中的检验、检测、监测咨询技术服务，农业资源、森林资源、农业生态安全和农业投入品使用的监测服务，水资源管理、防汛抗旱和农田水利建设技术服务七大方面的职责；要根据科学合理、集中力量的原则以及县域农业特色、森林资源、水系和水利设施分布等情况，因地制宜设置县、乡镇或者区域国家（政府）农业技术推广机构；国家（政府）农业技术推广机构的人员编制应当根据所服务区域的种养规模、服务范围和工作任务等合理确定，保证公益性职责的履行；国家（政府）农业技术推广机构的岗位设置应当以专业技术岗位为主，乡镇政府农业技术推广机构的岗位应当全部为专业技术岗位，县级政府农业技术推广机构的专业技术岗位不得低于机构岗位总量的80%，其他政府农业技术推广机构的专业技术岗位不得低于机构岗位总量的70%；国家（政府）农业技术推广机构的专业技术人员应当具有大专以上有关专业学历，应当具有相应的专业技术水平，通过县级以上人民政府有关部门组织的专业技术水平考核，符合岗位职责要求，自治县、民族乡和国家确定的连片特困地区，经省、自治区、直辖市人民政府有关部门批准，可以聘用具有中专有关专业学历的人员或者其他具有相应专业技术水平的人员；国家逐步提高对农业技术推广的投入，各级人民政府在财政预算内应当保障用于农业技术推广的资金，并按规定使该资金逐年增长；各级人民政府应当采取措施，保障国家（政府）农业技术推广机构获得必需的试验示范场所、办公场所、推广和培训设施设备等工作条件；各级人民政府应当采取措施，保障和改善县、乡镇国家（政府）农业技术推广机构的专业技术人员的工作条件、生活条件和待遇，并按照国家规定给予补贴，保持政府农业技术推广队伍的稳定。近年来，政府农业技术推广系统在粮食增产、农民增收方面做出了重大贡献。深化建设多元化农业技术推广服务体系，我国必须充分发挥政府农业技术推广系统的主导作用，突显其在公益性农业技术推广服务中的主导地位。

（2）科研院所农业技术推广系统

科研院所（农业科研院所）农业技术推广系统是国家农业技术推广的重要方面，主要承担公益性农业技术推广服务职责。就队伍实体而言，农业科研院所是我国从事农业科学研究机构的总称，包括国家、省（自治区、直辖市）、地（市）三级农业科研机构。农业科研院所主要从事农业应用基础研究、应用研究和开发研究，解决农业现代化建设中重大的关键性科学技术问题，同时也力所能及地进行科研成果的推广。农业科研院所是农业科技创新的源头和主体，又是多元化新型农业技术推广体系中的一支重要力量。农业科研院所从事科技推广具有科技、信息、人才等多方面的优势，更具针对性、灵活性、实效性的特点，有利于加快成果转化应用，促进科研与生产紧密结合，强化现有农业技术推广体系整体功能，提高农业科技贡献率和自身地位。2006年7月，时任农业部部长的杜青林曾在全国农业科技创新会议上指出："农业科技创新要坚持科研与推广相结合，根据农业生产的实际，突出产业导向和产品导向，围绕解决产业发展的重大科技问题，将农业科技创新过程中的科学研究、集成转化、推广应用等环节有机结合起来，逐步形成从源头到应用的完整创新链条。"就农业科研院所自身来说，长期农业科研积累的丰富科技成果也迫切需要通过推广转化为现实生产力，以促进科研与生产实际、经济效益紧密结合。作为享受公共财政支持的科研事业单位，农业科研院所如何在强化自主创新、突出科研中心工作地位的同时，进一步充分发挥优势，开拓推广渠道，创新推广模式，加大自身研究成果的推广力度，加快科技成果转化应用，支撑和服务区域农业发展，正是我国多元化农业技术推广服务体系建设亟须改进和提高之处（韩常灿，2009）。

（3）大专院校农业技术推广系统

大专院校农业技术推广系统是国家农业技术推广的重要方面，主要承担公益性农业技术推广服务职责。涉农大专院校是农业科技成果、人才、信息的重要源泉，其发展与农村社会、农业经济的发展密不可分。农业技术推广是涉农大专院校发挥社会服务职能的有效途径和载体，涉农大专院校在农业技术推广中具有其独特优势。首先，涉农大专院校是农业教学的中心，在专门人才、学科门类、技术设备、信息搜集、科研成果等方面具有农业技术推广的优势。涉农大专院校利用教育优势为农业研究和推广培养了大批科技人才，利用科技力量和设备为农村培养了大批实用技术人才、农民骨干，在农业技术推广中发挥着重要作用。其次，涉农大专院校是农业科学技术研究的中心，拥有雄厚的科研力量，是巨大的人才库。涉农大专院校不仅为农村、农业提供了大量新技术、新成果、新知识，而且利用专家咨询指导服务、教学基地示范，以及科研成果商品化和产业化等形式，促进了产学研三结合的良性循环，发挥了较好的社会服务功能。最后，涉农大专院校直接开展农业技术推广，实施农科教结合，促进了农业科技成果的转化。农科教相结合是农业科学技术转化为现实生产力的有效途径，也是农业技术推广的一种组织形式。涉农大专院校大力开展农科教结合：一方面，教师经常下基层推广和普及农业科学技术，与地方政府或企业合作进行农业示范园区的规划、建设和共同开发，极大地推动了科研工作与农业生产实际的结合；另一方面，教师在推广应用和技术咨询过程中接触到生产急需解决的问题，拓宽了科研工作的新视野，找到了新的课题，形成了科研—实践—科研的良性循环。总之，涉农大专院校通过教学实践环节，把教学工作、科研工作和生产实践联系在一起，有机地解决了教学工作中的困难，强化了学生的实践能力，缩短了与社会实际需要的距离，同时向农民传授科学技术，促进了农民素质的提高和农业生产的发展，增加了农民收入，是农业技术推广中的一支特殊力量。目前，涉农大专院校农业技术推广中存在着专门人才和经费不足等问题，需要在多元化农业技术推广服务体系建设中予以政策倾斜。

（4）涉农企业农业技术推广系统

涉农企业农业技术推广系统是国家农业技术推广的重要力量，主要进行经营性的推广服务。截至 2007 年，我国约有涉农企业（单位）190 多万家，其中国家级农业产业化龙头企业 894 多家，省级的 5600 多家，市级 70 000 多家。以农业生产为主营业务的上市公司 61 家，以食品生产为主营业务的上市公司 53 家，以农化机械公司为主营业务的上市公司 36 家；有一定规模的农产品加工企业 9.8 万家（夏敬源，2010）。涉农龙头企业的农业科技人员数量不断增加，省级以上龙头企业农业科技人员已达到 38.5 万人，相当于全国农业科研人员总量的 36.8%，这表明农业产业化龙头企业依靠"研发针对性强、机制灵活、成果转换率高"的优势将产学研、农科教集于一体，已经成为农业科技创新的重要载体、农业科技推广的重要平台、开展农民培训的重要基地，在整个农业科技进步中发挥着不可或缺的作用。据统计，国家重点涉农龙头企业"十一五"投入的科研经费已经达到 772 亿元，年均增长 18.7%；90% 以上的国家重点涉农龙头企业建立了产品研发中心，60% 的企业科技成果获得了省级以上成果奖，并且不断开展自主创新和引进消化吸收再创新，特别是新品种的引进，在很多方面填补了我国空白，很多新设备、工艺的引进，使我国的食品加工业、农产品加工业装备农机水平已经达到了国际水平。同时，涉农龙头企业不断加快科技应用和推广，提高了农业科技成果的转化水平。不少涉农龙头企业通过建设高标准的生产基地，示范带动了良种良法的推广。据统计，2010年国家重点涉农龙头企业投入 381 亿元建设了标准化的种植基地，其中自己建设的高标准种植基地就达 4700 万亩，示范带动了周边的农民。不少涉农龙头企业注重新工艺、新设备的应用，提高了我国农产品加工业的技术装备水平；

通过开展技术指导，提高了为农民进行专业化服务的水平。此外，涉农龙头企业十分注重企业科技人才的培养，强化现代农业建设的智力支持。许多企业重视培养科技人才和农业技术推广人员，目前省级以上龙头企业中聘请的农业技术推广人员已经达到 21.5 万，相当于我国农业技术推广队伍的 27.7%，越来越成为农业科技战线的生力军；一些涉农龙头企业还注重培养农业生产和科技带头人，尤其是专业大户，培养农民的资金"十一五"期间累计达到 260 亿元，年均培训 1300 多万人（陈晓华，2012）。我国建设多元化农业技术推广服务体系，应充分利用涉农龙头企业的优势，不断创造新条件，促使其在未来农业科技创新、农业技术应用和推广中发挥更大作用。

（5）行业协会农业技术推广系统

农产品行业协会农业技术推广系统是国家农业技术推广的重要力量，主要进行经营性的农业技术推广服务。行业协会起源于欧洲中世纪的基尔特（Guild），是由同行业的商人组织起来的自治团体，已有上千年的历史。随着现代市场经济的快速发展，行业协会已成为现代市场经济体系中一个重要组成部分，甚至有人把它看成是除国家、市场、企业和社区之外的第五种社会制度，或者是公共部门（公域）和私营部门（私域）之外的第三种力量（第三域）（刘惠，2014）。我国农产品协会兴起于 20 世纪 80 年代，是农业领域或农产品行业内的竞争者为保护和增进共同利益依法自愿组织起来的社会法人群体组织，具有行业性、自愿性、自律性和非营利性等特点，在协调政府与行业、行业与企业、企业与农民等利益关系、开展行业科技服务方面具有独特作用（刘东，2009）。根据 2002 年国家统计局颁布的《国民经济行业分类》国家标准，涉及农产品的共有 4 个门类，17 个大类，61 个中类，142 个小类。2002 年，据中央财经领导小组办公室牵头组织的摸底调查，我国国家级的涉农行业协会就有 48 家（潘劲，2007）；同时据对 15 个省（自治区、直辖市）的调查推算，全国省级农产品行业协会有 400 多家，市级农产品行业协会有 2000 多家，县级的各类性质农产品行业协会则超过 1 万家（吴志雄等，2003）。近年来，我国地方性农产品行业协会发展极为迅速，基本上遍布各个乡镇村落。我国的农产品行业协会大多是在行业大户、农业企业或有关部门的牵头下自发组建而成，以"协会+龙头企业+专业合作社+专业农户+专业生产基地"的模式，不同程度地将原来条块分割、各自为政的生产、加工、营销、科研、技术推广等环节有机地连接在一起，形成了完整的产业链，有效地解决了土地承包到户后农民组织化程度低、生产标准不一、粗放式经营等长期难以解决的问题，大大地推动了农业产业化经营乃至整个农村经济的健康发展，增加了农民的收入（宗成峰和鞠荣华，2007）。由于农产品行业协会是从事农产品生产经营组织的行业组织，同时具有技术、人才和桥梁纽带等优势，我国建设多元化农业技术推广服务体系要充分采用购买服务的方式调动其实施农业技术推广的积极性。

（6）农民合作社农业技术推广系统

农民合作社农业技术推广系统是国家农业技术推广的重要力量，主要进行经营性的农业技术推广服务。农民专业合作社是农民自主创办的农业生产经营组织，是专业的经济组织，对于农业科技推广和使用有着天然的自觉性，在农业科技推广中承担着重要的角色，发挥着重要作用。农民合作社采取试验示范的方式，可以让成员更直观地看到效果，更快接受新的技术；可以减少由引进技术不适用等导致的风险，有效提高了合作社及其成员的经营效益。农民合作社通过与农资公司、农业技术服务公司、销售企业等市场主体合作，引进技术或物化成果，推进了农资使用规范化、技术标准规程化、产品销售规格化；通过与科研教育等单位合作，长期聘请专业技术人员进行技术指导，提高了农业技术推广的效果；通过开展技术统一、管理统一、市场统一等统一服务管理，建立生产标准化制度，引导成员按照相关标准化的要求使用农资、进行生产，有效提高了农业技术推广的效率。农业技术推广以农民合作社为主体开展，可以同时发挥提高农业集约化和巩固农业组织化的双重功能。一方面，农民合作社通过统一服务、合作经营，有效地提高了农业的组织化程度；另一方面，农民合作社通过带动入社成员对现代农业生产物质、技术要素的投入和集约利用，实现了农业集约化和组织化的有机统一和相互促进。农民合作社在组织化、规模化的基础上，以市场为导向建立比较稳定的销售渠道，帮助成员更好地实现农产品的价值，使农业技术推广的效果直接地体现在产品的效益与成员的收入上，大大增强了广大成员对农业技术要求的信任度、认可度和遵从度，提高了农民应用先进适用农业技术的自觉性。农民专业合作社实行自下而上的技术推广模式，最大限度地反映了农业技术最终使用者的现实需求，与自上而下的农业技术推广模式相互补充，规避了技术推广—采纳过程中可能的风险，大大提高了技术需求和供给、推广和使用的一致性，高效利用了农业技术推广资源（中共农业部党校调研组，2011）。据统计，截至2013年12月底，全国依法登记注册的农民合作社达98.24万家，同比增长42.6%；实际入社农户7412万户，约占农户总数的28.5%，同比增长39.8%。各级示范社超过10万家，联合社达到6000多家。我国建设多元化农业技术推广服务体系，充分发挥农民合作社在农业技术推广中"主体"—"受体"一体化、与农民成员天然紧密联系等特点和作用，能够极大提高农业技术推广的针对性和效率，降低农业技术推广成本，与农业科技推广体系中其他相关主体优势互补，共同形成一个覆盖全程、综合配套、便民高效的服务体系。

（7）科技协会农业技术推广系统

科技协会农业技术推广系统是国家农业技术推广的重要力量，主要进行公益性的农业技术推广服务。1958年9月，经党中央批准，中华全国自然科学专门学会联合会（简称全国科联）和中华全国科学技术普及协会（简称全国科普）合并，正式成立全国科技工作者的统一组织——中国科学技术协会（简称中国科协）。中国科协的主要任务是组织科学技术工作者为建立技术创新体系、全面提升自主创新能力作贡献；依照《中华人民共和国科学技术普及法》，弘扬科学精神，普及科学知识，传播科学思想和科学方法，推广先进技术，开展青少年科学技术教育活动，提高全民科学素质；开展科学论证、咨询服务，提出政策建议，促进科学技术成果的转化。目前，中国科协主管的全国学会有198个，其中中国科协团体会员有181个，包括农科学会15个、科普和交叉学科学会31个；地方科协包括省、自治区、直辖市科协，市（地）科协和县科协，总计3141个，其中省级科协32个，副省级、省会城市科协32个，地市级科协381个，县级科协2696个。此外，还有大量科协基层组织，如乡镇科协（科普协会）3.1万多个、农村专业技术协会9.4万多个、企业科协1.3万多个、街道科协近8400多个、高校科协550个（中国科学技术协会，2014）。成立于1995年11月8日的中国农村专业技术协会，是中国科协直接领导的、由全国从事农业、农村专业技术研究和科学普及推广的科技工作者、专业技术能手，以及全国各地农村专业技术协会（联合会）自愿组成并依法登记成立的社会公益性科普社团，是党和政府联系农业、农村专业技术研究和科学普及工作者的桥梁和纽带，是发展我国农业和农村科普事业，推进农业和农村科技进步和经济发展的重要社会力量。农村专业技术协会包括技术交流型协会（约占53%），主要对会员普及实用技术，开展技术培训，进行技术指导和服务；技术经济服务型协会（约占38%），在技术交流的基础上，为会员提供包括优良品种、生产资料、市场信息、运销服务等在内的产前、产中、产后服务项目；拥有技术、经济和经营实体的协会（约占9%），这类协会具有为会员生产的产品进行加工或统一经营的能力，能够帮助会员提高经济效益和抵御市场风险的能力。农村专业技术协会是广大农民的伟大创举，在家庭联产承包经营的基础上，把千家万户的小生产与千变万化的大市场连接起来，提高了农民的组织化程度；把单一农户的分散经营与产前、产中、产后的统一服务结合起来，提高了农村的社会化服务水平；把传统的农业方式与现代的科学技术结合起来，加速了农业的科技进步；把专业化生产和产业化经营结合起来，实现了产加销（即农产品生产、加工和销售）一体化，推动了农业向商品化、专业化、现代化的发展（中国农村专业技术协会，2014）。当前，中国科技协会和农村科技协会在农业技术推广方面发挥了巨大优势和作用，随着党和政府的重视与支持，它们将会在我国建设多元化农业技术推广服务体系中实现新的更大发展，将在推进中国农业现代化进程中做出更大贡献。

（8）供销合作社农业技术推广系统

供销合作社农业技术推广系统是国家农业技术推广的重要力量，主要进行经营性的农业技术推广服务。从机构构成看，供销合作社隶属国务院领导，是一个庞大的联合组织。截至2010年年底，全系统有省（自治区、直辖市）供销合作社31个，省辖市（地、盟、州）供销合作社343个，县（区、市、旗）供销合作社2369个；社有企业48 402个，事业单位487个，基层社21 602个，全系统共有职工367.44万人。根据《国务院办公厅关于印发〈中华全国供销合作总社组建方案〉的通知》（国办发〔1995〕39号）的规定，供销合作社的主要职责之一是：按照政府授权对重要农业生产资料、农副产品经营进行组织、协调、管理。我国提升农业技术的推广能力，构建农业社会化服务体系，需要充分发挥供销合作社的组织体系优势。供销合作社具有健全的组织体系和经营服务体系，将其整合到农业技术推广体系中，可以更好地挥其组织体系和经营服务网络优势，使推进农业技术推广工作有抓手、有平台，能够节约政府开展农业技术推广的组织成本。供销合作社的宗旨是服务，可以更好地贯彻政府意图，探索出市场化运作、公益性服务的有效路径，具有单纯政府部门或纯粹经济组织无可比拟的优势。经过努力，供销合作社拥有了相当数量和规模的为农服务载体，如领办参办的农民专业合作社、参股建办的农业产业化龙头企业，贯通城乡的连锁经营网络，遍布农村的为农服务社等。依托这些服务载体，供销合作社可以有效地推广农业技术，构建起覆盖农业产前、产中、产后各个生产经营阶段的农业技术推广服务体系。此外，供销合作社具有从事流通的丰富经验，全系统农产品流通体系正在不断完善健全。发挥供销合作社农产品流通的优势，拓展产销对接渠道，让农民在新技术的采用中获得更多的比较利益，可以更好地促进农业增产、农民增收，从而激发广大农民采用农业新技术的积极性，真正建立起农业科技从创新到应用的长效循环机制。为了发挥供销合作社农业技术推广系统的更大作用，我国多元化农业技术推广服务体系建设中必须进一步加大对供销合作社创办的为农服务载体的扶持，加大对供销合作社开展新技术推广的政策倾斜力度。

除了以上八大系统之外，我国还有许许多多的农民技术人员、企事业单位活跃在农业技术推广战线上，为农业技术推广做出了巨大贡献。甘肃省华亭县把培养农民技术人才作为促进农民增收的"推进器"，通过劳动就业服务中心、农广校、职教中心、农机化学校等基地，累计发展初级以上农民技术人才5000人，其中高级技师11人，技师148人，助理技师802人，技术员3705人。这些农民技术人才率先采用并推广农业先进技术，带领群众致富，在农业生产中发挥了主力军作用。河南省扶沟县的梅根清、朱克会、赵迎礼三位农民不仅自己使用日光温棚种植蔬菜，而且带动、指导村里群众发展蔬菜产业，致富了全村人；农民张红兵养牛起家，存栏800多头，带动周边2000多农户发展秸秆养牛脱贫，形成了以园区养殖带动农户养殖的"公司加农户"的养殖模式。扶沟县县委、县政府把4位农民命名为"专业技术拔尖人才"，每月发放政府津贴。2011年以来，湖北省连续4年坚持开展"万名干部进万村惠万民"的"三万"活动，发动全省8700多家政、事、企单位包村住户，宣传政策、增进感情、兴办实事、服务群众，有效发挥了农业技术推广的作用。

## 2.3.2 多元化农业技术推广服务体系的运行机理

多元化农业技术推广服务体系的八大主体既有区别，也有联系，共同行使着农业技术推广的职责，完成农业技术推广的使命。多元化农业技术推广服务体系建设并非八大主体齐头并进，或各自为政，而是具有一定的制约和效率规则。多元化农业技术推广服务体系的运行主要体现在听谁统筹、任务何来、经费怎获、如何激励四个方面的关系机理上。

（1）听谁统筹：确立政府系统的主导性地位

任何一个体系如果没有统领或统筹者，都会处于一盘散沙状态，多元化农业技术推广服务体系也不例外。为保障多元化农业技术推广服务体系有序而高效地运行，必须从八大主体中选择其中一个主体来主导和统一群体行动。在国外，八大主体都有处于主导地位、成为主导者的国家或地区（这将在后面章节论述）。在我国，受传统思想影响，政府在人民心目中的地位最为崇高、力量最为强大；政府农业技术推广系统建设较早，投入巨大，相对而言，组织最为健全、队伍最为庞大、力量最为雄厚、成效最为显著，以其为统筹者是最佳的选择。确立政府系统的主导性地位之后，多元化农业技术推广服务体系就可以明确分工和高效运转了。

（2）任务何来：统筹分取与优势自取相结合

八大主体共同推进多元化农业技术推广服务体系建设，那么各自的角色定位如何呢？各自在多元化农业技术推广服务体系中领取什么任务、从事什么工作呢？对于此，政府农业技术推广系统作为主导和统筹者应从两个方面做出安排：一方面，要做好规划和设计，将全国近几年或每年的主要农业技术推广项目按地区分配给功能相宜的推广主体，或者以竞争项目的形式让各地区的农业技术推广主体竞标获取，确保按照各自的功能特色在各自所处的区域内有农业技术推广的大事可做；另一方面，要放开手脚，允许各农业技术推广主体结合各自功能优势在适宜地区推广自己得心应手的自主设计项目，只要予以知会、便于协同就行。

（3）经费怎获：政府拨款为主开展农业技术推广

农业技术推广是公益性事情，要长期坚持开展，任何一个组织或个人都要获得经费支持。那么，八大农业技术推广主体如何获取推广经费呢？作为主导和统筹者，政府及政府农业技术推广系统应从以下方面进行安排和设计：其一，政府要划拨充足经费保证政府农业技术推广系统及其农业推广人员以较为优越的条件开展农业技术推广工作；其二，政府要随同政府农业技术推广系统颁布的项目将充足的经费划拨给各个农业技术推广主体；其三，政府要组织对各农业技术推广主体自主设计的推广项目进行评估，适宜的项目给予一定的经费支持；其四，政府可以实行以奖代补的方式，对项目完成后获得好评并且确实需要继续开展的农业技术推广项目给予充足经费支持；其五，对临时性的农业技术推广项目或其他农业技术推广主体没有知会、申请就已经开展的项目，政府可采取购买服务的形式给予经费补贴。

（4）如何激励：以社会评价为依据奖惩划款

虽然农业技术推广是公益性事情，但也不能干好干坏一个样，干与不干一个样，一定要区分出好坏优劣，以利于良性发展。目前，农业技术推广的评价主体主要有两个：一个是政府，另一个是农民。政府是分配任务者，有权检查任务完成的情况，但自己检查和评价自己发布的任务未免有失偏颇；农民是得益者，有权反映自己得益的程度，但个人的视野难免有失公允。除此之外，还有农业技术人员、科技研发人员、受益者之外的农村群众等，他们也是评价农业技术推广的重要主体。客观而科学起见，笔者认为最好选择第三者——社会专业评价机构参照农户意见进行全面评价。为便于将奖惩和后续推广有机结合起来，政府最好将评价与奖惩及下期拨款统一起来，以社会评价为依据进行工作奖惩和续期拨款，形成农业技术推广的良性循环和健康发展。

## 2.4 多元化农业技术推广服务体系建设的理论依据

多元化农业技术推广服务体系建设既需要农业技术推广的相关理论作支撑，又需要服务体系的组织理论作参照。本书试从已有的组织演变理论、经济发展理论和科技应用理论中寻求展开论述的理论依据。

## 2.4.1 组织演变理论

埃哈尔·费埃德伯格（2005）指出："市场是一种社会建构的产物，它需要组织，甚至需要数量相当繁多的组织，才能满足其运行的要求。"阿尔福雷德·马歇尔（1890）认为，生产要素通常分为土地、劳动和资本三类，而资本大部分由知识和组织构成；知识是最有力的生产动力，组织则有助于知识，我们"有时把组织分开来作为一个独立的生产要素，似乎最为妥当"。纵观社会历史，人类就是在群体中生存，在组织中进化的。人类的产生与演进就是一部组织发展的历史，是组织从低级到高级、从愚昧到科学的过程。多元化农业技术推广服务体系建设是追求组织民主、高效的过程，是管理科学化的探求。

（1）人类群体进化理论

"物竞天择，适者生存"。1859 年，英国生物学家达尔文出版了震动当时学术界的《物种起源》一书。书中用大量资料证明了形形色色的生物都不是上帝创造的，而是在遗传、变异、生存斗争中和自然选择中，由简单到复杂，由低等到高等，不断发展变化而成的，提出了生物进化论学说，从而摧毁了各种唯心的神造论和物种不变论。恩格斯将进化论列为 19 世纪自然科学的三大发现之一（其他两个是细胞学说、能量守恒和转化定律）。

对于人类，马克思主义认为人是高级动物，是由古猿经过长期劳动进化而形成的，是社会关系的产物。法国组织学家埃哈尔·费埃德伯格（2005）认为，社会中"任何集体行动，无论其形成多么短暂，至少都会生产出一些最低程度的组织。任何集体行动，迟早都会产生正式化组织的中心点位，围绕这一中心点位，某种利益可以将他们动员起来，并且把他们组织起来"。美国组织学家弗莱蒙特·E. 卡斯特和詹姆斯·E. 罗森茨韦克（2000）认为，人类的历史就是一部社会组织发展的历史；对人类努力的有效管理，真正是我们最伟大的成就和最持续的挑战之一，而这种管理发生在所有类型的组织中。韩国学者宋丙洛（2003）也认为，"到公元 1750 年为止，东亚国家远远领先于西方国家。此后，西方国家反而远远超过了东亚国家。其主要原因有：一是创造了能够把人力、资源、技术及资本聚集到生产目的上的企业组织；二是建立了这些企业组织能够很好地生存和发展的环境，即市场经济体制"。

综上所述，人类群体进化理论的主要观点有：①人类与组织相伴而生，组织是人类区别于其他动物的重要社会性特征；②组织改变着人类生活，人类也在社会发展中丰富着组织的内容和形式；③政府组织是阶级社会的特有现象，社会组织取代政府组织进行社会管理是社会历史的必然趋势。

（2）官僚行政管理理论

官僚行政管理理论是传统权威管理经验的总结和法理社会管理运行的基础，主要包括古典官僚制学派和行政管理学派。

古典官僚制学派以德国组织理论之父——马克斯·韦伯（Max Weber）为代表。韦伯把权威分为三种，即合法型权威、传统型权威和卡里斯玛（charism）型权威。合法型权威是理性的、法定的权力，主要指依法任命，并赋予行政命令的权力，对这种权力的服从源于依法建立的一套等级制度，这是对确认职务或职位的权力的服从。传统型权威是传统的权力，它以古老的、传统的、不可侵犯的和执行这种权力的人的地位的正统性为依据。卡里斯玛型权威是超凡的权力，该权力建立在对个人的崇拜和迷信的基础之上。

行政管理学派以法国管理过程之父——亨利·法约尔（Henry Fayol）为代表。法约尔认为管理功能包括计划、组织、命令、协调和控制。一个组织的六项基本活动是：技术、商业、财务、安全、会计和管理，其中管理是活动的核心。管理不是专家或经理独有的特权和责任，而是组织（企业）全体成员（包括工人）的共同职责，只是职位越高，管理责任越大。法约尔在实践基础上总结出14条管理原则，即分工、职权与职责、纪律、统一指挥、统一领导、公益高于私利、个人报酬、集中化、等级链、秩序、公正、保持人员的稳定、首创精神、集体精神。

综上所述，官僚行政管理理论的主要观点有：①卡里斯玛型权威和传统型权威是工业社会之前的组织统治权威，其组织形式与当时的社会条件相一致，曾经有力地促进了社会发展；②基于合法型权威的官僚制以法规、等级制、分工、专业化、职业化为标志，依照法定的程序来实现，工作效率大大提高，是最适合现代社会大规模组织的组织形式；③组织管理的重心在上层，追求从上而下的管理可以达到组织的合理化，分工和调整是组织管理的核心要素，通过部门化和调整可以提高效率。

（3）现代科学管理理论

现代科学管理理论是追求科学方法和工作效率的组织理论，是现代组织管理的主要理论依据，主要包括科学管理学派和管理科学学派。

科学管理学派以美国科学管理之父——弗雷德里克·温斯洛·泰勒（Frederick Winslow Taylor）为代表。泰勒最大的贡献是在管理实践和管理问题研究中采用了观察、记录、调查、试验等手段的近代分析科学方法。泰勒认为，科学管理的中心问题是提高效率；为了提高劳动生产率，组织必须为工作挑选"第一流的工人"，使工人掌握标准化的操作方法，使用标准化的工具、机器和材料，并使作业环境标准化，实行刺激性的计件工资报酬制度；在标准化工作条件和环境下，工人和雇主两方面都必须认识到提高效率对双方有利，来一次"精神革命"，相互协作，为共同提高劳动生产率而努力。科学管理把计划职能与执行职能分开，改变原来的经验工作法为科学工作法，实行"职能工长制"，让每一位工长承担一种管理职能；雇主或高级管理人员下放管理权力，仅保留对例外事项的决策和处置权。

管理科学学派以英国学者兰彻斯特（F. W. Lanchester）、希尔（A. V. Hill）、埃尔伍德·斯潘赛·伯法（Elwood Spencer Buffa）和霍勒斯·卡文森（H. C. Evencon）为代表。第一次世界大战期间，英国学者兰彻斯特于 1915 年把数学定量分析法应用于军事，发表了关于人力和火力的优势与军事胜利之间的理论关系的文章；当时，生理学家希尔上尉（后成为教授）领导着英国军需部及其防空试验组，他把应用数理分析方法运用于防空武器分析，被后人称为运筹学研究的创始人之一。埃尔伍德·斯潘赛·伯法曾任教于美国加利福尼亚大学管理研究院、哈佛大学工商管理学院，1975 年出版《现代生产管理》（后改写为《生产管理基础》，被《哈佛商业评论》推荐为经理必读书目），运用科学计量方法，以大量图表和数学公式来分析管理问题，使得管理研究由定性走向定量。霍勒斯·卡文森于 20 世纪 30 年代把复杂的数学模型应用于用传统办法难以进行的大量数据处理工作，促进了一批管理科学（运筹学）方面的教科书于 20 世纪 50 年代以后陆续出版。20 世纪 60 年代后，管理科学将行为科学原理的运用扩大到人事的组织和决策，并同多种社会科学学科和自然科学学科交叉、渗透，产生了管理社会学、行政管理学、军事管理学、教育管理学、卫生管理学、技术管理学、城市管理学、国民经济管理学等多个管理学分支。20 世纪 80 年代，管理科学已涉及战略规划和战略决策领域，追求进一步优化组织和管理，提高效益。管理科学学派借助于数学模型和计算机技术研究管理问题，重点研究管理实践中的操作方法和作业效能。目前管理科学正在向组织决策和管理的更高层次发展，但全部采用定量方法来解决复杂环境下的组织问题还面临着诸多实际困难。管理科学学派注重研究企业生产的物质过程，注意管理中应用先进工具和科学方法，对管理中人的作用关注较少，尚有许多值得改进之处。

综上所述，现代科学管理理论的主要观点有：①组织成员是"经济人"，组织管理的中心问题是提高效率；为了提高组织生产效率，必须为工作挑选一流的组织成员。②使工作环境标准化，实行计件工资报酬制和"职能工长制"，以科学的工作方法取代原来的经验工作方法，是提高工作效率的最佳途径。③组织管理是一门科学，像数学一样需要数理统计和精确数据，运用数学模型和计算机技术研究组织管理，可以使组织管理实现科学化，从而获取最大的组织利益。

## 2.4.2 经济发展理论

物质资料是人类生存的第一基础，经济活动是人类延续的第一需要。多元化农业技术推广服务体系建设既是组织管理的改革和完善，又是经济效益的追求和探索。因此，建设多元化农业技术推广服务体系也要遵从相关的经济发展理论。

（1）效益需求理论

经济效益（economical benefit）是指通过劳动和商品的外部交换所取得的社会劳动的节约，即以尽量少的劳动耗费取得尽量多的经营成果，或者以同等的劳动耗费取得更多的经营成果。效益需求理论是追求经济效益的理论，最早由亚当·斯密（Adam Smith）系统提出。

效益需求理论经历了从古至今的发展，思想见解日臻完善。亚当·斯密是英国经济学的主要创立者，世人尊称他为"现代经济学之父""自由企业的守护神""经济学鼻祖"。其实，亚当·斯密并不是经济学说的最早开拓者，他最著名的思想中有许多并非新颖独特，但是他首次提出了全面系统的经济学说，为该领域的发展打下了良好的基础。亚当·斯密的《国富论》是现代政治经济学研究的起点，该书驳斥了旧重商主义片面强调国家储备大量金币的重要性学说，否决了重农主义强调土地是价值主要来源的观点，提出劳动是国家致富的根本，而劳动生产率提高则是加快财富增长的秘诀；要提高劳动生产率就要重视社会分工，这样才会带来国家财富的资本积累；为此，保证一个充分竞争的市场环境是实现国家富强的必要条件。大卫·李嘉图（David Ricardo）是亚当·斯密的继承和发展者，是英国资产阶级古典政治经济学的主要代表人物之一，也是英国资产阶级古典政治经济学的完成者。李嘉图的主要经济学代表作是1817年完成的《政治经济学及赋税原理》，书中阐述了他的税收理论。李嘉图承袭并深化了亚当·斯密的自由主义经济理论，认为限制国家的活动范围、减轻税收负担是增长经济的最好办法。此外，卡尔·马克思（Karl H. Marx）研究了资本主义的生产过程，揭露了资本家追逐利润、残酷剥削工人的方法和手段，描绘了未来共产主义社会中生产效益人人共享的和谐理想；西奥多·W. 舒尔茨等也提出了在经济发展过程中让利于农民、发展壮大农业生产以增加社会整体财富的思想。

综上所述，效益需求理论的主要观点有：①人人都在谋求自己利益的最大化，任何组织也都在谋求利益中努力生存和竞争变化；②在社会分工条件下，社会组织要根据发展目标设计营利定位，寻求适合自身发展的谋利之道；③组织与成员在谋取经济利益的过程中存在着对立冲突的一面，这种对立冲突有时表现得相当激烈，组织要让利于成员以维护和追求更大的经济利益。

（2）经济增长理论

经济增长理论是研究解释经济增长规律和影响制约因素的理论。美国经济学家 S. 库兹涅茨认为："一个国家的经济增长，可以定义为给居民提供种类日益繁多的经济产品的能力长期上升，这种不断增长的能力是建立在先进技术以及所需要的制度和思想意识之相应的调整的基础上的。"该论断被奉为"经济增长"的经典定义。

研究经济增长的经济学家很多，其理论建构的目的是为了促进经济"量"的增长和"质"的提高。在经济学家们看来，广义的经济增长不仅是一个量的概念，而且是一个比较复杂的质的概念，包括国民的生活质量，以及整个社会经济结构和制度结构的总体进步。关于经济增长的源泉，经济学家们通常将经济产出与生产要素的投入及技术状况联系在一起。诺贝尔经济学奖获得者、美国普林斯顿大学教授、经济学家 W. A. 刘易斯所著的《经济增长理论》被认为是第一部全面论述经济发展问题的著作，至今在发展经济学中仍占有十分重要的地位。刘易斯（1999）认为，人口平均产量的增长取决于可利用的自然资源和人类的行为。他把影响经济发展的人类行为因素分为直接因素和间接因素：直接因素是人们从事经济活动的努力、知识的增长与运用和资本的积累；间接因素是社会经济制度、意识形态等因素。他认为，经济活动指的是人们抓住并利用各种经济机会增加产量，降低成本；人们从事经济活动的愿望是影响经济发展的第一个直接因素。刘易斯认为，在机械耕作和具有相当的灌溉、良种、产品加工销售的条件下，大农业更加有效率；但是小农由于精耕细作，节约资本与管理人员，在一定的条件下比大农业更有效率、更加经济。所以，他主张因地制宜，采取适当的农业组织形式发展农业。对于科学研究和技术利用，刘易斯认为发展中国家要根据自己的特点着重解决技术研究成果的推广、应用问题；运用新知识进行生产往往要付出更多的资金，承担更大的风险。因此，他认为社会经济制度一定要确保运用新知识从事生产的管理者和技术人员得到更多的报酬，否则新知识就得不到传播与运用（梁小民，1981）。诺贝尔经济学奖的另外一位获得者、美国芝加哥大学教授、经济学家西奥多·舒尔茨（Theodore W. Schultz）在《经济增长与农业》一书中认为，土地、人口、科技投入与农业经济增长密切相关，但土地作为生产要素对经济增长的贡献已经越来越小，甚至不再重要，而新技术的使用、人的能力的改善与新形式资本的进入在经济增长中发挥着越来越大的作用。

综上所述，经济增长理论的主要观点有：①经济增长是社会发展的基础，经济增长与生产要素的投入及技术状况联系在一起；②经济增长取决于可利用的自然资源和人类的行为，人们从事经济活动的愿望、努力、知识的增长与运用越来越重要；③农业经济增长与土地、人口、科技投入紧密相关，新技术的使用、人的能力改善与新形式资本的进入发挥着越来越大的作用。

（3）农业改造理论

1964 年，西奥多·舒尔茨在所著的《改造传统农业》一书中提出了著名的传统农业改造理论。他在该书中提出了农业经济学领域一个著名的观点：传统农业贫穷但还是有效率的；要想转变传统农业，就必须向农业提供现代投入品，对农民进行人力资本投资。1960 年，他提出了人力资本投资理论，认为人力资本投资是促进经济增长的关键因素。因此，人们通常把舒尔茨称为"人力资本理论之父"。

舒尔茨认为，每个国家都有农业部门，不少发展中国家的农业部门甚至是最大的部门，农业完全可以成为经济增长的源泉；但现实恰恰相反，农业已经成为大多数发展中国家经济发展的障碍。他研究认为，农民在传统农业中是无法对经济发展做出贡献的，唯有现代化的农业才能成为经济发展的源泉；如何通过投资，把弱小的传统农业改造成为一个高生产率的经济部门是农业现代化的关键问题。舒尔茨分析出传统农业有三个基本特征：①技术状况长时期保持不变，即传统农业中生产要素的供给不变，农民所使用的生产要素和技术条件基本不发生变化；②获得收入和持有收入的来源与动机长期内不发生变化，即传统农业中生产要素的需求不变，农民没有增加传统使用的生产要素的动力；③传统生产要素的供求由于储蓄为零而长期停滞。他同时指出：发展中国家不可能通过有效配置现有的农业生产要素来大幅度增加农业生产；各国农业对经济增长的作用的巨大差别主要取决于农民能力的差别，其次才是物质资本的差别，而土地的差别最不重要；只有农民改造先辈遗留下来的传统农业，在有投资刺激条件下的农业投资才是有利的。

舒尔茨提出，改造传统农业的关键是要引进新的现代农业生产要素。一要建立适合传统农业改造的制度和技术保证，运用以经济刺激为基础的市场方式，通过农产品和生产要素的价格变动来刺激农民；可通过所有权与经营权合一的，能适应市场变化的家庭农场来改造传统农业。舒尔茨认为，农业生产力的来源可以分成两部分，一部分是土地、劳力、资本，另一部分是技术变化，而技术变化已成为实际收入的重要来源，并且在改变着其他生产要素在农业生产中的最优投资比例。二要从供给和需求两方面为引进现代生产要素创造条件，通过有效的非营利方法引进外国资本和外国技术，然后鼓励农业推广站所去有效地推广和分配新要素。三要对农民进行人力资本投资，使农民获得新要素的信息后学会如何使用新要素。舒尔茨认为，引进新的生产要素，不仅要引进杂交种子、机械这些物的要素，还要引进具有现代科学知识、能运用新生产要素的人；历史资料表明，农民的技能和知识水平与其耕作的生产率之间存在着有力的正相关关系，因此必须对农民进行包括教育、在职培训以及提高健康水平等在内的人力资本投资。

综上所述，农业改造理论的主要观点有：①农业是国家最大的部门和产业，完全可以通过改造使其成为经济增长的源泉；②农业对经济增长的作用取决于农民能力的差别，农民只有改造先辈遗留下的传统农业，利用外部投资刺激条件进行农业投资才能赢利；③改造传统农业的关键是要引进现代农业生产要素，不仅要引进杂交种子、机械等物的要素，还要引进具有现代科学知识、能运用新生产要素的人。

## 2.4.3 科技应用理论

推动科学技术应用于农业生产是农业技术推广的直接目的，也是多元化农业技术推广服务体系建设的主要行为指向。我国建设多元化农业技术推广服务体系要充分认识科技发展的规律，遵循科技应用的相关理论。

（1）创新扩散理论

任何一项创新技术都以某种形式存在于社会之中，对经济社会发展产生直接或间接、近期或远期的影响。创新扩散是指创新技术在非人为意识因素的作用下，以某种方式、向某些地区实现的自发转移（胡虹文，2003），它强调或者侧重于人的非意识作用，突出了技术的自我扩散，凸显了技术的自我吸引力而导致的创新源区以外各类主体的自愿需求和自觉获取。

关于创新扩散的研究源于 20 世纪初期法国社会学家 Tarde（1903）对于 100 种技术 90% 被人们遗忘现象的探讨，20 世纪 60 年代美国学者 E. M. Rogers 提出了一个关于劝服人们接受新观念、新事物、新产品的理论——创新扩散理论，该理论又被译成创新传播理论、创新散布理论、革新传播理论等。学者们研究认为，创新扩散是一个复杂的社会经济过程，受到诸多外部环境和内部条件的制约与影响，是在多种不同的社会因素、多个不同类型的社会组织相互影响与相互作用中进行运作的，其运行过程要经历若干相互联系又相互作用的阶段。1962 年，罗杰斯在出版的《创新的扩散》一书中介绍了他研究农民采用杂交玉米种子这一创新过程时发现，农民开始采用的时间与采用者人数之间的关系曲线呈常态分布曲线。他采用数理统计方法计算出了不同时间的采用者人数的百分比，并根据采用时间早晚把不同时间的采用者划分为"创新先驱者""早期采用者""早期多数""后期多数""落后者"五种类型（图2-1）。创新的扩散可以是由少数人向多数人的扩散，也可以是由一个单位或地区向更多单位或地区的扩散。新技术在农民群体中扩散的过程也是农民的心理、行为的变化过程，是"驱动力"与"阻力"相互作用的过程。当驱动力大于阻力时，创新就会扩散开来。研究表明，典型的创新扩散过程具有明显的规律可循，一般要经历突破、紧要、跟随和从众四个阶段（黄天柱，2007），如图2-2所示。

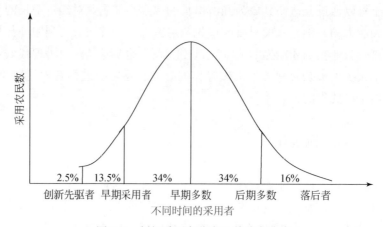

图2-1　创新采用者分类及其分布曲线

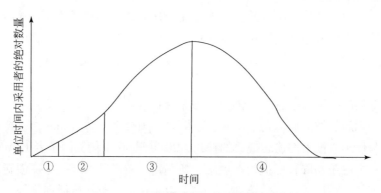

图2-2　农业创新扩散过程的四个阶段

①突破阶段；②紧要阶段（关键阶段）；③跟随阶段（自我推动阶段）；

④从众阶段（浪峰减退阶段）

综上所述，创新扩散理论的主要观点有：①农业科技成果的传播和扩散有内在的规律——起初采纳率很低，以后逐渐提高，然后再下降终结；②不同农产品的农业新技术在扩散过程中存在一定差异，但农业技术推广者要高度重视采用率较低的技术初生阶段，推进技术传播；③农业科技成果扩散既是一个技术的传播过程，也是一个农民思想和行为发生变化的过程。

（2）行为改变理论

行为科学研究表明，人的行为是由动机产生，动机则是由内在的需要和外来的刺激引起的，因此人的行为是在某种动机的驱使下达到某一目标的过程。当一个人产生某种需要尚未得到满足，就会引起寻求满足的动机。在动机的驱使下，个体产生满足需要的行为并向着能够满足需要的目标行进。当行为达到目标时，个体的需要就得到了满足。这时，个体又会有新的需要和刺激、引发新的动机，产生新的行为……如此周而复始，永无止境。

美国心理学家马斯洛（Abraham Harold Maslow）1943 年提出需要层次理论，把人类的需要划分为五个由低级到高级呈梯状排列的层次，即生理需要→安全需要→社交需要→尊重需要→自我实现的需要。在一般情况下，人们先追求低层次需要的满足，再追求较高层次的精神需要。

在农业科技成果转化活动中，农民的科技化是指农民对农村科技思想上接受、行动上运用、目标上创新的过程。农民在采用创新技术时，有动力也有阻力，动力大于阻力农民采用，反之，则拒绝采用。农民行为的改变具有很强的层次性，包括：认识的改变；态度的改变；技能的改变；个人行为的改变；群体行为的改变；环境的改变。

有学者按照农户对新技术采用的时间顺序将农户分为三类：技术率先采用者、技术跟进采用者和技术被迫采用者。随着农户对新技术的采用，某项新技术从最初率先采用者（或采用地区）向外传播，扩散给越来越多的采用者（或地区），新技术得到普及应用，最终促成农业技术进步。这一过程在社会经济生活中具体表现为：增加农产品供给，进而降低农产品价格，使广大消费者受益，即农户不断采用新技术→农产品产出增加→农产品价格下降→寻求新的技术……它构成了农业技术革新变迁的循环往复和阶梯式递进过程。经济学家将在利润的驱使下，农户率先采用新技术和后继者被迫也采用新技术，结果使供给曲线发生移动从而消除了新技术带来的超额利润的现象称为"农业踏板"。称其为踏板，是因为在市场竞争中农户只有不断地采用新技术，才能实现利润最大化。不采用新技术的农民，则要承受亏损甚至面临被淘汰的风险。农业技术更新并不意味着降低所有农民的收入，只是降低了那些没有采用新技术的农民收入。这一现象反映了市场经济条件下，农民在农业技术采用、扩散与革新过程中的行为选择（周衍平和陈会英，1998）。

这一过程中，农民行为选择表现出以下特点：首先，市场经济条件下农民采用新技术出于自主自愿的判断和选择，是在既有动力又有压力的市场驱动机制下完成的。市场对技术率先采用者给予较高的技术投资回报和利益激励，而对跟随采用者和未采用者给予竞争压力，逼迫其也要及早采用新技术，进而促进了农村社会的农业技术进步。其次，农户是否迅速、有效地采用新技术取决于农民的接受能力、采用新技术的预期增产效果和预期风险及新技术推广服务组织的状况等多种因素，农户采用新技术的均衡点是其边际成本等于边际收益。每种农业新技术都有自身特性，这些特性直接影响农户对技术的采用速度。最后，在农地产权流转和土地规模经营条件下，农户采用新技术更具竞争性。随着农业新技术的扩散，率先采用新技术的农业经营盈利者将兼并那些稍后或根本不采用新技术的农业经营亏损者，促进农业生产经营要素优化配置。不能适应新技术要求的农户将最终退出农业生产，转营其他。农业生产经营者最终集中于懂技术、会管理的农业企业家群体，促使农业生产者的素质大大提高，优化了不同技术条件下农业生产的经营规模，使其能够达到新技术采用的最佳规模点（周衍平和陈会英，1998）。

综上所述，行为改变理论的主要观点有：①农民的科技化既是农民接受农村科技的行为改变过程，也是农民对农村科技的认识转变过程和目标创新过程——率先采用新技术的农户获得最大收益，迫使其他农户也相继采用新技术，最终实现农业技术更新换代；②始于农民内在需求的农民科技化是持久的科学化，农民在科技化过程中能够运用自身的内在力量推动科技化发展，并且带来农村生产经营要素的优化配置；③农民采用新技术需要一定的自身素质和外部条件，外在的刺激是农民科技化的重要条件，个体的学习与素质状况是农民科技化的关键因素。

（3）内源发展理论

从20世纪90年代起，在欧美国家中已经发展了70年之久的农业推广（agriculture extension）学科逐渐被"沟通与创新"（communication and innovation studies）学科所取代，"推广"内涵发生了重大改变。"沟通与创新"指的是"与农民交流和沟通的理论与方法，以及农民采用技术的过程"。创新是农民认识技术、选择技术，并在技术采用过程中对技术进行应用、调试及改造的过程。新的推广理念和思想确立了农民在技术选择和技术采用交流中的主导和平等地位，不同于传统推广只是一味地强调和考虑技术因素，而忽略了社区内众多非技术因素，仅将农民作为被动接受者的角色。

农业推广理念的转变受到内源发展（endogenous development）理论的支撑。该理论认为农村社区发展的力量主要源自社区内部，来自社区的主体——农民，农民是农村社区发展的内在动力；农民获取农业技术是一个主动过程，即农民根据自己生产、生活的需要而主动寻找技术并采用技术，动力来自自身；农民对生产生活环境具有独到的认识，拥有相当丰富的"乡土知识"（indigenous knowledge），即基于本土的生存技能和发展策略；农民在农村和农业发展中具有极大潜能，不能仅将农民看成被动的发展对象；政府农业技术推广体系应主要提供服务，即根据农民的需要提供咨询服务。这种理论严重冲击了传统的农业技术推广观念，直接影响到了一些国家的农业推广体系建设。例如，英国的农业推广体系由原来的国家农业咨询服务系统（National Agricultural Advisory Service，NAAS）转变为农业发展及咨询服务系统（Agricultural Development and Advisory Service，ADAS），突出强调以"用户—农民"为导向的咨询服务意识，大力拓展农业推广的服务范围，使农业咨询服务不仅包括农业技术本身，而且包括市场信息、营销、农户或农场生产设计、财务管理等方面的内容（苑鹏和李人庆，2005）。

综上所述，内源发展理论的主要观点有：①事物发展的动力源于事物内部，农民是农村社区发展的主体，是农村科技进步的真正动力；②农村科技推广既要强调和考虑技术因素，更要重视农村社区的非技术因素，注重农民的需求、兴趣、生存和发展；③多方面为农村群众服务，通过主动与农民交流和沟通，激发农民认识技术、选择技术，并在技术采用过程中进行改造和创新。

# 2.5 本章小结

农业技术推广是一个历史性概念，不同时期赋予其不同内涵。在科技服务业兴起背景下，我国农业技术推广应由狭义走向广义，由单一变为综合，真正成为城镇化过程中新农村建设的科技之桥。

未来多元化农业技术推广服务体系在推广主体上多元竞争、推广对象上个群兼具、推广内容上农业技术外延、推广手段上高科操作、推广形式上个性服务、推广评价上社会为主，将具备和发挥极强的经济功能、社会功能、文化功能、政治功能与生态功能，于新农村建设中获得长足发展。建设多元化农业技术推广服务体系，我国要以"微利服务"甚至"无偿服务"为尺度，坚持公益性至上原则、倾斜性扶持原则、内源性驱动原则、广泛性服务原则、生态化发展原则和社会化建设原则，构建城乡社会统筹统一的服务体系。

我国建设多元化农业技术推广服务体系，要立足国情，培育和壮大政府农业技术推广系统、科研院所农业技术推广系统、大专院校农业技术推广系统、涉农企业农业技术推广系统、行业协会农业技术推广系统、农民合作社农业技术推广系统、科技协会农业技术推广系统、供销合作社农业技术推广系统等行为主体，遵从听谁统筹、任务何来、经费怎获、如何激励四个方面的关系机理，并以已有的组织演变理论、经济发展理论和科技应用理论作为理论依据。

# 第3章
# 我国农业技术推广服务体系
# 建设的历史回溯

古希腊历史学家波里比阿说过，"倘若对过去的重大事件逐一寻根究底，过去的一切会使我们特别注意到未来"。德国哲学家黑格尔也认为，"这是我们时代的使命和工作，同样也是每一个时代的使命和工作：对于已有的科学加以把握，使它成为我们自己所有，然后进一步予以发展，并提高到一个更高的水平"。作为世界著名的农业古国，我国农业发展有近万年的历史。农业的历史究其实质是农业技术演进的历史，因而也是农业技术推广的历史。中国农业技术推广的历史可以追溯到上古时期，但趋向正规化是在进入奴隶制社会以后开始的，其主要标志是农业推广程序的创立；到了近代，农业推广教育和推广机构的成立使农业技术推广逐渐向科学化方面发展；新中国成立后，我国农业技术推广历经几番波折而最终较为成熟（潘宪生和王培志，1995）。回溯我国农业技术推广的历史，有助于我们总结经验，吸取教训，更好更快地建设新时期及未来的多元化农业技术推广服务体系。为便于研究，笔者根据历史顺序和形式演进将我国农业技术推广史分为古代时期（人类产生至清朝灭亡）、民国时期（民国建立至新中国成立）、新中国时期（1949 年至今）三个历史阶段进行分析，其中新中国时期又将分别探讨政府和社会两类农业技术推广服务体系的演变情况。

## 3.1 我国古代农业技术推广服务体系的诞生与演变

自古以来，我国就是一个以农业立国的国家，农业生产历史非常悠久。考古证明，我国在 7000 ~ 10 000 年前就已经进入了农业社会。为在人类社会历史的进程中认识农业技术推广，本书从原始社会、奴隶社会和封建社会三个历史阶段探究我国古代农业技术推广服务体系的演变。

### 3.1.1 原始社会杰出首领引导下的农业技术推广

在由"食物采集"向"食物生产"转变过程中，一些拥有农业技术的原始能人向社会民众或部落氏族传播和扩散生产技艺与诀窍，成为早期的农业技术推广人才（陈新忠，2013a）。三皇五帝是原始社会的杰出首领，大多也是农业技术的发明创造者和推广能手，其所在的部落自然而然地成为当时农业科技发明、传播和服务的社会组织。"三皇"即遂人、伏羲和神农；"五帝"即黄帝、颛顼、帝喾、尧、舜。

（1）燧人氏钻燧取火及其推广

燧人氏是传说中发明钻木取火的人，时间距今一万年左右。那时，河南商丘一带是一片山林。在山林中居住的燧人氏，经常捕食野兽，当击打野兽的石块与山石相碰时往往产生火花；同时他也观察到鸟啄燧木有时也出现火花。燧人氏从中受到启发，就折下燧木枝，钻木取火；或以石击石，用产生的火花引燃火绒，生出火来。他把这种方法教给了人们，人类从此学会了人工取火。人们用火烤制食物、照明、取暖、冶炼等，人类的生活进入了一个新的阶段。人们称这位圣人为燧人氏，奉他为"三皇之首"。

（2）神农氏选育五谷教民稼穑

神农氏是传说中的炎帝，农业之神，教民耕种；他还是医药之神，相传神农尝百草，创医学。据记载，8000年前，山东丘陵地区的人们吃生肉，喝兽血，穿兽皮。神农认为人们这样生活下去，难以维持。于是，他"尝百草之实，察酸苦之味，教民食五谷"（见《新语·道基篇》）。"神农"后来被用作原始社会农业开始发展的氏族名称，传说为主掌稼穑的土神。农业生产知识是上古人类实践经验的积累，神农氏的事迹大致反映了母系氏族制繁荣时期的社会情况。

（3）伏羲氏记事制网推进文明

伏羲氏，又称包牺氏、庖羲，是中华民族的人文始祖。据说他是个大发明家，对人民的贡献很大。《周易》记载，"包牺氏始作八卦，以通神明之德，以类万物之情"。他还发明"结绳为网以渔"，造福于民。八卦和渔网是伏羲氏两件最大的发明创造，也是推进人类文明的两样极其重要的物品。这个传说告诉我们，那时伏羲氏族便开始使用了一种记事符号，并且懂得制网捕鱼了。

（4）有巢氏发明巢居惠及民众

有巢氏是传说中发明巢居的英雄，时间距今6000年左右。那时候，黄淮平原人民穴居野处，受野兽侵害。有巢氏教民构木为巢，以避野兽，从此人民才由"穴居"发展为"巢居"。关于我国原始时代由穴居进入巢居的情况，庄周记载说："古者禽兽多而人少，于是民皆巢居以避之，昼拾橡栗，暮栖木上，故命之曰有巢氏之民。"（见《庄子·盗跖》）韩非子也记载说："上古之世，人民少而禽兽众，人民不胜禽兽虫蛇，有圣人作，构本为巢以避群害，而民悦之，使王天下，号曰'有巢氏'。"（见《韩非子·五蠹》）项峻在《始学编》也记载有："上古皆穴处，有圣人出，教之巢居，今南方巢居，北方穴处，古之遗迹也。"（见《太平御览》卷七十八）

（5）尧舜禹治水技术普及民间

四千多年前，洪水泛滥成灾。尧帝启用鲧治水，稳定和营造生存环境。鲧治水时采用了壅土挡水的办法，"窃帝之息壤以埋洪水"（见《山海经·海内经》），结果"九年而水不息，功用不成"。鲧用堵塞的办法，治水失败，被"殛之于羽山"。"鲧死三岁不腐，剖之以吴刀，化为黄龙"（见《山海经·海内经》）。传说鲧身死三年而不腐，于腹中孕育了自己事业的继承者大禹。

尧死以后，舜在政治上大兴改革。尧时虽然已经举用了禹、皋陶、契、弃、伯夷、夔、龙、垂、益等，但职责不明。舜继任之后，命禹担任司空，治理水土；命弃担任后稷，掌管农业；命契担任司徒，推行教化；命皋陶担任士，执掌刑法；命垂担任共工，掌管百工；命益担任虞，掌管山林；命伯夷担任秩宗，主持礼仪；命夔为乐官，掌管音乐和教育；命龙担任纳言，负责发布命令，收集意见；并规定三年考察一次政绩，由三次考察结果决定官员的提升或罢免。通过整顿，各项工作都出现了新面貌。上述这些人都创立了辉煌业绩，其中禹的成就最大。

禹尽心治理水患，身为表率，凿山通泽，疏导河流，终于制服了洪水，使天下人民安居乐业。据说他治水十余年三过家门而不入，终于依靠疏导和围堵（修堤筑坝）两个方法的结合，带领群众将洪水制服，该技术以后成为民众治理水土、保持良田的常用方法。当此之时，"四海之内咸戴帝舜之功"，呈现出前所未有的清平局面。舜在年老的时候，认为自己的儿子商均不肖，便与尧一样禅位让贤，让威望最高的禹为继任者，摄行政事。

作为文明古国，科技发展对我国古代农业发展起到重要推动作用。考古发现证明，早在8000年之前，我们的祖先已将野生粟驯化改良成栽培粟，并在中原广大地区推广。那时，农业技术推广活动初具雏形，主要与人们的日常生产活动结合在一起，属于一种自发的不自觉状态。由于氏族社会成员之间没有脑体分工，推广活动主要伴随生产活动、社会交往和住地迁徙而进行（潘宪生和王培志，1995）。当时的农业技术推广主要依靠口授，传说中神农、黄帝、颛顼、舜帝等都有推广农业技术、发展农业生产的经历，是有历史记载以来农业技术推广中的杰出人才（陈新忠，2013a）。"炎帝神农氏长于姜水，始教天下耕种五谷而食之，以省杀生"（皇甫谧，1997）；他曾"斫木为耜，揉木为耒"（黄寿祺和张善文，1989），为先民发明了最早的木制启土工具，提高了原始社会的农业生产水平。之后，黄帝"时播百谷草木，淳化鸟兽虫蛾"；颛顼种植稼禾，养育牲畜，"养材以任地，载时以象天"（司马迁，1997）；到了舜帝，他"作室、筑墙、辟地、树谷，令民皆知去岩穴，各有家室"（刘安，1989）。这些普通的氏族成员因为在农业技术推广方面对社会的特殊贡献，被部落先民们拥立为氏族首领。国家形成之前，原始农耕文明中的农业技术推广者是农业技术的继承者、改造者和发明者，他们集创新和推广于一身，向家庭和周围人群传授技术，进行义务性公益服务，这一时期属于个体行为时期。这一时期的农业技术推广人才从数量上看，能人缺乏，人数较少；从技术上看，科技含量不高，技术水平较低；从能力上看，推广要求不多，推广技术单一；从行为上看，身教胜于言传，示范演示较多；从目标上看，注重群体幸福，乐意为民服务；从影响上看，辐射带动较广，民众普遍受惠（陈新忠，2013a）。

### 3.1.2 奴隶社会的农官系统与农业技术推广

在奴隶社会，农业技术推广的主体主要有三个方面：一是奴隶主及其利益团体，他们为了自身利益，在所辖范围内推广最新农业生产技术，更新和使用最新农业生产工具，以确保获得最大收益；二是奴隶自愿结成的非正式群体，为了减少挨打和遭受其他连续的责罚、避免被奴隶主淘汰出劳动队伍，奴隶们在劳动过程中自觉结合起来，相互传授农业生产知识和技艺，以满足奴隶主的要求，维持主仆关系，使自己获得较好的报酬；三是各个朝代或政权设立的专门管理农业的职官系统（简称农官系统），负责促进农业技术进步和粮食丰产。由于国家建立之后，农官系统是强有力的行政主体，所以本书侧重分析奴隶社会统治集团主导下的农官系统。所谓农官，主要是指负责土地的垦殖、分配，农业生产的管理督促，农业赋税的征收和仓储管理等方面的官吏（王彦飞，2006）。

（1）西周时期涉及农业技术推广的农官建制

周人是发展农业的氏族，祖先后稷被后人称为农业神。《国语·郑语》记载："周弃能播殖百谷蔬，以衣食民人者也。"周代的统治阶级高度重视农业生产，《国语·周语上》记有"王事唯农是务，无有求利于其官，以干农功，三时务农而一时讲武"。从中可以看出，周王的主要事务是管理农业，把农业放在理政之首加以重视和关注。西周初年周公在总结商朝灭亡的惨痛教训时，指出商末的几代国王都"不知稼穑之艰难，不闻小人之劳"，这是导致亡国的根本原因。他谆谆告诫年幼的成王要"先知稼穑之艰难"，认为只有重视农业，才能确保国家长治久安。《国语·周语上》记载虢文公曾对周宣王说："夫民之大事在农，上帝之粢盛于是乎出，民之蕃庶于是乎生，事之供给于是乎在。"在虢文公眼中，上帝的祭品、人民的蕃殖、大事的供应、国家的财用，都要依靠农业，所以农官是整个职官体系中极其重要的职官之一。西周时期涉及农业技术推广的农官主要有以下几种。

1）司徒，掌国家人民、土地、农业生产及教化等事宜。《尚书·梓材》中有："我有师师、司徒、司马、司空。"周秉钧《尚书直解》注："司徒，官名，掌管土地和人民。"《礼记·月令》有："命司徒巡行县鄙，命农勉作。"

2）田畯，具体监督管理农夫在公田劳动的官员。《诗经·七月》有："馌彼南亩，田畯至喜。"《七月》毛传注曰："田畯，田大夫也。"朱熹《诗集传》注曰："田畯，田大夫，劝农之官也。"高亨在《诗经今注》中认为，"田畯，奴隶主所设的田官，长官监督农奴的农事工作"。周予同在《中国历史文选》中也认为："田畯，农官，亦叫农正或农大夫，古代贵族地主派到田间监督农业劳动的下级官吏。"由此可知，大多数学者都认可田畯是监管农业生产的官员。

3）农大夫，管理农业生产等类事务的官员。农大夫一职首见于《国语·周语上》："王乃使司徒咸戒公卿、百吏、庶民，司空除坛于籍，命农大夫咸戒农用。"从中可以看出，农大夫当是管理农业生产等事务的官员，地位应高于农正（或田畯、田大夫）等亲自下到田中去管理农业生产等事务的官员。

4）农师，管理农业的下层官员。农师一职最早见于《史记·周本纪》卷四："帝尧闻之，举弃为农师，天下得其利，有功。"《国语·周语上》有"乃命其旅曰：'徇，农师一之，农正再之，后稷三之，司空四之，司徒五之，……王则大徇'"。韦昭注曰："农师，上士也。"从相关资料来看，《国语·周语上》中的农师在藉田礼中地位位于农正、后稷等之后，且韦昭认为其为上士，那么"农师"应当是一个具体管理农业生产事务的、地位较低的农业官员。而《史记》中所记载的农师应为农官，是帝尧时代对整个社会农业生产等进行管理统筹的农业管理官员的较广泛意义上的称呼，而非具体进行农业管理的官员（王彦飞，2006）。

（2）春秋时期涉及农业技术推广的农官建制

春秋时期涉及农业技术推广的农官主要有以下几种。

1）司徒，掌管户口、籍田及征发役徒的治民之官。同西周时期相比，春秋时期周王室所设"司徒"一官在职司上有了较大的变化，由以前主要负责管理农业，兼管征发徒役、带兵打仗，逐渐发展为主要负责征发徒役、带兵打仗，兼管农业等的官员。司徒一官既管理农业、田役，又管理军队，反映了春秋时期文、武、政、军、兵、农分工不明确的社会状态。

2）司稼，掌巡视农作物，督促农业生产的官员。司稼主要负责观测研究农田的土质及适合的农作物品种以教民，并负责调节民食。《周礼·地官·司徒》有"司稼，掌巡邦野之稼，而辨穜稑之种，周知其名与其所宜地，以为法……巡野观稼，以年之上下出敛法"。郑玄注曰："周，犹遍也。遍知种所宜之地，悬以示民，后年种谷用为法也。"《说文·禾部》云："稼，禾之秀实为稼。一曰在野曰稼。"可见司稼主要负责掌理巡视考察近郊远野人民的耕作，辨明各种谷类的种植，遍知它们的作物名目与所适宜种植的土地，制定方法教导人民，以督促人民的农业生产。

3）草人，掌整治农田的官员。草人主要负责施肥除草，改变土质使土壤变得肥美。《周礼·地官·司徒》中关于草人职云："掌土化之法以物地。相其宜而为之种。"该记载显示，改良土壤，辨别土地的性质，又为各种土地寻找出来它们各自所宜生的农作物品种，是草人主要掌管的事务。郑玄注曰："土化之法，化之使美，若氾胜之术也。以物地，占其形色；为之种，黄白宜以种禾之属。"孙诒让在《周礼正义》中注曰："土化之法，即草人之官法。谓土地碛瘠，则观察其土质所含异同赢胸，粪拥和齐，而变其质，化之使和美也。"可见，草人主要负责改良土壤，整治农田，寻找适合土壤生长的各种农作物品种、使土地得到合理利用等事务。

4）稻人，掌管水泽湿地种植谷物的官员。《周礼·地官·司徒》记载有属官"稻人"，是主管湿地农田耕作的职官。其职文为："稻人，掌稼下地。"郑玄注曰："稼下地，以水泽之地种谷也。"可见，稻人当即管理水泽湿地种植庄稼的官员。

5）大田，掌管农田垦殖等农业生产事务的官员。《管子·小匡》记载，春秋时期齐桓公问置吏于管仲，管仲对曰："垦草入邑，辟土聚粟多众，尽地之利，臣不若宁戚，请立为大司田。"《吕氏春秋·勿躬》记载此事也说，"垦田大邑，辟土艺粟，尽地力之利，臣不若甯遫，请置以为大田"。《韩非子·外储说》也有："垦草仞邑，辟地生粟，臣不如甯武，请以为大田。"由诸多文献资料可以看出，春秋时期各国始设之大田，到战国时已成为重要职官，为负责管理农田开垦、农业生产等事务的官员（王彦飞，2006）。

（3）西周、春秋的农官特点及农业技术推广的作用

西周、春秋时期的农官职务不固定、兼职过多，上层农官职能具有多样

性，既管理土地，又兼管土地上的人民，同时还负责组织农业生产活动等。这些特点是由当时的社会发展状况决定的，反映了社会生产力水平低下、社会分工不十分明确的现实。

西周是传统农业技术演进形成的重要时期，西周著名政治家周公旦所著的《周礼》一书详细记载了当时农业生产的技术状况。西周农业技术主要表现为对土地质量的辨别及相应的改良措施，因地制宜种植农作物，水利灌溉和排涝技术，除草和防虫灭虫技术，对气候的观测等。这一系列技术，国家都通过专门的官员和部门进行管理，并以法令的形式传播给农民，指导农业生产（吴佳琳，2009）。具体而言，西周、春秋农官对农业生产技术的促进作用表现在以下三个方面。

一是整理井田沟洫，教民耕作。《周礼·地官·遂人》中要求农官"教之稼穑"，"以土宜教甿稼穑，以兴锄利甿，以时器劝甿"。此外，《礼记·月令·孟春令》有："王命布农事，命田舍东郊，皆修封疆，审端径术，善相丘陵、阪险、原隰，土地所宜，五谷所殖，以教道民，必躬亲之。"《仲秋令》有："乃命有司，趣民收敛，务畜菜，多积聚。乃劝种麦，毋或失时，其有失时，行罪无疑。"《晏子春秋》有："为田野之不辟，仓库之不实，则申田存焉。"从中可以看出，农官要对农夫农田的农业生产给予技术指导。

二是督促农业生产，教民农田保护。为了使庄稼"既坚既好，不稂不莠"，农官要督促农夫及时除去田间的杂草和劣种，"命我众人，庤乃钱镈，奄观铚艾"，还要"去其螟螣，及其蟊贼"。《毛传》云："食心曰螟，食叶曰螣，食根曰蟊，食节曰贼。"由诗文我们可以窥见，在农官的指导下，当时人们对于害虫的种类已经有了一定分辨能力，并且已经具备了辨析不同种类农作物天敌的能力。到了收获季节，农官还要管理农夫"九月筑场圃，十月纳禾稼"。《大雅·生民》在写周人始祖后稷进行农业生产时，把农作物的生长过程概括为"方"（开始发芽）、"苞"（嫩叶含苞）、"种"（分蘗成丛）、"秀"（逐渐长高）、"发"（禾茎舒发）、"秀"（抽胎成穗）、"坚"（茎体渐坚）、"好"（通体长好）、"颖"（穗生芒颖）、"栗"（颗粒圆实）十个字，农官正是据此进行相应田间管理的。

三是强调按时播种，保证不误农时。季节性强是农业生产的一个重大特征，不误农时则是发展农业生产的一条重要原则。《左传·隐公五年》记载："春蒐、夏苗、秋狝、冬狩，皆于农隙以讲事也。"这里强调田猎、讲习武事等都要在农务完毕之后，不得耽误农时。国君几乎每年都要行藉田礼，亲自农耕，除了为臣民做出表率外，还有提醒人们及时春耕、莫误农时之意。据《国语·周语上》记载，当时国家设有太史一官，负责管理农业节气变化的通报。"稷以告王曰：'史帅阳官以命我司事曰：距今九日，土其俱动，王其祗拔，监农不易。'王乃使司徒咸戒公卿、百吏、庶民，司空除墠于藉，命农大夫咸戒农用。"当某项大型工程的兴办与农业生产发生冲突时，春秋诸国的原则多是无夺民时，决不因为其他事业的兴办而延误农时，《左传》对这种情况有较多记载。《左传·隐公九年》有："夏，城郎。书，不时也。"杨伯峻注曰："此年建丑，周正之夏，当夏正之春，正农忙季节，若非急难，不宜大兴土功，故云不时。"《左传·桓公十六年》有："冬，城向。书，时也。"杨伯峻注曰："《春秋经》凡冬城者，传皆曰时。"此外，《左传·宣公十一年》还记有楚国筑城不误农时的史实，"令尹为艾猎城沂，使封人虑事，以授司徒，量工命日，分财用，平板幹，称畚筑，程土物，议远迩，略基趾，具糇粮，度有司。事三旬而成，不愆于素"。这是一次时间性很强的筑城工程，不少工匠是从农民中抽调而来，在动工之前，令尹就令封人做通盘考虑，令司徒做好预算和一切准备工作。由于精心计划，合理安排，准备充分，管理有道，结果在一个月内如期完工，没有误一天农时。由此可以看出，当时行政系统包括农官系统对农业生产的管理和督促是非常全面和具体的（吴佳琳，2009）。

### 3.1.3　封建社会的农官系统与农业技术推广

在封建社会，农业技术推广的主体也主要由三方面构成：一是农村地主及其利益团体，他们为了自身利益，在自我所有的土地上推广最新农业生产技术，更新和使用最新农业生产工具，以确保获得最大收益；二是农民自主结成的非正式群体，农民在劳动过程中，为了提高产量，增加交租之后的收入，自主结合起来，相互学习农业生产知识和技艺，努力使自己获得较好的种地收益；三是各个朝代或政权的农官系统，他们尽力推行相对先进的农业技术，促进农业丰产丰收。鉴于封建社会仍以农官系统为政府农业技术推广主干，本书主要分析与农业技术推广相关的农官建制及其工作成效。

（1）战国秦汉与农业技术推广相关的农官建制

政府设置专职官员督课农桑是国家重农思想的一大体现，战国秦汉也不例外。战国初期，铁器开始使用。以铁器牛耕推广、精耕细作技术体系的初步形成和农业主导性产业部门地位的确立为特征，这一时期成为中国传统农业奠基的重要阶段（樊志民，2002）。战国时创设了一些与农相关的国家财政机构，如秦、赵两国的"内史"，韩国的"少府"，秦国的"少内"等。秦国负责国家农务的官吏称治粟内史，汉初因之；汉景帝时更名大农令，武帝时为大司农，东汉沿用（樊志民，2003）。大司农在地方的属官，有大司农部丞劝课农桑，郡国农监监督地方农业，郡国都水主管渔业渔税，还设搜粟都尉、农都尉、属国农都尉、护田校尉、屯田校尉、渠利田官、北假田官、辛马田官、候农令、守农令、劝农掾等官职管理郡国公田、边郡屯垦等。《管子·君臣篇》有"以事为正"的吏啬夫，是农官系统的基层官吏。吏啬夫包括田啬夫、仓啬夫、库啬夫、司空啬夫、苑啬夫、皂啬夫、采山啬夫、漆园啬夫、衡石啬夫等，这类官啬夫在汉仍然存在。此外，郡县又各有农官。郡府列曹中有户曹，主民户、祠祀、农桑；时曹，主节气、月令；田曹，主农业生产。秦、汉有的大郡还分置遣田官，因地制宜指导农事；水曹、都水，西汉时为中央诸卿属官，东汉时改属郡国，职责主兴修水利；仓曹主仓谷事。除常设诸行政机构外，有些郡还有特设官。设置较多的是农、水等官。《后汉书·任延传》载，延为武威太守，"河西旧少雨泽，乃为置水官吏，修理沟渠，皆蒙其利"。另如巴郡属县有橘官、南海郡有圃羞官、右扶风有掌畜令丞等，或为专事果林、畜牧经营的特设官职。县、乡官吏直接监督、管理农业生产，带有明显的行政农官化色彩。据云梦秦简所知，县行政长官一度曾以县啬夫、大啬夫相称。啬夫为田官，以啬夫命名县令长说明其职责主要在于发展农业。县属吏廷掾巡行乡野，督察农事。乡的行政事务主要是由啬夫承担，其职责在于"知民善恶，为役先后，知民贫富，知赋多少，平其品差"。乡下设"里"，"里"设专门管理农业生产的"田典"。有学者梳理简牍材料发现，秦及汉初的田官主要包括内史、大田、都田啬夫、田啬夫、田官守、部佐和田典。"内史"是中央级的也是田官系统的最高长官；"大田"是对"都田啬夫"的另称或尊称，属于县级；"田啬夫"与"田官守"是同一官职的不同称呼，属于乡一级。"部佐"即"田佐"，是"田啬夫"的助手，也属于乡级；最基层的农官为"田典"。这样，秦汉两代就形成了一个从上而下的、有序的"农官系统"（魏永康，2010；李权，2008）。两汉时期，"力田"与三老、孝第共同构成了乡村社会中"劝导乡里、助成风化"的基层"乡官"（见《后汉书·明帝纪》李贤注）。西汉的中央农官系统机构庞杂，各司有职。《汉书·百官公卿表上》云："治粟内史，秦官，掌谷货，有两丞。景帝后元年（前143年）更名大农令，武帝太初元年（前104年）更名大司农，属官有太仓、均输、平准、都内、籍田五令丞，斡官、铁市两令丞。"东汉中央农官系统机构精简，职限范围缩小，但大司农对农业经济等管理的功能进一步突出（黄富成，2007）。

（2）魏晋南北朝与农业技术推广相关的农官建制

魏晋开始，司农在农政管理上的至高权力逐渐转移到了度支（户部）尚书。当时朝廷各部门的农官大多只负责日常农政事务的处理，偶有负责督劝农功的职官，且存在时间也不长，而郡县属吏中劝农之官的设置却较为稳定，反映了那时农业经营的重心转移到了地方政府。由于战争频仍，朝代更迭，各朝大都设有众多农官组织屯田生产，这是魏晋南北朝农官系统较为突出的特点（王勇，2010）。魏晋南北朝时期的地方行政体制为州、郡、县三级制，各级地方长官均需对农业生产的好坏负责。为了提高农业管理的效率，各级政府都设有专门的机构和官员协助长官进行农业督促和管理。在负责日常农政事务管理的田曹、户曹之外，这一时期的地方政府还设置了职掌劝农的专官。秦汉时期郡县中皆有劝农掾吏，每年春夏两季巡幸各乡，督促农民适时耕种，这一制度在魏晋南北朝时期延续下来。除上述农官外，各地方政府职掌农政事务和劝农的官员还有：督水从事、监佃都、水曹参军、水曹掾吏、仓曹参军、仓曹掾吏、典农都尉、典农中郎将、典农校尉、典农功曹、典农纲纪、上计吏、稻田守、丛草吏、租曹以及度支中郎将、度支校尉、度支都尉等。

（3）隋唐五代与农业技术推广相关的农官建制

隋唐五代是中国传统农业生产发展的重要历史时期，政府对农业高度重视，农业经济获得长足进步。隋代确定了六部，首创三省六部，即尚书、门下、内史三省，以及尚书省下设的吏部、礼部、兵部、都官（后改刑部）、度支（后改户部）、工部六部。唐代将六部更名为史、户、礼、兵、刑、工，此后一直沿用到清代。六部是隋唐以后主要的政务部门：①吏部掌管全国文职官吏的任免、考课、勋封等事；②户部掌管全国户口、土地、赋税、钱粮、财政收支等事；③礼部掌管礼仪、祭祀、科举、学校等事；④兵部掌管武官选用及军事行政；⑤刑部掌管全国司法行政；⑥工部掌管各项工程、工匠、屯田、水利、交通等事。可以看出，这一时期中央机关的户部、工部和司农司等职官都与农业生产紧密相关。为了提高办事效率，加强对农业生产的管理，这一时期中央机关还先后设置了营田使、劝农使、沟渠使、渠堰使、稻田使、捕蝗使等农政类使职官员（王勇，2010）。整体而言，隋唐五代的尚书省工部屯田司负责官田经营，下设屯田郎中（后改为司田大夫）、员外郎及主事、令史、书令史、计史、掌固等属官；尚书省工部水部司负责农田水利，下设水部郎中（后改为司田大夫）、员外郎及主事、令史、书令史、掌固等属官；地方政府中职掌农政的机构主要是户曹和仓曹，负责农户、田地、赋税、仓储等日常农政事务，还有司田参军、田正等负责劝课农桑。

（4）宋辽夏金与农业技术推广相关的农官建制

两宋官制繁杂多变，主管农政的官职也不固定。但由于农业的重要地位，无论官制如何变化，政府部门中都设置有各种农官。出于对农业的重视，这一时期的政府大都要求官员人人参与农业，各级地方长官都带上"劝农"之衔，具有农官之名。宋朝元丰官制改革之前尚书省所领事务甚微，处于有名无实状态；改制后户部"掌天下人户、土地、钱谷之政令，贡赋、征役之事"，成为中央处理日常农政事务的主要部门。户部下辖左曹、右曹、度支司、金部司和仓部司五司，设户部尚书一员，侍郎二员，郎中、员外郎及左曹、右曹、度支、仓部各二员，其中左曹、右曹、仓部司的职掌都与农政有关。尚书六部中工部下辖工部司、屯田司、虞部司和水部司四司，屯田司和水部司分别职掌官田经营和农田水利。在地方上，朝廷监察辖区的各"路"一般设有安抚司、转运司、提点刑狱司和提举常平司，这四司职掌虽各有侧重，但都处理农政，互不统属，彼此监督。知州、知县总领州县军民之政，是州县农政的最高负责人，又有通判、县丞、主簿等分领各项农政事务。宋代县以下设乡里，乡有乡手书、里置里正，建有农师制度；王安石变法后曾实行保甲法，以五家为一保，五保为一大保，十大保为一都保，分设保长、大保长、都保长，负责催征赋税，督查农业。同时，与隋唐一样，这一时期也设置了劝农使、营田使、屯田使等农政类使职官员（王勇，2010）。辽、夏、金虽然农官名称与宋朝略有差异，但农官设置及其体系与宋朝基本相同。

（5）元明清与农业技术推广相关的农官建制

元明清时期中央虽设农政机关，但农官的变化较大。元朝在户部、工部等负责日常农政事务的机构之外，设司农司专掌农桑、水利，并监管各地劝农使；明清则罢司农司，户部、工部直属皇帝，地位极高，其中户部职掌田赋、户口，工部职掌屯田、水利。元朝的地方农官以劝农署衔，明清时的守令虽然不以劝农入衔，仍有劝课农桑的职责。这一时期地方政府不再设诸曹分工处理政务，但诸如屯田、水利、仓储等业务，往往派官员专司其职。明朝各省均设有督粮道，驻在省城；浙江有水利道，江西、河南、四川有屯田道，均是布政使司派往地方的分支机构，由参议具体负责。此外，按察司"正统三年（1438），增设理仓副使、佥事，八年复增设佥事，专理屯田。景泰二年（1451）增巡河佥事。自后，各省因事添设，或置或罢，不可胜纪"（见《明史·职官志》）。明清时，府县设有专掌农政事务的同知、通判、县丞、主簿等职。县之下，明代基层组织为里甲，十户为一甲，设甲首，一百一十户为一里，设里长；清改里甲制为保甲制，十户设一牌头，十牌头设一甲首，十甲首立一保长（王勇，2010）。地方基层组织的主要任务是协助县级官吏治理乡村，管理农事。除官方职位外，明清时期政府还十分重视民间种粮大户或技术能人在农业生产方面的表率作用，明朝设"粮长"协助官方催征粮租、领民种田，清朝设"老农"奖励勤苦劳作者、指导民众提高生产能力。

（6）战国至清代农官对农业技术推广的作用

促进农业科技进步是战国至清代农官的重要任务，服务的内容体现在对当时农业科技的研究与推广上。秦汉以来，各级政府十分重视农书编写，总结农业生产的经验或创造新的耕作技术。秦国丞相吕不韦主持编写的《吕氏春秋》中的《上农》《任地》《辨土》《审时》诸篇，是我国最早的农书论文，取材于官方农学《后稷之书》。《上农》篇专讲重农政策，其余的讲怎样识别土性，改造土壤，因地制宜，合理种植；并对时令、间苗、除草、治虫、施肥、精耕细作方面均有总结（刘太祥，2000）。西汉时期，议郎氾胜之编著《氾胜之书》，总结了关中一带农民的生产经验，发展了我国战国以来的农学，其中最突出的是区田法和溲种法，其他如耕田法、种麦法、种瓜法、种瓠法、穗选法、调节稻田水温法、栽苗截干法等，都反映了当时农业先进的科学技术。据《汉书·食货志》记载，汉武帝时的搜粟都尉赵过创造了代田法，发明和改进了新式铁制农具，推广牛耕。东汉尚书崔寔非常重视农业生产知识积累，撰写《四民月令》，记载了各种农作物的种植方法，特别是记载了稻田绿肥的种植和秧苗移栽技术。大概因为各级官吏有督课农桑之责，其中有心之人（官员）便利用其积累的经验和知识，写出各种农学著作或创造出新的耕作技术，指导农业生产。唐朝农官编成《兆人本业记》颁发全国，教民农俗和四时种蒔之法；元朝农官编纂《农桑辑要》劝课农桑，推广农业知识和技术；明朝农官李衍创制坐犁、推犁、抬犁、抗犁、肩犁五种木牛在陕西应用，解决了当地牲畜缺乏、地貌多样带来的生产难题。18世纪以来，清朝开始由官方组织良种示范试验推广程序，并详细记载播种期和产量，使推广工作借助行政官员的支持，进一步走向科学的轨道。1902年，清政府创立直隶高等农业学堂，学堂内添置农业教员讲习所，负责农业技术推广；1906年，清政府设立中央农事试验场，开展农业推广实验示范。到1911年，各省开办的农事试验场、讲习所、农业学校和农会等有关农业推广机构达100多处；有高等农业学校5所、中等31所、初等59所，学生达6000余人（潘宪生和王培志，1995）。

民国之前，历代政府将农业技术看成推动农业发展的利器，把农业技术推广揽为国家行为，有效壮大了农业技术推广队伍，推动了农业技术普及，提高了农业产量。然而，由于没有专门的农业技术研究机构和人才队伍，并且农业技术推广属于政府官员的兼职行为，近2000年农业技术推广人才的推广成效增进不大。这一时期的农业技术推广人才从数量上看，人数众多，优秀较少；从技术上看，科技含量增长，水平提高缓慢；从能力上看，行政能力较强，技术推广弱化；从行为上看，言传多于身教，示范演示稀少；从目标上看，注重国家利益，极少考虑百姓；从影响上看，技术普及较广，历史印痕不深（陈新忠，2013a）。

# 3.2 民国时期农业技术推广服务体系的曲折变革

1911 年辛亥革命推翻帝制后，相继登上历史舞台的北洋政府、国民政府尽管在中央和各省设有农官，但军阀割据，基层空虚，官僚体系并不健全，加上连绵战争的干扰，农官系统没有发挥出推动农业技术进步的应有作用。新兴的中国共产党虽然在革命根据地、解放区实施了农业技术推广，但目的主要是恢复生产，创新技术极少，不能代表这一时期农业技术推广的主流。相反，一些激进的民主学者为振兴我国农村、农业而勇敢地鼓与呼，成为农业技术推广的领袖，开启了农业技术推广史上兴农学者时期（陈新忠，2013a）。

## 3.2.1 民国政府机构的农官系统

民国时期，政府农官系统仍是农业技术推广的主体。这一时期可分为北洋军阀统治时期和国民党统治时期两个阶段。

（1）北洋军阀统治时期的农官系统

北洋政府（1912 年 3 月～1928 年 12 月）国务院设农林部、农商部、农工部等，部下设司。民国初年，全国有 22 个行省。北洋军阀时期地方机构有一个显著特点，即实行军民分治。省的军事首领，先称都督，后称将军，再后称督军或督办、督理，每省各地分设护军使或镇守使；省的地方行政首长，先称民政长，后称巡按使，最后称省长。各省设民政厅、财政厅、教育厅和实业厅等；省下置道，道有道尹；道下设县，县有县知事（沙宁，1982）。除中央部门设置和各省部门设置外，县、乡、村也有相应的农官。辛亥革命后至 1926 年，北洋政府共开办各种农业推广试验场所 230 个，但由于经费短缺，人才缺乏，对农业技术推广作用不大（潘宪生和王培志，1995）。

（2）国民党统治时期的农官系统

国民政府（1927 年 4 月～1949 年 9 月）设国民政府主席，实行五院制，即由行政院、立法院、司法院、考试院和监察院组成政府。行政院为中国最高行政机关，设内政、外交、军政、海军、财政、实业、教育、交通、铁道、粮食、国防等部及正副部长，部下设司。国民政府将市作为行政区划单位，市分为直辖市和普通市两种。各省置省主席，分设各厅，省下设县。1932 年起，在省下设行政督察专员公署，即专区，置专员，管辖若干县（沙宁，1982）。就农官系统而言，国民政府时期设有粮食部、农矿部、实业部、内政部、建设委员会、水利委员会、全国经济委员会等，属官有物资供应局、战时生产局及各省地方农官（刘寿林，1995）。1928 年，江苏省设立农业推广委员会，这是全国第一个省级农业推广机构。1930 年，国民政府通过和批准"实施全国农业推广计划"，建立了农业技术推广实验机构，试办农业技术推广实验区，推广良种。刘文辉主政西康省十年间，曾设立"西康农事试验场"，雇觅富有农圃经验者为之领导，于国内外购买各种谷物和植物种子，以内地艺蔬之法分别试种和推广（王川，2004）。整体来说，在国民党统治时期，农业技术推广发展缓慢。这一时期，尽管国民政府建立了不少农业技术推广机构，但由于阶级矛盾尖锐，农业技术推广工作收效甚微（潘宪生和王培志，1995）。

### 3.2.2 以农民为主体的农村合作组织

除处于统治地位的政府官员外，民国时期以农民为主体的农村合作组织在农业技术推广和普及方面发挥了巨大作用，居于主导地位。一些激进的民主学者在农村合作组织建设中身先士卒，无形中有力地推动了农业技术的传播和提高。

（1）民间力量倡导下的农村合作组织建设

我国的合作运动始于信用合作，以农村合作运动较为发达。我国现代信用合作理念舶自国外，薛仙舟（1878—1927 年）被誉为"中国合作运动导师"。他曾先后留学美国、德国和英国，研究并接受了西方的合作改良思想。他认为，合作制度是帮助贫民走出贫困的有效途径。1911 年，薛仙舟回国，相继在北京大学和复旦大学任教，大力倡导合作运动。民国初年，徐沧水和朱进之认为，合作社可以调节社会生产，合理分配社会财富；平民应在生产、消费、贩卖等各方面自行组合，发展互助制度，开展互助合作（俞家宝，1995）。1917 年，北京大学法科教授胡钧发表题为"论合作社利益"的文章；同年 12 月，北京大学法科教授王建祖、胡钧分别发表题为"各种合作社系统""就学理与公益上论合作社"的演说，阐述竞争与互助、分工与合作的理论。1918 年 3 月，北京大学消费公社成立，拉开了中华合作社运动的序幕（郭铁民和林善浪，1998）。就在这一年，薛仙舟被上海工商银行聘任为总经理；第二年他创办了中国历史上第一个现代意义的合作金融组织——上海国民储蓄银行。1923 年 6 月，华洋义赈会在河北省香河县城创设香河县第一信用合作社，成为中国农村历史上第一个农村信用合作组织。截至抗日战争前，华洋义赈会在全国 6 个省 191 个县共建立 12 560 个合作社，3566 个互助社（胡振华，2010）。

20 世纪二三十年代，中国部分知识分子在全国各地纷纷组织乡村建设团体，举办平民教育、乡村教育等各种建设性实验，掀起了乡村建设运动的潮流，与国民政府的"农村复兴运动"及"县政建设实验"局部合流，企图以发展农村合作事业达到"复兴农村、恢复经济"的社会建设目标。其中，影响最大是晏阳初主持的河北定县平民教育实验和梁漱溟主持的山东邹平乡村建设实验。晏阳初和梁漱溟以亲身从事的乡村合作运动实验，推进了中国农村合作运动的开展。

平民教育家和乡村建设家晏阳初认为，中国落后是由国民的"愚、贫、弱、私"造成的，必须以文化教育治愚，以生计教育治贫，以卫生教育治弱，以公民教育治私，学校教育、家庭教育和社会教育相结合。他提出四种教育，希望通过教育能使农民"知自救"，通过发展经济使农民"能自救"。在晏阳初看来，合作制度是教育兼经济的最好自救办法，要从三个方面入手搞好生计教育：在农业生产上，"应用农业科学，提高生产"；在农村工艺上，"除改良农民手工业外，并提倡其他副业，以充裕其经济生产能力"；在农村经济上，"利用合作方式教育农民，组织合作社、自助社等"（章元善和许士廉，1935）。晏阳初以河北定县为试验区，1923 年联合陶行知、朱其慧等成立中华平民教育促进会（简称平教会），1932 年在定县指导成立第一个合作社——高头村消费合作社，1933 成立河北省县政建设研究院，亲任院长，以"政教合一"的力量推广合作社。晏阳初组建的合作社以信用合作为主，兼营购买、运销、生产等项业务。时任华洋义赈会总干事、1935 年 11 月出任南京国民政府实业部合作司长的章元善在参观定县实验后指出，平教会"从办平教而办合作，将来更会以经济的组织——合作社为中心发展村治"（章元善，1934）。平教会创办的合作事业有力地说明了农村合作运动对改善农村社会经济的正面效能，平教会的努力使定县成为当时闻名世界的乡村建设实验区，直到 1937 年抗日战争爆发才被迫中止实验（胡振华，2010）。由于在乡村建设中取得显著成绩，1943 年晏阳初与爱因斯坦一起被美国 100 余所大学和科研机构评选为"现代世界最具革命性贡献的十大伟人"。

著名思想家、哲学家、教育家和社会活动家梁漱溟认为，中国最大的问题是"文化失调"，文化属性的破坏力是乡村破坏的最大力量；重塑中国文化，必须从乡村建设开始；乡村建设包括经济、政治和文化教育三个方面，首要任务是进行农村经济建设，发展农业生产；发展农业生产要通过"技术的改进和经济的改进"，完成"经济的改进"就必须举办各项合作；从农民组织入手建设合作社，合乎以家庭为社会组织细胞的"伦理本位、职业分殊"的中国国情，既有利于发展农业也有利于抵抗外侵（梁漱溟，1989）。1931 年，梁漱溟等在山东省邹平县成立山东乡村建设研究院。该院分三部分：第一部分是乡村建设研究部，由梁漱溟任研究部主任，招录大学毕业生或大专毕业生 40 名，专门学习梁漱溟著的《中国民族自救之最后觉悟》和《乡村建设理论》，学员两年毕业后分配到实验县任科长和辅导员等职；第二部分是乡村服务人员训练部，每县招录初中毕业生或同等学力者10～20名，主要学习乡村建设理论、农业知识、农村自卫、精神陶冶、武术等科目，训练后仍回原县担任乡村建设骨干人才，每期一年结业；第三部分是乡村建设实验区，以邹平县为实验地，设置隶属乡村建设研究院的县政府，县长由研究院提名，省政府任命。研究院在推广美棉、提倡造林、指导养蚕等过程中，特别重视合作社的实验。1932年秋，研究院将最初推广试种脱子美棉的219户农民组成15个美棉运销合作社，成为研究院在邹平组织的第一批合作社。1932年，邹平由乡村建设实验区改为县政建设实验县。1935年，梁漱溟相继担任了邹平实验县县长和邹平实验县合作事业指导委员会委员长，积极为邹平合作社的发展创造条件。邹平合作运动在梁漱溟的领导下进行了7年，1937年因日军入侵山东而中断。据统计，截至1936年年底，邹平建有棉花运销、蚕业、林业、购买、信用等多种合作社307个，社员达8828户（罗子为，1937）。在邹平的影响下，乡村建设实验区1933年7月增加了菏泽13个县，1935年又增加了济宁14个县，不到4年便扩展到了整个鲁西南地区（胡振华，2010）。

晏阳初的乡村教育实验与梁漱溟的乡村建设实验最终都失败了，原因虽然不尽相同，但都属于旧政治制度中的改良主义运动，都没有认清中国社会的本质，对帝国主义和军阀问题缺乏正确的认识和理智的估计，忽视了中国的土地问题在乡村建设中的重要性，不承认中国社会是一个阶级社会，因此在乡村建设运动中不可能解决农民的实质问题，在动机与效果之间产生了巨大的反差。晏阳初将解决中国问题的全部希望寄托在教育上，认为教育可以改造一切，这在当时显然是不切实际的幻想；而梁漱溟则对中国共产党领导的农村土地革命持反对态度，乡村建设最终因为全面抗战兴起而冰消瓦解。尽管如此，定县与邹平两实验县开创的社会与地方政权"联合实验"的农村合作运动新模式，对于中国农村的合作事业具有非同一般的创新意义和启示作用（胡振华，2010）。

（2）国民党政府倡导下的农村合作组织发展

中国国民党成立伊始就认识到了农村合作对于促进农村发展的重要性。1919年，孙中山在《地方自治开始实行法》一文中提出，"地方自治团体所应办者，则农业合作、工业合作、交易合作、银行合作、保险合作等"（寿勉成和郑厚博，1937）。蒋介石也认为，"农村合作制度与农村土地问题，如辅车相依，缺一不可，确一即不可推行"，"合作事业，为复兴农村之根本工作"（秦孝仪，1981）。1927年，国民政府立法院通过了第一个合作社法。1931年11月，国民党第四次全国代表大会第三次会议通过《依据训政时期约法关于国民生计之规定确定其实施方针案》，该案指出，"中国为农业国家，今后固须尽力于基本工业之建设，而尤不能不注意于农业之发展，合作事业之提倡"

（荣孟源，1985）。1933 年 2 月，山东省政府根据国民政府内政部颁布的办法，制定了《山东县政建设研究院实验区条例》11 条和《实验区条例实施办法》20 条，划定邹平、菏泽两县为县政建设实验区，隶属山东乡村建设研究院。1933 年 9 月，国民党中央政治会议规定了"合作社法十大原则"，据此立法院起草《中华民国合作社法草案》，并于 1934 年 2 月 17 日由立法院公布。这是国民政府关于合作运动的最高法律性文件，经国民党中央政治会议最后通过后，于 1934 年 3 月 1 日起在全国施行。《中华民国合作社法草案》是中国历史上第一个关于合作社法的国家法律，首次以法律形式确立了合作社的性质和地位，以及合作社平等、互助、限制股金分红、国家扶助四项原则（胡振华，2010）。1935 年 9 月，国民政府实业部又颁布了《合作法施行细则》，将合作事业进一步纳入法制轨道。1935 年 11 月，国民政府在实业部正式设立合作司，该司主要负责合作社的监督，以及合作事业的计划、促进、指导及视察，合作资金的调节，合作人才的训练，合作事业的调查统计等事宜。这样，全国合作运动的行政权便逐渐集中，由合作司掌握，各级各类合作社组织被纳入全国统一行政系统。1938 年，实业部改为经济部，合作运动即由经济部农林司第五科主管。抗日战争期间，为了适应后方合作社急剧增加的需要，1939 年，参照国际合作联盟的要求，国民政府制定和颁布了新的合作社法，并在经济部又下设了全国合作事业管理局，掌管全国合作事业。相应的，各省也先后组织成立了合作事业管理处，县、乡、保也设置了行政机构，配备了行政人员。至此，国民党从中央到地方，建立健全了比较完整的合作行政体系（胡振华，2010）。

国民党政府举办的合作社中，信用合作社居多。据统计，至 1931 年年底，全国有合作社 3618 个，信用合作社占 87.5%，农业生产合作社和消费合作社分别占 5.5% 和 3.4%。到 1934 年，农业生产和消费合作社有所发展，两者的比重达到 8.6% 和 7.2%。1947 年 6 月底，全国合作社达 161 953 个，信用合作社占 31.7%。到 1949 年 2 月，全国合作组织达到 17 万个，农村合作组织成员 2450 万人（胡振华，2010）。

国民党政府的农村合作运动尽管声势鼎沸，但由于不是建立在民间自发的基础之上，而由政府外力推动，将合作社当成控制农村社会、统制农村经济的工具，所以没有给农民带来利益的增加，没有让百姓的生活得到改善，也没有达到"救济农村，复兴农村"的目的，最终走向了失败。

### 3.2.3 中国共产党领导下的农民组织

中国共产党是当时新生的社会力量，处于非统治的被动地位。但是，中国共产党努力变被动为主动，在战争的间隙组织农民，改进生产技术，提高农业收成。

（1）中国共产党领导下的农民协会

中国共产党筹建之初就认识到发动、组织农民对于促进农业生产、实现革命成功的基础作用。1921年4月，《共产党》月刊发表《告中国的农民》，号召农民组织起来，依靠自己的力量，争取翻身解放。同年9月27日，共产党人在浙江省萧山县衙前村领导农民建立农民协会，发表章程和宣言，这是中国共产党创建的第一个农民协会（朱雅玲等，2010）。两三个月内，农民协会发展到萧山、绍兴两县的80多个村庄，领导农民进行抗税减租斗争，联合改进农业生产技术，取得很大成功。萧山农民运动是中国共产党领导的最早农民运动，尽管这次运动很快遭到封建势力和反动军警的联合镇压而失败，但为后来大规模农民运动提供了经验。

1925年年初，中国共产党第四次代表大会第一次做出了关于农民运动的决议，指出中国共产党要领导中国革命达到胜利，必须尽可能地系统地鼓动并组织各地农民逐渐从事经济和政治斗争，提出了反对土豪劣绅、反对预缴钱粮、拒绝陋规及不法征收、取消苛捐杂税、联合互助耕作等主张，同时认为必须普遍组织农民协会，建立农民自卫军，保护农民利益。1926年1月，湖北省农民协会正式成立，同年3月召开了省农民协会代表大会（朱雅玲等，2010）。

农民协会章程总纲是：谋农民利益之增进；谋农民利益之改造；谋农村自治之实现；谋农民业务之发展；谋农民教育之普及；以增进团结之能力。农民协会对会员的条件进行了严格规定，要求入会的会员必须是：为佃农；为雇农；为半自耕农；为自耕农。农民协会明确规定协会会员"四不要"，即不要土豪劣绅；不要恶霸地主；不要地痞流氓；不要和地主豪绅划不清界限的人。

农民协会是乡村的民主政权，是特定时代的农村自治组织，具有较强的政治性。但是，本着"为农民生活之改善"和"为农民教育之普及"的建会目的，农民协会创办了"农民消费合作社"，开办了农民学堂，制定了"六寸六"公斗，开展帮助和互助行动，一定程度上促进了农业发展和农村发展，尤其在当时农业技术的均衡化和普及化方面做出了明显贡献（朱雅玲等，2010）。

（2）中国共产党倡导的农村合作组织

自创建之时起，中国共产党就十分注重农民合作化思想，面向农民运动讲习所的学员们讲授"农村合作"课程。毛泽东认为，组织合作社是工农运动的重要组成部分，也是改造社会的重要组成部分。1923年，中国共产党在海陆丰农民运动中建立农民协会和相关合作社。之后，合作社运动在湖南、湖北、广东等地迅速发展起来，成为农民运动的一个重要方面。1927年3月，毛泽东在《湖南农民运动考察报告》中指出，"合作社，特别是消费、贩卖、信用 3 种合作社，确是农民需要的"。1928～1937 年，针对国民党政府对革命根据地的长期经济封锁，中共中央号召农民"自力更生，生产自救"，积极鼓励农民开展各种互助合作活动（胡振华，2010）。

革命根据地不同于国民党统治区，所处位置一般为贫穷偏僻的地区，山区尤多，生产工具特别是耕牛缺乏，农业生产力水平极低；加上战争频繁，劳动力严重不足，农业生产发展极其困难。针对当时的现实情况，中国共产党积极组织农民开展互助合作，解决农业生产问题，建设新生的革命根据地。苏维埃政府相继颁发了《劳动互助社组织纲要》（1933 年）、《关于组织犁牛站的办法》（1933 年 3 月），以及《关于组织犁牛合作社的训令》（1933 年 4 月 15 日）等文件，推动合作社发展。1934 年 1 月，毛泽东在中华工农兵苏维埃第二次全国代表大会的报告中强调，"劳动互助社和耕田队的组织，在春耕夏耕等重要季节我们对于整个农村民众的动员和督促，则是解决劳动力问题的必要的方法。……组织犁牛合作社，动员一切无牛人家自动地合股买牛共同使用，是我们应当注意的事"。20 世纪 30 年代，中国共产党通过组织农民成立劳动互助社（最初称"耕田队"）以解决劳动力不足的问题，通过组织农民成立犁牛合作社以解决耕牛不足的问题（胡振华，2010）。第二次国内革命战争期间，在中国共产党的领导下，革命根据地的农民们为调剂劳动力和耕牛，自愿结合组建成劳动互助社、耕田队、消费合作社和犁牛合作社等生产互助合作组织，有效地促进了农业生产（史敬棠等，1959），具体情况如表 3-1 所示。

表 3-1　1934 年劳动互助社和犁牛农村合作情况

| 项目<br>县别 | 劳动互助社 | | | | 犁牛合作社 | | | 统计<br>月份 |
|---|---|---|---|---|---|---|---|---|
| | 社数/个 | 农村合作组织成员人数 | | | 社数/个 | 股金/元 | 耕牛头数/头 | |
| | | 总计/人 | 男/人 | 女/人 | | | | |
| 瑞金 | 818 | 4 429 | | | 37 | 15 395 | | 4 |
| 兴国 | | 15 615 | 6 757 | 8 858 | 66 | 1 466 | 102 | 2 |
| 长汀 | | 6 717 | 5 187 | 1 536 | 66 | | 143 | 5 |
| 西江 | | 23 774 | | | | | | 8 |

资料来源：史敬棠等，1959

抗日战争时期，由于日寇进攻和国民党包围封锁，解放区的经济出现严重困难。为广辟财源支援战争，1942 年 12 月，毛泽东在陕甘宁边区高级干部会议上作了《经济问题与财政问题》和《论合作社》的报告，提出"发展经济，保障供给"的方针。1943 年 1 月 25 日《解放日报》发表社论《把劳动力组织起来》指出，"经验证明，互助的集体的生产组织形式，可以节省劳动力，集体劳动强过单独劳动"。在中央政府倡导下，解放区的互助合作组织进入了一个新的、普遍发展的阶段（胡振华，2010）。据不完全统计，组织起来的人数占劳动人口总数的比例，陕甘宁边区为34%，晋绥解放区为37.4%，晋察冀9.8%，晋冀鲁豫为10%，山东为20%（史敬棠等，1959）。

第三次国内革命战争时期，解放区的生产互助合作组织发展得更快、规模更大。据不完全统计，陕甘宁边区在1946年年初，各县因劳动力短缺而长期参加合作劳动组织的，最高的延安县曾达全部劳动力的62%，最低的如固临也达28%（胡振华，2010）。太行地区1946年20个县统计，组织起来的劳力平均每县42 095人，比1944年多4倍多，比1945年多2倍多，全区78%的劳动力都组织起来了。山东省1946年上半年共有合作组织184 427个，1 201 523人，比1945年增加了27%（史敬棠等，1959）。

1949年3月，毛泽东在中共中央七届二中全会上指出："必须组织生产的、消费的和信用的合作社和中央、省、市、县、区的合作社的领导机关。这种合作社是以私有制为基础的在无产阶级领导的国家政权管理之下的劳动人民群众的集体经济组织。中国人民的文化落后和没有合作社传统，可能使得我们遇到困难；但是可以组织，必须组织，必须推广和发展。"毛泽东这次讲话为新中国成立后发展合作社打下了理论基础。1950年年初，政务院成立了中央合作事业管理局；同年7月，成立了全国合作社联合总社，主管全国供销、消费、手工业等合作社（胡振华，2010）。

整体而言，民国时期兴农学者复兴农村的倡导给农业科技进步带来了新的生机和方式，产生了一定的经济和社会效果，但由于战争频发，农业科技推广基本处于停滞状态。这一时期的农业技术推广人才从数量上看，人数较少，优者更少；从技术上看，传统集成为主，引进国外为辅；从能力上看，宣传能力较强，技术指导较弱；从行为上看，注重思想教育，缺乏科技传教；从目标上看，动员群众自救，以强农来强国；从影响上看，兴农观念得到强化，兴农科技传播不多（陈新忠，2013a）。

## 3.3 新中国成立后政府农业技术推广服务体系的创立与发展

新中国成立后，为迅速改变农业和农村的落后面貌，大幅度提高农业生产力，我国逐步建立政府领导、自上而下的农村科技服务组织，选拔和安排大批专职人员从事农业技术推广工作，推动农业技术推广人才迈入技术人员时期

（陈新忠，2013）。本书根据组织、队伍和服务状况，将新中国成立以来政府农业技术推广服务体系的发展分为创建形成（1949～1957 年）、曲折进展（1958～1977 年）、改革健全（1978～2000 年）、完善提高（2001 年至今）四个时期。

### 3.3.1 创建形成时期（1949～1957 年）

20 世纪 50 年代初，以恢复农业生产为中心，我国着手建设农村科技服务组织及其体系。1951 年，我国在东北和华北地区试办农业技术推广站，组织群众开展良种评选，推广作物密植和马拉农具等新技术。1953 年，农业部颁布《农业技术推广方案（草案）》，要求各级政府设立专业机构，配备专职人员，开展农业技术推广工作，推动建立以县示范繁殖农场为中心、互助组为基础、劳模和技术员为骨干的技术推广网络。1954 年，农业部颁布《农业技术推广工作站条例》，对农业技术推广站的性质、任务、组织领导、工作方法、工作制度、经费、设备等做出更加明确的规定。同年，全国农业科学技术工作会议召开，对农业技术推广工作做出了具体部署，要求进一步加快基层农业技术推广站建设，推动全国农业技术推广体系尽早形成（刘东，2009）。据统计，1954 年年底全国有 55% 的县和 10% 的区建立了农业技术推广站，共建站 4549 个，配备人员 32 740 人（农业部科技教育司，2006）。

随着农村集体化的发展，1955 年中共中央要求各地全部建立乡村农业技术推广机构，规定农业技术推广机构应总结农民的生产经验、普及现代农业科学技术、帮助农民增加生产和提高收入、促进集体化、改进农业技术推广和管理，农业技术推广人员应是中专农校毕业生或接受过半年以上技术培训、有长期生产经验的农民。截至 1956 年年底，全国共建立 16 466 个农业技术推广站，配备人员 94 219 人（农业部科技教育司，2006）。1956 年，根据农业部《关于建立畜牧兽医工作站的通知》要求，许多地方增设了配种站、草原改良站等。水产部门也加强水产技术推广站建设，1957 年全国建立了 120 多个县级水产技术推广站。至此，我国农村科技服务体系初步形成（刘东，2009）。

### 3.3.2 曲折进展时期（1958～1977 年）

1958 年 8 月 29 日，中共中央政治局做出关于在农村建立人民公社的决议，要求全国各地尽快地将小社并为大社，转为人民公社。伴随着农村人民公社的建立，农业技术推广机构也发生了相应变化。有的省取消了县以下行政区，改为以公社为单位建立农业技术推广站；有的省仍保留区一级建制，继续保留区农业技术推广站；有的省建立了一批公社农业技术推广站；有的省从综合性技术推广站中划出植保站、土肥站，或单独建立种子站和畜牧兽医站等。1959～1961年，为贯彻中央精简机构人员政策，全国约1/3的农业技术推广站被精简，大批农业技术推广人员被下放或改行。1962年年底，农业部颁发《关于充实农业技术推广站，加强农业技术推广工作的指示》，提出对农业技术推广站进行整顿、充实和加强，农业技术推广事业迅速恢复。截至1963年年底，全国农业技术推广机构恢复到11 938个，职工71 469人（农业部科技教育司，2006）。1965年2月，国务院召开全国农业科学实验工作会议，提出在全国范围内开展以"样板田"为中心的农业科学实验活动，要求省、专区、县和公社四级要办好一两个或三五个"样板田"；在农村普遍建立干部、老农和知识青年"三结合"的科学实验小组，大搞"三田"（实验田、示范田和丰产田）活动（刘东，2009）。

1966年，全国农业技术推广工作陷入停顿状态，绝大多数基层农业技术推广机构被撤销，农业技术推广人员大批流失。这一时期，部分地区的农业技术推广事业仍在开展。湖南省华容县1969年探索创办"四级农业科学实验网"（简称"四级农科网"），即县办农科所、公社办农科站、行政村办农科队、生产队办农科小组，取得一定成效。1971年，华容农业技术推广经验在全省推广，其他省纷纷仿效，引起中央有关部门重视。1974年，农林部、中国科学院等部门在华容县召开"全国四级农业科学实验网经验交流会"，提出争取3年左右在全国大部分农业地区基本普及"四级农科网"（刘东，2009）。截至1975年，全国1140个县建立了农业科学研究所，26 872个公社建立了农业科学实验站，四级农业科学队伍达1100多万人，试验田280多万公顷（农业部科技教育司，2006）。

### 3.3.3 改革健全时期（1978～2000年）

1978年十一届三中全会后，农村家庭联产承包责任制促使农业技术推广开始直接面向广大农户。围绕农业产前、产中和产后的综合服务，中央和地方各级政府着手建立"以县农业技术推广中心为龙头，以乡镇农业技术推广站为纽带"的中央、省、地、县、乡五级农业技术推广体制。

1979年，《中共中央关于加强农业发展若干问题的决定》要求各地组建试验、示范、培训、推广相结合的农业技术推广中心。1981年3月，国家农业委员会、国家科学技术委员会、农业部、林业部等12个单位共同发布的《关于切实加强农业科技推广工作，加速农业发展的联合通知》要求建立、健全推广机构，充实农业科技推广队伍。1982 年，中央 1 号文件提出 "要恢复和健全各级农业技术推广机构，充实加强技术力量。重点办好县一级推广机构，逐步把技术推广、植保、土肥等农业技术机构结合起来，实行统一领导、分工协作，使各项技术能够综合应用于生产"。根据文件精神，农业部 1982 年 7 月成立了全国农业技术推广总站，同年 10 月又成了全国畜牧兽医总站，以加强对全国农业技术推广工作的管理和指导。1983 年 7 月，农牧渔业部颁布《农业技术推广条例（试行）》，对农业技术推广的机构、任务、编制、队伍、设备、经费等做出具体规定。由此，以县农业技术推广中心为核心的基层农业技术推广网络在我国逐步形成，有力促进了农业和农村经济的发展（刘东，2009）。据统计，1984 ~ 1986 年，全国共推广农业新技术 15 947 项次，推广应用面积达 1.1 亿公顷，增加经济效益 163.3 亿元；农业试验示范项目共 38 851 项次，其中获县以上成果奖的项目 4914 项；举办各种类型的技术培训班 73 504 期，受训人员达 127 万人次（农业部科技教育司，2006）。

1983 年中央 1 号文件《当前农村经济政策的若干问题》指出："农业技术人员除工资收入外，允许他们同经济组织签订承包合同，在增产部分中按一定比例分红。" 1984 年 3 月，农业部颁布《农业技术承包责任制试行条例》，提出改变过去单纯依靠行政手段推广农业技术的办法，引入农业技术承包责任制，克服农业技术推广工作中吃 "大锅饭" 的弊端。1985 年，《中共中央关于科学技术体制改革的决定》要求农业技术推广工作 "推行联系经济效益计算报酬的技术责任制或收取技术服务费的办法，使技术推广机构和科学技术人员的收入随着农民收入的增长而逐步增加"，鼓励推广机构创办企业型经营实体，鼓励和支持有条件的单位逐步做到事业费自给。根据这一精神，基层农业技术推广部门逐步开展有偿技术服务和开发经营，如组织农药、化肥、农膜等农用生产资料的供应，进行技术、物质、劳务相结合的技术承包等。1989 年，国务院《关于依靠科技进步振兴农业，加强农业科技成果推广工作的决定》提出 "要坚积极支持各级农业科技推广机构深化内部改革。适当引入有偿服务和竞争机制，逐步改变经济上单靠财政拨款、无偿服务的办法，在实行事业费包干的基础上自主经营，逐步做到经费自理。通过发展多种有偿技术服务和兴办技农（工）贸一体化的技术经济实体，扩大经费来源，增加资金积累，增强技术服务和自我发展能力，使之逐步向技术经济服务实体发展。国家对这类实体，要给予减免税照顾"。在政策推动下，全国县、乡农业技术推广机构开展经营性服务的单位 1989 年年底达到 27 413 个，占总数的 49.7%（农业部科技教育司，2006）。

20世纪90年代初，农业技术推广部门普遍实施有偿技术服务，同时享有经营农资（农药、化肥、种子等）的权利，以减少财政负担。1991年，《中共中央关于进一步加强农业和农村工作的决定》提出，"乡镇技术推广单位，可以实行技物结合，兴办经济实体，以增强服务能力和自我发展能力"。农业技术推广政策的市场化取向提高了工作效率和效益，但客观上也极大冲击了农业技术推广组织及其队伍。1991年全国44%的县级农业技术推广机构和43%的乡镇农业技术推广机构被削减或停拨事业费，近1/3的农业技术推广人员离岗（孙振玉等，1996）。1993年7月，《中华人民共和国农业推广法》颁布施行，对农业技术推广的意义、体系、机构、职能、扶持方式等做出了明确规定，标志着我国农业技术推广事业走上了法制轨道。1995年8月，农业部将全国农业技术推广总站、全国植物保护总站、全国土壤肥料总站、全国种子总站等合并组成"全国农业技术推广服务中心"，推动省级、地市级也建立相应的综合性机构。1999年7月，国务院办公厅转发了农业部、中央编制办公室、人事部、财政部等部门《关于稳定基层农业技术推广体系的意见》，提出要探索适应市场经济要求的农业技术推广新路子。1999年8月，《中共中央国务院关于加强技术创新，发展高科技，实现产业化的决定》明确指出，"要通过改革，完善农业技术推广服务体系，建立农业科研机构、高等学校、各类技术服务机构和涉农企业紧密结合的农业科技提供服务网络"。在一系列政策推动下，我国农业技术推广工作快速发展，形成了包括种植业、畜牧业、水产、农机、经营管理、林业、水利七大专业的技术推广体系（刘东，2009）。截至2000年年底，种植、畜牧、水产、农机、经营管理五个系统的省、地、县、乡四级农业技术推广机构达到21.4万个，农业技术人员达到126.7万人；其中乡镇农业技术推广机构18.7万个，农业技术人员88万人（陈晓华，2003）。

### 3.3.4 完善提高时期（2001年至今）

21世纪以来，面对农业科技的快速进步和科技服务业的蓬勃发展，国家农业技术推广体系也在寻求新的提升。2001年4月，国务院发布的《农业科技发展纲要（2001—2010）》提出，要积极稳妥地推进农业技术推广体系改革，逐步形成新型农业技术推广体系。2002年修订的《中华人民共和国农业法》规定，"国家扶持农业技术推广事业，建立政府扶持和市场引导相结合，有偿与无偿服务相结合，国家农业技术推广机构和社会力量相结合的农业技术推广体系"；并规定，"国家设立的农业技术推广机构应当以农业技术试验示范基地为依托，承担公共所需的关键性技术的推广和示范工作，为农民和农业生产经营组织提供公益性技术服务。县级以上人民政府应当根据农业生产发展需要，稳定和加强农业技术推广队伍，保障农业技术推广机构的工作经费"。

2003 年年初，国务院转发了农业部、中央编制办公室、科技部、财政部《关于开展基层农业技术推广体系改革试点工作的意见》（农经发〔2003〕5号），要求发展多元化的农业技术服务组织，创新农业技术推广的体制和机制；指出国家农业技术推广机构要"有所为，有所不为"，确保公益性职能的履行，逐步退出经营性服务领域，将承担的农资供应、动物疾病诊疗以及产后加工、运销等经营性服务分离出去，形成国家兴办与国家扶持相结合、无偿服务与有偿服务相结合的新型农业技术推广体系。2006 年，国务院下发的《关于深化改革加强基层农业技术推广体系建设的意见》（国发〔2006〕30 号）提出，要按照强化公益性职能、放活经营性服务的要求，加大层基层农业技术推广体系改革力度，合理布局国家基层农业技术推广机构；要"着眼于新阶段农业农村经济发展的需要，通过明确职能、理顺体制、优化布局、精简人员、充实一线、创新机制等一系列改革措施，逐步构建起以国家农业技术推广机构为主导，农村合作经济组织为基础，农业科研、教育等单位和涉农企业广泛参与、分工协作、服务到位、充满活力的多元化基层农业技术推广体系"；要"积极支持农业科研单位、教育机构、涉农企业、农业产业化经营组织、农民合作经济组织、中介组织等参与的农业技术推广服务，积极探索推广形式的多样化，如科技大集、科技示范场、技物结合的连锁经营、技术承包等，以及推广内容的全程化，既要搞好产前信息服务、技术培训、农资供应，又要搞好产中技术指导和产后加工、营销服务，通过服务领域的延伸，推进农业区域化布局、专业化生产和产业化经营"；要加大对基层农业技术推广体系的支持力度，特别要求地方各级财政对公益性推广机构履行职能所需经费要给予保证，并纳入财政预算。

2008 年党的十七届三中全会决定指出，要"加快构建以公共服务机构为依托、合作经济组织为基础、龙头企业为骨干、其他社会力量为补充，公益性服务和经营性服务相结合、专项服务和综合服务相协调的新型农业社会化服务体系。支持供销合作社、农民专业合作社、专业服务公司、专业技术协会、农民经纪人、龙头企业等提供多种形式的生产经营服务。"2012 年中央 1 号文件《关于加快推进农业科技创新持续增强农产品供给保障能力的若干意见》要求强化基层公益性农业技术推广服务，"充分发挥各级农业技术推广机构的作用，着力增强基层农业技术推广服务能力，推动家庭经营向采用先进科技和生产手段的方向转变；普遍健全乡镇或区域性农业技术推广、动植物疫病防控、农产品质量监管等公共服务机构，明确公益性定位，根据产业发展实际设立公共服务岗位；全面实行人员聘用制度，严格上岗条件，落实岗位责任，推行县主管部门、乡镇政府、农民三方考评办法；对扎根乡村、服务农民、艰苦奉献的农业技术推广人员，要切实提高待遇水平，落实工资倾斜和绩效工资政策，实现在岗人员工资收入与基层事业单位人员工资收入平均水平相衔接；进一步完善乡镇农业公共服务机构管理体制，加强对农业技术推广工作的管理和指导；切实改善基层农业技术推广工作条件，按种养规模和服务绩效安排推广工作经费；加快把基层农业技术推广机构的经营性职能分离出去，按市场化方式运作，探索公益性服务多种实现形式；改进基层农业技术推广服务手段，充分利用广播电视、报刊、互联网、手机等媒体和现代信息技术，为农民提供高效便捷、简明直观、双向互动的服务；加强乡镇或小流域水利、基层林业公共服务机构建设，健全农业标准化服务体系；扩大农业农村公共气象服务覆盖面，提高农业气象服务和农村气象灾害防御科技水平"。

随着中共中央对国家农业技术推广体系改革和发展的方向日益明确，国家农业技术推广体系正在迎来新的发展机遇（刘东，2009）。据统计，截至2007年年底，农业部所属种植业、畜牧兽医、水产业、农机化、经营管理五个系统共有县、乡两级农业技术推广机构9.8万个，其中县级推广机构2.4万个，县乡两级农业技术推广人员67.9万人（农业部科技教育司，2008）。这一时期的农业技术推广人才从数量上看，队伍庞大，能人辈出；从技术上看，科技含量较高，技术创新较多；从能力上看，行政驱动渐弱，服务能力增强；从行为上看，注重试验示范，重视说服引导；从目标上看，由履行职责到发挥才智，由振兴国家到服务群众；从影响上看，产量质量明显提高，现代农业渐露端倪（陈新忠，2013a）。

## 3.4 改革开放以来社会农业技术推广服务 体系的探索与实践

20世纪80年代以来，随着国家农业技术推广体系的改革和发展，顺应我国农业和农村发展的趋势，适应市场经济体制改革的要求，群众性农村科普组织、专业技术组织和经济合作组织等开始萌芽和发展，呈现出喜人的发展势头和广阔的发展前景，在农村科技服务中发挥着越来越明显的作用。本书根据组织、队伍和服务状况，将20世纪80年代以来社会农业技术推广服务体系的发展分为萌芽期（20世纪80年代）、生长期（20世纪90年代）和提升期（21世纪以来）三个时期。

### 3.4.1 萌芽时期 (20 世纪 80 年代)

1978 年十一届三中全会后，农村家庭联产承包责任制使农民取得了生产经营自主权，农民生产积极性空前高涨，农业生产快速发展，农民生活水平显著提高。初步解决温饱之后，增加收入成为农民的迫切愿望。随着改革开放步伐加快，农民开始独立面对市场，根据市场需求自主安排生产经营活动，计划经济体制下形成的国家农业技术推广体制越来越不适应农村经济发展的需要，农民与农村科技服务部门的供给之间常常发生错位。广大农民新的科技服务需求主要集中在以下几个方面：一是迫切需要寻求新技术、新成果，提高农产品产量和质量；二是迫切需要产前、产中和产后多方面的综合服务，尤其要为农产品寻求稳定的市场销路，提高经济效益，抵御市场风险；三是迫切需要调整生产经营结构，以合理地利用各种资源，较快地增加收入。于是，新兴农村科技服务组织——农村专业合作组织等应运而生（刘东，2009）。

农村专业合作组织是适应市场经济发展要求，由特定农产品的生产经营者发起兴办、管理并开展专业性技术经济服务的合作组织，是我国农村的一种非政府组织。各类合作组织大多由从事相关产品生产经营的农村专业户依据自愿原则，在技术、资金、信息、购销、加工、储运等环节中联合起来，打破上下级或雇佣模式，以契约的形式确立权利、责任和义务，形成有组织的合作或分工协作关系，如农民专业合作社、农村专业技术协会、农业技术研究会、农产品产销协会等。各种专业合作组织主要不以盈利为目的，而是根据市场需求和组织成员的要求，在合作范围内，通过自我管理、自我服务、自我发展，调整改善农户资源配置状况；通过合作增强市场竞争力，实现合作社社员增加经济收入的目的（刘东，2009）。这一时期，农业专业合作组织在农业技术推广方面主要开展包括引进、推广实用技术，进行技术培训，承担新技术试验、示范，交流信息等技术服务。

1989 年，国务院发布的《关于依靠科技进步振兴农业，加强农业科技成果推广工作的决定》对各类新兴农业科技服务组织给予充分肯定，要求"在巩固和发展县（含县）以下农业技术推广机构的同时，积极支持以农民为主体，农民技术员、科技人员为骨干的各种专业科技协会和技术研究会，逐步形成国家农业技术推广机构与群众性的农村科普组织及农民专业服务组织相结合的农业技术推广网络，以疏通科技流向千家万户和各生产环节的渠道"。伴随着政策支持，各类农业专业合作组织迎来了第一次发展高潮。据统计，1989 年，全国农村专业技术协会发展到 9 万多个，会员达 259 万户；建立各种专业性联合会1700多个，地区性联合会800多个。另据农业部1990年统计，全国各类农民专业合作组织与联合组织有123.1万个，其中生产经营型74万个，占60.1%；服务型41.4万个，占33.6%；专业技术协会7.7万个，占6.3%（刘东，2009）。此外，这一时期乡镇企业也加强与"三农"的天然联系，向农户提供各种形式的技术、信息、培训等服务；各类农业院校和科研机构也面向农村经济发展主战场，利用科技和人才优势开展形式多样的科技推广服务。

### 3.4.2　生长时期（20世纪90年代）

20世纪90年代起，中国特色社会主义市场经济体制逐渐成熟。这一时期，广大农民已基本解决了温饱问题，渴望相对富裕的生活，农业增效、农民增收的问题日益凸显，对农业科技服务提出了新的、更高的需求。越来越多的农民自愿地组织起来，以利益为纽带，以农民专业合作社、农村专业技术协会等为主要形式，建立起各类"民办、民管、民受益"的农村专业合作组织。这些组织以农民自愿为前提，在内容上进行生产环节、流通环节、产供销一体化的合作，在形式上进行产前、产中、产后的合作，在范围上进行农户与企业、企业与企业及农户之间的合作。随着涉农企业日益壮大，国内涌现出一批龙头企业。这些涉农企业在带动农民增收致富、开展科技服务方面发挥了重要作用，并探索出"企业+农户""企业+基地+农户""企业+合作组织+农户"等行之有效的服务模式（刘东，2009）。

社会农业科技服务组织的发展得到了党和政府的重视和鼓励。1991年10月，国务院下发《关于加强农业社会化服务体系建设的通知》，充分肯定了"农户自办、联办的服务组织，以及各种专业技术协会、研究会等民办服务组织，在发展农业社会化服务中起着不可忽视的补充作用"，要求"各级政府对农民自办、联办服务组织要积极支持，保护他们的合法权益，同时要加强管理，引导他们健康发展。金融、科技、商业等部门，对户办、联户办、其他民办的服务实体，要在资金、技术、生产资料供应等方面给予支持"。1991年11月，党的十三届八中全会《关于进一步加强农业和农村工作的决定》强调，要重视推动各种专业技术协会、研究会和科技服务组织的发展，充分发挥其在推广实用技术和开辟新产业中的作用。1993年，《中共中央关于当前农业和农村经济发展的若干政策措施》提出，"农村各类民办的职业技术协会（研究会）是农业社会化服务体系的一支新生力量。各级政府要加强指导和扶持，使其在服务过程中，逐步形成技术经济实体，走自我发展、自我服务的道路"。1993 年公布施行的《中华人民共和国农业推广法》规定，"实行农业技术推广机构与农业科研单位、有关学校以及群众性科技组织、农民技术人员相结合的推广体系。国家鼓励和支持供销合作社、其他企业事业单位、社会团体以及社会各界的科技人员，到农村开展农业技术推广服务活动"。1994 年，农业部、国家科学技术委员会联合下发了《关于加强农民专业协会指导和扶持工作的通知》，要求各地积极配合、多方合作，为专业协会的发展创造一个良好的外部环境。国家有关部门还出台了扶持农村专业技术协会、农民专业合作社等发展的一系列优惠政策，如 1994 年财政部、国家税务总局《关于企业所得税若干优惠政策的通知》规定，"农民专业技术协会、专业合作社，对其提供的技术服务劳务所取得的收入，以及城镇其他各类事业单位开展上述技术服务或劳务所取得的收入暂免征所得税"；世界银行农业支持项目也在北京、河北、黑龙江、四川等省份开展专业合作组织示范项目，推动专业合作组织的健康发展。1998 年 10 月，党的十五届三中全会《关于农业和农村工作若干重大问题的决定》指出"三农"问题是关系改革开放和现代化建设全局的重大问题，强调"扶持农村专业技术协会等民办专业服务组织"。1999 年 8 月，《中共中央国务院关于加强技术创新，发展高科技，实现产业化的决定》明确提出，"要通过改革，完善农业科技推广服务体系，建立农业科研机构、高等学校、各类技术服务机构和涉农企业紧密结合的农业科技推广服务网络。要打破行政地域界限，积极发展龙头企业、中介服务机构与农户紧密结合的新型农业技术推广模式"。《中共中央、国务院关于做好 2000 年农业和农村工作的意见》（中发〔2000〕3 号）提出，"在全国选择一批有基础、有优势、有特色、有前景的龙头企业作为国家支持的重点"。农业部、国家计划委员会、国家经济贸易委员会、财政部、对外贸易经济合作部、中国人民银行、国家税务总局、中国证券监督管理委员会八部门为此联合下发了《关于支持农业产业化经营重点龙头企业的意见》（农经发〔2000〕8 号），强调"龙头企业担负着开拓市场、技术创新、引导和组织基地生产与农户经营的重任，是推进农业和农村经济结构战略性调整的重要力量"，鼓励探索和逐步建立龙头企业与农户多种形式的风险共担机构，提高抵御市场风险的能力（刘东，2009）。

据统计，全国各级各类农业专业技术协会 2000 年达到 10 万多个，联系会员农户达 775 万户；另据统计，1999 年全国农村有各类专业合作组织有 140 余万个，初步形成规模、运行基本规范的约 10 余万个（刘东，2009）。从产业分布看，种植业和养殖业合作社占 80% 以上；从提供的服务看，合作社以技术与信息咨询、农产品营销为主要内容（苑鹏，2001）。2000 年，农业部等八部委审定公布了首批 151 家农业产业化国家重点龙头企业，各省（自治区、直辖市）也审定公布了一批省级农业产业化龙头企业。在乡镇企业发达地区，农民收入的80%以上来自乡镇企业（刘东，2009）。在党和政府的支持与关怀下，各类新兴农业科技服务组织获得长足发展。

### 3.4.3 提升时期（21世纪以来）

21世纪以来，我国农业和农村经济步入一个新的发展时期，社会农业科技服务组织也面临着更多的发展机遇。2001年4月，国务院发布的《农业科技发展纲要（2001—2010年）》提出，大力发展农民、企业技术推广与服务组织，支持农村各类专业技术协会的发展；实行推广行为社会化，推广行为多样化等。2002年修订的《中华人民共和国农业法》规定，"国家鼓励农民、农民专业合作经济组织、供销合作社、企业事业单位等参与农业技术推广工作。农业科研单位、有关学校、农业技术推广机构以及科技人员，根据农民和农业生产经营组织的需要，可以提供无偿服务，也可以通过技术转让、技术服务、技术承包、技术入股等形式，提供有偿服务，取得合法收益。对农业科研单位、有关学校、农业技术推广机构举办的为农业服务的企业，国家在税收、信贷等方面给予优惠"。2003年，党的十六届三中全会《中共中央关于完善社会主义生产经济体制若干问题的决定》提出，"农村集体经济组织要推进制度创新，增强服务功能。支持农民按照自愿、民主的原则，发展多种形式的农村专业合作组织。深化农业科技推广体制和供销社改革，形成社会力量广泛参与的农业社会化服务体系"。2003年，国务院转发的《关于开展基础农业技术推广体系改革试点工作的意见》提出，要通过政策扶持，为科研单位、大专院校、农民合作组织、农业产业化龙头企业等开展农业技术服务营造良好的环境；大力培育多种成分、多种形式的农业技术服务组织，逐步形成政府与市场互动发展、互为补充的农业技术推广新格局；根据有关优惠政策，鼓励更多的企业和市场中介机构参与农业技术服务，推动推广队伍多元化、推广行为社会化、推广形式多样化。

2004年以来，连续多个中央1号文件对社会农业科技服务体系发展提出了指导性意见。2005年中央1号文件提出，"发挥农业院校在农业技术推广中的作用，积极培育农民专业技术协会和农业科技型企业"；2006年中央1号文件提出，"鼓励各类农科教机构和社会力量参与多元化的农业技术推广服务"；2008年中央1号文件提出，"调动各方面力量参与农业技术推广，形成多元化农业技术推广网络"；2012年中央1号文件提出要引导科研教育机构积极开展农业技术服务，"引导高等学校、科研院所成为公益性农业技术推广的重要力量，强化服务三农职责，完善激励机制，鼓励科研教学人员深入基层从事农业技术推广服务；支持高等学校、科研院所承担农业技术推广项目，把农业技术推广服务绩效纳入专业技术职务评聘和工作考核，推行推广教授、推广型研究员制度；鼓励高等学校、科研院所建立农业试验示范基地，推行专家大院、校市联建、院县共建等服务模式，集成、熟化、推广农业技术成果；大力实施科技特派员农村科技创业行动，鼓励创办领办科技型企业和技术合作组织"。培育和支持新型农业社会化服务组织，"通过政府订购、定向委托、招投标等方式，扶持农民专业合作社、供销合作社、专业技术协会、农民用水合作组织、涉农企业等社会力量广泛参与农业产前、产中、产后服务；充分发挥农民专业合作社组织农民进入市场、应用先进技术、发展现代农业的积极作用，加大支持力度，加强辅导服务，推进示范社建设行动，促进农民专业合作社规范运行；支持农民专业合作社兴办农产品加工企业或参股龙头企业；壮大农村集体经济，探索有效实现形式，增强集体组织对农户生产经营的服务能力；鼓励有条件的基层站所创办农业服务型企业，推行科工贸一体化服务的企业化试点，由政府向其购买公共服务；支持发展农村综合服务中心；全面推进农业农村信息化，着力提高农业生产经营、质量安全控制、市场流通的信息服务水平；整合利用农村党员干部现代远程教育等网络资源，搭建三网融合的信息服务快速通道；加快国家农村信息化示范省建设，重点加强面向基层的涉农信息服务站点和信息示范村建设；继续实施星火计划，推进科技富民强县行动、科普惠农兴村计划等工作"。

2006 年，国务院《关于深化改革加强基层农业技术推广体系建设的意见》要求积极支持农业科研单位、教育机构、涉农企业、农业产业化经营组织、农民合作经济组织、农民用水合作组织、中介组织等参与农业技术推广服务，培育多元化服务组织。2006 年 10 月 31 日，第十届全国人民代表大会常务委员会第二十四次会议通过的《中华人民共和国农民专业合作社法》明确了农民专业合作社的法律地位，规范了该类组织的设立和登记、组织机构、财务管理、合并、分立、解散和清算、扶持政策、法律责任等。2012 年 8 月修订通过、2013 年 1 月 1 日起施行的《中华人民共和国农业推广法》针对农村新兴的农业技术推广组织，在旧法的基础上重新规定"农业技术推广，实行国家农业技术推广机构与农业科研单位、有关学校、农民专业合作社、涉农企业、群众性科技组织、农民技术人员等相结合的推广体系。国家鼓励和支持供销合作社、其他企业事业单位、社会团体以及社会各界的科技人员，开展农业技术推广服务"。2013 年 1 月，农业部在《关于贯彻实施〈中华人民共和国农业技术推广法〉的意见》中指出，要充分发挥农民专业合作社、涉农企业、群众性科技组织及其他社会力量的作用，"加快推进多元化农业服务组织发展，完善资金扶持、业务指导、订购服务、定向委托、公开招标制度，落实税收、信贷优惠政策，多渠道鼓励和支持农民专业合作社、涉农企业为农民提供农资统供、统耕统种统收、病虫害统防统治、农产品统购统销等各种形式的农业产前、产中、产后全程服务，提高农民应用先进技术的组织化程度；支持符合条件的农民专业合作社、涉农企业参与国家或地方重大农业技术推广项目的实施；积极引导和扶持农村专业技术协会等群众性科技组织发展，发挥其在农业技术推广中的作用"。

21世纪以来，我国社会农业技术推广服务体系建设加快。2003年我国启动农民专业合作社立法工作，2007年《中华人民共和国农民专业合作社法》实施当年农民专业合作社发展到2.6万个。据国家工商总局统计，2011年年底，全国依法登记注册的农民专业合作社有52.17万家，比2010年增长37.62%，出资总额达7200亿元，比2010年增长60%；2012年年底，农民专业合作社达68.9万户，比上年年底增长32.07%，出资总额1.1万亿元，增长52.07%。据农业部统计，近年来农民专业合作社数量快速增长，截至2013年6月底，全国依法登记的农民专业合作社已经达到82.8万家，约是2007年年底的32倍；实有成员达6540多万户，占农户总数的25.2%；农民专业合作社覆盖产业涉及种养、加工和服务业，其中种植业约占45.9%，养殖业占27.7%，服务业占18.6%，涵盖粮棉油、肉蛋奶、果蔬茶等主要产品生产，并逐步扩展到农机、植保、民间工艺、旅游休闲农业等多领域；越来越多的专业合作社正从简单的技术、信息服务向农资供应、统防统治服务延伸，由产前、产中服务向产后的包装、储藏、加工、流通服务拓展（唐施华，2013）。随着农业产业化的深入推进，新型农业社会化服务体系发展迅速。到2012年年底，我国各类产业化经营组织超过30万个，带动农户达1.8亿户，农户加入产业化经营每户年均增收2800多元。目前，全国农村公益监管服务机构15.2万个，农村经营性专业服务组织超过100万个（高云才，2013）。除此之外，高等院校、科研单位、其他社会团体及社会各界的科技组织也都积极为农业、农村和农民服务，取得了明显成效。

## 3.5　本章小结

我国农业技术推广历史悠久，源远流长，积累了很多经验和教训。从推广主体看，农业技术推广经历了由个体为主进行推广到氏族组织与农官系统为主进行推广，再由政府组织及其农官系统为主进行推广到专业技术人员、社会专业组织多元并举进行推广的转变；从推广内容看，农业技术推广经历了由推广生存技能到推广农业技能，由推广低级技能到推广高级技能的转变；从推广形式上看，农业技术推广经历了由自主创新进行推广到集思广益共同推广，由封闭保守内部推广到开放集成引进推广的转变。

具体来说，国家形成之前，原始农耕文明中的农业技术推广者主要由农业技术的继承者、改造者和发明者亲自充当，向家庭和周围人群传授技术，进行义务性公益服务。国家形成之后，奴隶社会和封建社会的农业技术推广主要由负责农政事务的农官系统大小官员承担，他们以行政手段干预和督促农业生产，强迫农民接受相对较新的农业传统技术。辛亥革命之后，封建帝制虽被打破，但新的制度尚未建立，内乱外扰，战火不断，政府农官在农业技术推广中发挥的作用微乎其微，倒是有一批激进的民主学者为振兴我国农村、农业勇敢呼吁，通过倡导合作运动和乡村改造运动，一定程度上促进了农业技术的发展。新中国成立后，我国建立起政府领导、自上而下的农业科技服务组织及其体系，大批专职农业技术人员成为农业技术推广的主力。21世纪以来，我国深化农业技术推广体系改革，稳定和加强基层农业技术推广力量，农业技术推广队伍精干化，推广人员向乡镇集中；同时，民间农业技术人员在实践中崛起，成为农业技术推广的有益补充（陈新忠，2013a）。

经过数千年的农业技术推广，尤其近30余年政府领导下农业技术推广人员的共同努力，我国科技进步对农业增长的贡献率提高到53%，农业科技发展达到了一个新的历史水平（蒋建科，2012）。随着农业科技含量的增加，传统农民将难以从事农业生产，只有经过系统培训的职业农民才能进行。同样，在未来的农业和农村发展中，农业技术推广也非一般农业技术推广人员所能为，只有具备一定科技基础的科技专家才能胜任。面向未来农业，我国农业领域需要一大批科技专家从事农业技术推广，促进农业科技迈上新台阶，这昭示着农业技术推广人才正在向"科技专家化"方向演进（陈新忠，2013a）。

# 第 4 章
## 湖北多元化农业技术推广服务体系建设现状研究

湖北省是农业大省，地处我国中部、长江中游，是国家"中部崛起"战略的支点。全省国土面积 18.59 平方千米，呈现"七山、一水、两分田"的分布格局，其中平原湖区占 20%。湖北辖 17 个市（州、林区），101 个县（市、区），1474 个乡（镇、办），32 400 个村，25.9 万个村民小组。2010 年年底，全省总人口 6186 万人，其中乡村人口 4031.7 万人，居全国第 9 位；常用耕地 4986 万亩，居全国第 12 位；农业增加值 1922 亿元，农民人均纯收入 5832 元，居全国第 13 位；粮食产量 231.1 亿千克，居全国第 10 位。近年来在湖北，无论农业技术推广系统内部还是系统之外，人们对农业技术推广的组织队伍建设和作用发挥情况都颇多不满。受湖北省农业厅、农学会委托，在新《中华人民共和国农业技术推广法》施行和《农业部关于贯彻实施〈中华人民共和国农业技术推广法〉的意见》出台之际，课题组调研了黄冈、天门、孝感等地的农业技术推广现状，以期真正揭示存在的问题及其背后原因，对建设有力、高效的农业技术推广服务组织及队伍，构建公益性农业技术推广机构为主体的多元化农业技术推广服务体系，提升农业科技创新对农业发展的支撑力，推动湖北由农业大省向农业强省跨越有所裨益。

## 4.1　湖北省现行农业技术推广服务体系的渊源及困境

湖北省现行农业技术推广服务体系既是 1949 年以来新中国农业技术推广服务体系的继承和发展，更是湖北省 2003 年乡镇综合配套改革的产物。该体系在湖北农业稳定和产量提高方面做出了巨大贡献，也存在着诸多问题。

### 4.1.1　改革的基本情况

2003 年以来，湖北省对乡镇农业科技推广体系进行"养事不养人，花钱买服务"的"以钱养事"改革，吸引科教力量参与基层农业发展。这一改革源起于农村税费改革的要求，随着农村税费改革的深入而不断推进。

（1）改革的政策与进程

湖北农村税费改革取得阶段性成果后，为从根本上减轻农民负担，建立与税费改革相适应的农村管理体制、运行机制，加强农村基层政权建设和制度建设，省委、省政府经过充分调研，2003 年 11 月出台了《中共湖北省委、湖北省人民政府关于推进乡镇综合配套改革的意见（试行）》（鄂发〔2003〕17号）。该文件提出，改革的基本方针是坚持精简、统一、效能的原则，压缩机构编制，降低行政成本，提高行政效率；坚持市场取向、开拓创新的原则，遵循市场规律，引入竞争机制，办好社会事业，变"养人"为"养事"。该文件要求从紧设置乡镇工作机构：每个乡镇设 3 个内设机构，1 个直属事业单位。3 个内设机构是：党政综合办公室（加挂综治办的牌子）、经济发展办公室、社会事务办公室；也可只设党政综合办公室。各办公室设立一专多能的干事和助理等职位，在重点从事一两项专门工作的同时兼事其他工作。1 个直属事业单位是财政所。乡镇与村之间不设立中间层次的管理机构。该文件强调，政府将引导乡镇直属事业单位面向市场转换机制。除农村中小学校、卫生院外，乡镇其他直属事业单位要在清退非在编人员的基础上逐步转为自主经营、自负盈亏的企业或中介服务机构，走企业化、市场化、社会化的路子，其所承担的原有行政职能分别并入新建的"三办一所"。转制后的事业单位，继续享有原债权，承担原债务。对一时难以自负盈亏的单位，可给予三年的过渡期。过渡期内，当地政府继续给予财政补贴，直至过渡期满。各地要保证由财政拨付的兴办社会公益事业的资金额度不减、用途不变，将"以钱养人"改为"以钱养事"。

为贯彻落实《中共湖北省委、湖北省人民政府关于推进乡镇综合配套改革的意见（试行）》，逐步构建新型的农村公益性事业服务体系，切实提高对"三农"的服务水平，促进农村经济社会协调发展，2005 年 7 月省委、省政府下发了《中共湖北省委、湖北省人民政府关于推进乡镇事业单位改革，加快农村公益性事业发展的意见》（鄂发〔2005〕13 号）。该文件提出，改革管理体制，转变单位性质。除农村中小学校、卫生院、财政所（加挂经管站牌子）以及规定的延伸派驻机构外，乡镇其他事业单位要在清退非在编人员的基础上转为自主经营、自负盈亏的企业或服务组织，到工商或民政部门办理法人登记手续，成为独立法人，依法产生法人代表。在民政部门办理登记的服务组织，暂按事业单位管理。转制后的企业或服务组织原承担的执法职能统一由县级行政主管部门行使，原承担的行政职能分别并入乡镇党政综合办公室、经济发展办公室、社会事务办公室。该文件要求，乡镇事业单位转制后，所有人员退出事业编制管理序列，脱离财政供养关系，其个人档案资料移交县（市、区）人才交流服务机构或劳动保障就业机构代管。如果仍在转制后的企业或服务组织工作，由转制单位与其签订劳动合同，按企业职工有关规定管理；如果转制时自愿与单位解除关系，必须经过个人申请，依法、依政策办理、完备手续。该文件指出，全省基层事业单位要建立"花钱买服务，养事不养人"的新机制。县（市、区）、乡镇政府是提供农村社会公益服务的责任主体，负责确定项目、提供经费、组织实施；县（市、区）业务主管部门负责技术指导。根据政府职能、财力的许可和农民的基本需求，由乡镇政府和县（市、区）业务主管部门共同确定本地每年需要完成的农村公益性服务项目，提出具体的服务要求；省级业务主管部门对农村公益性服务事业发展要提出指导意见。县级财政要将农村公益事业服务经费按照部门预算要求纳入年度财政预算，逐年加大对农村公益性事业的财政投入，并分解落实到具体服务项目。其标准是：种植业每亩不低于1元；畜牧防疫每户不低于2元。从2006年起，省级财政每年筹措1亿元资金，对实行以钱养事新机制的乡镇"以奖代补"，通过转移支付专项来支持农业技术推广、植物保护、动物防疫等乡镇公益性事业发展。县级财政对农村社会公益性服务资金（包括县级以上财政安排的专项服务资金），由乡镇政府或县级业务主管部门提出使用意见，由财政部门采取国库直接支付的办法直达用款单位。财政对公益事业不再按服务组织人数的多少安排经费，改按政府采购、项目招标等办法，直接拨付到公益性服务项目。对重大突发事项，由政府组织实施，财政按规定程序追加经费。该文件特别指出，由政府承担的公益性职能，要按照"财政出钱，购买服务，合同管理，农民认可，考核兑现"的要求落实；可以向转制后的企业或服务组织，采取委托代理的方式进行，也可以通过公开招标，向有资质的各类服务实体和个人采取购买的方式进行。各县（市、区）要根据不同行业的特点，结合本地实际，积极探索公益性服务的运行模式，可以是委托服务制，可以是定岗服务招聘制，也可以是县级行政主管部门派出制。具体采用哪种形式，由市（州）或县（市、区）决定，一个市（州）或一个县（市、区）对一种行业采取一种形式。无论哪种形式，都要体现"花钱买服务，养事不养人"的要求，都要改革用工制度和工资制度，都要让农民群众得到实惠。

2006年3月，省委、省政府又下发了《中共湖北省委办公厅、湖北省人民政府办公厅关于建立"以钱养事"新机制，加强农村公益性服务的试行意见》（鄂办发〔2006〕14号），推进乡镇综合配套改革。该文件提出，要遵循"市场导向，平等竞争"的原则，政府采购的服务项目面向社会招标，实行服务主体多元化、多样化。政府是提供农村公益性服务的责任主体，负责确定项目、提供经费、拟定标书、组织实施、兑现合同，所有具备承担农村公益性服务资格和能力的公益性服务组织、事业单位、企业和个人都可以成为服务主体。原事业站所转制后组建的公益性服务组织，一般在民政部门登记；从事经营性活动的企业，在工商部门登记；整合和改革后保留的事业单位，在编制管理部门登记。所有单位都要依法依规产生法人代表。该文件要求，农村公益性服务项目发包单位和承担的服务主体，必须按照《合同法》的规定签订服务合同，明确约定双方的责任、权利和义务，包括服务内容、经费标准、时间要求、考核结算、兑现办法等事项。服务项目必须一次性发包到服务主体，不得转包。合同期限按不同行业特点确定，一般以两年左右为宜。所有农村公益性服务的主体，不管采取哪种"以钱养事"的运行模式，在不影响完成所承担农村公益性服务任务的前提下，都可以从事与之不相冲突的经营性活动。该文件指出，财政对农村公益性服务的经费不再按服务主体人数的多少安排，改为按服务主体承担服务项目的多少提供。按照项目合同管理办法，农村公益性服务经费必须落实到每个具体的服务项目，资金随着项目走，不得用于项目之外的人头经费或其他开支。

乡镇综合配套改革的主要目标是"两减""两提高""两发展"。"两减"是减轻农民负担，减少财政支出；"两提高"是提高党的执政能力，提高政府工作效率；"两发展"是发展农村生产力，发展农村社会事业。作为行政事业单位和农村公益事业的一部分，乡镇农业科技推广体系的改革主要表现在三个方面：一是转变了事业单位的性质。原乡镇农业技术站等"七站八所"[①] 整体转制为企业或服务组织，到工商或民政部门办理法人登记手续，成为独立法人；所有人员退出事业编制管理序列，脱离财政供养关系；成立农业技术服务中心等组织，开展原事业单位承担的工作，自主经营，自负盈亏。二是构建了"以钱养事"新机制。根据政府职能、财力状况和农民需求，县乡政府共同确定本地年度公益性服务项目，按照"财政出钱，购买服务，合同管理，农民认可，考核兑现"的要求进行项目承包，变"以钱养人"为"以钱养事"。三是创新了为农服务的新模式。各地结合实际探索公益性服务的新模式，有的实行委托服务制，有的采取岗位服务招聘制，有的实施县级主管部门派出制，充分体现了"花钱买服务，养事不养人"改革宗旨（李忠云，2013）。

---

① "七站八所"是指乡镇中的县（市、区）政府及主管部门的派出机构，如农业技术站、农机站、水利站、计生站、经管站、林业站、文化站、广播站、城建站、客运站、土管所、财政所、派出所、司法所、房管所、邮政（电信）所、供电所、工商所等。"七"和"八"属于概指，并非确数，它是传统管理体制对乡村社会事务实行专业化、计划化和集权化管理的产物。

（2）现有机构及队伍情况

目前，湖北省共有农业技术推广机构4859个，其中省级17个，市级104个，县级747个，县以下推广机构居主导地位，共有3991个，占80%。种植业推广机构1616个，占33.2%；畜牧兽医推广机构1095个，占22.5%；渔业推广机构795个，占16.3%；农机化推广机构1180个，占24.2%。乡镇站（所）单设的达3965个，占99.3%，设有区域站26个（均为水产技术区域站），占0.7%。乡镇农业技术推广机构的管理体制有三种方式，实行县农业部门为主管理的有3260个，占81.8%；乡镇政府为主管理的有640个，占16%；县乡双重管理的有91个，占2.2%。

从人员队伍看，湖北省农业技术推广体系编制内及公益性上岗人员28 107人，其中省级478人，市级1379人，县级8282人；县级以下农业技术推广人员占绝大多数，他们只是公益性服务岗位，基本没有落实编制，共有17 938人。就人员结构而言，省级农业技术推广人员的学历以本科及以上为主，占53.7%，高级职称者占27.1%，年龄以36～49岁为主，占57.9%，性别以男性为主，占64.8%；地市级农业技术推广人员的学历以大专和本科及以上为主，占68.3%，中级职称者占38.1%，年龄以36～49岁为主，占59.8%，性别以男性为主，占67.5%；县级农业技术推广人员的学历以大专和中专为主，占66.5%，中级职称和初级职称者占64.7%，年龄以36～49岁为主，占64.3%；县级以下农业技术推广人员学历以中专和中专以下为主，占69.4%，初级职称者占47.2%，年龄以36～49岁为主，占52.6%，性别以男性为主，占85%[1]。

## 4.1.2 改革的主要举措

2003年以来，在省委、省政府有关政策文件指导下，湖北省采取有力措施，大力推进"以钱养事"的农业技术推广管理体制改革。

（1）推行"管理在县、服务在乡"的派出制

根据2005年《中共湖北省委、湖北省人民政府关于推进乡镇事业单位改革，加快农村公益性事业发展的意见》和2006年《国务院关于深化改革，加强基层农业技术推广体系建设的意见》，湖北省大刀阔斧地进行了农业技术推

---

① 参见湖北省农业厅副巡视员耿显连2012年7月13日在全国人民代表大会常务委员会法制工作委员会调研《中华人民共和国农业技术推广法（修正草案）》武汉座谈会上的汇报发言稿《湖北省基层农业技术推广体系改革与建设工作情况汇报》。

广体系的管理体制改革。2005 年起，湖北省农业技术推广体系以三种新的"以钱养事"管理方式取代了原来的管理体制。第一种是委托服务制，即原乡镇事业单位转制为企业或服务组织后，既承担乡镇政府委托的公益性职能，又从事经营性服务，履行与乡镇政府签订的服务合同，接受明确的经费数额和考核方式，组织工作人员完成合同规定的公益性服务项目。第二种是定岗服务招聘制，即乡镇设置一定的服务岗位，定岗不定人，由乡镇政府或县（市、区）业务主管部门，面向社会公开招聘具有从事公益性服务资质的人员，从事公益性服务，对招聘人员实行由农民签字卡、村干部签字卡和乡镇签字卡构成的"三卡"管理。第三种是县级行政主管部门派出制，即县级行政主管部门会同人事部门根据需要设置一定的服务岗位，定岗不定人，从原乡镇事业单位人员中公开招考、竞争上岗、择优录用工作人员，签订一定期限的聘用合同，派驻乡镇或区域专门从事公益性服务，服务项目由乡镇政府提出，乡镇和县（市、区）业务主管部门共同对派驻人员进行考核，人员实行动态管理。2007 年，针对机构、人员下放后存在的主管部门管不了、民政部门不愿管、乡镇政府不好管、农业技术人员上访多的问题，湖北省坚持从实际出发，积极探索"县管"为主的模式，在全省着力推行"派出制"管理，健全完善"以钱养事"新机制，加强农业技术推广服务工作，把中共中央、国务院的要求和省委、省政府改革的部署有机地衔接起来。

湖北省健全完善"以钱养事"新机制的主要做法是：狠抓"一个主题"，即紧紧抓住进一步推动深化基层农业技术推广体系改革这一主题不放松；着力"两个重点"，即着力抓好实行"派出制"管理模式和优化服务运行机制这两个关键不动摇；实现"三个目标"，即实现体系改革与建设目标、服务产业发展目标、提高农民综合科技素质目标坚定不移；建立"四项制度"，即建立科技入户制度、专家负责制度、技术指导员包村联户制度和农业技术人员绩效考评制度；努力做实"五推工作"，即推动派出制模式有序运行、推广主导品种和主推技术广泛应用、推动科技进村入户、推动科技示范基地建设提档升级、推进科技和人才在转变农业发展方式过程中的支撑引领作用。这些措施起到了稳定人心、减少上访、提振士气、安心工作、服务到位、农民满意的作用和效果。

（2）确定公益性服务的职能和岗位

首先，湖北省在改革中确定了农业技术推广服务的公益性职能。农业技术推广部门将农业、畜牧兽医、水产、农机等行业的公益性服务职能明确细化为24 项主要内容，其中种植业技术服务包括：①植物病虫害和检疫性病害的检测、预报、防治和处置；②农作物新技术、新品种的示范和推广；③农产品生产过程中质量安全的检测；④耕地地力检测，科学合理施肥的指导；⑤农民的公共培训教育及农业公共信息服务；⑥种植业结构调整和抗灾救灾的技术指导；⑦农村能源建设"一池三改"（建沼气池，改水、改厕、改圈）规划及技术指导服务；⑧农业生态环境和农业投入品使用检测。水产技术服务包括：①新品种、新技术、新模式的示范与推广；②水产养殖病虫害及疫情的检测、防治和处置；③水产养殖户科学使用渔药和渔用饲料、肥料的指导，水产品生产过程中质量安全的检测；④渔业资源、养殖水域环境的检测；⑤渔民的培训教育和渔业公共信息服务。农机技术服务包括：①新机器、新技术的示范和推广；②农机操作员的技术培训和指导；③农机安全生产的宣传教育和提供农机作业信息；④农业机械化示范点、综合示范区建设服务；⑤组织农机抗灾救灾，以及抗旱排涝农机设备的维护。畜牧兽医服务包括：①做好预防和扑灭动物疫病所需药品及物资的计划，培训畜牧防检人员，组织实施重大动物疫病的预防、控制和扑灭；②负责对重大动物疫病的诊断、检测和疫情测报；③做好动物屠宰检疫、产地检疫、运输检疫；④畜牧兽医新品种、新技术试点示范、推广运用；⑤畜禽饲料的安全使用的指导；⑥对农民和养殖专业户的公共培训和信息服务。

其次，湖北省在改革中设置了农业技术推广服务的公益性服务岗位。省委、省政府按照科学合理、集中力量、人事相宜、控制总量、优化结构的原则，合理确定了各行业公益性服务岗位。他们综合考虑产业特点、人口数量、地域范围、自然条件等因素，按行业提出了《农村公益性服务岗位配备和控制标准参考意见》。其中种植业按农作物种植面积、产业布局和规模设定，平原、丘陵地区2万亩左右的耕地或园地设1个岗位，山区乡镇1万亩左右的耕地或园地设1个岗位，一个乡镇最多不超过5个岗位。畜牧兽医方面每个乡镇不少于3个公益性服务岗位；农业机械公益性服务方面原则上一个乡镇设1个岗位；水产养殖业公益性服务方面原则上一个乡镇设1个岗位①。

（3）创新完善农业技术推广服务的运行机制

一是实行人员竞聘上岗。全省基层公益性农业技术推广人员推行职业资格准入制度，实行聘用制管理。县级农业行政主管部门按公益性服务岗位的职能要求和能力要求，对农业公益性服务人员聘用采取资格认定，报人事和编制部门备案；采取在有资格人员中公开招聘，竞聘上岗，择优录用。

---

① 参见湖北省农业厅副巡视员耿显连2012年7月13日在全国人民代表大会常务委员会法制工作委员会调研《中华人民共和国农业技术推广法（修正草案）》武汉座谈会上的汇报发言稿《湖北省基层农业技术推广体系改革与建设工作情况汇报》。

二是建立合同管理制度。各地按照省农业厅统一提供的服务合同样本，组织签订服务合同。近年来，湖北实行农业技术推广人员"派出制"后，县农业主管部门直接与乡农业技术推广中心签订合同，乡镇政府、综改办作为鉴证方参加。合同明确规定了农业技术推广人员的具体内容、数量、质量、时限、劳务报酬、养老保险和资金额度，较好体现了农业技术人员责、权、利相统一的原则。

三是建立严格科学的考评制度。采取农业技术推广人员派出制后，湖北省在考评机制上实行县（市）业务主管部门、乡镇政府和农民群众的考评意见相结合，将服务人员的工作和科技进村入户的实绩作为主要考核指标，将农民对服务人员的评价作为重要考核依据，实行主管部门、乡镇政府和农民群众三方打分并签字认可。每年，湖北省对农业技术推广人员分上半年和下半年考核2次，考核结果公示，县（市）综改办对考核情况进行监督检查，财政部门严格按合同规定和考核结果兑现公益性服务资金。

（4）加强基层农业技术推广机构与队伍建设

一是改善设施条件。湖北省农业主管部门抓住国家对基层农业技术推广体系改革与建设高度重视的历史机遇，借助农业部、财政部基层农业技术推广体系改革与建设示范县项目实施的契机，积极争取县乡两级党委政府支持，多方筹集资金，改善了一部分乡镇农业技术中心的办公设施。2011年，在农业部、国家发展和改革委员会的支持下，全省共落实资金2600万元，58个县（市）325个乡镇购置了仪器设备，提高了服务能力。

二是加强人才队伍建设。湖北省高度重视农业技术推广人才工作，省委人才工作领导小组将公益性农业技术推广人员纳入《湖北省人才发展中长期规划》，从政策层面上解决农业技术推广人员的出路问题，为基层公益性农业技术推广人员的发展创造良好环境。湖北农业主管部门积极争取各县（市）党委、政府支持，落实人员编制，呼吁将乡镇公益性农业技术推广服务机构人员纳入事业编制管理。为培育农业技术推广人员的可持续发展能力，2007年湖北省筹集专项资金，启动农业技术人员知识更新培训工作，规定"对在岗的县乡农业技术推广人员三年轮训一次"。截至2013年6月，湖北省已对乡镇农业技术推广人员全部轮训了一遍。

（5）加大基层农业技术推广的经费及社会保障

一是大幅度增加经费。湖北省委、省政府制定"以钱养事"经费的投入政策规定非常明确，在加大省级财政供给水平的基础上，要求县级财政将种植业按面积、畜牧业按户数给予新增预算内投入，同时规定县级财政在改革前的投入基数不能减。目前，湖北省市（县）投入农业技术推广服务经费每年有

6.9 亿元，其中省级 4.8 亿元，县市级 2.1 亿元，上岗人员人均经费 5 万元左右，基本结束了"无钱养兵，无钱打仗"的历史。但最近几年，乡镇克扣或其他方面占用"以钱养事"资金较多，农业技术推广人员年收入实际仅有 1.7 万元左右，大大低于其他乡镇事业单位人员，致使农业技术推广人员工作积极性下降。

二是建立社会保障制度。2005 年湖北省财政筹措 12.6 亿元资金，全额用于弥补乡镇事业人员补缴 2005 年年底以前的基本养老保险费资金缺口。湖北省委、省政府要求力争做到"应保尽保"，解决分流人员和服务人员的后顾之忧。农业技术人员养老保险的续保资金，从"以钱养事"资金中优先解决。公益性服务人员医疗保险也全面铺开，各地正在推行养老、医疗、意外伤害"三险合一"的制度，续保资金也从"以钱养事"资金中解决，由财政直拨到社保专户。这些措施解决了农业技术人员多年想解决而没有能力解决的老大难问题①。

### 4.1.3　改革的主要成效

改革后，湖北省农业技术推广体系出现了一些可喜转变，取得了明显成效。

（1）农业技术推广队伍精简

2005 年全省共有农业技术推广机构 6682 个，目前精简为 4859 个，机构减少了 27.3%。改革前湖北农业技术推广队伍共有 55 809 人，目前全省农业四大行业乡镇公益性上岗人员 17 821 人，其中种植业 6268 人，畜牧业 8231 人，水产 1364 人，农机 1958 人，比改革前人员减少了 68% 以上。

（2）农业技术人员素质提高

改革前湖北省农业技术推广队伍中高级、中级、初级职称人员所占比例分别为 1.95%、15.6%、37.1%，目前分别达到了 4.3%、26% 和 40%；改革后乡镇农业技术人员大专以上学历者占 34%，比改革前提高了 26 个百分点，中级以上职称者占 26%，提高了 15 个百分点②。

（3）农业技术推广经费增加

2008 年以来，湖北省财政按全省每个农村人口 15 元的标准进行省级农业

---

① 参见湖北省农业厅副巡视员耿显连 2012 年 7 月 13 日在全国人民代表大会常务委员会法制工作委员会调研《中华人民共和国农业技术推广法（修正草案）》武汉座谈会上的汇报发言稿《湖北省基层农业技术推广体系改革与建设工作情况汇报》。

② 参见湖北省农业技术推广总站 2011 年 7 月《湖北省种植业科技推广公益性服务体系建设调研报告》。

多元化农业技术推广服务体系建设研究

118

服务的财政预算，其中80%以上的经费用于种植、畜牧、水产、农机、农村能源的技术推广。每年，省、县（市）两级投入农业技术推广服务的经费有6.9亿元，其中省级4.8亿元，县（市）级2.1亿元，上岗人员人均经费5万元左右，基本结束了农业技术推广队伍"有钱养兵，无钱打仗"的历史①。如果把人均5万元的经费真正落实到人，农业技术推广人员的积极性将进一步提高。

（4）农业技术推广机制搞活

改革后，湖北农业技术推广体系普遍实行合同管理、农民考核、绩效挂钩的管理办法，受聘的服务人员合同任务完成不好，不仅拿不到应有的报酬，还要面对下岗的现实。这有利于激励服务人员的积极性，增强他们聘期内的责任感，提高了农民对在岗服务人员的信任度和满意度。

（5）农业技术服务效果增强

由于实行项目承包，湖北农业技术人员的服务更加集中于具体的事务和对象上，服务成效更令农民感觉可以看得见、摸得着；一些县乡农业技术人员不能完成的项目，县乡政府将其承包给省内科研单位或高等院校，有效积聚了农科教三方的相应力量，使农民得到了实惠。

## 4.1.4 存在的问题及困境

尽管湖北省基层农业技术推广体系改革与建设取得了一定成效，但由于乡镇农业技术推广机构整体退出事业编制、农业技术推广人员整体退出干部身份这两个实质性问题至今还未解决，农业技术推广事业进一步发展堪忧。

（1）农业技术推广队伍人心不稳

新中国成立以来，乡镇农业技术推广人员大多是科班出身，一直属于国家事业单位干部编制，他们为农业发展、农民实现温饱、建设小康社会做出了重大贡献。但在2003年以来的改革中，农业技术人员全部退出了事业编制，国家干部变成了社会人，事业单位变成了中介组织；同类型、同性质的其他行业并没有退出和转制，使得农业技术推广人员觉得没地位、没身份。加上聘用合同期限短，政治上没前途等原因，农业技术推广人员人心不稳，仅对合同内事项努力完成，合同之外的工作不主动、不积极，不愿参与，特别是遇到突发灾害事件，难以及时应对。

---

① 参见湖北省农业厅副巡视员耿显连2012年7月13日在全国人大常委会法制工作委员会调研《中华人民共和国农业技术推广法（修正草案）》武汉座谈会上的汇报发言稿《湖北省基层农业技术推广体系改革与建设工作情况汇报》。

（2）农业技术推广工作后继乏人

湖北省"以钱养事"改革后，乡镇农业技术推广服务中心属于"民办非企业"的机构和"社会人"的性质，无事业单位属性、人员无正式身份和编制，使得大学毕业生望而却步。2003 年以来，乡镇农业技术推广中心无一大学毕业生愿去，人员严重断层，未来乡镇农业技术推广人员极度短缺的严峻形势已不容回避。由于目前乡镇农业技术推广服务中心人员既不是事业单位编制，又不是干部身份，选调生、"三支一扶"大学生、大学生村官等不愿留在基层农业技术推广岗位上，大多数锻炼一年就走了，乡镇农业技术推广后继乏人现象日益突出。

（3）农业技术推广条件建设滞后

在乡镇机构改革中，原有农业技术站、兽医站的办公用房已基本全部变卖，所获资金或用于买断原职工身份，或用于偿还单位债务，或用于分流人员的安置，国家在"六五"后期开始对乡站建设投入所形成的资产已不复存在。加上国家 20 多年对乡镇农业技术推广机构建设投入甚微，现在的农业技术推广服务机构大多没有自己的办公场所，90% 以上的办公用房非常破旧、简陋，急需改建和扩建。绝大部分乡镇没有农业技术推广的培训场所和服务大厅，70% 以上机构工作必备的培训和速测仪器设备不完备，大部分机构的交通工具都是农业技术人员自费购买，农业技术服务全凭"一张嘴、两条腿"的传统服务方式没有得到根本改观。这既增加了农业技术人员不安心工作的因素，又难以提高服务质量和服务效果。近两年，虽然国家启动了基层农业技术推广机构条件能力建设项目，但投资规模小，难以完成建设任务。

（4）农业技术人员进取之心不强

职称评定要求高，而且不与工资待遇挂钩，导致农业技术推广人员钻研业务积极性不高。在对乡镇工作的农业技术人员职称评定过程中，主管部门没有充分考虑其工作特点和性质，而将其与省（市）内科研型人才的评审条件基本等同，门槛过高；并且，湖北由于实行"以钱养事"，农业技术推广人员工作待遇没有与职称挂钩，农业技术推广人员不愿意学习和钻研业务。

## 4.2 湖北多元化农业技术推广服务体系建设的主要成效

在国家农业技术推广政策文件的指引下，在省委、省政府的领导和支持下，通过全省社会内外部力量的有机结合，湖北省农业技术推广服务组织呈现出多元化发展的态势，有效促进了粮食产量"十连增"、农民增收"十连快"。

## 4.2.1 多元化农业技术推广服务体系初具格局

调研发现，目前湖北省农业技术推广服务组织既有政府系统的农业技术推广机构，也有农业高校和农业科研单位，还有新兴的农民专业合作组织、龙头企业等，多元化农业技术推广服务体系初具形态。例如，黄冈武穴市除乡镇农业技术推广服务中心外，另有华中农业大学、武汉大学、湖北省农科院、黄冈市农科院，以及中国油料、水稻、棉花研究所和湖北省老科技工作者协会等在为当地进行农业科技推广服务，且有武穴市天诚植保专业化合作社、英山县宏业中药材种植专业合作社等农村新兴组织在当地开展农业科技推广服务。

武穴市现代农业示范中心是武穴市农业技术推广中心依托华中农业大学、湖北省农科院、中国油料研究所等农业科研、教育和科技推广单位的技术力量和资源，在全国农业技术推广示范县项目——农业科技试验示范基地的基础上创建的鄂东首家现代农业展示园，是农业技术推广组织服务的集合体。该中心成立于2011年年初，位于武穴市东北部的花桥镇，东部与黄梅县交界，西、南、北部分别连接大金、石佛寺、余川等农业大镇，沪蓉高速、京九铁路穿境而过；示范中心分布在龙莲公路两侧，距高速公路入口处仅2千米，硬化公路贯穿而过，交通极为便利，地理位置优越。示范中心划分为五大功能区，即管理服务中心、高新技术展示区、设施农业区、新优品种展示区和良种繁育区。示范园区规划面积1万亩，其中核心区面积1000亩，是集农业高新课题研究、新品种新技术新模式展示、农民和农业技术人员科技培训、青少年农业科普知识教育于一体的现代农业示范基地，2011年年底被农业部、共青团中央认定为首批全国青少年农业科普示范基地。该中心与华中农业大学，武汉大学，中国油料、水稻、棉花研究所，湖北省农科院，湖北省老科技工作者协会等大专院校、科研机构和社会科技组织进行合作，引进了张启发院士、傅廷栋院士及程式华、朱德峰、方小平、喻大昭、游艾青研究员等49位知名专家和学者。

近年来，武穴市现代农业示范中心（简称中心）在试验示范、课题研究、技术培训方面取得了明显成绩。

首先，试验示范成效显著。2011～2012年中心承担油菜超高产攻关面积2.0亩，经省市专家组联合验收，平均每亩实产289.1千克。2012年年初中心承担的全省早稻集中育秧示范，培育早稻旱育机插硬盘育秧1.5万盘、无盘旱育秧100亩、水秧200亩，共计可插大田1万亩。2012年年底，中心成功承办了蔬菜育苗大棚和田间试验示范这两个湖北省秋播示范样板的建设任务，共培育出黄瓜苗25万钵，其他各类蔬菜苗200万株，兴办油菜苗床10亩，水稻试验示范面积达 300 余亩。中心累计展示新品种 155 个，其中水稻新品种 118 个，玉米新品种 6 个，油菜新品种 27 个，花生新品种 2 个，大豆新品种 2 个；展示新技术 32 项，新模式 2 项。

其次，课题研究成果突出。中心与大专院校、科研院所、社会科技组织进行合作，引进了盖茨基金项目、国家粮食科技丰产工程、科技支撑计划、"973" 计划、"948" 计划、"863" 计划、国家自然科学基金、农业部行业计划、湖北省农业创新岗位项目、湖北省 "楚天学者" 研究基金等国际和其他省级项目 10 余项，落实完成 "作物最佳养分管理技术研究与应用" "全球气候变化条件下提高水稻光合效率的机理研究" "长江中游北部（湖北）单双季稻持续丰产高效技术创新与示范" "不同施氮量、不同耕作方式对早稻抛秧产量及其构成因素影响研究" "基于水稻集约化生产的水、肥偶合与养分高效利用基础研究" "氮肥运筹方法对晚稻抛秧产量及构成因素的影响研究" "湖北省籼改粳稻播期与品种比较研究" "湖北省再生稻品种和调节剂筛选研究" "基于冠层图像分析的水稻营养状态无损监测与施肥技术研究" "不同水分管理对稻田土壤活性有机碳及碳排放的影响机制研究" "长江中游双季玉米最佳播期与品种搭配模式研究" "绿肥抑制玉米田杂草生长及其生态效应的研究" "化控剂浓度和密度行株距互作对长江中游双季玉米产量性能的影响" "机收蓄留再生稻栽培技术研究" 等试验课题 137 个，累计开辟试验小区 8836 个。中心承担的多项课题被评为全国科技进步奖、湖北省重大成果奖和科技进步奖，共有 28 篇专业论文在国际、国家优秀期刊上发表。

最后，培训带动效果明显。中心自成立以来，共接待国际水稻研究所、中国水稻研究所、中国油料作物研究所、省农业厅、地市及外省科研推广单位和中央媒体参观考察 25 批次；组织召开大型现场会 9 次，达 3000 余人；累计培训初中、高中毕业生达 7000 多人次，安排在校大中专生假期实习 1000 余人次。另外，中心还安排了华中农业大学博士、硕士研究生 42 人长期在基地开展科研课题试验攻关；召开农民田间课堂 20 场次，培训种粮大户和科技示范户 800 多人次，辐射农户 1 万余人次；培训基层农业技术人员 300 多人次。示范中心在教育培训中采用培训形式多样化、培训内容实用化、培训对象多层化的灵活、开放型科普教学模式，示范辐射带动效果明显，亮点凸现，引领了武穴市现代农业的发展，成为全市展示农业的新亮点、社会关注的新焦点、干群谈论的新热点、农民参观的新看点、科普培训的新基点、现代农业发展的新起点。

此外，武穴市现代农业示范中心结合本市 "全国基层农业技术推广补助项目" 实施，创建 "百亩试验田、千亩示范方、万亩示范区"，积极开展科普活动。2012 年中心多次邀请本市乡村青年干部、农业技术推广人员、科技示范户和青少年学生到基地进行参观、观摩约 7000 余人次，组织专家为他们讲解农业科学技术的可行性、增产增收效果和关键技术，让他们通过参观新技术、新成果，体验农业科技普及的重要性。中心与华中农业大学紧密联合，每年组织 100 余名大学本科生暑期进行实习，开展田间试验。在水稻、棉花、油菜播前以及田间管理时期，中心以技术宣讲活动为纽带，组织农业技术专家参加科技下乡咨询活动，促进科技人员走村串乡进行田间技术指导，送技术到村、送服务到家。在农业抗灾工作中，中心组织农业科技人员及时到灾区调研灾情，利用各种方式开展科普宣传，指导农民科学救灾、减灾，全力配合地方政府开展抗灾减灾技术服务，并及时向主管部门领导汇报，与主管部门保持信息畅通。中心还与教育部门和各级学校紧密联系，通过为青少年学生提供假期实习场地和科普活动场所来推动农业科学技术的普及。

农业科普示范基地是农民渴望的"田间学校"，试验示范田是"写在土地上的黑板"。现代农业示范中心使束之高阁的高新科技变成了谁都能用的"傻瓜技术"，加快了科技成果转化为生产力的步伐。中心健全的农业科普示范基地网络为农民提供了便捷的技术服务，不仅是农业技术引进、开发、推广的有效途径，也是展示现代农业发展方向、培养青年农民科学种田、教育青少年健康成长的好学校。

## 4.2.2 政府公益性农业技术推广机构居于主体地位

无论从组织的健全程度还是发挥的作用看，政府公益性农业技术推广机构都居于主体地位。一是政府公益性农业技术推广组织建设较好，布局广泛。各市（县）政府基本形成了"以市（县）为主，以镇（乡）村为辅，市（县）乡（镇）村联通"的市（县）、乡（镇）、村三级农业技术推广工作系统。例如，武穴市现有市农业技术推广中心和市植保站、市土肥站、市环保站等 5 个市级农业技术推广机构，12 个乡镇农业技术推广服务中心和 1000 个农业科技示范户，市农业技术中心内设办公室、粮油站、棉麻站和科教站等 5 个业务站室。二是政府公益性农业技术推广机构对三农的服务较为全面，效益明显。政府公益性农业技术推广机构的服务包括科技入户、新型农民培训、测土配方施肥、植保技术服务、信息服务、办点示范等，其组织及人员的工作对农业增效、农民增收发挥了重要的基础性作用。三是政府公益性农业技术推广机构帮助其他农业技术推广组织联系农田农户上地位特殊，作用关键。大专院校、科研单位等开展农业技术推广，主要通过政府公益性农业技术推广机构联系到农田、农户，并依托其进行农业技术推广服务的。

在天门市，乡镇农业技术服务中心承担着全市公益性农业技术推广的基本工作。天门是农业大市，国土面积2622平方千米，耕地面积109.8平方千米（其中旱地61.2平方千米、水田48.6平方千米）。全市辖22个乡镇、2个办事处、2个国有农场、1个经济开发区，共有778个行政村，总人口163.98万，其中农业人口127.32万，从事农业生产的劳动力19.1万。目前，全市乡镇公益性农业技术服务中心服务人员有139人，其中种植业88人，农机26人，水产25人。乡镇农业技术服务中心按照市民政局制定的"章程"，主要承担以下工作：①制订并组织实施本地区农业技术推广计划，办好科技宣传栏和农民科技培训，组织开展群众性科普活动，普及科技知识，传播科学思想和方法，推广先进农业技术，增加农民学科技、用科技的意识和本领；②反映农民群众在农业生产和经营中的意见和要求，并组织农业科技人员及时处理或协调解决农民在生产和经营中的困难和问题；③为农业生产提供产前技术咨询和市场预测、产中技术服务、产后销售服务，主要包括对确定推广的农业技术进行试验、示范，农作物病、虫、草、鼠害的田间调查和预测预报及地力监测，指导农民搞好农作物病、虫、草、鼠害的防治，科学测土、配方、施肥等；④积极创造条件，设立技术指导、生产资料服务网点；⑤及时发现典型的农业生产经营大户，并进行重点培育和服务，提高他们的辐射带动能力。与21世纪初相比，现在的乡镇农业技术推广中心增加了农产品质量安全监测、农业社会化服务组织培育、农业信息化服务、农村生态能源建设和农业行政执法等职责，服务职能大大增强，其公益性基础地位更加突出。天门市乡镇农业技术推广服务中心依托市农业局配备的办公、培训及信息服务、检验检测等设备和条件，运用"包村联户"的工作机制和"专家组+技术指导员+科技示范户+辐射带动户"的技术服务模式开展农业技术服务。2012年，该市乡镇农业技术推广服务中心确保全市农作物复种面积达232.9平方千米，其中：粮食面积125.6平方千米，总产69.4万吨；棉花面积38.0平方千米，皮棉总产5.3万吨；油料面积54.1平方千米，总产11.1万吨。在天门乡镇农业技术推广服务中心及其技术人员的努力下，粮食生产方面，天门市成为湖北省47个粮食主产县（市）之一，2009~2012年连续4年被评为全国粮食生产大县（市）；棉花生产方面，天门市皮棉年总产曾16年超百万担，被评为湖北省棉花生产大县（市）；油料生产方面，天门市1993年被评为全国油菜生产大县（市）。

### 4.2.3 政府之外的农业技术推广机构别具特色

政府之外的农业技术推广机构具有独特的功能，在农业技术推广中发挥着独特的作用。大专院校和科研单位一般有自己研发的农业科研成果，它们可以直接指导自身科研成果的推广和应用。例如，华中农业大学就将自主研发的杂交油菜、绿色水稻、优质种猪、动物疫苗、优质柑橘、试管种薯等在省内推广。新兴的农民专业合作组织、龙头企业等则利用自身的主营业务和专长，在农业相关的某一方面开展技术推广服务。例如，武穴市天诚植保专业化合作社利用自身经营农药的优势，在粮食作物的病虫害防治方面为农民进行科技服务。

武穴市天诚植保专业化合作社是近年来适应农业、农村和农民发展的新形势，在湖北省植保总站、武穴市农业局的关心和扶持下，在武穴市农业局和植保局的直接指导下，按照"政府支持、市场运作、农民自愿、循序渐进"的原则，以"民办民营民管民受益"为宗旨，以"服务三农，合作共赢"为目标，天门市民间农资经营者与农民一起自发自愿组织起来的合作团体，是一家专业从事农作物病虫害统防统治工作的合作组织。该合作社兼营农药、化肥、种子、农用器械等批发业务，隶属农业局植保站，有固定的办公场所，现有职工16人，其中业务员3人，司机3人，仓管员2人，财务2人，高级农艺师、农业技术师和助理农艺师8人，物流配送车3辆，科技服务面包车6辆。该合作社以"丰收每棵庄稼、成就万家富裕"为组织使命，积极倡导"绿色植保，卓越高效"的生产理念，凭借着过硬的产品质量、精干的营销团队、专业的服务体系以及快捷的物流行程，在武穴市农资界和农业技术推广领域深受各界人士的好评。

首先，合作社以农业技术服务行动倡导绿色植保新理念。近几年，党和国家对绿色农业、有机农业的发展非常重视，2004年以来中央1号文件每次都强调绿色农业、有机农业的重要性。武穴市天诚植保专业化合作社针对当今农业方式下化学农业占主导地位的状况，在市农业局和植保局的指导下积极展开减肥、减药工作，努力减轻化肥对土壤的破坏，减少农药在作物上的残留。合作社不仅注重在减量施肥、减少用药、健壮植株三个方面下工夫，而且将其归纳为三个方面的好处，即呈现了"三个减少"——减少了化肥农药使用量、减少了生产成本、减少了环境污染，展现了"三个提高"——效率提高、效果提高、效益提高，实现了"四个安全"——对施用者安全、对作物安全、对环境安全、对消费者安全，不断激励自己的行动。

其次，合作社充分运用宣传工作引导农民科学种田。当前，农民种田依赖化肥，大量使用化肥，破坏了土壤结构，致使肥力减弱、农田质量下降。并且，化肥改变了粮食蔬菜的营养结构，使得粮菜品质越来越差；70%以上的化肥流失到河里，渗透到地下水中，造成了严重的环境污染。农民使用农药与使用化肥一样，也存在着不科学的状况。为了把减肥、减药的工作做到家喻户晓，科学引导农民施用化肥、农药，推行肥、药综合利用与无害化处理，武穴市天诚植保专业化合作社联合当地电视台，拍摄合作社专业化使用化肥、统防施药的工作场景和情况在电视节目中播出，推介环保高效药肥对消除害虫的长效性、对人畜的安全性及对环境的保护性，并通过科技直播电视节目宣介如何高效利用资源、减少生产成本，节目播放中打出滚动字幕准确提供施肥剂量和病虫预报，告知农户如何施肥、施药。及时的宣传使农民了解了过度使用农药化肥对环境带来的污染，逐渐减量用药、施肥，减少成本投入，减轻对高毒农药和特效化肥的依赖性。同时，合作社还联系各镇处农业技术中心，在各自的辖区内上门访问农户，针对超级高产配套技术、水稻绿色防控、测土配方施肥等技术进行引导，就农民关心的农产品价格走势、种植模式、种植品种等敏感话题开展座谈。为了帮助农民正确认识效益背后存在的隐患，合作社每年组织对种植大户、科技示范户进行培训，最多的到场500多人次，最少的仅有四五人，基本做到了有人就讲，让科学种田深入农民心田。

最后，合作社注重依靠科技示范实现上下联动。武穴市天诚植保专业化合作社通过走访发现，大多农户对作物需求肥料的状况认识不足，认为种植作物肥料越多产量越高。为解决农民群众这个通病，合作社在各乡镇设立示范区，主要示范两个方面：一是示范施肥，推广有机质肥料，减氮增磷补钾，合理减少化肥用量，改善农作物品质；二是示范用药，进行生态环保施药示范，及时组织当地种植大户、科技示范户进行观摩。通过示范，合作社让农户看到了减肥减药不减产的事实，使农民亲身感受到：过去一季水稻自己施药不少于六七次，现在仅需要三四次就行了——减少了用量，减少了次数，降低了成本，改善了环境。在合作社的示范下，武穴市农作物的防虫治病效率得到提高，品质得到改善，效益明显；广大农民认识到，只有相信科学种田，才能增产省钱。

经过全社上下共同努力，武穴市天诚植保专业化合作社在全市水稻病虫害专业化统防工作上取得了可喜的成绩：多次迎来全国人民代表大会法制工作委员会、全国农业技术推广中心、湖北省植保总站等部、省级领导前来调研；吸引了省内兄弟县市合作社前来交流学习；连续2年被湖北省农药检定管理所评为"信得过单位"，市工商局授予"消费者满意单位"；2011年被授予全省"十佳植保专业化合作社组织"，名列第一；2012年荣获全国农作物病虫害专业化统防统治"百强组织，"多年来得到了全市广大农民的普遍认可和各级领导的一致好评。

## 4.2.4 新兴农业技术推广机构的作用日益增强

在当前多元的农业技术推广服务组织中，新兴农业技术推广组织的作用日益突出。综合性的农业和农民专业合作社、种植大户等新型农业经营主体随着流转种植土地面积的不断增大，承揽的农业技术推广工作、发挥的农业技术推广作用尤为突出。例如，天门市华丰农业专业合作社、湖北春晖集团下属的土地股份合作社、黄冈市英山县宏业中药材种植专业合作社就是这样。天门市华丰农业专业合作社流转种植 6.5 万余亩土地，湖北春晖集团流转种植 10 多万亩土地，他们在种植与经营过程中，开展各种农业技术推广，促进了大面积土地种植粮食的增收。

黄冈市英山县宏业中药材种植专业合作社既是英山县农民的合作组织，也是英山县中药材产业化建设的龙头企业。该合作社集中药材种植、收购、加工、营销、服务于一体，拥有全国最大的苍术生产基地，产量位居全国第一。合作社成立于 2008 年 8 月 18 日，发展至今已有社员 1148 人，设有陶河、草盘、杨柳、雷店、石镇、蕲春、金铺和金伟业中药材种植专业合作社 8 个分社，7 个办事处，28 个片区，198 个种植小组，82 个收购网点，100 名技术联络员，下辖有中药材种植技术协会，构建了良好的技术服务和收贮加工网络。合作社设有财务部、农机农资部、加工储运部、市场营销部、技术服务部和质量管理部六个职能部门；拥有专业加工和收购的专用房产 9 处，占地面积15 840 平方米，建筑面积 8900 平方米，各种加工设备 21 台（套），运输车辆9 台（含农用车），农用生产机械 20 台（套），固定资产总额 1200 万元。

英山县宏业中药材种植专业合作社依靠引导群众、自愿结合，一步步由几家药材种植户发展壮大起来。如今，合作社在金家铺镇李家山村建立了一个苍术 GAP 种苗基地，根据湖北省中医药大学药学院制定的种苗培育规程，对现有种质进行良种选育，该基地于 2012 年 12 月顺利通过了国家苍术 GAP 项目现场认证；建设了全国最大的苍术生产基地，覆盖全县 11 个乡镇，两大国有林场，形成了陶家河乡、草盘地镇和石头咀镇 3 个药材专业乡镇，现有各类药材种植总面积 36 750 亩，种植和经营药材品种 248 类，主要有苍术、杜仲、黄柏、厚朴、银杏、栀子、山茱萸、桔梗、当归、柴胡、香附子、独活、白芍、葛根、茯苓、天麻、灵芝等，其中苍术种植面积 12 000 亩；建立了高质量的加工基地，2012 年年初引进了机械化挑选台，与湖北九州通中药材产业发展有限公司合作完成了苍术国家 GAP 项目建设，实现了苍术去杂、挑拣、包装为一体的工艺流程，产品质量既符合日本津村的 GACP 质量标准，同时符合中国国家中药材 GAP 质量标准，使英山苍术的品质和声誉有了质的飞跃。

宏业中药材种植专业合作社坚持走产业化发展之路，把分散的农户经营形式向"合作社+基地+农户"的订单合作模式转变，对广大中草药种植户实行"三包""三统"和"三定"。"三包"即包种苗供应、包技术服务、包产品回收，"三统"即统一农资配送、统一产品质量、统一收购价格，"三定"即定投入、定种植面积、定品种，率领全县人民掀起了中药材种植高潮。目前，宏业中药材种植专业合作社年产中药材 1500 吨，其中苍术产量 750 吨，中药材年产值达到了 7500 万元，形成了韩婆墩、牛岭、陶河等 80 多个药材专业村，带动全县 10 000 余户农户，辐射带动周边近 10 个县市（安徽太湖、岳西、霍山，湖北蕲春、罗田、红安、麻城、大悟等），促使中药材产业发展成为全县主要支柱产业之一。

在技术研发和技术推广方面，宏业中药材种植专业合作社以国家科研机构和湖北中医药大学等大专院校作为技术支撑单位，为广大药农提供全方位服务，不断引进新技术、开发新品种，以适应国际国内市场的需求。合作社与湖北中医药大学药学院合作，成立苍术课题组，总结英山茅苍术传统生产经验，开展茅苍术优质高产栽培技术、苍术专用配方肥、苍术新良种繁育等研究。中药材生产过程中，合作社负责提供技术服务与咨询，推广新科技，开发新产品，进行新实验，搭建信息交流平台。合作社先后被英山县委、县政府确立为"英山县中药材种植、加工科普学校""英山县中药材科技培训中心""英山县药材科技特派员工作站"，是英山县的中药材科技培训基地，为英山县中药材产业发展提供了良好的种植、采收、加工技术服务和人员培训。苍术作为合作社的主要支柱和拳头产品，种植面积和产量位居全国第一，2012 年苍术产品仅向日本津村公司出口就达到 200 吨，获日本津村公司单项供货第一名奖和产品质量优秀奖等荣誉。

面向未来，宏业中药材种植专业合作社正在努力将中药材产业打造为大别山区的重要农业特色产业。合作社将建设建好设备先进、规模较大的药材综合加工厂，不断延伸中药材产业链，积极开拓新市场和新品种，以适应药材产业快速发展的需要；同时加强种质资源保护，做好种苗繁育、优良品种选育等工作；继续加强科技开发力度，与华中农业大学、湖北中医学院、中国中医科学院紧密联系、加大科研合作力度，将科技成果转化为生产力，不断提升药材质效，促进全县药材产业快速稳步健康发展，推动英山经济增长和社会进步。

## 4.3　湖北多元化农业技术推广服务体系建设的主要问题

### 4.3.1　多元化农业技术推广服务体系统筹乏力

尽管农业技术推广中推广机构和组织越来越多，呈现多元化发展态势，但整体缺乏统筹，没有形成应有的合力。大专院校、科研机构和社会科技组织独自进行农业科技推广仍然较为普遍，农民专业合作组织、龙头企业等新兴农业经营主体更是多自我行事、自主推广。它们大多按照自己的需求开展活动，很少考虑农业科技推广的计划性、统一性、整体性和长远性。甚至有的不法组织和个人浑水摸鱼，趁机推销假种子、假技术等。

在湖北，尽管各种农业技术推广主体蓬勃发展，政府并没有成立专门的机构对它们进行协调。政府农业技术推广体系虽然是官方的正规军，但没有被赋予权力来统筹各农业技术推广服务主体。武穴市现代农业示范中心是由武穴市农业技术推广中心联合华中农业大学、湖北省农科院、中国油料研究所等农业科研、教育和科技推广单位的技术力量和资源组建而成，但武穴市农业技术推广中心是承办主体，在其中发挥了主动联络的作用，并不是行政组织者，不能对其他农业技术推广主体进行行政干预。政府农业技术推广体系之外的社会农业技术推广主体大都是为了自己的科研、生产、绩效等需要，从自身利益出发，与服务地点的相关人员直接联系并开展服务的，它们并不把政府农业技术推广体系作为最重要或唯一的选择。

### 4.3.2　政府公益性农业技术推广机构主导作用不强

政府公益性农业技术推广机构虽然是官方组织，在农业技术推广中一定程度地扮演着纽带和桥梁的角色，但主导作用发挥不强。一是统筹力不强。对于多元发展的农业技术推广组织，政府公益性农业技术推广机构大多没有主动协调，将其纳入自己的农业技术推广体系，并予以指导。二是战斗力不强。政府公益性农业技术推广机构基本上每年都在做一些农业技术服务的常规性工作，被动开展的活动多，主动进行农业科技示范、试点推广的较少。三是先进性不强。面对农民专业合作组织、龙头企业等新兴农业经营主体，政府公益性农业技术推广机构大多没有积极适应，在服务内容和形式上实现自我超越，对其发挥好引导作用。

此外，政府农业技术推广队伍自身建设没有彰显出主导和榜样作用。在湖北，县乡农业技术推广机构中的技术岗位被非技术人员或技术水平不高的人员充斥，技术人员比例远远低于县级岗位总量80%、乡镇岗位总量100%的法律要求；现职人员的学历偏低，对新聘农业技术人员的基础学历又要求过高，很多大学本科毕业生不愿来乡镇工作；身为公益性推广机构的工作人员，本应实行无偿服务、没有经营行为，但在乡镇一级很多农业技术推广人员实质性地从事着农资经营等第二职业的经营性活动。

### 4.3.3 政府之外的农业技术推广机构力量不均

当前农业技术推广机构和组织尽管很多，但自成体系的很少，力量不均现象突出。在农业高校中，华中农业大学的农业科技推广力量较强，但与其相匹配的农业院校极少；在农业科研单位中，湖北省农科院的农业科技推广发挥的作用较大，但能与其相当的科研单位较少；在新兴的农业经营主体中，天门市华丰农业专业合作社、湖北春晖集团等开展农业技术推广较为有力，但与其实力相当的农业和农民专业合作社明显不多。

在黄冈市武穴，市农业局主管农业技术推广的负责人介绍说，如果武穴能有3~5家像天诚植保专业化合作社这样的民间农业技术推广组织，全市的农业技术推广就变得轻而易举了。在天门市，市农业局的负责人介绍说，全市农民合作社有100多家，像华丰农业专业合作社这样的农民合作组织却仅此1家，该社覆盖了天门1/3以上的农村地区，发挥了很好的带动作用。在孝感市，市农业局的负责人承认，湖北春晖集团是湖北省效益较好、为数不多的涉农公司，全省能多一些像春晖集团这样的涉农龙头企业，农业技术推广和农业产业化就会大大加快步伐。

### 4.3.4 新兴农业技术推广机构的服务目标狭窄

新兴农业技术推广机构进行农业技术推广主要是为了追求经济效益，仅局限于自己擅长或需要的某方面技术，很少考虑社会长远发展利益。例如，武穴市天诚植保专业化合作社仅限于为农民提供科学施肥和病虫害防治方面的技术与服务，对其他技术及其影响很少关心；天门市华丰农业专业合作社仅限于自己流转种植的土地范围内的作物高产技术和服务，其他范围的技术和服务不予考虑。

武穴市天诚植保专业化合作社的前身是农资经营商店，以经销农药和化肥为主。天诚植保专业化合作社的农业科技推广行为虽然得到了社会广泛认同，并且不断强化着为民服务的意识，但其原始动机源于推销产品的利益驱动却不可否认，利益追求仍是其存在和发展的核心宗旨。天门市华丰农业专业合作社的农业技术推广是其流转土地种植经营的附带行为，大多考虑的是其流转种植期限内种植作物的收益，很少考虑农业技术的持续改进和农业种植的生态发展。湖北春晖集团之所以涉足土地流转和农业技术推广，主要是为了使自己经营的粮食产品获得充足、稳定的来源，其农业技术推广的眼光和侧重点大多随着市场客户的需求变化而变化，也基本不将农业技术推广本身的终极追求作为自己农业技术推广的行动目标。

# 4.4 湖北多元化农业技术推广服务体系建设的症因分析

## 4.4.1 短缺协同服务的法律和法规

政府公益性农业技术推广机构之所以没有发挥好统筹各农业技术推广组织的领导作用，主要是因为我国及湖北省都没有相应的法律和法规赋予其相应的地位和权力。不少农业技术推广组织没有主动联系地方政府农业部门开展农业技术推广，政府公益性农业技术推广机构也没有法律和法规依据来强行将其纳入自己的农业技术推广体系。对于不法组织和个人推销假种子、假技术等，因涉及工商、质检、科研等较多部门管理，政府公益性农业技术推广机构不便于强行干预。

湖北乡镇农业技术服务中心改革后退出事业编制序列，转变为民办非企业组织，其管理主体是乡镇政府。而 1998 年 10 月 25 日国务院令第 251 号发布的《民办非企业单位登记管理暂行条例》规定：国务院有关部门和县级以上地方各级人员政府的有关部门、国务院或者县级以上地方各级人民政府授权的组织是有关行业、业务范围内民办非企业单位的业务主管单位；业务主管单位监督、指导民办非企业单位遵守宪法、法律、法规和国家政策，按照章程开展活动；会同有关机关指导民办非企业单位的清算事宜。2012 年新修正的《中华人民共和国农业技术推广法》规定：县级以上地方各级人民政府农业技术推广部门在同级人民政府的领导下，按照各自的职责，负责本行政区域内有关的农业技术推广工作；同级人民政府科学技术部门对农业技术推广工作进行指导；同级人民政府其他有关部门按照各自的职责，负责农业技术推广的相关工作。具体来说，县（市）农业局应是农业技术推广工作的责任单位，乡镇政府并不是农业技术推广的责任单位。然而，现行农业技术推广体制存在着"钱""事"分离、管理脱节的问题。在人员管理上，根据《天门市农村公益性服务人员管理实施细则（试行)》（天农综改办〔2011〕5号）规定，天门市农业局只负责新招聘人员资格的审查认定，农业技术服务人员的具体聘用、在岗状况和服务考核等，均由乡镇政府管理；在"以钱养事"的内容上，天门市农村综合改革领导小组办公室虽然征求了市农业局的意见，但服务效果评价则由乡镇政府说了算；在资金的拨付和使用上，天门市农业局没有话语权，乡镇政府可以随意克扣养事资金，为了减少拨款，有的乡镇政府甚至阻止农业技术服务中心做事。

### 4.4.2 缺少吸引人才的待遇和岗位

2005年全省乡镇农业技术推广机构改革以后，湖北目前还存在着基本维持原状、部分改变、完全实行"以钱养事"等几种推广体制状况。就拨款状况看，有全额拨款、差额拨款和"以钱养事"三种；就报酬发放看，有县发、乡（镇）发、县乡合发和按事领酬等。例如，黄冈市的农业技术推广体制就有派驻制、派出制、"管理在县、服务在乡"和"以钱养事"四种（表4-1）。"以钱养事"改革使得农业技术人员不再是事业单位的国家干部，而成为企业性质组织中的一员，变成了自负盈亏的社会人，无安全感和归属感，待遇也差；很多地区的农业技术推广"线断、网破、人散"，农业技术队伍萎缩，大学毕业生不愿加盟。2005年前，黄冈全市乡镇有农业技术推广人员1786人，现仅599人，少了2/3，每个乡镇仅3~5人，且近10~15年没引进新人，人才更替难以为继。在现有队伍中，45岁以上的占到了人员总数的69%；大专及其以下学历的达92%，其中中专及其以下学历的占到了62%；中级及其以下职称的达98%，其中初级及其以下职称的占到了62%，高级职称仅为2%（表4-2）。

表4-1 黄冈市农业技术服务中心情况调查表

| 地区 | 基本情况 | | | | | | 公益性服务队伍 | |
|---|---|---|---|---|---|---|---|---|
| | 乡镇/个 | 耕地/万亩 | 农业人口/万人 | 农户/户 | 改革模式 | 是否包括能源和农机 | 应落实岗位数/人 | 公益性服务人员/人 |
| 黄州区 | 9 | 15.94 | 16.59 | 53 200 | 以钱养事 | 是 | 28 | 28 |
| 团风县 | 10 | 26.27 | 31.24 | 83 000 | 派驻制 | 含能源 | 32 | 32 |

| 地区 | 基本情况 | | | | | | 公益性服务队伍 | |
|---|---|---|---|---|---|---|---|---|
| | 乡镇/个 | 耕地/万亩 | 农业人口/万人 | 农户/户 | 改革模式 | 是否包括能源和农机 | 应落实岗位数/人 | 公益性服务人员/人 |
| 红安县 | 12 | 60.34 | 52.979 | 135 489 | 以钱养事 | 含农机 | 120 | 84 |
| 罗田县 | 12 | 40.3 | 50.08 | 133 000 | 管理在县、服务在乡 | 否 | 41 | 52 |
| 英山县 | 11 | 26.1 | 32.84 | 92 000 | 派出制 | 不包括 | 55 | 55 |
| 浠水县 | 14 | 65.6 | 83.5 | 215 300 | 派出制 | 否 | 52 | 44 |
| 蕲春县 | 15 | 58.6 | 78.26 | 194 700 | 县级主管部门派出制 | 否 | 50 | 50 |
| 黄梅县 | 16 | 88 | 97 | 179 100 | 管理在县、服务在基层 | 含能源 | 32 | 72 |
| 武穴市 | 12 | 54.1 | 55.7 | 121 200 | 派出制 | 否 | 56 | 56 |
| 麻城市 | 20 | 80 | 98 | 246 000 | 派出制 | 否 | 100 | 100 |
| 龙感湖管理区 | 7 | 6.3 | 2.595 1 | 4200 | | 是 | 26 | 26 |
| 全市 | 138 | 521.55 | 598.784 | 1 457 189 | 派出制 | | 592 | 599 |

资料来源：黄冈市农业局

**表4-2 黄冈市基层公益性农业技术推广服务人员情况调查表** 单位：人

| 地区 | 公益人员数量 | 年龄结构 | | | 学历结构 | | | | 职称结构 | | | |
|---|---|---|---|---|---|---|---|---|---|---|---|---|
| | | 35 岁及以下 | 36～49 岁 | 50 岁及以上 | 高中及以下 | 中专 | 大专 | 本科及以上 | 无职称 | 初级 | 中级 | 高级 |
| 黄州区 | 28 | 0 | 13 | 15 | 0 | 21 | 7 | 0 | 0 | 24 | 4 | 0 |
| 团风县 | 32 | 6 | 20 | 6 | 1 | 24 | 5 | 2 | 14 | 11 | 7 | 0 |
| 红安县 | 84 | 25 | 37 | 22 | 13 | 21 | 35 | 15 | 19 | 41 | 24 | 0 |
| 罗田县 | 52 | 9 | 36 | 7 | 8 | 38 | 4 | 2 | 3 | 25 | 23 | 1 |
| 英山县 | 55 | 8 | 37 | 10 | 0 | 40 | 11 | 4 | 35 | 16 | 2 | 2 |
| 浠水县 | 44 | 7 | 33 | 4 | 0 | 21 | 16 | 7 | 0 | 15 | 27 | 2 |
| 蕲春县 | 50 | 4 | 36 | 10 | 0 | 36 | 9 | 1 | 0 | 39 | 11 | 0 |
| 黄梅县 | 72 | 2 | 57 | 13 | 4 | 38 | 24 | 6 | 0 | 36 | 34 | 2 |
| 武穴市 | 56 | 13 | 38 | 5 | 2 | 18 | 31 | 5 | 2 | 16 | 35 | 3 |
| 麻城市 | 100 | 30 | 64 | 6 | 12 | 60 | 22 | 6 | 2 | 59 | 36 | 3 |

| 地区 | 公益人员数量 | 年龄结构 | | | 学历结构 | | | | 职称结构 | | | |
|---|---|---|---|---|---|---|---|---|---|---|---|---|
| | | 35 岁及以下 | 36～49 岁 | 50 岁及以上 | 高中及以下 | 中专 | 大专 | 本科及以上 | 无职称 | 初级 | 中级 | 高级 |
| 龙感湖管理区 | 26 | 12 | 14 | 0 | 0 | 9 | 17 | 0 | 0 | 12 | 14 | 0 |
| 全市 | 599 | 116 | 385 | 98 | 44 | 326 | 181 | 48 | 75 | 294 | 217 | 13 |

资料来源：黄冈市农业局

### 4.4.3 欠缺配套的建设资金和政策

从 2006 年开始，湖北省财政按每个农业人口 5 元的标准对乡镇基层农业技术推广服务进行资金补助，农村公益性服务资金省县两级加起来达 5.5 亿元，2008 年后将标准提高到每个农业人口补助 15 元，至 2010 年累计达到 24.57 亿元①。尽管经费较 2006 年以前有所增加，但根本无法与江苏省相比，江苏省仅 2011 年农业预算投入就达 60 亿元，其中高效设施农业投入 10 亿元，农业科技创新基金 1 亿元。近年来，农业发展对投入的合理需求与现实中的低投入之间的矛盾在湖北各地都相当突出，公益服务难以开展。全省、市、县、乡农业技术推广"四费"（人员经费、业务经费、仪器设备费、专项经费）没有保证，农业技术推广举步维艰。由于农业技术推广经费安排制度不健全，农业技术推广经费增长的速度极其缓慢，增长的空间一直很小，农业技术推广事业经费无法保障，对农民的技术咨询、市场信息、物资服务、经营决策等需求难以满足；因为经费投入不足，农业新技术、新品种、好项目无法予以引进、试验和示范，农村经济结构调整显得格外被动。由于资金短缺，大多乡镇农业技术推广机构没有新型仪器和信息网络设备，服务推广手段落后，设施陈旧，农业技术推广依然靠"一张嘴、两条腿"，严重制约了服务功能的发挥，致使产前、产中和产后的服务能力较弱，对农村社会化组织也缺乏必要的支持②。

湖北省不仅农业技术推广服务经费投入少，而且落实难的现象较为严重。每年，省级农业技术推广经费到位迟缓，9 月份前后当年经费才下拨到县市，县市到乡镇、服务中心又要一段时间，使得很多地方出现上半年无报酬服务的情况。不少地方当年的服务合同在上半年还没有签订，造成农业技术人员无事

---

① 参见湖北省农村综合改革领导小组办公室 2011 年 8 月 19 日《农业科技改革发展座谈会发言提纲》。
② 参见湖北省农业技术推广总站 2011 年 7 月《湖北省种植业科技推广公益性服务体系建设调研报告》。

做、无生活保障；而服务合同不在头一年年底或来年年初签订，势必影响全年的技术推广工作。同时，很多地方对省级"以钱养事"专款和县市农业技术推广经费预算大打折扣。据测算，2009 年省、县两级财政"以钱养事"资金合计，平均每个乡镇的种植业农业技术服务推广站经费将达到 25 万元左右，而实际落实的经费很少。2009 年全省实际用于农业服务中心的"以钱养事"经费为 4 亿多元，仅占应拨经费的 68.7%。黄冈、咸宁、孝感三市的 31 个乡镇平均仅落实公益性服务经费 8.4 万元，资金到位率不足 40%。咸安是湖北省"以钱养事"新机制的发源地，农业公益事业性服务经费落实也较差，他们将省、县两级经费捆绑使用，种植业按照每亩 1.5 元的标准提供"以钱养事"经费，平均每个农业技术人员连工资、工作经费等所有费用加在一起仅 1.71 万元。尽管改革后财政支付的服务费报酬比过去增加，但除去交通费、通信费等个人支出部分，农业技术人员实际收入大大少于统计数据。据对 31 个乡镇的调查，除实行派出制的武穴市（县）3 个乡镇的农业技术人员人均年工资接近 2 万元外，其他乡镇农业技术人员年收入平均不超过 1.6 万元，赤壁市的农业技术人员工资最低，只有 0.46 万元，并且工资的发放也基本上是在年底才兑现。罗田县大崎乡农业服务中心主任史小生，1979 年华中农业大学新洲分院毕业，2000 年取得高级农艺师资格，每年得到的服务经费为 1.8 万元，扣除养老金及其他费用，实得 5121.5 元，月均 427 元。这个报酬水平与在县级事业单位工作的同等工龄、同等学力、同等技术职称的人员相比，中级技术职务的年均低 1 万元左右，助理技术职务的年均低 6000 多元[1]。据课题组 2012 年对天门市蒋场、张港、多宝 3 个乡镇调查，乡镇教师平均年现金收入 27 164 元，乡镇医务人员年现金收入 23 682 元，分别比乡镇农业技术人员的 19 000 元多 8164 元和 4682 元。与省外发达地区比较，湖北农业技术人员收入差距更大。例如，浙江省金华市婺城区乡镇农业技术服务人员平均年现金收入 65 400 元，是天门市乡镇农业技术服务人员平均年现金收入的 3.4 倍多。湖北张港镇耕地面积 97 180 亩，2012 年拨付农业技术服务中心"以钱养事"服务项目和办公经费 56 500 元，其中公益性服务项目经费仅 48 500 元，办公经费 8000 元（基础办公经费 2000 元，6 个服务岗位，每个岗位增加 1000 元）。张港镇农业技术服务中心要利用这些项目经费除完成种植、农机、水产等"以钱养事"合同服务工作外，还要缴纳各种摊派费用共 9420 元（报纸杂志费 2300 元、卫生费 1500 元、工会会费 1120 元、财管所账目管理费 1000 元、城

---

① 参见湖北省社会科学院 2011 年 8 月 19 日会议汇报材料《湖北省培育壮大基层农业技术服务推广队伍的现状、问题与建议》。

镇建设赞助费3500元）。这样的工作经费和工资待遇水平，要想使农业技术人员积极主动地做好公益性服务是比较困难的。

在湖北，科技和教育两家更是依靠自己掏钱来从事农业科技推广。例如，湖北省农科院从2007年起，每年拿出300万元左右以项目形式建设专家大院，目前已发展到20个；华中农业大学一直以来，自觉服务"三农"，近年来投入数千万元大力实施"111"计划和"双百"计划，得到省委、省政府的肯定和称赞。但这种自觉自主的行为，一旦自身单位经费紧张，势必搁浅而难以持续。对于新兴的农民专业合作社、涉农龙头企业等，政府配套的农业技术推广建设资金和政策也较少。

### 4.4.4 缺乏服务"三农"的信念和追求

在服务"三农"方面，湖北省自上至下的兴农强农思想观念从根本上都不到位，缺乏坚忍不拔的追求。湖北省部分领导干部重农兴农意识不强、科技强农意识不够，在相当长的时期缺少主动的战略谋划和设计。对于农业技术推广人员来说，受市场经济社会"效益优先"思想影响，他们大多仅把农业技术推广工作看成是自己谋生的饭碗，缺少热爱"三农"的情怀、献身"三农"的心志、做强"三农"的愿望、任劳任怨的行动。并且，现行农业技术推广服务缺乏激励机制，农业技术推广人员劳务报酬基本是一个统一标准，没有职务、职称上的较大区别，干多干少一个样、干与不干一个样，不能调动农业技术推广人员的工作积极性。新兴的农民专业合作社、涉农龙头企业等更是把经济利益放在首位，缺乏服务"三农"的大局观、利益观和价值观。

## 4.5 本章小结

湖北省农业技术推广服务体系是国家农业技术推广体系的地方表现，是我国省级基层农业技术推广的典型代表。湖北现行农业技术推广体系是湖北上下积极探索和改革的结果，在管理体制和运行机制方面出现了一些可喜转变，推广队伍精简、人员素质提高、推广经费增加、服务效果增强，农业技术推广工作取得了明显成就。然而，在中国现实背景下，由于乡镇农业技术推广机构整体退出事业编制，农业技术人员整体退出干部身份，湖北农业技术推广存在着推广队伍人心不稳、推广工作后继乏人、推广条件建设滞后、推广人员消极怠工等问题。

在多元化农业技术推广服务体系建设上，目前湖北省农业技术推广服务组织既有政府系统的农业技术推广机构，也有农业高校和农业科研单位，还有新兴的农民专业合作组织、龙头企业等，多元化农业技术推广服务体系初具雏形。并且，无论从组织的健全程度还是发挥的作用看，政府公益性农业技术推广机构都居于主体地位；政府之外的农业技术推广机构具有独特的功能，在农业技术推广中发挥着独特的作用；在当前多元的农业技术推广服务组织中，新兴农业技术推广组织的作用日益突出。但是，湖北多元化农业技术推广服务体系建设还缺乏整体统筹，没有形成应有的合力；政府公益性农业技术推广机构虽是官方组织，主导作用仍然发挥不强；当前农业技术推广机构和组织尽管很多，但自成体系的很少，力量不均现象突出；新兴农业技术推广机构进行农业技术推广主要是为了追求经济效益，仅局限于自己擅长或需要的某方面技术，很少考虑社会长远发展利益。之所以如此，主要是湖北多元化农业技术推广服务体系建设缺乏协同服务的法律和法规，缺少吸引人才的待遇和岗位，欠缺配套的建设资金和政策，短缺服务三农的信念和追求，远未达到多元化农业技术推广服务体系的应然状态。

# 第 5 章
# 发达国家多元化农业技术推广
# 服务体系建设的经验

作为人类最基础的物质活动产业，农业在古代世界范围内的差异并不显著。随着工业革命的兴起和发展，农业在世界各地的差距越来越大。在工业和服务业的推动与带动下，发达国家通过"以工补农""以工促农""以工兴农"等战略举措，使农业从外在的设施装备到内在的优种生产都发生了巨大变化，充分运用科技将农业武装起来，农业科技整体水平近代以来始终处于世界领先地位。在振兴农业的过程中，发达国家的农业技术推广发挥了重要作用，有力促进了农业的现代化步伐。回溯发达国家农业技术推广服务体系建设概况，提炼发达国家农业技术推广服务体系建设特点，将对我国建设多元化农业技术推广服务体系具有重要参考价值和借鉴意义。

## 5.1 世界农业技术发展及其推广的历史与现实

农业技术推广服务体系是农业技术推广组织及其推广服务活动的有机系统，是农业技术推广服务活动的载体。农业技术是农业技术推广服务活动的核心内容，农业技术推广服务活动是农业技术推广服务组织及其体系的工作内容。因此，回顾发达国家农业技术推广服务体系建设情况，我们有必要从世界农业的起源、世界农业技术及其推广的历史与现实谈起。

### 5.1.1 世界农业的起源

农业是人类文明形成和发展的主要依托，是人类全部活动的重要基础。在人类漫长的历史进程中，农业的出现和成型经历了一万年左右的时间。经过近200万年的采集和渔猎生活后，人类在旧石器时代晚期向新石器时代过渡的200年间发现了植物种子和家畜，于是进入了原始农业时期。

在农业产生过程中，火的发明和应用对农业起了巨大推动作用。原始社会早期，地广人稀，猎物丰富，人类主要通过打制石器作为工具来捕获猎物，利用篝火将其烤熟，以维持简单的生活。为了更好地维持生存，他们用漫火烧去杂草灌木，开辟出空旷的地方，使虫兽猎物不便于出没，而适宜于人类居住。原始人群运用火种开辟出来的广大空间，很多成为有计划种植的田地。

随着冰川纪后期全球气候变化，部分动物灭绝，一定地域范围内的自然资源数量相对减少。这一时期，世界人口却逐渐增加，人类依靠原始工具和传统渔猎方法难以获得维持其生存所需要的最低食物数量，于是出现了谋生方法的革命性变革，开始了种植谷物和驯养动物的新时期。这种最原始的农业出现于新石器时代，经历了一个极其缓慢的发展过程。发展的主要标志是使用工具的进步，如发明了弓箭、磨削的石器、木制工具、骨器，并将磨削石器缚于棍棒上作为武器等。原始种植是原始农业的重要构成和表现，逐渐形成了以种植业为核心的农业产业雏形。

原始农业阶段初期，采集和渔猎活动仍占较大比重。随着劳动工具和生产技术的进步，采集和渔猎业所占比重渐趋下降，原始种植业和畜牧业所占比重逐步上升，但所提供的食物仅能满足人类全年所需食物的一半左右，人类因此而进行季节性迁徙。他们一般有两个住所：一个是山洞，另一个是临时居住地。

大量的考古发掘表明，世界原始农业起源于南纬10°到北纬40°的地理和气候上大体相似的几个地方，它们多属于半干旱的高地或丘陵地区。例如，西亚从伊朗的德黑兰平原以西的山前地带，经伊拉克北部、土耳其东南部到叙利亚，以及约旦的北部和西部呈"新月形"的地区，平均海拔高度约1000米，早在公元前8000~公元前6000年，该地区就出现了原始农业，人们在这里种植谷物、饲养家畜。从石器时代起，罗马就出产五谷与牲畜，农业发展程度较高（董之学，1930）。在中美洲墨西哥的坦马利帕斯地区，以及瓦哈卡河谷和特瓦坎谷地（海拔900~1900米），印第安人于公元前7000年就已开始种植玉米，驯养羊驼。公元前7500~公元前5000年，中国的黄河及长江流域也已开始种植小麦、谷子和水稻，并饲养猪、狗、羊、牛等家畜（沈志忠，2014）。

## 5.1.2 世界农业技术的出现及发展

（1）原始农业技术

随着植物栽培和动物驯化的发展，农业技术逐渐兴起。在原始农业初期，农业的生产技术主要表现在耕作制度上，主要有烧垦制和轮垦制。烧垦制即为"刀耕火种"，先用刀斧砍倒树木，晒干焚烧后做肥料，然后开穴下种，种2~

3 年农作物，需休闲 10～20 年才能恢复地力；轮垦制是指开掘一块土地后，撒播种子，不进行田间管理，在连续种植几年后弃耕，待地力恢复后再种，几块土地轮换种植。这类轮歇丢荒的耕作制度极其粗放地利用土地，不仅生产能力不高，而且破坏自然资源，造成严重的水土流失。然而，在当时生产力水平十分低下、人少地多的情况下，这些耕作制度被普遍运用，没有引起原始人们的反思和改进（沈志忠，2014）。

（2）传统农业技术

铁制农具出现和应用后，世界农业发展进入到传统农业阶段。这一阶段的农业技术伴随着奴隶制的形成而产生，随着封建社会的发展而发展。考古资料表明，中国人在春秋中期发明了冶铁技术，巴比伦人在公元前 2 世纪左右也发明了炼铁方法，生产工具的每一阶段变革都与材料、工艺等在技术上的重大发展密切相关。冶铁技术的发明，导致了铁制农具的出现，这一跃进产生于希腊的荷马时代和中国的春秋时代。

在希腊城邦国家建立早期，木犁就已经装上了铁制的犁铧。由于各地的气候、土质等自然条件存在着差异，农业生产所用农具也有所不同。罗马人使用较为轻便的弯辕犁，阿尔卑斯山以北的人们则使用有轮的较为笨重但适合于深耕的反转犁。据文献记载，公元 1 世纪左右罗马已经有大麦、小麦的集穗装置，谷物加工机械也已出现。对出土文物的研究也表明，中国在春秋战国时已有了功能较为完善的铁制耕犁，汉代初期铁犁向形式多样化发展，有铁口犁铧、尖锋双翼犁铧、舌状梯形犁铧等，并且还发明了犁壁装置和能够调节耕地深浅的犁箭装置。

随着农业技术不断发展，先进的铁制农具已不能满足人们的需求。在欧洲，罗马帝国末期由于奴隶比较缺乏，人们开始寻找新的动力，但成效甚微。直至公元 1000 年前后，西欧才广泛使用畜力。在中国，公元前 350 年左右的战国时期农民就已经开始使用牛耕了。

自从农业与畜牧业结合在一起，农业方面有了很大进步：一方面是生产工具的进步，在炼铁技术和畜力使用基础上出现的犁耕，与锄耕相比大大提高了劳动生产率，为扩大耕地面积、较大幅度地增加农产品产量创造了前提；另一方面是对自然界利用能力的进步，人类改变了原始农业只靠长期休闲、自然恢复地力的状况，创造了利用人工实施有机肥的办法来提高土壤肥力，采用选择农作物和牲畜良种的办法来改善农作物和牲畜的性状，还创立了间作、套种等复种耕作制度。尽管农业技术进步十分缓慢，但经过长期积累而形成的农业技术能较好地适应当地的自然和社会经济条件，有些技术甚至一直沿用至今（沈志忠，2014）。

（3）近代农业技术

16～18世纪是封建主义向资本主义转变的过渡时期，这一时期欧洲各国封建制度瓦解、资本主义手工业快速发展。随着资本主义制度确立，产业革命在各国相继开展，世界经济迅速发展，有力地推动了近代农业的发展和农业技术的变革。

18世纪，西欧的农业技术创新最早在英国开始，基本与产业革命同步进行。18世纪末，塔尔设计的马拉条播机和中耕机得到推广。19世纪初，A·杨对轮耕式农业进行了理论概括，并在实践中加以推广。伴随着农场和大种植园的发展，美国为了解决地多人少、劳力不足的矛盾，进行了农机具改革，1835年制造了第一台马拉棉花播种机。接着，借助工业技术和装备生产，机械翻耕机、谷物收割机、畜力脱谷机、玉米播种机和半自动割草机等相继问世。

19世纪初期，除了农业技术继续进步并发挥作用外，农业生产专业化和地域分工也是资本主义农业的重要特征。它是在资本主义经济高度发达，充分运用大机器装备农业，以及交通运输状况获得普遍改进的条件下形成和发展起来的。农业生产专业化和地域分工有利于国家或地区利用自然条件和社会经济条件，大力挖掘生产潜力，提高劳动生产率和经济效益，因而被世界国家或地区发展农业所采用。

随着世界范围农业生产专业化和地域分工的发展，以及铁路和海运等运量大、运费低的运输工具的发展，世界农产品不仅贸易的品种、数量有了很大增长，而且贸易地区也在不断扩大。19世纪中叶，世界农产品贸易绝对量估计为400万～450万吨，其中谷物占80%以上，其次为棉花、羊毛、畜产品和热带、南亚热带种植园生产的蔗粮、咖啡、可可、茶叶等，主要流向为欧洲各国。19世纪中叶以后，由于工业的迅速发展和城市的兴起，一些国家对谷物和肉、乳、毛等畜产品的需求量成倍增长。据估算，20世纪30年代末，世界谷物的贸易量约为3000万～3500万吨，肉类及其制品的贸易量约为350万～400万吨。除欧洲外，北非、中非和南亚一些国家也是谷物纯进口国。当时，谷物及饲用玉米的主要出口国为美国、加拿大、澳大利亚和阿根廷，肉类、乳制品及羊毛则主要由阿根廷、新西兰、澳大利亚、南非和丹麦等国供应（沈志忠，2014）。

（4）现代农业技术

现代农业是第二次世界大战以来世界农业的新发展，源于农业劳动装备和设施的改变。19世纪50年代马拉农具普遍使用的同时，蒸汽机开始推广使用，这使各种农机具有了强大的机械动力。之后，英、美等国研制的蒸汽拖拉机用于田间耕作，大大提高了工作效率。20世纪后半叶是世界农业快速发展的时期，也是世界农业生产和布局发生重大变革的时期，现代农业达到的水平和取得的巨大成就是传统农业难以比拟的。导致这种发展和重大变革的根本原因是农业现代化水平的提高，以及高新技术在农业中的广泛应用。

第二次世界大战后，世界农业机械化取得巨大发展，除美国已于1940年基本实现农业机械化外，英国、德国、法国、加拿大、荷兰、苏联等国相继于20世纪50年代初至50年代中期，意大利、日本于20世纪60年代初至60年代中期基本实现了农业机械化。农业机械化一般从田间作业的耕翻、播种、收获等环节开始，从谷物生产逐步发展到经济作物、果树、蔬菜、饲料作物及畜牧业等方面。

近年来，农业技术发展日新月异，现代生物技术、现代分离技术、微电子技术、信息和空间技术等高新技术在农业中广泛应用。它们不仅大幅度提高了土地的单位面积产量和牲畜的生产数量，极大地提高了农业劳动生产率，降低了各项农业消耗，而且将导致农业生产布局的重大变革。

首先，生物技术与基因技术进展迅速。运用遗传育种等生物工程技术培育作物高产品种是现代农业的一项重大革命，美国早在20世纪20年代就育成杂交玉米，40年代开始推广。20世纪60年代以后，亚、非、拉美各国兴起"绿色革命"，利用遗传育种技术培育和推广高产、优质、多抗的作物品种，与完善水肥设施条件、改变耕作制度，以及推广科学的经营管理方法相结合，形成了一整套先进的农业技术系统。墨西哥成了耐旱三星期的玉米杂交种，中国育成了可增产30%～50%的杂交稻。一向被认为低产的作物如大豆、谷子等，由于利用生物技术育成了新的高产、耐旱品种，也表现出高产势头。

其次，微电子技术趋于成熟。微型电子计算机可应用于农业的许多方面，包括会计和财务分析，农牧业生产管理与自动化生产，计算机网络信息管理，建立农业数据库系统、专家系统，进行系统模拟、适时处理问题等。在作物生产管理方面，美国于20世纪80年代初就开发出大型棉花虫害管理模型（Cotton Insects Management，简称CIM），后又通过嵌入专家系统进一步完善，于1986年推出了棉花综合管理系统（Cotton Management Expert System，简称COMAX）。在计算机网络服务方面，法国农业部植保总局建立了一个全国范围的病虫害测报计算机网络系统，可以适时提供病虫害实况、病虫害预报、农药残毒预报和农药评价信息等。

最后，空间技术应用广泛。空间技术与农业关系密切，通信卫星、气象卫星可提高气象观测水平，更好地为农业服务；遥感可用于土壤调查与土地资源清查及其制图、作物估产、植物识别、自然灾害调查、土壤湿度监测与农业环境污染识别等；遥测可对农作物、森林和渔场进行观察监视，预报产量，预报鱼群洄游路线，用于森林防火等。预计在未来，利用空间技术还将出现航天飞行器里栽培植物的"宇宙农业"（沈志忠，2014）。

## 5.1.3 世界农业技术推广的历史及现实

世界农业技术推广出现于原始农业阶段，伴随着农业的萌芽而产生。著名植物地理学家 N. I. 瓦维洛夫认为，世界植物驯化和早期传播的中心是那些发现驯化植物栽培种类最多的地区。根据有关农作物的考古资料，我们可以初步得出以下几种主要农作物的起源及其推广地区：小麦种植源于西亚和中国；玉米种植源于中美洲；谷子最早在中国驯化种植；水稻起源于印度；大豆起源于中国等。基于此，国内外学者大多认为，世界农业是由少数几个独立的中心向各地传播的。这些中心主要分布在西亚、中美洲的墨西哥、中国，以及亚洲东南部、非洲西部和南美洲的安第斯山区。由于条件不同，原始农业在各地推广的时间很不一致，有的地区如非洲和美洲的部分地区、澳大利亚和新西兰等地根本没有经过这一阶段，欧洲中西部因茂密森林的阻挡，直到铁器时代农业才得以推广（沈志忠，2014）。

随着农业技术的精深化和复杂化，农业技术推广成为一项专门的工作和制度。1843 年，美国纽约州规定，政府雇聘进步的、有经验的农民，面向全体农民公开宣讲农业方面的实践经验和科学知识。欧洲也逐渐实行类似的制度，如意大利于 1890 年组织的"农业流动学校"就是如此。第一个现代化农业咨询指导机构开创于 1845 ~ 1849 年的爱尔兰，目的在于调研、指导和解决马铃薯歉收引起的农业生产问题和农民饥荒问题。可见，农业技术推广是帮助解决农业和农民从事农业生产中存在的问题而产生的。

随着农业地位的变迁和农民对农业技术需求的变化，农业技术推广的含义不断丰富，农业技术推广的目标、内容、方式与方法等不断完善和发展。纵观世界农业技术推广发展的历史，可以将农业技术推广概括为三个阶段：第一阶段为专门化农业技术推广时期，农业技术推广主要以种植业为主，针对农业生产存在的技术问题，着重推广农业改良技术；第二阶段为外延化农业技术推广时期，农业技术推广除推广农业技术外，还从事教育农民、组织农民、培养农民领袖、改善农民实际生活质量等活动；第三阶段为一体化农业技术推广时期，农业技术推广以农业科研为起点，利用现代传播手段将技术研发、实验、示范、推广等融为一体，不断为农业、农民、农村提供全过程服务。

目前，为了实现农业科技成果转化，加速农业发展，促进农村经济繁荣，世界各国在农业技术推广上都面临着利用新技术改变农民行为的问题。农民行为的变革直接影响农业科技成果的转化率，以及农业生产过程中现实生产力的形成和发展。改变农民行为程度的深浅取决于所要推广的技术和措施的优劣，以及农民目前行为与这些技术和措施相差的程度。为此，深入研究农民的"认知图式"对于各国农业技术推广非常重要，是推动农业技术推广服务不断取得成功的永恒课题。

# 5.2 发达国家多元化农业技术推广服务体系建设概况

如何开展农业技术推广服务既是一个理论问题，也是一个现实问题。由于各国社会制度、地理风貌、人口分布、农业基础等各不相同，它们的农业技术推广服务体系构成及其活动开展方式也有很大差异。分析发达国家农业技术推广体系概况，我们既能看到一个个与众不同、别具一格的推广服务系统，也能了解它们之间的共性和趋势。为较为全面地认识发达国家多元化农业技术推广服务体系的建设概况，我们选择美国、日本、澳大利亚、法国、荷兰、韩国进行分析。

## 5.2.1 美国多元化农业技术推广服务体系建设概况

美国是世界上农业最发达的国家之一，农业生产率和生产力水平一直居于世界前列。虽然美国人口仅占世界的 5% 左右，美国谷物生产总量却占世界的20%。美国一直是农产品的重要出口国，农产品出口贸易比重不断攀升。目前，全国就业总数的近 1/5 和国内总产值的 1/6 以上都与农业生产有关。随着经济不断发展，美国农业不仅内部各部门之间的联系日益紧密，而且与国民经济其他部门的相互作用也在不断加强，呈现出高度商品化、社会化和一体化的趋势。美国农业有如此高的水平和地位，根本原因之一就在于其拥有健全、高效的农业科技推广体系。

### 5.2.1.1 美国农业技术推广体系的建立与发展

美国实行推广、教育和科研"三位一体"的农业技术推广合作体系，其建立源于赠地学院的创办。1862 年 7 月 2 日，美国总统林肯颁布了佛蒙特州众议员 Justin S. Morrill 提出的旨在促进美国农业技术教育发展的《莫雷尔法案》（*Morrill Act of 1862*）。该法案规定，联邦政府根据 1860 年各州拥有国会议员的人数，每人拨给 3 万英亩①土地；各州使用这些土地或出售土地所得经

---

① 1 英亩≈4046.86 平方米。

费在本州资助和维持至少一所农工院校或学院，开设农业和机械课程，讲授与农业和机械有关的知识。这个法案催生了一批"赠地学院"或"农工学院"，促进了美国农业教育的普及，为美国工农业发展培养了急需的专门人才。据统计，自 1862 年《莫雷尔法案》实施到 1896 年，美国共建了 69 所赠地学院，现在知名的加利福尼亚大学、麻省理工学院、康乃尔大学、威斯康星大学等都是在赠地学院的基础上发展起来的。赠地学院的创建，标志着美国农业技术教育进入了一个新的阶段（兰建英，2009）。

赠地学院在各州建立后，师资和教材成了新的问题。当时的教师和教材主要来自欧洲，教材与美国的实际情况很不一致，教师也不能解答学生和农民提出来的农业生产中的实际问题。为了解决这一窘况，国会提出了兴办农业试验站点的议案。1887 年，国会通过《哈奇法》（Hatch Act of 1887），该法又被称为《哈奇农业试验站法》。该法规定，为了传播农业信息，促进农业科学研究的发展，各州建立农业试验站并由联邦和各州政府专门拨款资助。农业试验站是由美国农业部、州和州立大学农学院共同筹建，每个州都要在赠地大学的农学院领导下兴建农业试验站，负责向农民示范其研究成果并向其传授有价值的农业信息。农业试验站的建立使教学和科研更好地结合在了一起，赠地学院的教授们不仅要讲授农业知识，而且要走进农田，帮助农民解决在生产中遇到的实际问题。农业部、赠地大学和农业试验站合作进行农业技术推广，推动着美国农业科技推广体系形成，促进了美国农业蓬勃发展。截至 1893 年，全国建立了 56 个农业试验站，基本达到了每州至少一个试验站的要求。

随着农业科技水平的不断提高，赠地学院只能接纳有限学生，而不能面向全体农民，快速推广农业新知识、新技术又成为一个问题。为解决这些问题，1914 年 5 月 8 日，威尔逊总统在美国第 63 界国会上签署了《史密斯-利弗法》（Smith-lever Act），即农业推广法。威尔逊总统称该法案为"政府制订的对成人教育最有意义，影响最为深远的政策之一，将确保农村地区拥有高效和令人满意的人力资源"（Rasmussen，1989）。该法案规定：由联邦政府、州、县拨款，资助各州、县建立合作农业推广服务体系，推广服务工作由农业部和农学院合作领导，以农学院为主，州设立农业推广中心，县设农业推广站（李素敏，2004）。农学院通过各种宣传手段把最新科技成果传播给全州农民，指导农民改进农业生产技术和经营管理方法，解决农业生产实践中碰到的各种问题。这一法案的颁布，标志着美国合作农业推广体系正式形成。之后，随着农业形势发展，美国又有新的农业推广法案或修正案产生，但农业推广体系的基本形式没有发生变化。

#### 5.2.1.2 美国农业技术推广体系的组织结构

美国农业技术推广体系属于高等院校主导的多元主体合作结构，主要由美国联邦政府农业部推广局、州赠地大学或大学农学院和县农业推广站三个层次组成。

（1）联邦农业推广局

联邦农业技术推广局是全国农业推广工作的管理机构，也是农业部的宣传教育机构，主要职能是执行有关农业技术推广的法律和规章，督促合作推广体系高质量地服务于农民及其企业，协调全国农业推广工作顺利进行。推广局局长通常从各州推广站主任中选拔，由农业部部长任命。推广局局长指导州推广部门制订和执行推广计划，有效协调各州农业推广的合作与交流。农业推广局下设农业科学技术和管理处、管理经营处、4-H（4-H 是英文 head、hand、heart 和 health 的缩写）青年发展处、家政处、信息处、推广研究与培训处、经济发展和公共事务处、销售和应用科学处 8 个处，具体负责协调全国相关领域的推广工作（章世明，2011）。联邦推广局与州立大学之间的工作人员经常交换，推广局的许多工作人员有在州立大学工作的经验，州立大学的许多工作人员也有在推广局工作的经验，从而增强了相互之间的了解，有利于工作开展。美国联邦政府农业推广机构关系如图 5-1 所示。

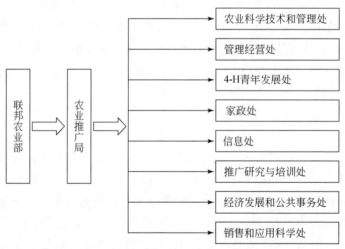

图 5-1　美国联邦政府农业推广机构体系图

（2）州农业推广中心

美国共有 51 个州，每州都有一所农业院校或大学农学院，农学院一般设在州立大学之中。农业院校或大学农学院从 1914 年起正式成为美国合作推广体系的重要组成部分，其农业推广中心是美国农业推广工作的中级管理机构。

州农业推广中心是美国农业推广体系的核心，主要任务有：制订各州农业推广计划并负责组织实施；选聘县农业推广人员并进行各种培训；向县农业推广人员提供技术、信息等服务，在美国的所有州和特区设置农业推广站（武英耀，2003）。州农业推广中心隶属于农业院校或大学农学院，主任或站长由大学农学院院长兼任。农学院院长是农业推广方面教育、科研和推广的总负责人，从而将农业教育、科研和推广三者紧密地联系在一起（章世明，2011）。州农业推广中心设有若干办公室，分别领导农业推广示范、4-H 俱乐部及农产品运销等工作（知钟书，2013）。美国州农业推广机构关系如图 5-2 所示。

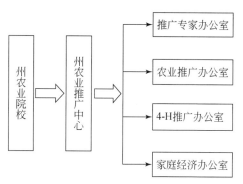

图 5-2　美国州政府农业推广机构体系图

（3）县农业推广站

县农业推广站是美国合作推广体系的基础，是联邦农业推广局和州农业推广中心在地方上的代理机构。县农业推广服务站由专业农业推广人员、秘书人员以及乡村领导人组成。专业农业推广人员由州农业推广中心任命，推广员的大部分时间是在农场和农户家度过，通过访问农场主和农户，发现农业生产中存在的问题，帮助他们寻找解决问题的办法，向他们提供技术援助，保障农场主和农户的农业生产高水平、高质量进行（盖玉杰，2006）。县农业推广站的主要任务是：诊断农业生产中的问题，帮助农民寻找解决之道；引导农民加强农资购买、农业生产、产品销售过程中的合作，保护农民利益；向农民提供农业信息、咨询服务等（聂海，2007）。美国县农业推广站一般设在县政府所在地，站内分农业推广、家政推广、四健会推广三个工作组。美国有 3150 个县，每个县有一至数名农业推广员，专职农业推广员共有 16 000 余名。此外，美国还有大约 300 万志愿服务人员在农业推广人员的训练和指导下帮助从事农业推广工作。县农业推广机构关系如图 5-3 所示。

上述三级农业推广机构密切联系，构成了一个完整的合作农业推广体系。联邦农业推广局向州农业推广中心提供信息和帮助，负责全国农业推广工作的

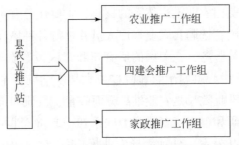

图 5-3 美国县政府农业推广机构体系图

计划和协调；州农业推广中心由农业院校或农学院负责管理，将农业教育、科研、推广融为一体；县农业推广站接受州农业推广中心的领导，负责具体实施农业推广计划。这样，教育、科研和推广"三位一体"的农业推广体系极大地促进了美国农业经济的发展，加速了美国农业现代化的进程。

### 5.2.1.3 美国农业技术推广经费

美国农业推广体系的资金主要有三个来源：联邦政府拨款、州县拨款和各种私人投资及捐赠。农业推广经费的大体比例为：联邦拨款占30%～35%，州政府拨款占40%～45%，县政府拨款占15%～20%，其余3%～5%为社会捐助。例如，1986年美国合作推广的资金总额为10.42亿美元，其中联邦政府拨款为3.3亿美元，占32%；各州政府提供4.87亿美元，占47%；地方政府提供约1.93亿美元，占18%；私人投资约0.32亿美元，仅占3%（信乃诠和许世卫，2006）。

为了保障高效使用农业推广资金，1914年《史密斯–利弗法》规定，如果资金被浪费或滥用，则将停止拨付，并将被其他有关州所取代。法案中详细规定了资金不能用于：购置、建筑、维护或修理任何建筑物或建筑群；购置或租赁土地；用于学院内部的课程教授或讲座、农业培训，或法案中没有明确提出的其他的花费。美国农业推广工作由于资金使用合理，分配得当，推广项目大都得到顺利实施。

### 5.2.1.4 美国农业技术推广内容

随着美国农业推广体系的不断完善，农业推广的内容不断增加。目前，农业推广系统为农民提供的服务主要包括以下几个方面。

1）农业生产技术推广及自然资源利用与保护。美国农业推广组织及成员帮助农民合理规划、利用土地，保护自然资源和环境，做好资源综合利用，减少化肥、农药用量，防止水资源污染，保证食品安全。

2）家政服务。为改善农村妇女的家庭生活处境，美国农业推广组织及成员开展家政服务活动，提高农村妇女的家庭生活水平，增加农村妇女参与其他社会事务的机会。

3）"四健"青年服务。"四健"（即 4-H）是指脑（head）健、手（hand）健、心（heart）健、身（health）健。"四健"教育服务的目的是激发青少年参加社会活动的兴趣，增长他们的实践技能，使其成长为能够驾驭自我、全面发展的社会生产成员。

4）农业科技服务。这是美国农业技术推广的基础和重心，农业推广组织及成员主要向农场主和农户传授农业科学知识，帮助农户利用现代化的生产技术和经营管理知识，有效从事农业生产，提高劳动收益。

5）社区开发服务。社区开发包括社区发展的战略计划制订、政府机构工作能力开发、公共设施建设等，目的是促进社区建设。美国农业推广组织及成员通过为社区组织和居民提供专业化的信息、研究成果和科技知识，促使他们共同努力加快社区发展步伐。

#### 5.2.1.5  美国农业技术推广人员

美国对农业推广人员的要求较高，农业推广专家必须具有农业背景知识、良好的训练、农场或农户推广工作经验、良好的品性和各种工作能力，以及追求和热爱事业的精神五个方面的条件，而且要具备组织领导、农业推广、推销攻关、联系服务对象、较强的实践、适应复杂条件、现代信息处理、写作演讲、项目实施开发和研究评估十大能力。早在 20 世纪 70 年代，州农业推广人员 53.7% 有博士学位、37.3% 有硕士学位、9% 有学士学位；县农业推广人员 1.3% 有博士学位、43.3% 有硕士学位、55.4% 有学士学位（董永，2009）。同时，美国还定期实行培训制度，农业推广人员每年都要定期到州农业院校或大学农学院的农业推广中心进行在职培训，以保证知识更新和业务技能提高。高素质的农业科技推广队伍保证了美国农业科技推广的成功。

### 5.2.2  日本多元化农业技术推广服务体系建设概况

日本是世界第三大经济体，是当今世界强国之一，农业现代化水平也位居世界前列。作为"千岛之国"，日本国土面积仅 37.79 万平方千米，相当于湖北的 2 倍，比云南、甘肃、黑龙江、四川、青海、内蒙古、西藏、新疆等省份的面积都小，土地资源贫乏。日本人口 1.27 亿，人均耕地面积只有 0.04 公顷，2007 年农业人口降至 764 万人（占总人口的 6%），农业就业人口减至 311.9 万人，但其农业科技含量和综合水平很高。据统计，2006 年日本生物技术类杰出科研成果共 20 项，其中与农业相关的就有 14 项，占总数的 70%，同期日本农业科研成果推广率达到 70%~80%，科技成果大多被及时应用（吴松，2007）。日本农业的基本经营形式是家庭经营，规模狭小，并且兼业农户比重高达 88%。农业科研成果能够迅速转化为现实生产力，主要得益于其独具特色的农业技术推广体制。

### 5.2.2.1　日本农业技术推广体系的建立与发展

明治维新以后，日本政府为了发展农业生产，积极推行"劝农政策"，开展农业技术的传播活动。1870 年，民部省设劝农局，负责新技术和新品种的引进。1877 年，各府县设置由有经验老农担任的"农事通信员"，负责宣传普及农业新技术。1885 年，日本制定"农事巡回教师制度"，标志着有组织开展农业技术普及活动的开始。1893 年，日本实施"农事试验场技术官巡回制度"，以农业试验研究机构为主体，农业科研人员直接与农民接触，开展巡回技术指导。明治后期，随着各级政府行政机构、试验研究及农业团体等组织建立和完善，农业技术推广工作由全国统一组织实施，向各地区根据当地情况实施特色方向发展，出现了明显的区域性，农会在农业技术推广中发挥了重要作用。政府许多推广项目由政府提供经费，农会技术员执行落实。

为了刺激农民的生产热情，日本政府 1916 年起先后制定了《米麦品种改良规则》《畜产奖励规则》《粮食农产品改良增产奖励规则》《肥料改良奖励规则》等一系列奖励政策，为农民提供补助金和低息贷款等。在此期间，地方农事实验场逐步向试验研究中心发展，农业技术推广工作转给了政府行政机构和农会。1922 年，农会法修订后，农会成为农业技术推广的重要主体。为了促进农业技术发展，1945 年 7 月，日本制定了《农业技术渗透方案》，要求各地利用政府资助设立面积为 3 公顷的"农业技术指导农场"，3 年内全国达到 2000 所，以都道府县试验场为指导主体，重点进行试验、示范、培训和推广。

第二次世界大战以后，日本为了振兴农业，为国民经济发展打下基础，1948 年开始建立协同农业推广制度。1948 年 7 月 15 日，日本公布《农业改良助长法》，奠定了农业技术推广事业发展的基础。该法规定，为了促进农业发展和农民生活改善，农林水产省与各级政府协作促进农业合作推广服务发展，自中央至地方各级政府皆给予农业技术推广相应资金支持。该法在实践中经过 8 次修订，逐步得到完善。为了使《农业改良助长法》顺利实施，1952 年日本颁布了《农业改良助长法施行令》，并在实施过程中进行了 6 次修改补充（冈部守和章政，2004）。

近年来，随着国家农业政策调整，日本各地农业发展呈多样化趋势，推广部门在制订推广方案时更多考虑当地农业发展的优势和特色，在选择推广项目时更加注重市场效益和地区适应性。2005 年 4 月 1 日，日本颁布实施了新的《农业改良助长法》。新法在农业推广机构设置、农业推广人员管理等方面较之前有较大变化，它的施行标志着日本农业推广事业进入了一个新的发展时期。日本以法律保障农业技术推广体系的制度化、长期化，最终形成了独具特色的政府和农协双轨体系。

### 5.2.2.2 日本农业技术推广体系的组织结构

日本农业技术推广机构包括政府改良推广系统和农协营农指导系统，这两个系统既各自独立又彼此联系，形成了日本农业技术推广体系。

（1）政府组织

日本政府设立了自中央至地方的一整套农业技术推广组织系统，包括农林水产省、地方农政局、都府道县农政部或农业技术科、地域农业改良推广中心（或所）（图 5-4）。农林水产省是日本农业技术推广的最高机构，主要职责是制订规划、经费预算、组织协调、成果管理及专门技术人员的资格考试等，负责全国农业技术推广的发展设计，并对都道府县农业技术推广机构的运营提供经费资助。地方农政局是介于中央农林水产省与都府道县之间的农业技术推广管理机构，农林水产省根据地方区划在全国设立了 7 个地方农政局，进行农业技术推广工作的指导和管理。都道府县农业推广机构相当于中国的省级农业推广机构，农政部负责本地区农业推广的规划制订、人才选拔、人员任用及培训等。地域农业改良推广中心（或所）是日本农业技术推广的最基层组织，也是农业技术推广的具体主体和实施机构。它的主要任务是为农民提供农业信息、引进科研成果，指导农民解决实际生产中遇到的问题，向上级及时反馈农民的意见等。目前，日本全国大约有 450 个农业改良推广中心（或所），9000 余名农业技术推广人员（钟秋波，2013）。

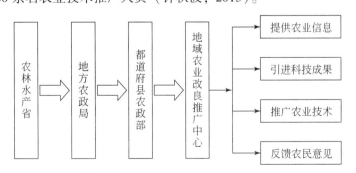

图 5-4　日本政府农业技术推广系统图

（2）农协组织

日本农业协同组合（简称农协），是在农会和产业合作社的基础之上，依据 1947 年颁布的《农业协同组合法》成立的既具有企业性质又具有农村社区性质的自主性民间组织，是日本农业技术推广事业发展的重要辅助力量。日本农协由全国农协联合会、县级农协联合会和基层自治农协三级组织构成。全国农协联合会主要负责对县级基层自治农协进行组织，开展业务指导工作，培训农协工作人员，协助政府研究和制定农业政策等；县级农协联合会主要负责对各基层农协进行指导和监督；基层自治农协主要为农民提供生产资料和信息服务，指导农民开展农业生产等。日本农协也分专业农协和综合农协，专业农协是指从事专业技术领域，如畜牧业、园艺等行业的农民专业协会；综合农协是指从事供销、融资等综合性业务的农民专业协会。日本农协一直坚持"从摇篮到坟墓，农协覆盖全部"的指导思想，围绕"为农民提供生产和生活服务"的目标，在生产资料、技术指导、产品销售、信用合作、社会服务和权益保障等方面提供服务（徐国彬，2009）。日本农协配备有营农指导员，与政府农业技术推广中心（所）配合，向农民提供信息和技术指导。目前，日本农协有3500 多个综合农民协会和 4000 多个专业农民协会，日本农户 90% 以上参加了农协，每个农协平均有 5~6 个营农指导员，专门从事农业技术的推广与指导工作。日本农协是日本农民进行农业生产的最重要互助合作组织，在农业技术推广中发挥着巨大的作用。

### 5.2.2.3 日本农业技术推广经费

日本《农业改良助长法》规定，中央政府应向各都、道、府、县支付农业技术推广事业交付金；农业技术推广经费由中央和地方政府共同分担。中央财政每年根据各地区的农业人口数、耕地面积和农业情况，拨给一定的"交付金"给各都、道、府、县用于农业技术推广事业，都、道、府、县以一定比例配套，将资金用于推广员工资、推广中心及职员的日常活动、推广员和基层干部培训、仪器设备购置等。除此之外，中央还补助各县一定的特殊业务所需经费。

日本的农业推广费用很高，近年来经费预算达到 360 亿日元左右，约占日本农业相关预算总额的 1.4%。与此同时，中央和地方支付经费的比例逐步下降，由以前的 7∶3 降至为 6∶4，部分地区已接近 5∶5（陈磊和曲文俏，2006）。随着地方自主实施农业技术推广的呼声越来越高，这一比例将越来越低。部分都、道、府、县的地方官员也联名提出了"税源移让"方案，该方案自 2006 年起全面实施，增强了地方实施农业技术推广的经济实力（黄锦龙，2005）。目前，日本民间农业推广组织的经费来源更加多样化，一部分来自入会农户缴纳的会费（所占份额较少），一部分来自农业产、供、销中的收入提成，还有一部分来自社会和企业的投资和捐赠，另外国家也给予一定的补贴，呈现出"政府+社会+企业+农户"的多渠道筹措农业技术推广经费的格局（何盘伟和陈艳芬，2003）。

### 5.2.2.4 日本农业技术推广内容

第二次世界大战后，日本农业技术推广包括普及农业技术、改善农家生活和培养农村青少年三项内容。农业技术推广工作从抓粮食增产入手，成功地推广了除草剂、对硫磷杀虫剂和保温半灌溉秧田等技术；在改善农家生活方面，指导农家进行厨房改造、炉灶改良和营养食品使用等；利用农村俱乐部等形式培养农村青少年。20世纪50年代末60年代初，日本农业生产技术有了很大的提高，农民要求振兴旱田作物和加强对畜产、园艺技术指导的呼声越来越高。对此，日本建立了农业技术推广特别技术活动体制，以适应农村形势的发展。于是，农业技术推广指导由单纯的农业技术指导向农业经营和组织农民等方面延伸；为了减轻农家妇女家务负担，推广了农忙期集体办伙食和集体保育儿童的办法。20世纪60年代中期以后，日本农业迅速发展，农民经营范围和规模不断扩大，兼业农户急增。面对农村形势的新变化，日本实行"功能分担式"改革，使农业技术推广员分别承担农业技术推广工作和专项技术推广工作；1980年后又实行"区域分担式"改革，组织各类改良推广员组成指导队，指导地区农业全面振兴。

日本《农业协同组合法》第十条特别指出，农协要办理营农指导事业，即举办与农业技术、农村文化、农民生活和改善经营有关的教育活动。日本遵循这一法规规划了农业技术推广的活动内容，主要有：农业改良、生活改善和农业后备人才培养。日本通过农业技术推广人员采取重点指导示范户的推广方法，引进农业新技术、新品种，提高农业效率和农民收入。农业技术推广的实质是对农民的教育，最终目的是调动农民采用农业新技术。随着农业技术推广体系实践的不断推进，日本农业技术推广理念从以技术推广为主转到培训教育农民上来。近年来，为满足广大农民全方位、多层次的需要，日本农业技术推广体系的服务领域不断拓宽。日本农业技术推广服务除了多功能、环保和持续发展外，已延伸到了农业经营管理，以及高附加值的农业生产、农产品加工、市场信息和营销、农业后继者培养、农业区域开发设计、环境保护、农业观光、农村开发等多个领域。

#### 5.2.2.5 日本农业技术推广人员

农业改良推广员和专门技术员是日本农业推广工作的具体实施者，是日本农业技术推广事业的中坚力量。农业改良推广员与农民直接接触，主要从事农业信息和科学技术的传播，帮助农民改善生产和生活；农业专门技术员是更高层次的农业技术推广人员，他们不仅要与科研部门保持密切联系，进行专项农业技术的推广，而且要开展调研活动，培训和指导农业改良推广员等。日本农协的基层农业推广组织是市、町、村农协的营农指导部，配备有营农指导员。营农指导员与农业改良推广中心（所）合作，深入农户，进行农业技术、农业教育、生活改善的指导。

日本政府为了保证农业技术推广队伍的素质，在推广人员录用、培训和工作考核方面有严格的章程制度。国家对农业技术推广人员的资格要求较高，严把入口关。农业技术推广人员招录规定，报考农业技术推广人员必须具备相关专业 4 年制大学毕业文凭，或者具备由农林水产省指定的 3 所 3 年制专门农业学院毕业文凭，并且要求有 2 年工作经历者才有资格参加考试。报考人员录用后，按国家公务员和地方公务员的职称级别聘用，实行技术职务任命制度，终身享受政府公务员待遇，而且越在基层、待遇越高，这在一定程度上保证了基层农业技术推广队伍的稳定。在农业技术推广人员的管理方面，日本注重对在职农业技术推广人员日常工作的监督管理和业务综合考评，对农业技术推广人员的考评不仅以完成论文的多少来衡量，更注重根据其承担工作的质量和数量，以及对农户生产做出的实际贡献来进行考评。

### 5.2.3 澳大利亚多元化农业技术推广服务体系建设概况

澳大利亚幅员辽阔、资源丰富，是全球第四大农产品出口国。该国国土面积 768 万平方千米，农牧业用地约 480 万平方千米，林地 106 万平方千米，可耕地 48 万平方千米，灌溉地 1.62 万平方千米；全国人口约 2062 余万，其中农业人口约 90 万，占总人口的 4.5%；农业人口人均农牧业用地 0.27 万平方千米，人均耕地面积近 0.03 平方千米。澳大利亚 1 个农民生产的粮食和天然纤维可满足 293 人的需要，农业生产率比美国高 51%，比英国高 155%，比其他发达国家的平均水平高 20%。澳大利亚农业能够取得如此成就，除了拥有丰富的农业生产资源外，高水平的农业技术和有力的农业技术推广也是重要保障。

### 5.2.3.1 澳大利亚农业技术推广体系的形成和发展

1770 年前后，大量欧洲殖民者来到澳大利亚，带来了农业思想和耕作方式。这一时期，殖民者们在澳大利亚探索农业、畜牧业发展，积累了丰富的生产经验，找到了适合澳大利亚种植的作物——小麦，发展了畜牧业——以养羊和养牛为主，农民大多经营大片土地形成了农场。但是，这一时期澳大利亚的农业技术推广活动基本处于自发萌芽状态，主要表现为农民间相互交流种植、养殖经验。

1950 年以后，澳大利亚农业技术有所提高，农业产量也不断增加，但并没有给农民带来更多利益。于是，农场主开始强调经营管理，重视经济效益。政府给农场主设置了农业经济和农场管理方面的相应培训，各级农业技术推广机构中也增加了懂经济、善管理的人才。1975 年以后，大机械作业导致大面积砍伐林木、过度使用土地导致水土流失等问题，政府农业技术推广开始重视农业资源的可持续发展。这期间，澳大利亚农业技术推广工作一直由庞大而有效的公共部门来开展，农业技术推广工作的重点是农业生产技术转移。政府农业技术推广把农业视为一个大系统，综合考虑农业科学技术、农业经济学（包括先进的管理经验）、系统农业、社会生态学和环境保护等诸多因素，追求整体经济效益、社会效益和环境效益。20 世纪 90 年代以来，受国际环境影响，同时也为了提高农业技术推广服务的效率和效果，澳大利亚各州公共农业技术推广部门在运作和推广理念上做出了相应调整，逐渐将农业技术推广的相当一部分服务功能从公共部门转移到私有部门。

### 5.2.3.2 澳大利亚农业技术推广体系的组织结构

澳大利亚农业技术推广以政府为主体，呈现多元推进局面。农业技术推广体系实行垂直管理和主任负责制，即小区主任向大区主任负责，大区主任向州农业部负责，不受地方政府部门的干预，行政隶属关系较为明确，独立性较强，保证了农业技术推广活动的顺利开展（查斯虎，2005）。

（1）政府农业技术推广机构

澳大利亚联邦政府虽然是一个重要的农业科研和技术推广投资部门，但它并不直接介入农业技术推广活动，而是主要负责为农民提供农业服务信息。澳大利亚农业技术推广工作主要由各州政府负责，州基础产业厅或农业厅具体管理。各州基础产业厅或农业厅有的专门设立了农业技术推广部门，从中再按专业划分；有的则直接按专业划分，每个专业有专门人员负责农业技术推广；还有的把某一行业的农业技术推广完全交给行业协会管理，政府只起协调作用

（高启杰，2004）。各州在各地建立许多农业研究所和技术咨询站，通过研究所和咨询站向农民提供技术及其咨询，帮助农民提高生产效率和管理水平（李雪奇，2008）。同时，澳大利亚各州农业厅推广机构内设"推广领导办公室"，办公室在9个行政专区设9个分支推广机构，每1个分支推广机构又在分辖区内设置若干次级推广机构。

（2）非政府农业技术推广机构

澳大利亚非政府农业技术推广机构包括科研教育机构、涉农企业、农民协会、专业协会、研究会以及私人推广组织等，主要为农民提供技术服务及农业经营方面的咨询，实行义务服务和有偿服务。科研教育机构一般内设从事农业技术推广的办公室或专、兼职推广人员，围绕生产中存在的问题开展课题研究、科技示范和推广，将科研成果应用于生产。在农业技术推广过程中，农业技术推广人员把生产中存在的问题及时反映到科研和教育机构，由科研人员研究讨论攻克技术问题，再把研究和试验的成果进行小区试验，然后推广人员才将新技术推广于农业生产中，并把技术应用效果反馈给科研和教育机构。澳大利亚农业科研计划在立项选题论证时，均须征求农业技术推广部门意见，并经有关农民协会或组织讨论通过。在澳大利亚，大部分地区建立了固定的联络组织来加强推广机构同科研教育及农民组织之间的联系，以便更好地交流信息、协调行动。这样，农业技术推广形成了由科研到推广、再由推广到科研的良性循环（孙联辉，2003）。涉农企业或专业公司在销售或收购农产品时，采取技术宣传、技术服务等推广手段为农民服务，既传播扩散了农业新技术，提高了农民的技术素质，又保障了商业活动顺利进行，使企业经济效益大增。

### 5.2.3.3　澳大利亚农业技术推广经费

1986年以前，澳大利亚农业技术推广的主要经费来源于联邦政府。联邦政府根据各州农业厅推广工作所需拨给一定数量的经费，各州农业厅将经费拨到各分支推广机构，分支推广机构再将经费划拨到次级推广机构。

之后，为了鼓励农业技术科研与农业技术推广产生实效，澳大利亚推行政府和农业产业部门联合资助农业技术研究和推广的办法，政府与产业部门按1∶1出资助农业相关产业的科研与技术推广，即只要生产者拿出1澳元，政府也拿出1澳元。政府还规定，每种农产品销售后都有一定比例提成，用于生产该产品的农业技术研究与推广。例如，每售一头牛提0.35澳元，每出售一头猪提0.2澳元；羊毛生产者要交纳其羊毛收入的3%作为科研推广税，由各产业的法定机构在价格中扣除。

此外，政府经常采取拨付专款的方式强化某方面的农业技术研究与推广。

澳大利亚农业技术推广经费还有行业协会和公司的赞助，它们从受益于新技术的农民收入中提取，或者来源于私人和其他农业技术推广机构实行的有偿服务收入。20 世纪 80 年代后期，澳大利亚每年用于农业科研与技术推广的经费约 4 亿澳元，其中州级政府机构获得 50%，科学与产业研究组织获得 35%，大学获得 10%，私人企业获得 5%。澳大利亚农业推广部门经费的 70% ~ 80% 由政府按 1 : 1 的规定供给，其余来源于非政府渠道（农业部科教司，2004）。

### 5.2.3.4　澳大利亚农业技术推广内容

作为农业大国，澳大利亚农业具有较强的国际竞争力，农产品国际贸易在世界上占有较大份额。澳大利亚农业技术推主要面向种植业、畜牧业和农业生态环境开展。澳大利亚种植业中最重要的作物为小麦，小麦作物是其第一农作物，年播种面积达到了 10 万平方千米，相当于其他所有作物播种面积之和。澳大利亚是世界上最发达的畜牧业国家，被称为"骑在羊背上的国家"。据统计，澳大利亚在 456 万平方千米的放牧资源中 90% 种植牧草，人均农牧用地面积达到 0.25 平方千米，位居世界前列。由于牧场较多，政府大力推动有机农业，提倡施用有机肥，使整个国家的农田、森林、土地和水体达成生态平衡，这也成为澳大利亚农业技术推广的一部分。

针对地多人少、农业劳动力逐年减少的实际情况，为保证农业持续发展，澳大利亚农业技术推广大力推行农业机械以替代农业劳动力。由于机械化水平高，澳大利亚农牧业生产效率较高。以耕作为例，20 世纪 50 年代 1 个劳动力每小时耕作 12 公顷，60 年代末 70 年代初使用拖拉机每小时可耕作 40 公顷，80 年代使用大型农机后每小时耕作达 100 公顷。

面对新一轮农业技术革命，澳大利亚农业技术推广大力开辟遥感技术、农用电子计算机系统和生物技术等高科技在农业中应用的新领域。他们将本国研制的卫星追踪天线（Satellite Tracking Antenna System，简称 SATRAC）系统用于农作物及草场旱情监测、防火监测、检查化肥需要量、测定含盐量等，将电子计算机广泛应用于农业生产和农场经营中，还利用生物技术培养出了新的动植物品种、利用无性繁殖方法开发出快速育种技术、利用金龟子分解牛粪、利用寄生沼蝇消灭造成谷物减产的蜗牛、利用狼消灭破坏草原的兔子等。此外，澳大利亚农业技术科研和推广系统还选育出了抗逆性强的作物，仅小麦品种就有 1000 多个（农业部科教司，2004）。

### 5.2.3.5　澳大利亚农业技术推广人员

澳大利亚农业技术推广人员的职责是帮助农民运用新技术进行农业生产，

因职责和推广方式不同而有所差异。澳大利亚农业技术推广人员一般分为三类：一是地区咨询员，他们大多是州农业厅的官员，负责当地的农业技术推广工作，提供咨询服务；二是技术专家，他们通常在州农业厅任职，为地区咨询员提供咨询服务，主要职责是向从事基层推广的工作人员解释研究成果，同时也从事应用研究和具体推广活动；三是传播专家，他们的职责是利用传媒工具宣传技术信息，对技术推广人员进行在职培训（孙联辉，2003）。

澳大利亚农业技术推广人员大部分是大专以上毕业生，有时农民也参与农业技术推广工作，但他们也都受过专业教育。在农业技术推广员担任农业技术推广工作前后，农业技术推广机构都会对他们进行职前和在职培训。职前培训的目的是帮助入职者全面了解社区社情，提高入职人员的技术推广针对性和效能，提升他们的交流与沟通能力，增强资源管理和经济管理的意识；在职培训由州农业部组织实施，一般由农业部高级官员或受邀技术专家讲授新的推广技术，由农业技术推广机构举办专题研讨会。职前职后培训帮助农业技术推广人员掌握了新的业务动态和技能，增强了他们独立工作和帮助农民解决实际问题的能力。

## 5.2.4 法国多元化农业技术推广服务体系建设概况

法国是西欧国家中版图最大的国家，国土面积55万平方千米，且土地多为平原和丘陵，农地资源丰富。法国人口约6417万，人均0.31公顷耕地，农业人口仅为8%。法国农业部统计资料显示，全国61%的国土面积为农业用地，约3312.9万公顷；32.6%的国土面积为耕地，达1800万公顷；林业用地1500万公顷，牧草用地1045万公顷，分别占国土面积的27%和19%。法国采取以牧为主、农牧并重的农业发展方针，充分发挥了农业用地资源丰富的优势，使其农业科技与现代化水平在全世界居于领先地位。截至目前，法国是全球农产品第二大出口国，仅次于美国。

### 5.2.4.1 法国农业技术推广体系的建立与发展

法国政府重视农业技术，注重让人民通过教育获得基本农业技能。1843年10月3日，法国国民议会批准在图鲁兹建立法国历史上第一所农业技术学校，拉开了国家农业技术教育的序幕。1960年以后，法国对农业技术教育进行了调整和改革，不断完善农业技术教育系统，发挥农业教育提高农民素质的功能。

法国农业协会比较发达，政府和农民共同推进农业管理和农业技术推广。

1966 年成立的全国农业发展协会是由农业组织和农民代表共同管理的企业性协会，主要负责管理全国农业发展基金（Fund for Nation Agriculture Development，简称 FNAD），提出农业发展政策的方向及建议，协调并促进科研单位、农业商会、企业行会及其他各种农业组织之间的协作等。全国农业发展协会的执行机构包括年度全体会议、常务理事会和检查委员会，其中年度全体会议由国家有关部委和行会代表组成。全国农业发展协会设理事会，由农业组织和政府组织代表组成，主要职责是保护农民的利益，提出农业方面的立法方案，组织全国性市场；经费来源于农业税和农产品附加税，按项目进行管理和使用（张萍，2003）。

1966 年，法国成立农业技术协调协会，隶属于全国农业生产经营者总联盟，由 16 个农业技术中心、研究所及科学家和技术人员组成，主要任务是从事应用技术研究、试验和推广，是连接基础研究和发展服务之间的桥梁式合作组织。法国农业技术协调协会是法国农业发展的主要技术后盾，经费来源于国家农业发展协会、政府补贴及其他渠道。

法国围绕现代农业产前、产中和产后等产业链的各个环节，通过建立功能齐全的农业技术推广服务体系，促进了科技、信息、资本等现代创新要素向农业一线集聚，优化了现代农业产业链结构，促进了现代农业的全面发展。

#### 5.2.4.2　法国农业技术推广体系的组织结构

法国农业技术推广有政府和民间共同承担，农业合作社体系发挥了巨大作用。法国农业技术推广体系主要有三个层次：一是国家科技成果推广署（后更名为国家创新署）和农业发展署；二是农业科研单位和专业技术中心；三是农业生产协会系统、农业合作社系统、农业技术协调协会等（Neuchatel Group，1999）。

（1）国家科技成果推广署和农业发展署

国家科技成果推广署和农业发展署是法国政府为服务国家农业发展而设立的管理机构，负有协调和调控全国农业技术推广事务的职责。法国科技成果推广署是在科技部、工业部的资助和支持下，在科研单位、大学和企业之间架起的一座桥梁，主要对农业科技成果转让项目提供无息贷款，项目成功后偿还；为企业雇用高级专家，负担农业科技转让期间专家的工资福利和社会福利费用；免费培训青年企业家，鼓励年轻科技人员创办企业，对企业的研究和开发活动给予资助等（郑江波和崔和瑞，2009）。农业发展署是由农业行会和政府代表共同管理的企业性协会，主要任务是科普宣传、培训农业工作者和科普工程师，促进企业农业行会和研究单位的合作，对地方农业发展提出建议等

（丁自立等，2011）。

（2）农业科研单位和专业技术中心

在农业部的资助下，法国农业研究单位和专业技术中心都有自己的技术推广和服务队伍，对农业生产者进行科普教育与技术培训。专业技术研究所和技术中心隶属于农业技术协调协会，是农业技术推广的最重要机构，它们对农业技术科研成果进行适应本地区的中间试验后，通过各省农会的技术顾问或农场主将科研成果推广出去。法国农业科研单位众多，但是国家农业研究院是法国最大的农业科研单位，也是法国农业领域中唯一从事科学研究的公立机关，其他研究机构基本隶属于大型企业集团或合作社机构。国家农业研究院成立于1946年，在全国各地设有22个研究中心，对全国水土和农业资源进行系统调查研究，为各地农业经营提出建议，改良各种作物和家畜品种、培育优良品种、研究农产品加工和保存技术、生物技术，研究农业资源的合理利用和保护等（王建明，2010）。

（3）农业生产协会系统、农业合作社系统、农业技术协调协会

法国农业合作社有悠久的历史，国家级农业生产协会、农产品加工协会遍布法国，深入到农业发展的各个坏节。这些协会和合作社共同维护农业劳动者的利益，进行农业技术推广和服务工作（许世卫和李哲敏，2005）。目前，法国有15个国家级农业生产协会，11个农产品加工协会，它们把推广农业技术放在重要地位，不仅向合作社成员提供作物和畜禽良种，而且进行技术指导、技术服务和技术培训。

### 5.2.4.3　法国农业技术推广经费

法国能一跃成为世界上主要的农产品出口国，农业政策和资金投入起了决定性作用。1962～1986年，法国政府农业预算拨款增加了14倍，由76亿法郎增加到1137亿法郎，农业支出占国家民用预算总支出的13%。法国政府高度重视农业智力投资，鼓励农民在良种、农机、施肥等方面采用先进的农业科学技术。1982～1986年，农业智力投资总金额由35.3亿法郎增加到50.9亿法郎，在农业部预算中的比重由34.5%上升至36.8%。2003年，法国农业公共财政支持总额为288.3亿欧元，其中来自欧盟的补贴为102.90亿元，约占36%（刘贵川，2006）。法国的中央和地方政府、农业行业组织和工业企业从各自不同的角度参与农业技术的推广和普及，推动全国形成了一个农机、农药、化肥、良种和先进农艺有机结合的立体推广网络。

法国每年花费到农业发展和农业技术推广的资金约为32亿法郎，经费主要来源于四个部分：一是国家征收农产品附加税8亿法郎，由全国农业发展协

会负责管理；二是国家和地方政府财政拨款约 8 亿法郎；三是农会征收农户土地税约 8 亿法郎；四是农场主缴纳的各种费会约 8 亿法郎（信乃诠，2010）。从 2005 年开始，法国根据欧盟政策，用于促进农村发展的资金大幅度增加，主要在四个方面促进农村发展：一是鼓励农民生产高质量、更好满足消费者需求的产品，每个农场每年最高补贴可达 3000 欧元；二是支持农民按照欧盟标准进行生产，每个农场每年最高补贴额可达 1 万欧元；三是对实行高标准动物饲养方式的农民实行补贴，每头牲畜每年最多可补 500 欧元；四是增加对青年人从事农业工作进行的投资补贴，鼓励青年人进入农业行业、从事农业生产（刘贵川，2006）。这些政策和投入调动了农民生产的积极性，便利了农业技术推广人员的农业技术推广。

#### 5.2.4.4　法国农业技术推广内容

从 1950 年开始，法国农业技术推广大力推进农业机械化，到 1970 年全国完全实现了农业机械化。21 年间，法国农民拥有的拖拉机增加了近 9 倍，收割机增加了 32 倍。农业机械化和自动化大大提高了农民的劳动生产率，减轻了劳动强度，使农民有能力开展多种经营。为了不断改进农机性能，法国专门成立了农机科学研究中心，帮助农民解决生产实践中遇到的农机问题。与其他市场经济国家不同，法国政府直接插手农业生产资料生产和销售，保证农机质量，由农业与农村发展部为进入市场销售的农业机械颁发许可证（刘贵川，2006）。

第二次世界大战后，法国注重农业科学技术推广，积极劝导农民采用先进农业技术，在良种、施肥等方面达到了较高水准。政府高度重视农业教育、职业培训、技术开发和技术援助等，设立了"全国农业进步基金"，成立了"全国农业推广和进步理事会"及各省的委员会。为促进农民采用农业新技术，法国基层农业技术推广机构十分重视农村人力资源开发，通过与农业技术学校联合培养职业技术农民，提高农民科学文化素质。在基层农业技术推广机构和农业技术学校的共同努力下，法国农民一般都具有农业技术高中和农业专科大学毕业的文化程度，不但懂耕作，而且有文化、懂科学、会经营。此外，法国农业技术推广重视农业环境保护，竭力促进人与自然的和谐发展。目前，法国执行 ISO14001 环境质量标准，各种生产水果、酒类的农场都在农业技术推广人员的指导下努力达到这一标准（黄步军，2006）。

#### 5.2.4.5　法国农业技术推广人员

法国农业技术推广人员主要来源于农业教育培养的人才，农业教育体系培养从普通农业工人到专业博士的多层次人才。为适应国际国内对农产品的需求，法国农业教育集技术员、高级技术员、工程师和管理人员的培训于一体，使农业技术相关人员都能够利用和推广先进的农业科研成果。首先，农业技术职业学校接受初中 3 年级的学生，经过两年预备班学习，将其输送到农业技术职业高中；学员在农业技术职业高中学习一年，被授予"农业职业能力证书"，凭此就业可当农业工人。其次，农业技术职业高中的学员再经过 2 年实习，被授予"农业职业学习文凭"，凭此可当熟练农业工人或农业企业职员，或被授予"农业技术员文凭"，凭此可当独立的"农业经营者"，享受国家提供的补贴和优惠贷款。最后，取得上述文凭的学员，再学习一年，通过毕业会考后可进入高等院校深造。农业高校又分农艺、农产品加工、农业工程、园艺、林业工程、兽医等十几种专科大学，分别培养 1~2 年、3~4 年和 5 年以上的普及型、深化型和尖子型高级农业技术人员。2002 年，法国有 925 所农业院校，在校学生 17.4 万人。其中公立学校 236 所，在校学生 7 万人；私立学校 689 所，在校学生 10.4 万人（平培元，2002）。目前，法国每个镇基本都建立了一所农业技术推广站，每站负责 5~6 个村或数十个农庄的农业技术推广工作。

## 5.2.5 荷兰多元化农业技术推广服务体系建设概况

荷兰位于欧洲西北部，国土面积仅 4.2 万平方千米，人口 1674 万，人口密度极高，却是世界上农业最发达的国家之一，是农产品出口大国。农业构成中，畜牧业占 50%，园艺业占 38%，种植业占 12%。荷兰有 110 平方千米的温室用于种植鲜花和果蔬，享有"欧洲花园"的美誉。花卉是荷兰的支柱性产业，年出口额达 100 亿欧元，出口量占国际市场的 60%。荷兰还是世界上奶酪产量最大的国家，豪达奶酪交易中心世界最早、久负盛名，运营时间已达 300 多年之久。目前，荷兰农业现代化程度非常高，每公顷农业用地农业增加值为 5932 美元，仅次于日本，居世界第二。

### 5.2.5.1 荷兰农业技术推广体系的建立与发展

荷兰农业技术推广体系经历了发展、完善和提高的逐步演变，其诞生可追溯到 19 世纪（王志学和信乃诠，2004）。1850 年，由荷兰政府出资雇佣"步行教师"，这些步行教师既当农校的老师，又当农业技术推广员，给农民讲课，传授农业技术知识，农业技术推广工作开始走向社会（信乃诠，2010）。

随着农业生产快速发展，荷兰农业技术推广体制自 20 世纪 50 年代以来经历了 4 次大的改革。第一次改革是在 20 世纪 50 年代初，农业生产专业化导致了农场经营由农牧并重转向农牧专营，农业技术推广机构将原来的农牧结合推广改为农牧分开推广；第二次改革是为了适应蔬菜、花卉等农产品温室生产的发展，农业技术推广部门将种植业综合推广站进行调整，形成以大田作物为主、以蔬菜和花卉为辅的区域推广站；第三次改革是顺应农产品市场发展和信息传递加快，农业技术推广部门将推广机构中的人员分工由原来以专业技术为主改为以综合技术为主；第四次改革是为推动农民在农业技术发展上的自主性，将国家办的推广体制改为国家和农民合办，农民合作组织逐步增加对国家推广体系的投入。截至 2000 年，荷兰政府和农民合作组织各支付 50%，充分让农民参与农业技术推广的决策、管理和监督，使农业技术推广工作更好地服务于农民（信乃诠，2010）。

### 5.2.5.2 荷兰农业技术推广体系的组织结构

荷兰农业技术推广主要实行公私合作体系，农业技术推广体系由政府农业技术推广系统、农民合作组织农业技术推广系统及私人企业农业技术咨询服务系统三部分组成。在荷兰农业技术推广体系中，政府农业技术推广系统起主导作用。

（1）政府农业技术推广系统

政府农业技术推广系统包括中央、省地两级农业技术推广处（站）和地区推广队，与农业科研和教育机构密切配合开展农业技术推广工作。政府农业技术推广分为种植业和养殖业两大系统，两者农业技术推广的基本组织结构大体一致。中央一级，荷兰政府在农渔部的畜牧局设有一个养殖业推广处，园艺、大田作物局设有种植业推广处，分别负责全国养殖业、种植业农业技术推广的管理、协调和组织工作；省地一级，荷兰政府没有在全国 12 个省设立专门的农业推广行政管理部门，而是按照自然区划设置了 12 个种植业和 17 个养殖业的区域推广站，每个区域推广站配置 35～50 人，设一名站长，两名副站长，推广站根据所在区域的主要作物和动物生产行业设置若干农业技术推广队，每队 6～10 人不等。区域推广站及其专业技术服务队是荷兰的基层农业技术推广站，承担着直接为农户提供无偿技术服务的职能（张蕾，2013）。

（2）农民合作组织农业技术推广系统

荷兰是西欧农业生产经营最分散、私营化程度最高、农场规模最小的国家之一，但又是农民进入市场最充分、农产品出口量最大、农业国际市场份额最高的国家之一。荷兰农业能有如此的世界地位，农业协会、农业合作社等发挥了重大作用。

荷兰从中央到地方设有基督教、天主教和皇家农会三种农协组织，每种农协组织都在省地级设置社会和经济推广机构，每个推广机构雇佣10名左右社会或经济推广员，全国约200名左右。农协推广员从事社会和经济推广，主要负责包括家庭生活、法律事务、经济合同、青年、妇女、健康、保健等方面的家政服务工作。

荷兰农业合作社遍及农业生产领域的各个环节，农民加入合作社可以解决种子、饲料、肥料、农机具、农产品加工及销售等问题。荷兰农业合作社包括供应合作社、销售与加工合作社、服务合作社三种，都是农民自愿组织起来互助共利的特殊经济组织，目的在于将分散的农户与大市场联结起来，增强抵御风险能力。合作社内部一般包括社员代表大会、理事会（监事会）和经营公司的高层管理（首席执行官、总经理）三个层次，经营活动实行理事会领导下的总经理负责制。合作社日常管理机构建有完整的服务体系、推广体系、检测体系、信贷体系、市场体系和信息系统，对社员实行全程化服务（张蕾，2013）。

（3）私人企业农业技术咨询服务系统

荷兰私人企业推广机构大多是专业化的咨询公司、生产资料公司的技术服务部门等，在农业技术推广中也发挥着重要作用。私人企业推广机构主要提供技术和专业化咨询，进行产品推销和信贷咨询工作，实行有偿服务，或者将服务费包含在销售的产品成本中。私人涉农企业拥有农业生产过程中控制湿度和温度的现代电脑系统，能够有效解决农民农产品生产过程中的难题。荷兰花卉和蔬菜生产在农业生产中占很大比重，这类农产品需要得到不断更新的技术以保证产品质量，使得拥有高科技设备的私人农业技术推广服务受到很多农户欢迎，广大农户愿意为相关服务付费（张萍，2003）。然而，私人企业农业技术推广的主要目的是销售农资和农产品，虽然建有2500余人的推广队伍，推广工作范围广泛，但也只能看成农业技术推广的一支辅助力量。

### 5.2.5.3 荷兰农业技术推广经费

荷兰农业技术推广体系由多种性质的组织机构构成，经费来源也有很大差异。20世纪90年代之前，政府农业技术推广体系的经费全部由国家拨付，财政每年拨给9000万美元用于农业技术推广人员的工资、差旅费、技术试验示范和各种农业技术推广活动。从1993年开始，由于经费紧张，荷兰政府要求农民逐步分担政府农业技术推广体系的费用。当年，政府补助95%，农民承担5%。之后，政府要求农民每年增加5%，直到双方各承担一半（封岩，1997）。2000年时，政府和农民已经各付50%（聂闯，2000）。

荷兰政府农业技术推广的日常工作主要由农民合作组织负责，政府通过提供补助参与其中。20世纪80年代末以来，政府区域推广站将550名推广人员交由区域农民合作组织管理，费用由政府和农民分担。此外，农民合作组织还自己聘用农业技术推广人员，帮助农民作预算计划、提供农业技术事务咨询，这些服务由政府资助50%，农民会员费支付50%（封岩，1997）。

与发展中国家比，荷兰农业技术推广经费相对较高，但与国内其他行业比，农业技术推广经费仍显不足。中央及地区的农业技术推广经费主要由政府和农民分担，农民使用农业新技术的付出越来越大。私人企业推广人员所需经费由企业自己支付，农业技术推广经费虽然充足，但农民仍在农业技术应用和农产品消费中承担了相当一部分企业推广经费支出（张蕾，2013）。

### 5.2.5.4 荷兰农业技术推广内容

荷兰农业技术推广工作涉及范围较广，包括良种、良法、农机具等推广，农场经营管理，农村社会经济生活等方面（张蕾，2013）。荷兰政府农业技术推广部门的职责主要是向农民提供技术指导和农业政策解释。政府所设信息和知识中心向所有人开放，负责培训私人推广人员、协调推广和科研之间的联系；国家推广和科研联络办公室则不断为其他各种推广机构提供最新的科研成果。与农民合作组织联合的地区农业技术推广机构向农民提供农业技术咨询，帮助农民致富，并以农场经营管理为工作重点向农民提供客观建议。中央、地方两级政府农业技术推广机构将告知农民涉农法规变化作为中心工作，为农民讲解农业法规在农药、化肥、除草剂使用、水土管理、持续生产系统、植物轮作等方面的新规定，指导农民在国家准许的范围内进行农作活动（封岩，1997）。

农业合作社主要为农民订购种子、肥料、饲料等，向农户提供农产品的加工和销售服务，提供互助保险、联合农机、农产品仓储、灾情救济、农业管理辅导及金融信贷等服务。在荷兰，农户大多实行专业化生产，合作社也实行专业化服务，将单个的农场农户按照不同品种和工序组织起来，使一家一户小生产像现代大型企业一样组成一条条"生产流水线"，生产效率大大提高。荷兰农业合作社一般都拥有自己的仓库、加工厂、运输车队和销售场所，农民能够分享到农产品加工、仓储、运输和销售环节近40%的利润。此外，荷兰农业合作社根据农户对资金和金融服务的需求，将500多家独立的合作信贷组织和部分合作社的金融信用服务机构联合组建起兰伯合作银行，为社员从事与农业生产经营相关的保险、租赁、投资、农产品国际贸易等活动提供服务，目前农户贷款的90%来自兰伯银行（欧继中和张晓红，2009）。

### 5.2.5.5 荷兰农业技术推广人员

荷兰基层农业技术推广人员包括专业农业技术推广人员和普通农业技术推广人员。专业农业技术推广员分别设在中央和地方的推广部门中，协助站长做好推广人员的培训计划，负责对普通农业技术推广人员展开培训。荷兰农业技术推广部门每年都要举办一定次数的培训班，培训班主要有两种类型：一类为长期班（两周及以上），重点讲授农业技术推广的基础理论；另一类为短期班（一周），重点讲授各种农业技术推广方法、各种适用的农业新技术等。荷兰农业技术推广部门规定，每一名农业技术推广员每年至少参加 1 次短训班，每两年至少参加 1 次长期班培训，以便更新农业技术推广知识（信乃诠，2010）。

荷兰对农业技术推广人员有一套严格的招聘录用制度，新招收的农业技术推广人员都要求拥有大专以上学历文凭，通过入职的笔试和面试，然后根据成绩择优录取。荷兰农业技术推广组织还制定了严格的工作汇报制度，通过定期详细工作汇报，农业技术推广人员把基层农业技术推广工作的情况及时反映给上级。荷兰农业技术推广部门非常重视农业技术推广人员推广工作考评，通常依据岗位工作的完成情况、月报情况、发表专业论文情况，以及农民的反应情况等对农业技术推广人员进行综合考评。荷兰农业技术推广部门要求农业技术推广人员在实践中同时应用大众宣传媒介、小组推广法和单个推广法等多种方法，力求取得推广实效。此外，为了保证农业技术推广服务质量，荷兰农业技术推广组织要求普通农业技术推广人员至少要用1/3 的时间通过电话、咨询和走访等方式进行一对一的农业技术推广服务（张蕾，2013）。

## 5.2.6 韩国多元化农业技术推广服务体系建设概况

韩国是新兴工业化强国，位于亚洲东北部，国土面积 10 万平方千米，农用地 214 万公顷，耕地 207 万公顷，多年生作物占地 15 万公顷；人口 5000 多万人，人均耕地 0.04 公顷，耕地资源严重不足。韩国农业属小农体制下的家庭农业，小规模家庭经营占主要地位。在亚洲，韩国是继日本之后率先实现农业精细化种植和农业机械化的国家（王凯学，2004）。在政府对农政策倾斜、大力进行农业技术推广和积极开展新村建设等共同作用下，韩国农业和农村现代化近年来一直保持较高水平。

### 5.2.6.1 韩国农业技术推广体系的建立与发展

20 世纪 60 年代，韩国学习日本，提出了"技术立国"的口号，决心走模仿、复制、创新技术的发展道路，以技术振兴国家。在农业技术推广组织管理方面，韩国参照美国农业技术推广体系，结合小农经营的国情，建立起一套完整、有效的组织管理体系（鲁培宏，2012），大力推广农作物优良品种、农药、化肥、机耕等各项新产品、新技术。由于及时更新优良品种，再配以其他技术措施，20世纪60年代韩国水稻每公顷产量就已达到6000千克以上，超过了日本和美国。韩国农业成绩的取得与由农村振兴厅的领导，以及相对完善的农业科研、推广和教育系统密不可分。

农村振兴厅成立于1962年，是当年颁布的国家《农村振兴法》的产物，主要任务是研究和推广各种农业新技术、新品种，不断增加粮食作物、经济作物和畜禽业的产量，从多方面提高农民和农村干部的素质，最大限度地利用农业资源，增加农牧民的农业与非农业收入，促进农业经济增长，不断提高人民生活水平。韩国农村振兴厅不仅承担农牧业科研任务，而且与农业推广工作有关的政府机构和项目相结合，统一管理；还与道、郡等地方政府形成合作关系，从而集中专家、资金和设备，用于促进农村和农业的迅速发展（杨炎生等，1995）。

### 5.2.6.2 韩国农业技术推广的组织结构

韩国农业技术推广服务体系是一个由国家出资、三级机构提供劳务、农户受益的多系统有机整体。韩国政府根据本国农业生产现实情况，充分利用政府资源和以农协与村民会馆为主的民间组织，对农业技术推广组织结构进行相应改革，形成了以政府为主导、民间农业组织通力合作、个体农民参与的农业技术推广有机整体（鲁培宏，2012）。韩国农业技术推广服务体系包括三个部分：第一部分由政府组织实施，农村振兴厅、农业技术院和农业技术中心具体实行，进行农业科研、高等农业教育以及相关农业科技的推广；第二部分由民间农业组织实施，主体为农协和村民会馆；第三部分为农民个体的自身学习与反馈（鲁培宏，2012）。

农村振兴厅由企划管理局、研究管理局、技术指导局、农业经营局、技术协力局5个部门组成，下属10多个试验研究机构，如农业科学技术院、兽医科学研究所、农业机械化研究所、园艺研究所、作物试验场、蚕丝昆虫研究所、畜产技术研究所、农村生活研究所、岭南农业试验场、高岭地农业试验场、济州农业试验场、种子供给所等。韩国有9个道，都设有农村振兴院，道以下设有164个市郡农村指导所和大量分支机构。道级以下机构主要研究应用技术，并将技术传播给农户。此外，它们与各大学和国家科学技术部门所属研究机构建立联系，以加强农业基础研究。同时，它们也与私人机构如农业机械、种子公司等单位建立联系，从而加强科研、教育、推广部门的合作和相互促进（杨炎生等，1995）。

农协和村民会馆是政府与基层农民进行农业技术交流的最有效沟通组织。基层农协以县（郡）乡（邑）农协为主，8～15个邑组成一个基层农协，直接负责当地的农业技术推广（Glendinning et al.，2001）；村民会馆是农民的基层组织，负责召开各种农业技术学校会议，举办各种农业技术培训班和交流会（Lane and Powell，1996）。政府依托民间农业组织对农户集中进行农业新技术的培训与解答，了解农民对农业新技术的需求现状以及存在的问题，有效地降低了农业技术推广成本。农民则通过民间的农业组织与科技推广人员一起积极解决生产过程中存在的农业技术问题，学习相应的农业新技术，开展相应的技术指导工作，提高农民生产水平（鲁培宏，2012）。

### 5.2.6.3　韩国农业技术推广的资金来源

韩国政府对农业技术推广的资金支持力度非常大，而且健全的法律也保障了农业技术推广资金的稳定性，农业科研资金、农业项目实施资金以及相关人员费用的来源都是有明确规定的。

首先，韩国政府对农业科研、教育及其农业技术推广的资金支持较为充分。1970年开展"新村运动"以来，韩国政府一直实行以工补农、向农业倾斜的政策。政府对工业和商业收入加收5%的农业特别税，将此资金投入至农业之中，支持农业现代化发展。这些资金，除用于农村基础设施建设和补贴农民收入外，很大部分用于农业科研、农业教育及其农业技术推广方面。具体而言，韩国农业技术推广资金主要由两大块构成：一是协同农业推广事业交付金，即专项经费，中央和地方政府各按一定比例分摊；二是中央根据地方的特殊业务活动提供的补助经费，称为农业推广实施补助金。政府通过农村振兴厅、农业技术院、农业指导中心等各级农政机构来管理涉农经费的使用，各种非营利的农业科研、农民培训、农业科技推广项目均能得到经费补助，并将有关科研成果全部无偿转让给农民或相关企业。同时，中央和地方政府对农业技术研究及推广的投入实行项目管理，按比例增长投入经费。政府不断增加研究开发新产品的技术投资，使农业技术投资占农业总产值的比重由1996年的0.5%提高到近年来的1%。据统计，近20年来，韩国累计向农业投入资金700亿人民币（鲁培宏，2012）。

其次，韩国政府通过为农民提供资助增强农民采用新技术的信心。韩国政府为接受农业技术推广后的农民生产、培训等提供资金支持，使农业新技术不至于因为资金匮乏而难以实施和持续。政府以3～10年不等的无息贷款提供

"生产方式改善资金""经营规模扩大资金""农家生活改善资金""农业后续人才培养资金"等，还为有特殊需要的农民提供年息 5% 的中长期贷款，要求农民在 25 年左右偿还。卢武铉总统任职期间加大对农业支持，政府以"直付制"形式大幅增加预算，投入 12.9 万亿韩元保障农民生产经营及收入稳定和持续提高，投入 9245 亿元支援农民和渔民年金、农村地区开发与福祉改善。2004 ~ 2008 年，韩国政府累计提供 50.5 万亿韩元资金支持农业发展（鲁培宏，2012）。

此外，韩国科研人员和推广人员均属于正式国家公务员，韩国政府为他们提供不低于同级别国家公务人员的工资待遇。由于农村工作条件相对比较艰苦，韩国政府为了鼓励农业技术推广人员服务农村，还为他们提供住房鼓励。国家为农业技术推广服务机构中各所、站、场任期内的长官免费提供一套住宅，对一般工作人员补助住房租金 20% ~ 50%（鲁培宏，2012），极大调动了韩国农业技术推广服务人员的工作热情，保障了农业技术推广队伍的稳定。

#### 5.2.6.4 韩国农业技术推广内容

韩国农业技术推广将农业科研系统、农业推广系统和农业培训系统有机结合在一起，政府实行首长负责的科研、推广、培训三项工作一体化管理，有效调动了人力和物力。由于涉及科研、推广、培训三个方面，韩国农业技术推广实质就是以政府即农村振兴厅为核心的中央、道（省）、市郡（县）、邑面（乡镇）、里洞（行政村）层层行政管理。

农村振兴厅负责农业科研、农业技术推广与农村生活指导、农民和农业公务员的培训，为国家农业发展制订涉农产业发展和长期粮食安全规划，拟定有利于本国粮食安全及农业长期发展的科研战略，提高农业新技术与农业生产需求的契合度（鲁培宏，2012）。在农业技术推广上，农村振兴厅所属农业科学技术院和农作物试验场研制试验方案，初试成功后通过农村振兴厅、农村振兴院在各市郡农村指导所安排试验示范，示范成功后再大范围推广。韩国政府规定，农户每 3 年要更新一次生产用种，进行一次土壤肥力测定。在种子研发推广上，育种单位、繁殖种子单位和农业技术推广单位都必须参与。农村振兴厅组织农业科学技术院和各作物试验场把培育的新良种或提纯复壮后的种子提供给种子供给所，种子供给所隔年向各市郡农村指导所供给一次作物原种，市郡农村指导所扩繁后翌年供应属地各农户。土壤肥力测定则由农业技术院派人到各市郡农村指导所培训指导农户自测土壤中的氮、磷、钾含量，进而选用不同比例的氮、磷、钾复合肥料。农户在平日生产中发现的问题由市郡农村指导所直接研究解决或上报道农村振兴院或中央农村振兴厅，由农村振兴院或厅的首长指派专业研究所和农作物试验场协助解决。韩国政府在农业技术推广工作中围绕产业实行集成式推广，农业技术推广人员推荐比较适用的品种、栽培技术、肥料、农药等供农户自行选择（赵卫东等，2007）。

农村振兴厅成立初期，从粮食不能自给、农业长期落后的国情出发，农业技术推广的主要任务是推广新品种、新技术等以提高水稻等农作物的产量。到了20世纪80年代以后，农业技术推广的主要目标是增加农民收入和提高农产品国际竞争能力。与之相适应，农业技术推广除继续推广高产、优质新品种和现代栽培技术外，又增加推广营养丰富、类型多样化的农产品，以及新型种植制度和环境恶化防治措施。近年来，他们主要推广水稻等作物高产、优质、抗逆新品种，作物高产、稳产、栽培技术，土壤、肥料、农药等高效利用技术，小型农业机具，网络信息技术，以及水稻花药培养、畜病单克隆抗体、受精卵转移、优良牲畜繁殖等农业生物技术（杨炎生等，1995）。

### 5.2.6.5 韩国农业技术推广的人员队伍

韩国农业技术研究推广体系有1万余人，均为政府公职人员。其中，研究人员1886名，占19%；农业技术推广人员5032名，占50%；管理人员3092名，占31%。中央和道级的农业技术推广人员较少，半数以上的农业技术推广人员工作在市郡农村指导所（赵卫东等，2007）。目前，中央农村振兴厅仅1843人，其中研究人员为1077，占总人数的近60%。在农业技术推广的人事统筹上，中央农村振兴厅主要负责人事管理，各道府主要负责业务。各市郡（县）设立农村指导所，受道农村振兴院领导，直接服务农户。指导所所长与郡首的行政级别相同，每个指导所配备15名大学以上学历的农业技术推广人员和15名左右实验工人（鲁培宏，2012）。

韩国农业技术推广服务人员大都有一种强烈的敬业精神和竞争意识，以"技术报国"为职责和使命，为国家"绿色革命"计划取得的粮食自给感到自豪。他们大都是经过政府组织统一考试，严格筛选，择优录用的，相当一部分还在美国、德国、日本等国取得了博士学位。为稳定农业技术推广服务体系工作人员，国家积极开展宣传教育，各类媒介经常报道农业重大成就，营造农业立国氛围，培养青少年热爱农业、关心农业和投身农业的信念；同时制定鼓励政策，每年奖励在农业技术推广服务体系中做出重大成绩的工作人员（赵卫东等，2007）

为确保农业技术推广效果，韩国政府对农业技术推广人员进行综合评价。政府考核者通过技术手段进行农业技术推广前后的比较，借助内部收益率来衡量农业技术推广人员的成效。此外，在某项农业技术推广后，考核人员还利用问卷和座谈的形式，询问农民技术使用的情况、接受技术推广的渠道、相关技术信息获取难易程度等方面内容，询问农业技术推广员提供的农业技术对农民的有效程度、农民实际操作难易程度、农业技术推广的渠道效度等方面内容，从而确定农业技术推广人员的工作成绩（鲁培宏，2012）。

# 5.3 发达国家多元化农业技术推广服务体系建设的经验

发达国家虽然受政治、经济、文化、社会和农业基础等因素影响，采用了不同的农业技术推广模式，但推广目的基本相同，都是推动农业生产力水平提高，实现农业增效、农民增收和粮食安全。发达国家在农业技术推广的演变进程中经历过一些挫折，也积累了许多经验。概而言之，发达国家建设农业技术推广服务体系中对于多元主体关系的处置、资金资源的安排、人员队伍的构建、法律政策的制定、服务内容的选择、推广理念的坚持等，都值得我们学习和借鉴。

## 5.3.1 政府始终发挥主导作用

世界发达国家农业技术推广体系的组织结构有较大差异，按照农业技术推广主体在体系中所处的不同地位可将农业技术推广体系划分为三大类型：一是政府部门或机构主导的农业技术推广体系，如澳大利亚；二是社会组织或单位主导的农业技术推广体系，如美国；三是政府机构和社会组织分担的农业技术推广体系，如日本、法国、韩国和荷兰。尽管如此，在各国农业技术推广体系中，政府始终发挥着主导的作用。

澳大利亚政府在国内多元化农业技术推广主体中始终处于主导地位，发挥着主导作用。农业技术推广体系基本按照政府行政管理模式实行垂直管理、层次负责，即由小区主任向大区主任负责，大区主任向州农业部负责，保障了农业技术推广活动有序进行。澳大利亚农业技术推广经费主要来源于联邦政府，人员也主要由政府选拔和管理。对于非政府农业技术推广机构，澳大利亚政府将其纳入政府农业技术推广系统，由政府农业技术推广部门统筹规划和安排。

美国农业技术推广虽然以高等院校为主体，但与政府的倡导、推动和调控密不可分。美国的赠地学院就是在政府议员的倡议下、在政府相关法律的推动下创办的，并由各级政府提供95%以上的农业技术推广经费。在运行过程中，美国联邦政府农业部推广局负责全国农业推广工作的管理，指导各州制订和执行农业技术推广计划，督促和协调各地区农业技术推广工作。由此可见，美国政府在全国农业技术推广中仍然处于主导地位。

日本的农业技术推广工作由政府改良推广系统和农协营农指导系统分担，但政府的主导地位不可动摇。日本政府设立的农林水产省、地方农政局、都府道县农政部或农业技术科与地域农业改良推广中心（或所），从中央到地方，机构完整，系统发达，控制着全国农业技术推广的事业规划、经费预算、组织协调及公职人员等。日本中央和地方政府共同供应着全国几乎100%的农业技术推广经费，政府基层农业技术推广机构承担着主要的公益性农业技术推广工作，并负责农业技术疑难问题的攻坚任务。与日本相似，法国、韩国和荷兰的农业技术推广工作虽然也由政府和社会组织分担，但政府始终处于支配地位。

### 5.3.2　充足资金支持多元体系

发达国家的农业技术推广虽然资金来源不同，但相对都比较充裕，保障了农业技术推广顺利开展。总体来看，发达国家形成了以政府投资为主、其他投资为辅的农业技术推广经费支持格局。

美国的农业技术推广经费主要来源于联邦政府和各州政府提供的资金支持，约占总数的70%~80%；县政府拨款占15%左右；社会捐助约占3%~5%。日本农业技术推广经费由政府和社会分担，呈现"政府+社会+企业+农户"的多渠道筹措格局。其中，中央和地方政府承担的经费基本上各占50%，是资金供应的主渠道。此外，社会和企业的捐助、农产品产、供、销的收入提成、农协农户缴纳的会费等是农业技术推广经费的有益补充。澳大利亚农业技术推广经费主要来源于联邦政府，近年来由政府与产业部门按1:1出资资助。政府还经常采取拨付专款的方式强化某方面的农业技术研究与推广，并规定农产品销售后提取一定比例用于生产该产品的农业技术研究与推广。在澳大利亚，行业协会和公司也从受益于新技术的收入中提取一定比例的经费用来赞助农业技术推广。法国的农业技术推广经费来自政府、农会和农户，政府是经费的主要承担者。各级政府及其部门对农业技术推广的投入占到了农业技术推广经费的80%左右，农户缴纳的各种会费约占经费总数的20%。并且，随着欧盟对农业的整体重视，法国政府对农户的各种补贴不断增多。荷兰的农业技术推广经费从1993年起由政府和农民分担，双方各担负50%；然而，政府仍然通过提供各种补助追加农业技术推广经费，是全国农业技术推广经费的主要而稳定的供应者。韩国的农业技术推广经费主要来自政府，由中央和地方政府承担。中央和地方政府按一定比例分担农业技术推广事业专项经费，中央政府再根据地方特殊项目需要提供农业技术推广补助金。另外，韩国政府还为农民提供多种资助以增强农民采用新技术的信心，为农业技术推广人员提供不低于同级别国家公务人员的工资待遇以稳定农业技术推广队伍。

### 5.3.3 注重农业技术推广的公益性

发达国家大都将农业技术推广作为一项公益性事业予以建设，充分保障这一事业的经费供应和人员队伍。它们充分发挥"以工补农"的优势，保证农业技术推广服务体系的存在和发展。一些国家还不断增加对农业技术推广的投入，提高农业技术推广人员的地位和收入，增强农业科技对农业进步的促进作用。

美国是市场经济最为发达的资本主义国家，但并没有将农业技术推广工作推向市场，始终对农业技术推广持保护态度和无偿支持。从划拨数百万英亩的土地到建设赠地学院到各级政府稳定资助农业技术推广活动，美国构建起了政府指导下以农业院校为主体的农业技术推广体系，保障了农业经济依托科技充分发展。日本虽然农协发达，但政府也没有将农业技术推广完全放开，进行市场化运作。日本政府仍将农业技术推广作为一项国家公益事业，主要由政府承担农业技术推广经费，将农业技术推广人员列为国家公职人员。在澳大利亚，近年来农业技术推广体制虽有所改革，政府和产业部门共同担负推广经费，但政府仍是负担的主体，并且农业技术推广队伍一直保持公职建制；在法国，虽然农会作用较大，农户承担近1/4的推广经费，但政府仍是农业技术推广经费的承担主体，全国自上至下的政府系列农业技术推广机构和队伍保持不变；在荷兰，虽然农民分担50%的农业技术推广经费，政府仍是最大、最稳定的农业技术推广经费提供者，政府农业技术推广队伍依然履行着公益性职责；在韩国，中央和地方政府承担了几乎全部的农业技术推广经费，并且通过提高身份地位和工资待遇促使农业技术推广人员发挥公益性作用。

### 5.3.4 多元推广主体互促共进

发达国家的农业技术推广尽管是以政府为主导，视为公益，但并非是政府单一行为。在农业技术推广活动中，发达国家的非政府机构和组织也积极参与，形成了多元促进的局面。

美国农业推广以农业院校为主体，主要由州立大学农学院负责实施。但除此之外，联邦政府、州政府和县政府仍是美国农业技术推广的投资主体、规划主体和管理主体，是全国农业技术推广的督促者和协调者；还有数以万计的志愿者或义工活跃在农业技术推广战线，成为国家农业技术推广力量的有益补充。日本农业技术推广由政府和社会合作实施，政府改良推广系统和农协营农指导系统既彼此独立又相互联系。政府改良推广系统主要负责农业技术推广的发展设计，进行农业技术推广工作的指导和管理，并为农民提供农业技术服务，解决农业生产问题；农协营农指导系统主要负责组织农民，为农民提供农资、信息、生产和生活服务。在日本，政府改良推广系统和农协营农指导系统相互补充和促进，共同推动着农业技术推广活动的有序开展。澳大利亚的农业技术推广服务体系除政府外，还有科研教育机构、涉农企业、农民协会、专业协会、研究会以及私人推广组织等。澳大利亚各级政府主要负责为农民提供农业服务信息，协调管理农业技术推广工作；各专业协会主要负责具体农业技术推广业务；科研教育机构、涉农企业、农民协会、研究会及私人推广组织等协助或辅助进行农业技术推广。荷兰的农业技术推广由政府和农民共同承担，私有化、商业化发展较快，但政府设有农业技术推广联络办公室，专门协调农业推广、教育与科研三者的关系。荷兰的农业应用研究计划由农业科研机构、农业技术推广部门和农民专业合作社共同制订，实施公共部门和私有部门的多元化合作（刘光哲，2012）。此外，法国的农业技术推广也由政府、农会和农户共同开展，韩国的农业技术推广也由政府、合作社和农民协同进行。

### 5.3.5 拥有高素质的推广队伍

发达国家农业技术推广之所以富有成效，与其农业技术推广队伍的素质息息相关。它们不仅重视农业技术推广人员的选拔和录用，将符合要求的人才招进农业技术推广队伍，而且注重农业技术推广人员的在职培训，促使农业技术推广人员持续进步。

在美国农业技术推广体系中，州一级的推广专家基本为农业院校的博士或教授，基层农业技术推广人员大都具有硕士学位，相当一部分人还具有博士学位。这些高级农业技术推广人员持续地到大学农业推广站进行培训，不断提升自身的知识和技能。日本政府明文规定：农业技术推广人员招录实行严格的考试制度，只有取得相关资格证书，才能从事农业技术推广工作。入职后，日本政府改良推广系统和农协营农指导系统还对农业技术推广人员定期进行专业培训，并通过业务综合考评促进农业技术推广人员自我主动追求上进。澳大利亚农业技术推广人员大都是经过专业教育的大学生，参加农业技术推广工作前后，农业技术推广部门仍对他们进行业务培训。职前职后培训使农业技术推广人员掌握了服务区域的实际情况，增强了解决问题的专业能力。法国农业技术推广人员来自国家农业高校分专业培养的高级农业技术人员，具有良好的专业素质和严谨的工作作风。荷兰农业技术推广人员也都拥有大学毕业文凭，入职后定期向上级汇报工作情况。荷兰农业技术推广部门每年举办若干次培训班为农业技术推广人员讲授农业技术推广基础理论和实践方法，推动农业技术人员知识更新。韩国农业技术研究推广人员大都具有大学以上学历，一部分还拥有博士学位；他们以"技术报国"为职责和使命，富有强烈的敬业精神和竞争意识。

## 5.3.6 农业技术推广法律政策完善

发达国家十分注重运用法律来维护农业技术推广的地位和权益，通过政策来推动农业技术推广的转变和发展。完善的法律政策是发达国家农业技术推广存在和延续的依据，是农业技术推广发挥促进农业生产力作用的有力保障。

美国的农业技术推广体制是运用法律法规形式固定下来的，并逐步使农业技术推广与农业教育、农业科研"三结合"体制制度化。19世纪60年代美国议会通过的《莫雷尔法案》和《哈奇法》为全国农业技术推广体系的建立提供了先决条件，1914年通过的《史密斯-利弗法》奠定了农业技术推广的基础。之后，美国议会又通过了一些与农业技术推广有关的法案，如1925年的《珀内尔法》、1928年的《卡珀-凯查姆法》、1935年的《班克里德-琼斯法》、1945年的《班克里德-弗拉纳根法》、1946年的《农业销售法案》和1964年的《经济机会法》等，这些法案使农业技术推广体系不断完善。在日本，1945年制定的《农业技术渗透方案》为国家农业技术推广发展奠定了重要基础，1948年公布的《农业改良助长法》标志着国家协同农业技术推广制度的建立。此后，多次修订的《农业改良助长法》和《农业改良助长法施行令》使日本农业推广体系不断完善，保障了农业技术推广的高效进行。澳大利亚、法国、荷兰、韩国也在农业技术推广方面出台过许多法律、法规和政策，有效保障了本国农业技术推广活动的开展，大大促进了本国农业生产力水平的提升。

# 5.4 发达国家多元化农业技术推广服务体系建设的启示

发达国家多元化农业技术推广服务体系建设是在工业化、信息化、城镇化和农业现代化背景下运用科技手段振兴农业的探索，给我国农业技术推广服务体系发展指明了方向，提供了有益的借鉴。学习与借鉴发达国家农业技术推广体系建设的经验，我国重构农业技术推广服务体系应在政府部门地位确立、公益农技推广资金增长、人员队伍素质提高、法律政策支持等方面予以加强。

### 5.4.1　加强农业技术推广的政府领导

发达国家政府大都十分重视农业技术推广，以弥补市场机制在农业生产领域和农村发展方面的失灵问题，如农民科技文化素质提高、农业科技投入、农村社区开发、农村环境环保等公益事业。加强农业技术推广体系建设是各国政府保护农业、实现工业反哺农业、关心农民利益的表现，也是提高农业科技转化率和贡献率、增强农业竞争力的主要途径之一（张萍，2003）。发达国家政府将领导和支持农业技术推广工作作为重要职责，始终调控着农业技术推广发展的局面，保持着政府公益性农业技术推广机构和队伍的主导地位。近年来，我国政府非常重视农业技术推广工作及推广体系建设，政府农业技术推广部门及其人员为推动农业发展做出了重大贡献。然而，目前我国政府和政府部门农业技术推广体系仍然存在许多问题，没有最大限度地发挥出政府在整个农业技术推广体系中的主导作用，需要进一步改革与完善。为此，我国必须强化政府对农业技术推广的领导和支持，探索市场经济体制下政府农业技术推广的运行机制、方式和途径，增强为农民服务的公益性服务功能，逐步建立起政府强力主导的、稳定高效的中国特色多元化农业技术推广服务体系。

### 5.4.2　彰显农业技术推广的公益性质

随着经济发展和社会进步，发达国家日益重视农业技术推广的公益属性，注重由政府提供资金、无偿为农民群众提供服务，不追求农业科技服务的经济利益，并不断扩大为农服务的范围，使推广内容从以农业技术为主逐步转向与农业生产及农户家庭生活相关的方方面面。在美国，政府不仅提供了90%以上的农业技术推广经费，而且指导和督促农业技术推广体系为农民提供农业科技服务、家政服务、4-H青年服务、自然资源和农村地区开发服务等，力图通过科技服务帮助农民科学种田、科学办厂、科学生活，促进农村实现现代化。在我国，20世纪80年代中期以后的市场取向的农业技术推广体制改革使得农业技术推广逐渐偏离了公益性服务的轨道，很多农业技术推广部门将经济利益放在首位，把服务群众置于其次。有的地方政府甚至采取花钱购买服务的方式对待农业技术推广，以即时效益来衡量、判断农业技术推广是否实施。不仅如此，我国农业技术推广的范围和内容也比较狭窄，主要集中于农业生产实用技术和农用生产资料的推广，在提高农民科学文化素质、改善农民生活质量、美化农村社区、保护环境资源等方面基本没有开展工作。借鉴发达国家经验，我国政府应不断加强和突出农业技术推广的公益属性，农业技术推广部门要不断拓展服务内容，增强为农民服务的公益功能。

### 5.4.3 加大农业技术推广的经费投入

联合国粮食及农业组织调查显示，发达国家的农业技术推广经费一般约占农业总产值的 0.9%，发展中国家约占 0.5%，而我国近 20 年来平均仅占0.25%（鞠芳，2012）。发达国家大都明确规定了农业技术推广经费的来源渠道及比例，以保证农业技术推广顺利进行。在美国，1914 年颁布的《史密斯-利弗法》规定，农业技术推广经费由联邦政府农业部、州政府、县政府共同负担，私人捐款仅作为补充部分。日本政府也规定，农业技术推广经费由中央政府和地方都道府县分别供应，并随着农村经济社会的需求逐渐增长。学习发达国家经验，我国政府不仅要主动承担公益性农业技术推广的全部经费，而且要努力实现农业技术推广经费逐年增长。为确保农业技术推广经费充足供应，我国政府要通过政策法规保障基本运行经费的财政拨款数额，同时要设立专项资金资助地方特色的农业技术推广项目实施。此外，我国政府还要广辟财源，发动社会成员捐助农业技术推广事业，引导民间资本注入农业技术推广活动。

### 5.4.4 增强农业技术推广的多元协作

为使农业科技成果尽快转化为现实生产力，发达国家在实践中逐步形成了一套适合自己国情的多元主体农业推广体系。它们在发挥政府农业技术推广职能的同时，也充分发挥了农业合作组织和农业企业的作用。例如，美国的农业推广体系是以联邦政府农业部推广局为领导的，以州立大学农学院为主体的农业科研、教育、推广相结合的三位一体系统；荷兰农业技术推广体系是以农渔部为领导的，政府农业技术推广系统、农民合作组织农业技术推广系统与私人企业农业技术咨询服务系统三结合的统一体。荷兰的研究机构设有联络办公室，组织专家经常共同商讨科研、推广、教育计划。科研内容来自于农民的实际困难，科研成果由科研部门、大学和联络办传递给农业技术推广部门，然后推广到农民中去。日本的农业协同组合、法国的农业发展协会在农业推广体系中举足轻重，生产农业机械、农药、化肥和种子的公司在推销产品的同时也向农民传授农业技术。孟山都、先锋、嘉吉等知名大型农业企业集团不仅进行农业高新科技的自主研发，农业技术推广的成就也为世人瞩目。借鉴发达国家经验，我国政府应大力扶持、引导社会机构、农民专业合作组织和涉农企业等积极参与农业技术推广工作，将其纳入到政府主导的农业推广体系中来。20世纪80年代以来，我国各类农村专业技术协会、研究会、涉农企业应运而生，已经成为农业技术推广中不可缺少的重要力量，但是目前大多还处在松散发展的初级阶段。如果政府加以强有力的支持和指导，势必会使其成为我国农业技术推广体系的重要组成部分。

### 5.4.5　提高农业技术推广的人员素质

发达国家大都十分注重农业技术推广人员的素质问题，重视农业技术推广人员的选拔、培训、评价和激励。美国在职农业技术推广人员绝大多数具有硕士学位，其中25%以上还具有博士学位。日本为了保证农业技术推广队伍的基本素质，实行严格的资格考试制度，规定只有取得相应资格的人员才能从事农业技术推广工作。日本农业技术推广人员资格考试在每年秋季举行，由农林水产省负责组织，要求相当严格，合格率较低。发达国家对从事农业技术推广的人员在待遇、奖励等方面给予了优惠政策，鼓励和稳定他们从事农业推广工作。日本将农业技术推广人员列为公务员，享受公务员的同等工资待遇，并从1963年起实施推广津贴制度，津贴额度为月薪的8%~12%。学习发达国家经验，我国也应提高农业技术推广人员的素质，选拔学历较高的农业推广硕士进入农业技术推广队伍，为农业技术推广体系输送新的血液；提高基层农业技术推广人员的待遇，将其视为国家公务员，不断增加农村一线农业技术推广人员的服务津贴。

### 5.4.6　完善农业技术推广的法制支持

美国、日本等发达国家都有较为悠久的农业技术推广立法历史，并在实践中不断加以完善，有力保障了农业技术推广的高效实施。美国自19世纪至今，已经实施和修订了10多部农业技术推广方面的相关法律；日本的《农业改良助长法》自颁布至今，做过了8次大的修改，成为全国农业技术推广不断改进的重要依据。学习发达国家经验，我国也应加强农业技术推广方面的立法及其修订和完善。我国《农业技术推广法》自1993年颁布以来，新的情况不断出现，但近20年没有做过修改；新修订的《农业技术推广法》对许多重要问题也仅进行了原则性规定，可操作性不强。因此，我国亟须尽快完善农业技术推广方面的法律、法规和政策，并制定配套实施条例和细则，使农业技术推广真正做到有法可依、有法必依、执法必严和违法必究，保障把农业技术推广工作落到实处。例如，我国应利用法律将各级政府对农业技术推广的财政拨款金额比例固定下来，保障农业技术推广人员的工资、津贴；政府应为农业技术推广人员制定优惠政策，促使农业技术推广人员处于较高的工资水平、福利待遇，使农业技术推广人员安心工作；我国还要制定法律、法规，规范农业技术推广人员的选拔、培训和任用，保障农业技术推广活动富有成效。

# 5.5 本章小结

发达国家的传统农业技术并不发达，与非发达国家的农业水平差距并不明显。然而在工业化进程中，发达国家注重以工业带动农业，用工业技术武装农业，有力推动了农业的现代化步伐，使农业科技整体水平近代以来一直处于领先地位。

受政治、经济、文化、社会和农业基础等因素影响，发达国家的农业技术推广体系结构各异，别具特色。美国实行推广、教育和科研"三位一体"的农业技术推广合作体系，以农业院校为主体，由美国联邦政府农业部推广局、州赠地大学或大学农学院和县农业推广站三部分构成。日本农业技术推广由政府和民间共同完成，农业技术推广体系包括政府改良推广系统和农协营农指导系统。澳大利亚农业技术推广以政府为主体，农业技术推广体系实行垂直管理，农业技术推广活动主要由各州负责，州农业厅按专业划分若干区域进行，科研教育机构、涉农企业、农民协会、专业协会、研究会以及私人推广组织等也为农民提供技术服务及农业经营方面的咨询。法国农业技术推广体系包括国家科技成果推广署（后更名为国家创新署）和农业发展署，农业科研单位和专业技术中心，农业生产协会系统、农业合作社系统、农业技术协调协会等三个层次。荷兰农业技术推广体系由政府农业技术推广系统、农民合作组织农业技术推广系统及私人企业农业技术咨询服务系统三部分组成。韩国农业技术推广服务体系包括农村振兴厅、农业技术院和农业技术中心等政府机构，以及农协和村民会馆等民间组织，是一个由国家出资、多方面力量提供服务的有机系统。

尽管如此，发达国家建设农业技术推广服务体系中却积累了共同的发展经验，即政府始终发挥主导作用、充足资金支持多元体系、注重农业技术推广的公益性、多元推广主体互促共进、拥有高素质的推广队伍、农业技术推广法律政策完善等。借鉴发达国家农业技术推广体系建设经验，我国重构农业技术推广服务体系应加强农业技术推广的政府领导、彰显农业技术推广的公益性质、加大农业技术推广的经费投入、增强农业技术推广的多元协作、提高农业技术推广的人员素质、完善农业技术推广的法制支持。

# 第6章
# 我国多元化农业技术推广服务
# 体系建设的案例分析

建立健全农业技术推广服务体系是现代农业发展的时势要求，也是我国社会主义新农村建设的重大需求。长期以来，我国各地农业技术推广相关部门或组织根据自身功能，结合地方需要，积极探索农业技术推广服务的有效形式和途径，积累了不少有益的经验，取得了可喜的推广成就。本书以湖北省为观察点，重点分析武穴市政府农业技术推广部门、华中农业大学、湖北省农科院、天门市华丰农业专业合作社和湖北春晖集团等组织、机构经过长年摸索而创建的富有各自特色的农业技术推广模式，以期对我国多元化农业技术推广服务体系建设有所参考。

## 6.1 政府主导的农业技术推广服务体系——武穴模式

湖北省以农业主管部门为代表的政府农业技术推广服务系统在 2003 年推行"以钱养事"的管理体制改革，机构改革后尽管存在不少问题，但仍然有部分地区探索出了卓有成效的农业技术推广模式，武穴市便是其中一例。武穴市政府农业技术推广服务系统根据全省事业单位改革精神，结合当地实际，在改革中建设，于建设中改革，有效保障了农业技术推广组织的先进性，有力促进了当地农业经济的发展。

### 6.1.1 基本概况

（1）武穴市农业生产基本情况

武穴市位于湖北东部的大别山南麓，国土面积 1246 平方千米，下辖 12 个镇（乡）。全市人口 76.6 万人，其中农村人口 55.71 万人，农户 13.67 万户；耕地面积 36 480 公顷，其中水田 29 833 公顷，人均耕地 480 平方米。武穴是一个复种指数高、生产水平高、科技含量高、种植有特色的多熟制农业地区，种植模式以水田"油—稻—稻"三熟制、旱地"麦—棉"二熟制为主。该市是全国双低油菜大市、粮食生产大市、湖北省优质粮棉油生产基地，曾先后被列为国家粮、棉商品生产基地市（县），长江流域双低油菜开发项目示范区，长江上中游水果开发项目区等（吴亚宏，2012）。

（2）武穴市农业技术推广服务基本情况

武穴市农业技术推广体系是一个网络健全、功能完备、服务有力、成绩显著的集成式系统，采取"县—乡"两级推广模式，市级农业技术推广机构主要有武穴市农业技术推广中心、武穴市植保局、武穴市土肥站。武穴市农业技术推广中心成立于1988年，内设办公室、粮油站、棉麻站、经作站和科教站5个业务站室，与农业局相关科室合署办公，即一班人马两块牌子。武穴市植保局、武穴市土肥站为武穴市农业局二级单位，经费单独核算。全市有12个乡镇级农业技术推广站，2005年改革前有农业技术推广人员96人。2005年按照鄂发〔2003〕17号、武乡办〔2005〕2号文件精神，全市镇处农业技术站实行了"一改两换三定"，即农业技术站更名为农业技术推广服务中心；换章子、换牌子；定性质、定岗位、定人员。武穴农业技术推广系统实行"管理在市、服务在基层"的市级行政主管部门派出制，乡镇农业技术推广服务中心的人、财、物归武穴市农业局管理，按666.67公顷耕地面积配1名农业技术人员的标准，通过竞争上岗确定了56名农业公益性服务人员，由财政局实行全额供给。经过不断改革完善，武穴市形成了以市农业技术推广中心为龙头、乡镇农业技术推广服务中心为纽带，科技示范村和科技示范户为载体的农业技术推广服务网络（吴亚宏，2012）。

## 6.1.2　主要做法

在湖北省乡镇综合配套改革中，武穴市针对农业技术推广主要采取了以下举措。

（1）科学实行"三定"

"三定"，即定岗、定员、定编。全省乡镇综合配套改革工作启动后，武穴市委、市政府按照当地农业发展的现实需要和长远规划，明确了镇处农业技术站实行"管理在市，服务在基层"的市级派出管理体制；按每万亩耕地面积一名农业技术人员的标准，确定了56名农业公益性服务人员，由财政全额供给，编制归属市农业技术推广服务中心管理，确保了农业技术站改革顺利开展。

（2）严格落实资金

为保证全市镇处种植业公益性职能经费，武穴市委、市政府遵循"执行政策规定，结合地方实际，确定分配基数，全额分配到位"的总体原则，对省级财政"以奖代补"经费、市级每亩1元的推广经费及配套资金，全部落实到位。每年湖北省财政拨付武穴"以奖代补"经费185万元；武穴市财政安排预算64万元，按每亩1元安排资金52.8万元。武穴市将这些"以钱养事"经费由市农业局根据各镇处实际情况，年初与镇处农业技术推广服务中心签订合同，由市财政局拨付到各镇处财政所，镇处农业技术推广服务中心到所在财政所报账，年终进行目标考核。

（3）提升人员待遇

改革之后，武穴市镇处农业技术推广服务中心在岗的56名农业技术人员全部纳入市农业技术中心人员编制管理，列入财政全额预算，全员参加保险。并且，从2006年元月起，市财政对农业技术人员职务岗位工资及结余津补贴、生活补贴实行直接到账，切实解决农业技术干部后顾之忧，稳定农业技术推广人员队伍。目前，武穴12个镇（乡）农业技术推广服务中心全部实现了"四有四确保"，即有固定的办公场所、有现代化办公设备、有定额工资收入、有保障的养老保险；确保了农业技术推广网络健全，确保了服务机构正常运转，确保了农业技术推广服务质效，确保了公职待遇稳步提升。

## 6.1.3 取得的成效

改革之后，武穴市以农业技术推广服务、科技教育培训、农业技术综合开发为主体的上下贯通、纵横交错的农业技术推广服务体系进一步完善，农业技术推广的队伍更加精干、功能更加完备、管理更加规范、服务质效显著增强，全市农业技术推广工作在以下6个方面呈现出新风貌。

（1）农业技术推广网络建设呈现新进展

通过改革，武穴市农业技术推广服务网络在7个方面得到健全，即市、乡、村三级农业技术推广体系网络健全；以《武穴农网》《武穴广播电视台》《武穴农业》《农业技术简报》为媒介的信息服务网络健全；以公司、乡镇站、基地、农户为一体的供种网络健全；站点相配套的病虫测报网络健全；站、场、点、基地相融的土壤肥料技术网络健全；市、镇、村三级互联农技培训教育网络健全；公司、站、网点、基地、农户连锁经营网络服务健全；"统分结合、综合执法"的农政管理网络健全。

健全基层农业技术推广服务网络开辟了武穴农业技术推广的新局面。其一，农业技术推广的公益地位明显提升。改革伊始，武穴市便对农业技术推广的职能进行了重新界定，突出了公益性职能，实行了经营性职能与公益性职能的分离，使政府农业技术推广的公益地位明显提升。其二，农业技术推广的阵地建设明显改善。2006年以来，武穴市先后投入资金200多万元进行硬件建设，各镇处服务中心拥有了单独的办公楼，完善了办公室、培训室、标本室、试验室等基本农业技术推广设施，配置了电脑、电视机和影碟机，部分中心还购置了全套多媒体培训设备，基本实现了"六有"，即有机构、有人员、有经费、有办公场所、有仪器设备、有实验示范基地，干部职工的工作和生活条件有了明显的改善，农业技术推广人员工作更加安心。其三，农业技术推广的服务水平明显提高。经过人员重新组合，一批业务水平高、工作作风实、推广能力强的农业技术人员脱颖而出，武穴市基层农业技术推广队伍得到优化和加强，服务水平整体提高。其四，农业技术推广的工作作风明显转变。改革后，武穴市对农业技术推广人员定岗定责，做到人人定岗、每岗定责，并建立农业技术人员考核机制，使农业技术推广人员个个有事干、人人有压力，责任感自觉增强，有效促进了工作作风转变。同时，农业技术推广体系改革后，武穴市农业技术推广人员工资全部实行财政供给，不再担心工资问题、保险问题、福利问题，一心一意扑在工作上，全身心地投入到农业技术推广服务之中。

（2）农业技术推广管理体制机制呈现新规范

经过改革，武穴市农业技术推广服务管理体系在6个方面实现了规范，即农业局与农业技术推广中心"政事分开、统一管理"的运行机制进一步规范；镇处农业技术推广服务中心"管理在市，服务在基层"的派出制管理体制进一步规范；农业技术推广机构的编制管理进一步规范；农业技术推广事业的财政预算进一步规范；农业技术人员工资待遇的保障措施进一步规范；农业技术推广创新的激励奖励政策进一步规范。

为充分发挥新体制机制的活力，调动农业技术推广人员的工作积极性和主动性，武穴市建立了两个层次的全新管理制度。一是县市对乡镇农业技术推广服务中心实行合同管理、量化考核、绩效挂钩、群众评议等制度，将平时评议与综合考核相结合。在合同管理方面，武穴市规定由市农业技术推广中心与镇处农业技术推广服务中心签订全年工作任务合同，合同对服务面积、项目、双方责任和义务、考核方法、合同兑现、服务经费等进行了具体规定，乡镇政府和农业局鉴证；市政府定期组织对乡镇农业技术推广服务中心进行考核，听取各界对乡镇农业技术推广服务中心工作绩效的看法，现场查看农业生产技术应用情况，检查农业技术推广服务合同的执行和落实情况，并邀请镇处政府、村级干部代表和农民代表对农业技术推广服务工作进行全面评议；对于得分95

分以上的乡镇农业技术推广服务中心，市财政按合同拨付工资和工作经费。为检验新体系的服务效果，武穴市对乡镇农业技术推广服务制订考核标准包括科技入户、新型农民培训、测土配方施肥、植保技术服务、信息服务、服务中心管理、办点示范、能源项目建设八大部分，每个部分按百分制计算，考核结果直接与经费挂钩。二是乡镇农业技术推广服务中心内部实行人员聘任制、岗位责任制、服务公示制、工作考勤制、失误追究制。武穴市对镇处服务中心所有公益性服务人员实行全员聘任制度，负责人实行合同聘用制，聘期为三年，聘期内由农业局与其签订任期工作责任制，达不到要求的予以解聘；对于一般工作人员，各镇处服务中心根据工作性质和任务与其订立岗位责任制，岗位责任包括分片包村任务、跟踪服务科技示范户任务、培训讲课任务、坐诊咨询任务、各类办点示范任务、工作调研任务、农业技术简报印发任务、惠农政策的农户调查摸底任务等。每年年初，各乡镇农业技术推广服务中心根据签订的合同任务，结合所在地区的农业生产实际情况，将各项工作任务分解落实到具体人员。镇处农业技术推广服务中心对农业技术人员的推广工作实行一季一考核，对于完成岗位工作任务的工作人员兑现工资，对于从事重大工作任务、成绩突出的农业技术推广人员给予一定奖励，对于完不成岗位工作任务的工作人员则扣发工资。各乡镇农业技术推广服务中心设立公示栏，公示服务内容、服务方式、服务人员电话、人员岗位责任；设立公示牌，标明当日技术员的去向、当日工作内容等，接受社会监督。镇处农业技术推广服务中心实行工作日志管理，详细记载农业技术推广人员的工作和出勤情况，记载表一月一上报、一季一通报、一年一兑现。

（3）农业技术推广服务方式呈现新转变

为进一步提高农业技术推广效果，武穴市农业技术推广服务体系依托科技入户网络，不断健全服务功能，上下联动，创建了独具特色的农业技术推广服务模式。一是技术推广联动式。近年来，武穴市采取政技结合、"科技+农户"联动等方式，有力地提高了农业技术推广服务效果。在一些重大新农业技术推广普及上，实行"市级包乡镇、乡镇包村、技术人员包户"层层负责制，跟踪服务，关键环节主动上门，突发事件及时上门，生长季节随时上门，面对面地讲，手把手地教。二是试验示范梯级式。结合各乡镇种植特点，武穴市按照从简单到复杂、由低级到高级的推广逻辑和规律，每年有所侧重地推广各种重大农业新技术30余项、新品种20多个，并采取"市办示范畈、镇办示范方、村办示范片、户办示范田"的方式，让农民群众学有样板，做有示范。三是技术培训多样化。武穴市利用讲课、发资料、看录像、观摩现场等方式，实施水稻科技入户和油菜科技入户工程，采取"专家培训技术指导员、指导员培训科技示范户、示范户培训辐射户"的形式构建市、镇、村三级培训网络，培育科技示范户 2000 户，辐射带动 40 000 户；通过"一村一品"新型农民科技培训，建立 50 个专业村，培养 2000 名新型农民；通过农村富余劳动力转移培训阳光工程，培训转移农村富余劳动力 2032 人，有效发挥了"培训一人，致富一户、带动一方"的作用，提高了农民文化素质，促进了农村经济发展。四是信息服务网络化。在市农业技术推广中心的协调下，武穴市电视台开辟《科技直通车》、病虫预报专栏，利用《武穴农网》《武穴农业报》《农业技术简报》等广泛宣传农业新技术、新成果；各乡镇农业技术推广服务中心均开通农业技术"110"热线电话、中国移动"政务通"，设立了专家和技术人员坐诊咨询台。通过电视、网络、报刊和电话，武穴市农业推广部门为农民搭建起一个四通八达的信息服务网络，实现了"一个网络全镇连、一份报纸万人晓、一个栏目人人知、一部热线服务全、一个短信万户通"的农业技术信息共享局面。

（4）农业技术推广队伍素质呈现新提高

通过竞争上岗，优胜劣汰，武穴市镇处保留在岗农业技术推广人员 56 名，其中高级农艺师 3 人，中级 30 人；本科 5 人，大专 31 人，中专 18 人。在基层农业技术推广人才队伍建设上，武穴市农业局每年利用冬春农闲季节邀请华中农业大学、湖北省农科院、中国农业科学院油料作物研究所、湖北省农业厅等单位的专家到当地讲座，提高农业技术推广人员知识更新水平，适时了解国内外最新技术进展情况。2009 年组织 36 名基层农业技术推广人员参加华中农业大学专升本函授班学习，提升基层农业技术推广人员的学历层次，并选送 1 名业务骨干到中国科学院水稻所参加在职研究生学历培训。通过不同层次和不同方式的培训，武穴市基层农业技术推广人员整体素质有了明显提升，服务能力和服务水平有了显著提高。

（5）农业技术推广创新能力呈现新突破

近年来，武穴市农业技术推广创新能力有了明显提高。一是农作物栽培技术发展迅速。水稻油菜免耕直播、水稻抛秧、油菜抛苗等轻简化栽培技术创新受到国家农业部和湖北省农业厅的高度肯定，吸引了华中农业大学、中国农业科学院油料作物研究所、湖北省农科院的教授和专家密切合作。二是粮棉油作物高产创建屡次突破。2006～2008 年大金镇双季稻连续三年突破每公顷19 500 千克，创湖北省单产最高纪录；2010 年大金镇早晚连作超高产水稻攻关项目经省农业厅组织专家验收，双季稻同田单产达 1378 千克，连续 7 年突破 1300 千克，实现了灾年双季稻突破 1300 千克和晚稻单产超历史纪录的目标。2010 年石佛镇一季中稻超高产攻关项目亩产达 761.2 千克，创全市中稻单产水平新高。2010 年大法寺镇大屋雷村油菜每公顷达 3553 千克，为湖北省最高。2010 年棉花高产创建万亩示范片成桃 122.25 万个/公顷，在长江流域棉区排名第一；农户张从斌 2.5 亩棉田成桃 178.5 万个/公顷，单产全国排名第一（吴亚宏，2012）。三是三熟制水稻、油菜集成技术取得新进展。武穴市农业技术推广部门通过试验示范水稻双季双抛、双免直播、高产强化栽培等技术、集成了一套以"超级稻品种、精量播种、旱育壮秧、宽窄行栽植、定量控苗、好气灌溉、配方施肥、综防病虫"为核心的水稻高产栽培技术。近几年，武穴"稻油双免"栽培技术推广面积进一步扩大，农业技术推广部门集成了一套中稻油后免耕技术，即"优良种、适期播、种包衣、均匀种、杆还田、狠除草、平衡肥、节管水、综合防、轻成本"。四是农作物病虫生物防治技术取得新突破。武穴市农业技术推广部门与华中农业大学实验合作，使用"盾牌酶"防治油菜菌核病效果显著，药肥防治病虫害取得重大突破。

（6）农业技术推广服务成效呈现新提升

通过改革，武穴市农业技术推广服务水平大大提高，推动农业生产获得新的发展。全市良种覆盖率达 95% 以上，农业新技术普及率达 90% 以上，农业科技进步贡献率达 55% 以上。推广体系改革激发了武穴市广大农业技术推广人员的积极性，加快了当地农业新品种、新技术、新成果的推广转化速度。在武穴，优质稻、优质油菜、优质棉和特色山药生姜四大优势产业发展迅猛，国标三级以上优质水稻品种普及率达 60% 以上，油菜连续 7 年实现 100% 双低化，杂交棉花优质品种普及率达 95% 以上，其中高品质棉占 50% 以上，山药生产全部普及脱毒苗；轻简化技术、测土配方施肥技术、病虫害综合防治技术等实用技术得到广泛应用，其中轻简化技术推广应用达 60 万亩，测土配方施肥技术全面普及，病虫害综合防治技术应用面积达 160 万亩次。近年来，因农业技术推广成效显著，武穴市被评为湖北省优质稻板块建设示范市（县）、湖北省优质油板块建设示范市（县），承担并实施了水稻超高产攻关、科技入户、全国农业技术推广示范县等项目，被授予"全国农业技术推广先进市（县）""全国农业科技入户先进市（县）"称号[①]。

# 6.2 大专院校开展的农业技术推广服务
## ——华中农大模式

涉农大专院校拥有大批农业科研和技术人才，并培养着新一代农业科研和

---

① 参见武穴市农业局 2013 年 4 月 7 日专题报告材料《武穴市农业技术推广体系改革情况汇报》及湖北省农科教结合工作领导小组办公室 2011 年 12 月编辑的《湖北省农科教结合工作典型汇编》。

技术人才，是开展农业技术推广服务的最佳候选单位。事实上，涉农大专院校以高素质的农业教育师资为引擎，以农业科研项目为纽带，带领正在培养的各类农业科研和技术方面的青年学子开展了丰富多彩的农业技术推广服务，有效补充了政府农业技术推广力量的不足。作为驻守地方的部属重点农业院校，华中农业大学（简称华中农大）在110多年的发展中始终坚持为地方经济社会服务，将科学研究和人才培养植根于地方经济社会的实践之中，在农业技术推广的漫长演进中走出了一条独特的服务社会之路。

## 6.2.1　基本概况

华中农大位于湖北省武汉市，是中国高等农业教育的发源地之一。学校的历史可追溯至1898年清朝光绪年间湖广总督张之洞创办的湖北农务学堂，历经多次波折，1952年由武汉大学农学院和湖北农学院的全部系科，以及中山大学等6所综合性大学农学院的部分系科，组建成立华中农学院，1985年更名为华中农业大学。新中国成立后，学校曾直属中央高等教育部，一段时期实行农业部和湖北省双重领导，2000年由农业部划转教育部直属领导。学校在21世纪被列为国家"211工程"建设大学、"985工程优势学科创新平台"建设大学，是一所以农科为优势，以生命科学为特色，农、理、工、文、法、经、管相结合的国家综合性重点大学，是国家生命科学与技术人才及农业现代化人才培养的重要基地。学校师资力量雄厚，学术氛围浓厚，学风严谨朴实，教学科研水平和人才培养质量均居全国同类院校前列。

作为教育部直属的国家重点农业院校，华中农大秉承"勤读力耕，立己达人"的优良传统，始终以振兴农业为己任，探索出了"教""农"相长、教授富民的农业技术推广社会服务模式。近年来，学校成立了"新农村建设办公室"，不断推动全校师生深入基层、服务地方经济社会向纵深发展，为促进地方农民增收、建设社会主义新农村和城乡协调发展做出了重大贡献。2012年，教育部与科学技术部联合下文，批准华中农大成立"华中农业大学新农村发展研究院"，时任中共中央政治局委员、国务委员刘延东为学校新农村发展研究院授牌。以此为新的起点，华中农大联合湖北省科技信息研究院、长江大学、武汉工业学院等单位，立足湖北，面向华中，辐射全国，协同共建新农村发展研究和服务基地。它们以区域新农村发展的实际需求为出发点，以机制体制改革为核心，通过推动校地、校企、校农间深度融合，努力建设以大学为依托、农科教相结合的新型综合服务模式。

## 6.2.2 主要做法

在长期办学实践中，华中农大认识到：围绕国家战略需求，服务地方经济社会发展是高校的重大责任；发展现代农业，推进社会主义新农村建设是学校发展的重大契机。为此，华中农大提出了"以经济建设和社会发展的需要为导向，以研究基地为支撑，以重大课题为纽带，充分发挥学校学科门类齐全、科研成果丰富的优势，选好突破口，瞄准目标，集中力量，攻克难关，服务湖北、华中乃至全国的社会主义新农村建设，在服务社会中实现学校事业跨越式发展"的总体思路，并确定重点围绕国家促进中部崛起战略、湖北省"仙洪试验区"（该试验区地处江汉平原腹地，包括仙桃、洪湖、监利三市县 14 个乡镇、办事处、管理区和工业园区，区内有 19.78 万户 75.45 万人）改革和武汉市"两型"社会（"两型"社会即资源节约型、环境友好型社会）建设，积极主动地为区域创新发展服务，为发挥湖北在中部崛起的战略支点作用提供强有力的科技支撑，为服务地方经济社会发展做出新的更大贡献。

（1）坚持"四个一"服务模式

建校百余年来，华中农大一直把服务"三农"作为学校发展的指导思想，坚持科学研究工作"顶天立地"，将优秀人才培养、重大科技项目攻关、重大基地建设与服务"三农"紧密结合，取得了一批以"六个一"（即"一枝花、一头猪、一张图、一枝苗、一棵树、一颗豆"）为代表的、在社会上有重大影响的科研成果，学校事业在服务社会中取得了长足发展（李忠云，2005）。其中，"一枝花"是指傅廷栋院士领衔培育的系列优质油菜杂交新品种；"一头猪"是指熊远著院士领衔培育的商品瘦肉猪系列新品种及其配套技术；"一张图"是指张启发院士领衔绘制的具有自主知识产权居于世界先进水平的水稻基因图谱；"一枝苗"是指陈焕春院士领衔研制的猪伪狂犬病油乳剂灭活疫苗和乳胶凝集试剂盒；"一棵树"是指邓秀新院士主持选育的系列优质柑橘品种；"一颗豆"是指入选"国家百千万人才工程"的谢从华教授主持研制的试管马铃薯生产技术。近年来，华中农大将百余年的办学特色和服务模式提炼概括为"四个一"，即"围绕一个领军人物，培植一个创新团队，支撑一个优势学科，促进一个富民产业"。面向社会主义新农村建设，华中农大进一步彰显"四个一"模式，以培育"领军人物""创新团队"和"优势学科"为依托提升办学水平，以打造"富民产业"为抓手强化对服务湖北"三农"的宏观谋划，加大服务力度，扩大社会影响，促进学校与社会协同进步。

（2）实施"111"服务计划

为推进湖北社会主义新农村建设，华中农大发挥自身科教优势，于2009年3月制订出"一院带一村，辐射一个县"的服务湖北新农村建设计划（简称"111"服务计划）。该计划提出，华中农大从2009年起，将用3～5年时间，努力达到以下目标：组织相关学院与湖北省内20个左右具有一定产业基础、特色鲜明的行政村对接，完成新农村建设和特色产业发展规划；建成一批农业科技创新示范基地、产学研结合基地，推广农业新品种、新技术40～50项；以教师、博士研究生为主体，组建20个左右的科技特派团，进村开展科技服务1000人次以上；开办各类培训班，培训基层农业管理干部、技术骨干和新型农民1万人次；增强农村科技工作活力，推动现代农业发展，加快农村科技进步，提升科技对农村经济社会发展的贡献率，辐射县域经济发展效果显著。"111"服务计划包括帮助合作村制订发展规划、创建科技示范基地、开展关键技术的科技攻关、培养各类新型农民、选派研究生担任村支书（主任）助理、组织各种文化下乡活动、进行人文社会科学观察研究7方面内容，计划分组织发动（2009年3月至2009年6月）、启动实施（2009年7月至2009年12月）、整体推进（2010年1月至2011年12月）和提高深化（2012年1月至2014年12月）四个阶段逐步落实，以期为社会主义新农村建设提供智力支持和科技扶助。

在学校科技处等部门的精心组织和校党委书记李忠云等校领导的示范带动下，华中农大科技人员利用2009年暑假前往合作村（场）普遍开展实地调研、技术指导、技术人员培训等活动。2009年7月3日至4日，校党委副书记唐峻带领文法学院组织的专家团队和学生艺术团赴洪湖市洪林村开展"111"服务，成为华中农大第一个深入合作村（场）推动该计划的单位。活动期间，学生艺术团为当地民众送去了"手牵手，心连心"文艺晚会，服务团专家围绕该村2000亩土地的整理与开发规划、村史馆建设等内容进行了实地考察和意见反馈。2009年7月14日，校党委书记李忠云、副校长陈兴荣率队考察了孝感市孝南区陡岗镇袁湖村的社区建设、农户沼气设施建设、水稻示范基地建设，围绕袁湖村的产业发展思路，就高标准沼气场建设、油菜品种选育与改良、农业机械化合作等方面提出了建议意见。李忠云表示，服务社会、反哺农村是农业大学义不容辞的责任和使命，希望通过了解村镇发展实际和企业需求，在战略合作与项目联合开发上多作文章，以袁湖村为示范点辐射整个孝南区并做出大品牌。此外，暑假期间，华中农大园艺林学院专家组对大悟县新城镇魏湾村的畜牧业、蔬菜业、林果业及农业经济与新村规划进行了考察和指导；水产学院博士团赴丹江口市均县镇关门岩村考察水产养殖基地、开展专业知识讲座，专家组前往沙洋县高阳镇垢冢村进行双孢菇、金针菇栽培技术及小龙虾养殖技术的讲座和指导；食品科技学院专家组考察了汉川市庙头镇兴隆寺村的蔬菜种植示范基地，对示范基地建设提出了具体意见；经济管理–土地管理学院专家组考察了黄梅县孔垅镇张塘村的蔬菜选种和大棚建设、土地平整及综合市场建设等，表示将帮助尽早形成蔬菜大棚建设可行性报告；植物科技学院专家组考察了天门市岳口镇健康村的企业状况和沼气工程，拟为该村制订食用菌栽培示范基地建设项目规划；生命科技学院专家组考察了宜昌市夷陵区龙泉镇雷家畈村、安琪酵母股份有限公司、湖北稻花香酒业股份有限公司以及枝江酒业股份有限公司，就进一步做好村庄规划、配套产业发展、村级后备干部培养等达成了部分口头对接协议；动物科技–动物医学院专家组考察了广水市郝店镇新光社区的居民居住小区、新光公司、信达公司、金龙公司和巴西蘑菇栽培基地，考察了钟祥市石牌镇彭墩村的村民别墅小区和青龙湖农业科技园，对今后的生产工作提出了指导性意见，并就村区规划、良种繁育、产业升级、技术培训、文化建设等达成了合作意向；继续教育学院专家组考察了恩施州恩县埃山村产业发展情况，举办了畜牧养殖技术、沼气技术和黄金梨栽培技术培训班；资源与环境学院专家组考察了利川市汪营镇天上坪村的高山蔬菜生产、试验情况，双方就创建"天上坪"高山蔬菜品牌、成立高山生态蔬菜研究所等达成了共识；外国语学院专家组考察了襄樊市谷城县五山镇堰河村的自然人文资源、旅游观光农业基础设施、茶叶种植加工、垃圾分类回收、民俗文化景点建设等，重点就"玉皇剑"系列茶叶的品牌推广、茶博馆和观光茶园建设、村庄特色发掘、农业项目申报等问题展开了讨论并提出了初步计划。截至2009年12月底，华中农大"111"服务方案确定的18个村已全部完成对接工作。

（3）推进"双百"行动计划

为充分发挥高校科技支撑企业创新的作用，华中农大发挥自身人才优势，于2009年3月制订"百名教授进百企"行动计划（简称"双百"行动计划）。该计划的工作目标是：从2009年起，华中农大将用3～5年时间，组织学校若干个学院（单位）的100名左右科技人员与以湖北为主体的全国范围内100家左右企业结对合作，为企业攻克技术难题、开发新产品、培训技术骨干提供支撑；加快科技成果转化，改善企业技术创新管理水平，构建产学研合作有效模式和长效机制。"双百"行动计划包括构建紧密的产学研合作联盟、联合企业研发新产品、加大学校科研基地面向企业开放的力度、精心组织企业专业技术与管理人才培训四方面内容，分组织发动（2009年3月至2009年6月）、启动实施（2009年7月至2009年12月）、整体推进（2010年1月至2011年12

月）和提高深化（2012年1月至2014年12月）四个阶段逐步落实，与"111"服务计划同步进行。通过推进实施"双百"行动计划，华中农大将积极探索校企合作的新机制和新模式，构建紧密的产学研合作关系，帮助企业提高自主创新能力和水平，增强抵御金融危机的能力，促进科技与经济紧密结合，为国家经济社会发展做出新贡献。

根据学校服务湖北新农村建设的新思路，华中农大优化学校在服务地方经济建设长期实践中探索出来的工作模式，大力实施"双百"行动计划，以"工业富村"的理念综合推进农村经济、文化、生态均衡发展。2009年6月24日，华中农大以"支撑·服务·发展"为主题召开了服务社会主义新农村建设工作会议，来自湖北省各地18个行政村（场）的党政负责人和128家企业的部分代表受邀参加了会议并签订了合作服务协议。校党委书记李忠云号召全校师生深入基层，继续发扬学校优良传统，坚持"围绕一个领军人物，培植一个创新团队，支撑一个优势学科，促进一个富民产业"的"四个一"办学特色和服务模式，更加积极主动地为地方经济发展尽智尽力；湖北省副省长赵斌宣布开通了华中农大"服务社会主义新农村"专题网站，该网站建有9个频道，致力于报道学校"双百"行动计划等服务三农举措的实施情况，为帮助农民致富、建设社会主义新农村、促进社会发展搭建网络信息平台。以此次会议为标志，华中农大拉开了服务湖北新农村建设的新一轮序幕。2009年6月26日，动物科技-动物医学院党委书记程国富带队前往广西考察杨翔集团，寻求校企合作途径，成为华中农大首个推进"双百"计划的校内单位。截至2009年12月底，华中农大"双百"行动计划确定的100余家企业全部完成对接。

（4）构建长效组织领导机制

为保障"111"服务计划和"双百"行动计划有序实施、扎实推进，华中农大加强组织领导，构建服务地方经济社会发展的长效机制。其一，学校成立服务地方经济社会发展领导小组。校长任组长，成员由学校办公室、党委组织部、党委宣传部、人事处、教务处、科技处、研究生处、校团委、继续教育学院、离退休工作处、资产经营公司等部门主要负责人组成，领导小组办公室设在科技处。领导小组主要负责组织协调，研究制订学校服务地方经济社会发展的整体规划和年度计划。各学院成立相应的领导小组，负责本单位的统筹规划和具体实施。其二，设立学校服务地方经济社会发展的专门组织管理机构。学校整合资源，加强协调，成立校级新农村建设办公室，负责学校产学研结合工作、横向项目的组织协调与管理；负责科技扶贫、对口支援、校地共建等任务；负责学校服务地方经济社会发展工作的事务管理。其三，加强服务地方经济社会发展统筹规划与协调。学校加强服务地方经济社会发展的顶层设计，积极、稳妥地协调人才培养、科学研究、社会服务三者的关系，有序推进社会服务各项工作；以推进村、镇农业产业发展为重点，以推动县域经济发展为目标，着力构建学校服务村、镇（乡）、县（市、区）农业经济协调发展的新格局；进一步推进学校技术成果向企业转移，向农村转移，积极探索多种产学研合作模式，提升自主创新能力与产品竞争力。其四，构建服务地方经济社会发展的长效机制。学校制定更加有效的服务地方经济社会发展的激励政策；改革学校科技人员职务职称的评定晋升制度，制定适合从事技术推广人员晋升的制度；对科技下乡、成果推广、科技培训等活动建立科学的考核评价体系；进一步完善青年教师基层挂职制度。其五，设立专项经费，为服务地方经济社会发展的有效实施提供财力支持。学校按上年度到账科技经费的一定比例预算本年度产学研合作、服务地方经济社会发展活动的经费，足额拨发。其六，积极创造条件，引导广大科技人员主动为地方经济建设服务。学校主动收集信息，提供农业企业需求，及时发布和反馈信息，加强校企合作双方的信息互通，努力实现供需的真正有效结合；充分尊重科技人员的知识产权和劳动成果，积极创造有利于科技人员开展工作的各种条件。其七，营造学校服务地方经济社会发展的良好氛围。学校及时总结、推广科技人员服务地方经济社会发展的模式、典型经验，宣传先进事迹，对在开展新农村服务社会工作中做出突出贡献的单位和个人给予表彰和奖励。

(5) 培育农业后继人才

作为社会主义新农村建设的基石，农业的发展关键靠科技和人才，而基础在教育，尤其是农业科学教育。在社会主义新农村建设中，高等农科教育不仅在农业科学知识传授、传播、创新和应用等方面具有重要作用，而且在培养大批新型农业人才方面具有不可替代的作用。为向社会主义新农村建设输送优秀农业人才，促进"111"服务计划和"双百"行动计划顺利开展，华中农大大力改革培养制度。各个学院根据地方经济和当地农业发展的特点设置专业，改进人才培养方案，创建适用农业应用人才培养要求的课程体系、教学内容和教学方法，加强学生学习能力、实践能力、创新能力、交流与合作能力的培养；强化实践教学，完善实践教学体系，建立健全有效的实践教学质量监控机制；密切与农业科技企业和农民的联系，保证大学生到农业企业和农村基层实践、实习，以培养大批高级农业实用人才。学校还将社会主义新农村建设和"三农"问题的专题教育纳入人才培养方案，要求学生不仅有过硬的专业知识和技能，而且要有心系"三农"的情感基础，有解决"三农"问题的责任意识，有为农业现代化奋斗的敬业精神，有为建设社会主义新农村贡献智慧的理想抱负，有立足基层艰苦奋斗的顽强毅力，有同人民群众同甘共苦的工作作风。同时，学校出台鼓励政策，激励农科大学毕业生下农村、下基层，服务"三农"和社会主义农村建设；对自愿参加"农村教师资助行动计划""大学生志愿服务西部计划"和"湖北省农村特设教师岗位"等基层项目的毕业生，学校一次性给予2000元奖励；对报考本校硕士研究生并自愿参加基层项目就业的应届毕业生，予以降分录取；对考取或免试推荐本校研究生的应届毕业生，自愿到基层就业或参加国家和地方项目的，允许保留2～3年研究生入学资格，服务期满后可直接回校攻读硕士学位；学校每年在应届本科毕业生中遴选到贵州支教的毕业生，一年支教期满后可直接回校攻读硕士学位。在积极鼓励毕业本科生、研究生下农村服务的同时，华中农大积极做好毕业生服务期满后的后续服务工作；学校领导经常性地到毕业生服务地区看望在基层工作的学生，让他们感受到学校的关怀。

### 6.2.3 取得的成效

华中农大坚持"四个一"的办学特色和服务模式，积极推进"111"服务计划和"双百"行动计划。学校通过推广自发研制的农业新品种和科技成果、建设农业科技创新试验基地等途径，带动了科技示范点及其周边乡村的经济发展；通过产学研结合，与涉农企业建立了紧密的合作伙伴关系，促进了涉农企业的技术升级和改造，提升了地方和企业的创新能力。

（1）提升了自身科研创新能力

近年来，华中农大通过强化"四个一"服务模式，缩短了学校与农业产业的距离，以傅廷栋院士、熊远著院士、张启发院士、陈焕春院士、邓秀新院士为代表的一批领军人才及其团队在作物功能基因组、作物和动物改良遗传学基础、种质资源发掘与创新等方面构筑了能够代表国家水平、具有国际竞争力的优势研究领域，在主要经济作物、动物疾病防控、粮食丰产工程、园艺作物、重大病虫害防治、农机具关键技术提升、淡水水产、食品加工等方面取得了一批重大科研成果。中国科学院院士张启发教授领衔的水稻国家创新团队长期从事水稻基因组学研究，从分子水平上阐明了水稻等作物产量杂种优势形成的遗传基础，并提出了培育"绿色超级稻"的战略构想。张启发团队主持的"正调控水稻种子大小、粒重和产量的GS5基因克隆与功能研究"项目入选2011年度"中国高等学校十大科技进展"，相关研究成果在 *Science*、*Nature Genetics*、PNAS 等国际著名期刊上发表，居于世界先进水平。中国工程院院士傅廷栋教授发现波里马油菜细胞质雄性不育材料，选育出一系列双低油菜新品种，为我国乃至世界油菜科技进步、产业发展做出了杰出贡献。中国工程院院士邓秀新教授联合学校园艺学、基因组学、生物信息学科研人员，破解甜橙基因"密码"，自主完成了中国第一个、世界上目前最为完整的甜橙全基因组序列图谱，使中国在柑橘基因的基础研究上达到国际先进水平，带动了中国柑橘产业的大发展。中国工程院院士熊远著院士带领的团队育成了瘦肉率达65%的湖北白猪品系，提出了牲猪规模化养殖的产业模式，建立了产学研结合的种猪繁育推广体系，为我国养猪产业做出了重要贡献。中国工程院院士陈焕春教授从预防和控制畜禽重大疾病的国家战略需求出发，提出了人畜共患病要从源头动物入手防治的战略思想，他带领的团队运用现代分子生物学和微生物学技术，研制了一批具有重大应用价值的新型动物疫苗和疾病诊断试剂并在全国推广应用，在我国猪伪狂犬病、猪链球菌、口蹄疫、蓝耳病、禽流感等重大疾病的诊断和防治中发挥了积极作用。这些科研成果经推广应用，产生了巨大的社会经济效益，仅陈焕春院士研制的伪狂犬病检测试剂盒技术的推广便为农民挽回了数以十亿计的损失。

（2）提供了生产一线技术支撑

华中农大针对农业和农村经济社会发展需要，以"文化、科技、卫生"三下乡为主要内容，每年组织大学生实践团队开展社会实践活动，在湖北省建立了50多个社会实践基地。近5年来，学校组织1000多支社会实践团队，奔赴湖北各地开展社会实践活动，举办各类科技培训讲座700余场，培训人员6万余人次。学校连续18年被评为全国大学生暑期"三下乡"社会实践活动优秀组织单位。抓住春耕春管、三夏、秋冬种等生产关键环节，学校每年派出以39位国家现代农业产业技术体系岗位科学家为代表的科技人员近2000人次，赴生产一线指导农民生产。他们发挥团队优势，引导所有涉农学科专家走向农业生产第一线，参与到各类发展规划、产业政策和生产标准等方面的研究，参与到各种敏感问题的技术解决方案制订、处置等工作中，在农业系统"基础性工作""重点工作""潜在性工作"和"应急性工作"中发挥了极大的功能，有效促进了科技与生产相结合。2012年，学校因在全国农业科技促进年中开展了系列科技创新和技术推广服务活动，推进农业科技创新成效明显，示范带动作用突出，荣获"全国农业科技促进年活动先进单位"称号。同时，学校还积极服务农业企业，提升农业企业的技术创新能力。近年来，学校先后与凯瑞百谷、科前生物、德炎水产、福娃集团、湖北神丹、九州通医药等农业龙头企业共建了20个有影响的校企研发中心，其中包括湖北省动物疫病防控工程实验室、湖北省马铃薯、蛋品、动物疫苗、淡水水产品加工、食用菌工程技术研究中心和蛋品加工、药用植物湖北省工程研究中心等。近两年，学校还加强与政府、科研院所、企业间的优势资源共享融合，建成了26个校外区域农业技术推广示范站，初步构建了以西北地区油菜、鄂东南水稻、鄂西高山蔬菜、中药材、西南山区马铃薯、秦巴山区茶叶、玉米为代表的优势农产品产业带和以农业机械生产制造、兽药研制、优质种猪、淡水鱼、奶水牛良种繁育与养殖、淡水鱼、柑橘、禽蛋、大米加工与综合利用为代表，具有行业共性技术特征，与校企研发中心相呼应的农业科技成果转化平台新格局。此外，学校还积极推进以网络平台为支撑的农业科技信息服务体系建设，创建了服务社会主义新农村网、华中农业信息网、华中蔬菜网、柑橘产业信息网、华中柿苑、中国蛋品行业网等10多个农业科技服务专业网站，向社会推广现代农业技术，传播现代农业知识。网站内容包括农业信息资讯、农产品资源库、作物病虫害防治、配方施肥、作物营养诊断等专家系统，免费为广大农户提供咨询服务，农户遇到一般性技术难题可以通过学校开办的服务网站进行远程诊断，在线求助学校相关专家。其中的华中农业信息网是中国高等农业院校创建最早的旨在推广农业科学技术的专业网站之一，连续两届荣获"全国农业网站百强"称号，并被评为全国高校十佳学术类网站。

（3）促进了现代农业产业升级

为加快地方农业产业化步伐，华中农大积极推广超级杂交水稻、"双低"杂交油菜、优质柑橘、优质瘦肉猪、优质茶叶、优质蔬菜、动物疾病防治等多项先进科技成果和实用技术，为区域经济发展做出了较大贡献。学校选育了华油杂系列高产优质杂交油菜品种，在湖北、安徽、河南、江苏、江西、甘肃、青海等省建立了双低杂交油菜亲本繁殖基地、杂交油菜制种基地和常规油菜的种子生产基地18个，试验示范基地12个；结合承担的国家支撑计划、成果转化基金等项目，在湖北黄梅、沙洋、浠水、武穴、当阳、公安等长江流域油菜主产区建立高产、轻简化栽培示范片10多万亩。平均年推广面积约1200万亩，累计推广面积约1.5亿亩，累创经济效益20多亿元。学校自主培育了"纽荷尔""早红""鄂柑2号"等10多个优质柑橘新品种，在江西赣南、湖北宜昌等脐橙主产区覆盖率达到80%以上，每年向柑橘生产基地提供10多万棵脱毒优质种苗和10多万枝接穗。先后开发出橘园生草栽培、脐橙留树保鲜、柑橘设施栽培、大苗预植栽培等先进适用的栽培技术并在生产中大面积推广应用，在全国30多个县市建立了良种母本园、采穗圃，示范推广面积250多万亩。瘦肉型猪新品种（系）及其配套技术获国家科技进步二等奖，并在全国20多个省市区推广辐射，其中，"湖北白猪"已成为享誉全国的品牌。学校先后获得湖北省以及"全国对口支援三峡工程库区移民工作先进集体"荣誉称号。学校有2人获"全国科技扶贫状元"，3人获"中华农业英才奖"，有3人被授予"全国科技推广标兵"、"全国科普先进个人"荣誉称号。

（4）推动了现代农村深化发展

华中农大深入推进"111"服务计划和"双百"行动计划，探索帮扶建设社会主义新农村之路。学校立足湖北，围绕地方特色产业，结合学校优势学科，建立了校领导联系合作村制度。一个校领导联系若干个自然村，每个自然村由一个学院的党委书记负责，组建服务团队深入乡村，主动寻找问题，主动解决问题，对当地特色产业进行技术攻关、改造和升级，通过村、镇、县三个层次，逐级辐射带动，促进当地传统农业向现代农业转变，促进农业增产、农民增收和农业增效。"111"计划实施以来，学校先后与孝感市合作共建"两型社会"新农村试验区，与鄂州市合作共建"城乡一体化"改革示范区，在鄂州市长港镇峒山村建设占地1000多亩的华中农大（鄂州）现代农业试验示范基地；积极参与武汉东湖高新区建设国家自主创新示范区、大别山革命老区经济社会发展试验区、武陵山少数民族经济社会发展试验区、华中农业高新技术产业开发区、"中国农谷"和仙桃国家农业科技园区建设。2009年以来，学校有16个牵头对接单位集中组织服务团队专家3000多人次分别前往21个合作村（场）和170多家企业开展科技服务，举办技术培训讲座250余场，赠送各类科技图书10万余册和价值近30万元的新农村优秀人才培训电脑设备，培训农业技术人员和农民3万多人次。在"百名教授进百企"行动中，学校结合学科优势，主动组织专家教授，为涉农企业选派科技特派员和联络员，与涉农企业在解决技术难题、开发新工艺和新产品中开展产学研合作，促进涉农企业技术改造和升级，提升涉农企业创新能力和竞争力，为企业发展提供智力支持和科技支撑。"双百"计划实施以来，学校与孝感、鄂州、襄阳、荆州、荆门等地（市县）、湖北省气象局、水产局等企（事）业单位签订横向科技合作协议1700多项，合同金额达2.1亿多元，校地、校企产学研合作呈现出双赢甚至多赢的局面。2013年1月28日，湖北省科技厅发布2012年度湖北省高校服务地方经济社会发展前十名排行榜，学校作为唯一的农业高校名列第三。2008年以来，学校先后被评为第四届、第五届中国技术市场协会金桥奖先进集体、全国科技特派员工作先进集体、"十一五"时期湖北省扶贫开发工作先进集体、湖北省农业科技成果转化优秀组织奖、湖北省直支持新农村建设工作先进单位、服务湖北经济社会发展先进高校和全国农业科技促进年活动先进单位。2012年，学校被科技部火炬中心认定为第四批国家技术转移示范机构。

（5）提高了农业从业者的素质

为保证农业发展获得持续动力，华中农大以培养具有社会责任感和服务"三农"自觉性的高素质人才为目标，不断深入推进教育教学改革，对课程体系和人才培养方案多次进行重大修改，努力造就高素质的农业未来人才。近年来，学校每年约有 10% 的毕业生志愿到基层和西部地区工作，参加"三支一扶"计划的报名数和参加数都位居武汉地区部属高校首位。学校培养的数以万计的学生在农业和其他战线上不断谱写服务"三农"、服务社会的新篇章，先后涌现"全国十大杰出青年"徐本禹、"湖北省十大杰出青年农民"师智敏、"全国优秀大学生村官"杜翔等一大批先进典型。适应农业发展的新需要，华中农大大力培养基层科技和管理人才。学校依托"中央农业干部教育培训中心华中农业大学分院"（农业部认定）、"农业部现代农业技术培训基地"（农业部认定）、"广西壮族自治区现代农业管理人才培训基地"（广西壮族自治区政府认定）、"湖北省干部教育培训高校基地"（湖北省委组织部、湖北省教育厅认定）、服务新农村基地等平台，通过多层次、多形式、长短结合的人才培训，为地方农业的可持续发展培训了大批技术骨干。通过"一村一名大学生计划"，学校在湖北省建立了 20 个教学点，近两年共招收学员近 3500 名。近 10 年来，为湖北省累计培训县以上领导干部 2000 多人，培训农业技术人员 6 万余人次，培训农民 100 万人次以上。2012 年，学校先后举办了农业部第四期渔政执法培训班、宁夏回族自治区基层农业技术推广培训班、蔬菜优势区域产业重点县农业局长轮训班等 38 期培训班，培训基层农业管理干部、技术骨干共 6571 人，整体提升农业从业者素质。为加大支农力度，华中农大还选派科技特派员直接深入基层开展创新创业服务。近年来，学校共选派 100 余名教师在湖北省及全国的近 200 家企业和农业科技创新示范基地担任科技特派员。在新认定的第三批湖北省级科技特派员中，学校共有 68 人入选，14 人被评为省优秀科技特派员，数量均居各派出单位之首。以科技特派员为代表的一大批科技人员积极投身到地方经济建设主战场，深入田间地头、工厂车间开展科技服务。2012 年，学校先后有以省派科技特派员为代表的科技人员 470 多人次前往省内 40 多个县市的近 100 家企业开展科技服务，推广转化技术成果 120 多项，举办技术培训讲座近 140 场，培训农业技术人员和农民 2.62 万人次，带动农户 13.9 万人次，促进农民增收 5.97 亿元。其中，在对口帮扶四川汉源地震灾后恢复重建工作中，学校科技特派团工作成绩突出，荣获 2009 年全国科技特派员工作先进集体称号，2 名教授获全国优秀科技特派员称号。

（6）提出了大量决策咨询建议

为促进农村社会和谐发展，华中农大积极参与"三农"问题的战略研究，为国家实施行业规划、解决重大产业问题献计献策。2006 年，学校人文社会科学专家经过广泛深入的调查研究，从循环农业发展、食用油供应安全、国家能源安全和增加农民收入等方面出发，结合油菜实用品种研究和技术示范推广的现状，有针对性地提出了"应加大油菜产业发展的政策扶持力度"的建议，得到了胡锦涛和温家宝的重视与批示，直接促成国家出台了油菜良种补贴的重大惠农政策；"国家新世纪百千万人才"李崇光教授与著名棉花专家张献龙教授联合合作开展棉花技术经济研究，研究成果引起农业部门和产棉大省的高度重视，有的被纳入国家产业政策；王雅鹏教授等专家对生物质能源研发所提的相关建议得到了中央政治局委员、时任湖北省委书记俞正声的批示，并拨付专项经费进行研发；柑橘产业首席科学家邓秀新院士为国家提出了柑橘产业发展规划；冯中朝教授等合作完成的"湖北省生猪产业化经营研究"报告得到了省委、省政府的高度重视，并直接形成发展生猪产业化经营的相关省政府文件。

华中农大服务"三农"的思路和举措引起了众多媒体的高度关注，得到了湖北省委省政府的肯定、称赞和推广。新华社、中新社、科技日报、科学时报等中央重要媒体用显要位置和较大篇幅及时报道了学校的"四个一"模式和"111"计划、"双百"计划，湖北卫视、湖北日报、长江日报、武汉电视台、湖北经视、武汉电视台等湖北媒体也对此进行了充分报道。2009年8月，湖北省农委（省财经办）调研组以华中农大服务湖北经济社会发展为调研内容，在2009年第83期专报参阅件中专题向省领导报告了华中农大"围绕一个领军人物，带领一个创新团队，支撑一个优势学科，带动一个富民产业"（简称"四个一"）的特色发展模式和深入推进"111"和"双百"行动计划、全力服务社会主义新农村建设的情况。省领导对报告做出重要批示，认为华中农大坚持科技创新和产学研相结合，发挥优势，彰显特色，履行"三大职能"，走出了"四个一"的发展与服务新模式，为促进湖北经济社会发展，尤其在服务"三农"方面做出了重要贡献，受到了全省各地的广泛赞誉，也受到了农民群众的普遍欢迎。批示指出，湖北省要借助华中农大的科技优势，促进由农业大省向农业强省跨越，要向全省高校宣传推广华中农大的经验，切实加强同华中农大的全面合作。

# 6.3 科研院所开展的农业技术推广服务——专家大院模式

专家大院模式是指湖北省农科院通过与县（市、区）签订科技合作协议，重新整合双方在农业技术推广方面的资源和优势，以专家大院为平台，设立成果转化岗位，健全农业技术服务体系，建立以农科院科研成果为中心的新成果示范基地，加速科技成果的转化应用，提高农民科学文化素质，推动地方农村社会经济又好又快发展的一种农业科技成果转化模式。

### 6.3.1　基本概况

　　湖北省农业科学院是直属湖北省政府领导的综合性农业科研机构，前身是1950年11月14日国家建立的中南农业科学研究所，其历史可上溯至1908年湖广总督张之洞开创的南湖农业试验场，1978年正式定名为湖北省农业科学院（简称湖北省农科院）。湖北省农科院的主要职责是从事农业应用技术和应用基础研究、农业科技产品研制与开发、农业科技成果推广与应用，为全省农业和农村经济发展提供科技支撑。

　　湖北省农科院建有9个研究所（中心）、19个工程技术中心和2个省部级重点实验室，并控股管理省种子集团公司。2006年8月，湖北省农科院建立湖北省农业科技创新中心。从2007年起，湖北省财政每年安排3000万元专项资金，稳定支持"研究—试验—推广"一体化的省农业科技创新中心及其综合试验站建设。该创新中心下设9个创新分中心，包括粮食作物研究分中心、经济作物研究分中心、畜牧兽医研究分中心、果树茶叶研究分中心、植物保护研究分中心、农业环境与农产品安全研究分中心、农业环境与农产品安全研究分中心、农业环境与农产品安全研究分中心、农业环境与农产品安全研究分中心、农产品加工与核农业技术研究分中心、生物农药研究分中心和中药材研究分中心，以及4个综合试验站，即鄂北综合试验站、江汉平原试验站、鄂东南试验站和鄂西综合试验站。该创新中心的成立和运行一定程度上解决了科研力量条块分割、布局分散、成果棚架、应用面小等问题，整合和优化了省内农业科技资源（沈翀，2006）。

　　2006年以来，为探索农业科技成果转化的新途径，促进农业科技成果推广应用，湖北省农科院在总结以往经验教训和借鉴黑龙江省相关实践的基础上进行集成创新，摸索出了"院""县"共建专家大院的模式，在曾都、广水、南漳、宜城、枣阳、襄州、安陆、英山、鹤峰、潜江等20个县（市、区）建立了专家大院。

### 6.3.2　主要做法

　　在专家大院建设过程中，湖北省农科院注重从科研、试验、示范到推广的系统谋划，做到了农业科技研究与应用的有机结合。同时，湖北省农科院重视农业后继人才的培养，在农业科技的开发及推广中努力为农村培育可持续的发展人才。

（1）创建共同参与成果转化的利益共同体

为促进科研面向农业和农村实际，湖北省农科院大力推进农业技术推广，从三个层面构建责权利相统一的利益共同体。在组织层面上，湖北省农科院按照"自愿互利，共建共管"的原则，先后与省内20个县（市、区）政府签订了共建协议，成立由地方政府和省农科院负责人组成的工作专班，集体负责活动的组织、协调工作；同时组建了一批由知名专家、学科带头人组成的技术专班，具体负责实施方案制订、关键技术指导、技术培训等工作，做到任务到片、责任到人、协同实施、整体推进。在运转层面上，湖北省农科院采取政府部门、推广单位、科研院所和龙头企业"统一运作、订单生产、技术集成、窗口展示"的做法，实现了农业技术示范推广的规范化、标准化和网络化。在技术层面上，湖北省农科院选派知名专家常年驻点、跑点；在每个专家大院设立10个转化岗位，聘请当地农业技术人员担任农业技术推广员，由院地专家联手领办示范基地，"做给农民看，领着农民干"。实践证明，这一利益共同体的建立，极大地调动了政府、农业部门、推广单位、科研院所、龙头企业和农民共同参与成果转化的积极性。

（2）强化对农民的农业技术推广服务功能

湖北省农科院在专家大院建设中，突出面向农民的农业技术服务功能。在功能单元设置上，湖北省农科院以专家大院为中心重点建设了5个功能室：农业技术110值班室，24小时为农民提供在线咨询服务；专家咨询室，由院地专家共同为前来咨询的农民解答难题；分析诊断室，为农民提供现场技术诊断，就复杂性、普遍性、趋势性的农业技术问题开展综合分析研究；图书资料室，提供各类农业科技书籍和新技术、新品种资料让农民及农业技术人员学习阅读；电教培训室，配备现代化的电教设备，随时对农民进行技术培训。在人员配备上，湖北省农科院要求转化岗位专家将本院研发的新品种和新技术在专家大院建设地区进行示范推广，建立起"科研院所—专家大院（农业技术推广人员）—农户"的农业技术成果快速转化通道。在示范基地建设上，院、地专家联手建立有一定规模的基地，重点推广湖北省农科院的新品种、新技术和新模式，扩大成果转化的辐射面。专家大院的建立既为院县共建活动提供了一个固定场所，也搭建了一个向当地农民提供各种多元化、个性化服务的新平台。

（3）注重在基地示范中进行农业技术推广

为增强农业技术服务成效，湖北省农科院十分重视利用基地建设为农民展示农业技术，开展农业技术推广。首先，湖北省农科院将不同学科的专家混合编组，育种、栽培、植保、土肥专家共同组团，围绕某项农业技术成果进行技术配套组装，实现"良种与良法配套"。其次，湖北省农科院的专家学者与推广人员联合编队，充分发挥"省里专家熟悉新品种新技术特性、县市农业技术人员熟悉当地农民种植习惯和需求"的长处，实现优势互补。再次，通过对比展示、培训推广、专家咨询等形式，湖北省农科院把先进实用的成果和技术送到生产一线。示范基地的建设实现了科研成果与生产对接，加速了新品种新技术的推广。不少农民感叹："说一千，道一万，最好还是看示范！"

（4）提供及时并且权威的农业技术指导服务

在与县（市、区）共建过程中，湖北省农科院着重开展四种类型的服务。一是论证咨询。应当地政府部门要求，湖北省农科院组织专家为地方政府论证产业规划、品种布局和重大项目的确立，使当地科技转化工作建立在科学的基础上。二是现场指导。湖北省农科院组织专家进村入户帮助农民及农业技术人员掌握技术要领，提供农业科技上的"零距离"服务。三是技术培训。湖北省农科院组织专家通过电教授课、专题讲座、印发资料等形式，提高科技的入户率、到田率。四是个别答疑。湖北省农科院组织专家通过农业技术热线、咨询接待、手机联络等方式，及时准确地解答农民提出的各种难题。

（5）促进农民增收和培养新型农民相结合

提高农民科学文化素质，让广大农民尽快富裕起来，不断满足农民日益增长的物质文化生活需要，是以人为本的科学发展观的本质要求。建设社会主义新农村、发展现代农业，离不开科学技术的有力支撑，需要地方政府切实把农村经济工作的重点转移到依靠科学技术和提高劳动素质的轨道上来，促进农村经济又好又快发展。为调动农民科学种田的积极性，从内在的发展素质上解决农民的持久动力问题，湖北省农科院注重在农业技术推广活动中提高农民的科学文化知识水平。湖北省农科院通过组织专家为农民举办讲座、手把手传授农业技术、解答农业生产生活问题、科技示范基地带动等途径，影响广大农民自觉地认识科技、学习科技、应用科技和探索科技。

## 6.3.3 取得的成效

湖北省农科院2006年实施至今的专家大院建设不仅有效地传播了自主研发的农业新技术和新产品，而且极大地促进了地方经济的发展，有力地改变了农业科技在农村运用的机制，大大激发了农民自主应用科技的积极性。

（1）推动了县市农村经济跨越式发展

专家大院建设启动以来，湖北省农科院组织实施"优质稻板块基地建设"

"农作物新品种展示""水稻、小麦、棉花高产创建"等项目 100 多个，直接投入项目经费 2440 万元。近年来，湖北省农科院示范推广稻麦棉等新品种 30 多个，推广"轻简化栽培技术""茶叶标准化栽培技术"等先进实用技术 60 余项，创造社会经济效益 54.62 亿元，为农民增收 400 多亿元。

（2）提高了农民的农业科技文化素质

湖北省农科院通过有组织、有计划、有目的地开展专家大院建设，无论基层农业技术推广人员还是农民的科技素质都得到不断提高。一批传统的科学技术开始更新淘汰，一批新型实用技术正在稳步推广。几年来，湖北省农科院共组织院县专家 8000 多人次，采取集中培训与分散指导、共性技术与个性化需求相结合的手段传授先进实用技术，指导服务农民 100 多万人次，提供各类信息 600 多万条，培育科技示范户 29 589 户，辐射农户 510 250 户，亩均增收 80~100 元。农民高兴地说："科技人员作风变，科技送到农家院，学好用好产值高！"

（3）提升了农业技术推广的集成创新能力

湖北省农科院成果转化的实践为农业技术推广构建了一个新型服务组织体系，大幅提升了农业技术推广的集成创新能力。通过充分利用本院的品种、技术、信息和人才等资源优势，发挥地方政府主导作用，辅以县（市、区）农业局、农业技术中心乃至基层站的推广人力与设施，湖北省农科院建立起"省级农科院、地方政府—县（市、区）农业局—县（市、区）农业技术中心、乡镇农业技术站—科技示范户、农户"四级联动的新型农业技术推广服务组织体系，显著提升了农业技术推广的整体功能。湖北省农科院直接将科研项目和技术专家沉淀到基层，把科技成果输送到千家万户，促进了农业科技成果向现实生产力的转化。专家大院以地方特色作物或主导产业为主线，组装配套相关技术和品种，经过试验与综合评价后，进行示范、展示与推广应用，促进成果转化由单项、分散的推广应用模式向增产、节本、增效的多学科、重大关键技术集成与集中运用模式转变。湖北省农科院以核心示范基地为平台，将技术、服务、信息等要素打包导入农业、传到农村、交给农民，扩大了成果推广的规模和影响力，有效地提高了成果集成效应，促进了所在地区的农民增收和农业农村经济发展。2010 年，南漳县板桥镇晏山村示范推广湖北省农科院高山蔬菜品种及其高产高效栽培技术 208 亩，亩平产量 7430 千克，产值 9432 元，纯收入 8355 元。与当地传统种植作物玉米相比，平均产值增加了 8782 元，增加了 12.5 倍；纯收入增加了 7855 元，增加了 14.7 倍。通过专家大院这个平台，湖北省农科院一批科技成果得到了快速规模化转化。例如，高产优质中稻品种"两优 3076"借助专家大院示范展示，种植面积由 2006 年几十亩发展到 740 万亩。目前，专家大院成果转化率达到 90% 以上。

（4）形成了新型的农业科技创新机制

通过建立建设专家大院，湖北省农科院调动农业科技人员深入田间地头，在试验示范中跟踪服务，解决科技成果应用过程中出现的困难和生产实际中存在的技术问题，使生产一线的农业科技需求与科研单位的科技创新和成果转化有机结合、农业生产实际与课题研究有机结合，改变了科研与生产分离的局面，建立起了"课题来源于实践，成果服务于生产"的选题机制，初步形成了研发与生产"上下互动"的农业科技创新机制。湖北省农科院水稻"两优3076""鄂麦 23""棉花 EK288"等一批良种和水稻高产保优栽培技术、小麦高产创建核心技术、棉花高产创建集成技术等一批先进实用技术，通过专家大院示范基地展示，被确定为国家或省地主导品种和主推技术，被确定为地方高产创建主推品种和主推技术。

（5）实现了科农的对接及其良性循环

建立专家大院后，湖北省农科院有 1/3 的科技人员常年在基层从事农业科技服务，每年科技人员下基地开展技术指导近 1000 场次。通过农业技术推广活动的开展，湖北省农科院科技人员的工作作风呈现出了可喜的变化：热衷于办公室、实验室搞科研的少了，到试验田、示范基地搞科研的多了；只重科研、一味追求成果和论文的少了，在加强科研的同时开展成果转化和"三农"服务的多了；闭门办院、单兵作战的少了，与企业和地方基层单位开展科技合作的多了。

湖北省农科院坚持科技创新和成果转化相结合、科技项目与生产实际相结合，通过开展农业技术推广活动带动科研向生产一线倾斜，使专家大院建设及其系列科技服务活动取得丰硕成果，吸引着越来越多的县市区加入共建行列。目前，专家大院总数达 20 余个。湖北省农科院以专家大院为平台开展的科技特派员工作，被评为"全国科技特派员工作先进集体"。专家大院模式是一种新型农业科技成果技术转化模式，实现了成果转化应用由"游击战"到"阵地战"的转变，运行以来在社会上产生了较大反响。今后，逐步建立农业科技与农业经济紧密结合的"市场选题—成果产出—成果转移—成果使用—市场选题"的成果转化运行机制是农业科研院所的主要方向[①]。

---

① 参见湖北省农科院 2011 年 7 月 19 日专题报告材料《开展院县科技共建专家大院 促进农业科技成果推广应用》及湖北省农科教结合工作领导小组办公室 2011 年 12 月编辑的《湖北省农科教结合工作典型汇编》。

# 6.4 农民组织开展的农业技术推广服务
## ——"华丰"模式

在利用科技增产增收的过程中，广大农民探索出了行之有效的农业专业合作社模式。湖北天门市华丰农业专业合作社是部分农民适应农业机械化的要求，组建农机联合团队，实行组织化管理，开展为民便捷服务的产物。虽然运行不到十年，华丰农业专业合作社却以周到细致的服务、严谨高效的管理赢得了广大农民的欢迎，取得了骄人的成绩，被农民日报称赞为农业合作社的"华丰样板"（何红卫等，2013）。

## 6.4.1 基本概况

天门市华丰农业专业合作社起源于农机种收服务，是由天门石河镇石庙村农民吴华平在以自己为首的机耕团队基础上发展起来的农民合作组织。该社组建于2006年3月，2009年4月在天门市市工商局登记注册（注册名为天门市华丰农机专业合作社，现更名为天门市华丰农业专业合作社）。合作社以水稻全程机械化生产与服务为主，作业项目涵盖机械机耕、育秧、插秧、植保、收获、挖掘及农田水利建设等。华丰农业专业合作社现有社员232人，常年聘用人员54人，其中返乡青年农民20人，"三支一扶"大学生2人，农艺师1人，法律顾问1人。合作社农机装备达420台（套），其中大中型机械186台（套），小型机械216台（套），固定资产总额1.6亿元。2012年，合作社流转种植大宗农作物面积4.48万亩，全年机械作业面积65万亩次，社员人均纯收入8.023万元。

2013年，华丰农业专业合作社进一步加大建设和发展力度。合作社投资5000万元新建了占地面积60亩、建筑占地面积11 000平方米的粮食烘储中心、土地流转中心和农产品展示区，投资80万元新建占地面积20亩的中型育秧大棚，投资60余万元创建占地面积2000亩的有机稻鳅共生基地。当年，合作社流转土地面积达到6.5万亩，收获水稻、油菜、小麦超过5000千克。合作社全年机械作业面积达80万亩次，经营收入突破3000万元，社员人均收入达到8.5万余元。

华丰农业专业合作社的工作和成绩得到社会充分肯定和高度赞扬，中央电视台、人民日报、农民日报、湖北日报、湖北电视台、天门电视台、天门日报等多家中央、省、市主流媒体曾进行了跟踪报道。华丰农业专业合作社2010

年被农业部授予"全国农机专业合作社示范社"，2011 年被湖北省委、省政府授予"全省五强农民专业合作社"，2012 年被农业部授予"全国农民专业合作社示范社"；理事长吴华平先后被授予"全省水稻机械育（插）秧先进工作者""全国种粮售粮大户""全国 20 佳农机合作社理事长"等称号，获得中国农民合作社理事长特等奖，奖品是价值 9 万多元的星光联合收割机一台。时任省委副书记张昌尔多次对华丰农业专业合作社给予肯定，认为"华丰模式值得大力推广"，省内外各地领导和组织纷纷到华丰参观学习（何红卫等，2013）。

### 6.4.2　主要做法

面对农村青年热衷外出务工和进城经商，种田逐渐沦为中老年人解决口粮的"副业"的现状，吴华平决心把农民组织起来，解决种田劳力配置结构不合理导致的技术推广难、田间管理难、产量质量提高难，以及农田产出率低、劳动生产率低、资源利用率低等问题。吴华平认为，满目抛荒、半抛荒的肥沃耕地令人心疼，老人种田难以为继，只有新的种田模式才能破局。为扭转"有田无力种、有力无田种"的状况，吴华平组建华丰农业专业合作社，在不损害农民土地承包经营权益的基础上将土地集中起来实行规模经营。

（1）建立生产能手的合作组织

为保证有能力的种田者下地种田、有技术的种田者科学种田，吴华平将熟识的农机手组织起来，成立农机专业合作社，并不断探索合作社的有效组织结构和管理。经多方考察，结合本地实际，华丰农业专业合作社组织构成实行理事会制度。合作社由成员大会选举产生理事会，理事会对合作社负总责，下设监事会（由成员大会选举产生）、生产部、财务部。理事会有理事 4 人，负责制定和实施决策议事、股权配置、财务管理、社员管理、生产经营、档案管理等规章制度；监事会有监事 5 人，负责对理事会的工作予以监督，有权提出召开社员大会、民主评议理事会的工作；财务部 8 人，设总会计 1 人，总出纳 1 人，成员账户管理会计 1 人，生产成本会计 2 人，材料保管员 2 人，档案管理员 1 人。财务部负责合作社财务收支管理、现金管理、成本核算、合同管理、档案管理、收入分配、成员账户的管理等；生产部 37 人，负责为社员、农机手提供新品种、新技术、新机具的推广应用培训和农机业务培训，制定农机作业服务质量和收费标准，负责农机具的维修保养、操作使用管理和安全生产，生产部下设 6 个生产作业队负责大宗作业地块生产。

（2）实施责利分担的管理模式

通过多年探索，华丰农业专业合作社在利益分配上选择了规范运作的股份合作制，实行社员带机入社、带地入社、带资入社及多种混合形式的分配制度。合作社将全部资金折资进行股份量化，记入社员的个人账户。通过股份合作制这一有效形式，华丰农业专业合作社把集体的兴衰与社员利益连接在一起，形成了风险共担、利益共享机制。一是带机入社。社员自购机械加入合作社，合作社将机械按新旧程度折旧后参考市场价格进行折资，股份量化到社员，机械产权属合作社，社员年底凭股份获得股份收入和分红。二是带地入社。社员将自己的土地承包经营权流转给合作社经营，年底每亩固定股份收入为 500 元，再按农田经营收入进行分红。这样既解决了入社社员土地无人耕种的问题，同时也增加了社员土地流转的收入。三是带资入社。社员直接把资金入股到合作社，在合作社从事生产经营活动，年底按股份获得股份收入和分红。通过实践，华丰农业专业合作社逐步认识到，要实现规范化的管理，必须实行"一个漏斗向下"的统一管理。其一，统一政令。合作社的投资方向、生产经营范围、利润分配方案等重大事项，由理事会提出议案，交由成员大会进行表决，统一进行决策；华丰农业专业合作社详细制订了用工方案、农机具管理、农机手聘用、水电管理、油料管理、财务管理、院内管理、护青、收益分配制度等系列制度，保证入股社员与合作社的直接经营分开，即入股社员与合作社出勤人员分开，入股不一定在合作社参加作业；社员入股分成与合作社人员报酬分开，管理作业人员按岗位、工时、绩效确定报酬。其二，统一种植。合作社根据市场行情制定种植种类的作业质量标准和产量目标，近几年大宗作业区一般以小麦-中稻模式为主，零散户以油菜—中稻模式或早稻—晚稻模式为主。其三，统一调度。合作社对机手、劳务、车辆、机械统一进行调度，确保机械整修、人员轮训不误农时。其四，统一价格。合作社购买生产资料、机械作业服务收入、农产品出售价格，必须由理事会根据市场行情统一管理，采用团购的模式降低生产资料的价格，凭借合作社技术、人员、机械等优势降低服务价格，提升合作社市场竞争力。其五，统一结算。合作社所有收入、支出必须由财务部进行结算，财务的各个环节由合作社财务部进行统一管理。

（3）实行市场营运的服务模式

华丰农业专业合作社通过近几年的市场运作，已形成了以开展"全托""半托"和"部分托"农机服务为主体，兼营机械打井、农田水利改造等业务的特色服务模式。合作社长期坚持"服务是根本、质量是生命、诚信是基石"的原则，业务拓展迅速，目前服务业务已涵盖天门市 12 个乡镇 182 个村，服务农户达 3.5 万户，农机服务占全市市场份额的 10%。其一，开展"全托"服务。大宗作业区的营运方式主要采取"全托"，由合作社与农场签订合同。合作社 2010 年在熊望台农场签订 8200 亩，在马良农场签订 6600 亩，在小江湖农场签订 8700 亩，共有 23 500 亩的大宗农机服务作业区，由合作社负责全程机械化耕种。每年两季，一季小麦，一季中稻。小麦产量如果达到 275 千克/亩，农场返还生产管理费（人工、种子、肥料、农药、水电）168 元/亩；小麦亩产如果超过 275 千克，超产部分合作社与农场按四六比例分成；小麦亩产如果不足 275 千克，每短少 10 千克扣除生产管理费 10%。中稻产量如果达到 400 千克/亩，农场返还生产管理费 280 元/亩；中稻亩产如果超过 400 千克，超产部分合作社与农场按四六比例分成；中稻亩产如果不足 400 千克，每减少 10 千克扣除生产管理费 10%。其二，开展"半托"服务。部分服务区域由农户自己提供种子、农药、化肥，合作社组织人员对农户的土地进行包括耕地、插秧、田间管理、收割等机械化服务，收获时合作社按每亩 230 元收取作业费。2010 年，合作社共为农民提供"半托"服务 10 万多亩。其三，开展"部分托"服务。一些服务区域合作社仅承接农户农田生产的某一环节，按耕作数量和质量收取作业费。例如，合作社对水稻插秧收取服务费 40 元/亩，对育秧且插秧收取服务费 80 元/亩。

（4）构建面向农户的适应机制

为适应农户的多元需求，华丰农业专业合作社面向农户开展多样化服务。对于需要全部常年代种的村组，合作社与农户签订 10 年以上土地流转合同，整村整组流转土地。合作社每年支付农户每亩 400 千克稻谷或 400 千克稻谷的市场折价作为流转费，并负责流转村组的机耕道维修、排灌沟渠清理、土地平整等，以改变田小埂多、田块分散的土地状态，达到机械化作业的要求。对于需要合作种植的农户，合作社与他们（一般为种植大户）签订合作种植合同，合作社在农户提供土地及所有生产资料成本的基础上为他们供给农田作业机械、技术、田管等全程服务。当亩产达到 450 千克后，农户向合作社支付机械作业费、技术费、田管劳务费每亩 280 元；亩产超过 450 千克部分，农户与合作社按四六比例分成；亩产不足 450 千克部分，农户扣除一定比例付给合作社的服务费。对于需要季节性流转冬季闲田的农户，合作社则按每亩 100 元的标准支付给农户流转费，种植一季小麦或油菜，于次年 6 月中旬将土地耕整后交还农户种植中稻，有效保证了"人懒田不懒"①。

### 6.4.3 取得的成效

华丰农业专业合作社以农业机械为手段，以土地流转为依托，在进行自身

---

① 参见 http：//www.hbagri.gov.cn/tabid/64/InfoID/33030/frtid/131/Default.aspx。

机械化生产的同时，大力加强农业技术推广，不仅创造了流转土地上生产经营的良好收益，而且促进了地方农业现代化发展和经济社会进步。

（1）打造了机械化生产与服务的推广模式

华丰农业专业合作社围绕农业的农机需求做文章，始终站在全市机插秧技术的前沿，以水稻机插秧为主体打造出机械化生产与服务的农业技术推广模式。合作社农业机械由少到多，农机手由 16 人发展到 50 余人，作业范围包括机械耕整、工厂化育秧、机械插秧、机械植保、机械收割等整个生产流程，并延伸到农田水利基本建设。2010 年，合作社服务范围由石河镇拓展到天门市佛子山镇、九真镇、张港镇、多宝镇、拖市镇等 12 个乡镇，并跨县市为钟祥市、沙洋县、五三农场、京山县等地服务，跨省为四川省内江县、河南省信阳市等地服务。为确保全程机械化服务顺利施行，合作社将农机、农业技术与农艺紧密结合，每年聘请高级农艺师、农业技术师定期为农机手、管理人员培训3 ~ 4 次，并组织力量对农业机械化生产过程中遇到的难题进行重点攻关。2010 年，华丰农业专业合作社成功解决了以青沙为底土的育秧难题，既填补了软盘育秧的一项技术空面，也为合作社在青沙土地区施行机械全程作业提供了技术保证。

（2）促进了农业现代化步伐和农户节支增收

华丰农业专业合作社开创之初就提出了"服务第一、效益第二"的经营理念，理事长吴华平曾在社员大会上说，合作社要全力回报和服务于农村社会，不能以盈利为最高目的。合作社在搞好自身经营的同时，把更多的精力放在服务社会、促进农业现代化步伐和农民节支增收上。2010 年上半年，天门市遭受到前所未有的洪涝灾害，大部分农田受渍，华丰农业专业合作社在自身农田抗灾保苗非常困难的情况下，组织大中型耕整机械 15 台（套），奔赴受灾严重的岳口镇、蒋场镇等地帮助群众抢耕抢种。合作社社员自带干粮、自备燃油、24 小时连续作业，奋战 15 天，帮助群众及时耕种土地 5000 余亩，仅此1 项合作社减少收入 15 万余元。在服务过程中，合作社对资金暂时困难的农民实行暂缓收费，对特殊困难户免收作业费。2011 年，合作社无偿为 30 多户困难户插秧 100 多亩，受到了群众赞许。合作社实施水稻生产全程机械化，仅从机械化插秧和收获两个环节计算，可为农民节本增效 400 多万元。水稻插秧期间，人工插秧费用一般每亩 100 ~ 150 元，合作社机械插秧一般 50 元，比人工插秧每亩节省 50 ~ 100 元，并且机械插秧与人工插秧相比每亩多保苗3000 株以上，深浅一致，分蘖快而壮，亩均增产 60 千克，增收 120 元左右。水稻收割期间，人工收割费用一般 100 ~ 125 元/亩，合作社使用水稻联合收获机，收割脱粒一次完成，直接装袋即可销售，每亩收费 80 元，可节省 20~45 元①。

(3) 培养了高素质的现代农业后继人才

华丰农业专业合作社把培养高素质的现代农民当成一项主要职能和责任，明确要求每个社员都要成为"两手"和"两师"："两手"是基本要求，即成为农机手和种田能手，会开车和会种田；"两师"是中等要求，即成为农机师和农艺师，按照国家标准进行严格考核。除此之外，合作社将培育创业人才和农民企业家作为人才培养的最高境界和人才培育的终极目标。合作社每年制订培养计划，每月安排培训课，每项重大农事都有培训指导，课堂培训和现场培训相结合，课堂培训予以考试，现场培训则考核操作。合作社将平时的人才培训与实际生产效果相结合，实现行"秋后算账"，超产有奖。农民李仁军等就得过粮食超产奖，每人 2000 元；也有人因为减产，进行过赔偿。理事长吴华平亲自主持合作社人才培训，奖优罚劣。吴华平早年当过农业技术员，后来自费到武汉高校进修，还到中国农业大学"陪读"过两年。他在长期实践中摸索发明的"青沙育水稻机插秧苗"技术成果获得中国工程院院士的肯定，并在全国推广。他给社员们传授的不仅是农机和农业技术，更多的是经营管理理念和创业当农业领军人才的思想（何红卫等，2013）。

(4) 取得了经济效益与社会效益的双重丰收

近年来，华丰农业专业合作社致力于农业机械化生产和服务，取得了较好的自身效益和社会效益。一是提升了粮食产量。合作社流转的耕地全部种植双季，全程机械化生产，2011 年增产粮食 400 余万千克。二是增加了农民收入。合作社水稻全程机械化生产，平均每亩比人工生产节本增效 295 元左右，省工节支增产增效近 700 万元。三是扩大了经营规模。由于实行全程机械化生产，劳动生产率得到了大幅提高，合作社社员人均种田面积 200 多亩，人均作业面积 1000 多亩。四是提高了复种指数。合作社勇担社会社会责任，2013 年集中为早稻生产育秧 4.25 万亩，免费向群众供秧 1.2 万亩，调动了群众种稻积极性，提高了土地复种指数。五是增长了社员收益。合作社社员年平均纯收入从不足 6000 元递增到 2013 年的 8.5 万元，高出非入社农机户 4 万多元，人人都住进了小洋楼。合作社收益分配公开化，收益分配采取"工资+股份收入+机械作业返还"的分配制度。2012 年，华丰农业专业合作社全体社员人均收入 8.023 万元，比 2011 年人均收入 6.38 万元净增 1.643 万元。2012 年合作社经营总收入 2640 万元，纯收入 1800 万元。除了提取公积金和公益金 5%、预留生产发展风险金 10% 之外，合作社剩下的 85% 纯收入全部用于社员分配，其

① 参见 http://www.hbagri.gov.cn/tabid/64/InfoID/33030/frtid/131/Default.aspx.

中工资占 20%，按股分红占 15%，机械返还占 50%（何红卫等，2013）。

# 6.5 涉农企业开展的农业技术推广服务
## ——"春晖"模式

出于对产品的要求和对社会的回报，涉农企业在农业技术推广中占有独特的地位，发挥着重大作用。湖北春晖集团为从源头上保障企业产品质量，向社会输送优质农业加工产品，逐步介入农产品生产，开展先进农业技术推广与服务，走出了一条涉农企业进行农业技术推广的特色服务之路。

### 6.5.1 基本概况

湖北春晖集团位于湖北省孝感市，是一家集粮食生产、收储、加工、贸易、优质水稻种子研发与房地产开发、酒店餐饮、农副产品物流、旅游等服务于一体的国家级农业产业化重点龙头企业，下辖湖北春晖物流股份有限公司、孝感市伟业春晖米业有限责任公司、孝感市伟业春晖万丰米业有限责任公司、湖北春晖朱湖米业有限责任公司、湖北孝感国家粮食储备库、湖北省孝感市春晖农业科学技术研究院、湖北春晖香稻合作社、湖北春晖糯稻合作社、湖北龙岗土地股份合作社、湖北春晖农机专业合作社、湖北春晖农机维修有限公司、湖北省孝感市春晖职业技术学校、湖北省春晖朱湖富饶农副产品有限责任公司、湖北春晖永佳面业有限公司、湖北春晖家俬有限责任公司、春晖农产品超市、国贸地产、国贸物业、国贸酒店等 20 余家生产经营和科研单位，员工近1000 人，总资产超过 10 亿元。2011 年，集团实现总产值 40 余亿元，带动农民增收 6000 多万元，分别比上年增长 122.2% 和 200.3%；2012 年，集团实现总产值 49.8 余亿元，带动农民增收 1.2 亿元，分别比上年增长 24.5% 和200.1%。

近年来，湖北春晖集团以"粮安天下，春晖有责"为己任，坚持"农业兴则百业兴，农民富则国家富，农村稳则社稷稳"的发展理念，致力发展现代规模农业。它们在抓好粮食精深加工、品牌建设和仓储物流的同时，按照"龙头企业+合作社+基地（或农户）"的模式，大力开展农村土地流转，组建专业合作社群，实施规模标准生产，打造优质粮源基地，为转变农业发展方式、加快建设现代农业、带动农民增收进行了有益探索。时任湖北省委书记李鸿忠、省委副书记张昌尔、副省长赵斌等领导高度重视春晖集团的发展之路，要求大力扶持推广"春晖模式"，新华社、人民日报、中央电视台、农民日报、湖北日报、湖北电视台等新闻媒体多次对"春晖模式"追踪报道。春晖集团董事长谭伦蔚被评为"2011 年度中国农村新闻人物"和湖北省十大"种粮大户",受到国家领导人的接见和省政府表彰。

## 6.5.2 主要做法

湖北春晖集团抓住国家大力发展农业的良好时机,利用企业优势,迅速介入土地流转和直接经营,不但保障了企业生产和销售的优质、充足农产品供给,而且给广大农民带来了直接利益,有力促进了现代农业发展和地方经济增长。近年来,春晖集团与上万户农民一道成立了 4 个专业合作社,即湖北龙岗土地股份合作社、湖北春晖农机专业合作社、春晖糯稻合作社和春晖香稻合作社。4 个合作社有三种类型,即以土地入股形式组成的合作社,以农机入股组成的合作社,以生产统一管理组成的合作社,它们与周边农户建立了密切的合作与服务关系。

(1) 以股份合作实现规模经营

2011 年元月,春晖集团下属孝感市伟业春晖米业公司和三汊镇龙岗、同昶、彭桥、东桥 4 个村的村集体、699 户农民,三方共同组建成立了湖北龙岗土地股份合作社。按照"农户保底又分红、公司参股不控股"的原则,4 个村的村集体和村民分别以机动地经营权、承包地经营权折资入股,入股土地6000 多亩,占合作社总股本的 51%;春晖米业公司以 100 多台先进农机具入股,占总股本的 49%。在经营管理上,合作社负责重大经营决策及资产发包管理,春晖米业公司负责生产经营;在利益分配上,采用"B(保底租金)+X(盈余分红)"的模式,村民成为股民,农民变成农工。春晖集团自筹资金,大力进行土地整理,对入股土地统一建成 30~50 亩一块、机耕路配套、沟渠相连、旱涝保收的高产农田,整理后新增实用可耕地 15% 左右。在土地股份合作基础上,春晖集团结合各地实际,尊重农民意愿,进一步健全完善长期性租赁、股份制合作、季节性托管(秋冬播)三种模式,不断扩大土地流转面积,壮大粮食生产规模,目前已在全市累计流转土地 10 余万亩(何红卫等,2011)。

(2) 以农机合作实现机械生产

春晖集团按照"标准高、机械全、技术新、规模大、实力强"的目标,高起点规划建设"湖北春晖农机专业合作社",着力打造"中部领先、全国一流"的农机合作社。目前,湖北春晖农机专业合作社已形成以三汊总社为核心,下辖孝南区朱湖农场、朋兴乡和安陆市、云梦县、大悟县 5 个分社的发展格局，社员总数达 200 余人，拥有各类农业机械 886 台（套）。农机总社建有占地 80 亩的农机场院、1200 平方米的办公大楼、400 平方米的农机修理中心和农机配件超市等配套设施，总资产达 5000 多万元，成为全省规模最大、设施最全的农机合作社。在农机合作社的机械设备支撑下，春晖集团对流转土地实行统一种子、统一育秧、统一机耕、统一机插、统一机防、统一灌溉、统一机收的"七统一"管理，并以优惠的价格和高标准作业质量，为集团"订单农业"基地提供农机社会化服务，有力地促进了水稻标准化种植、专业化生产和集约化经营（何红卫等，2011）。

（3）以管理合作实现订单发展

为适应土地流转过程中广大农户的多种要求，春晖集团通过大力推行"四提供、一回收"（即提供种子、肥料、种植技术、病虫害防治和保价回收成粮）服务模式，与广大农户建立起利益联结机制，发展"订单农业"近 40 万亩。对于"订单农业"农户，春晖集团动员组织他们成立了香稻、糯稻、农资等专业合作社，专门从事生产管理、农资发放和粮食代收，实行统一机耕、统一育秧、统一机插、统一施肥、统一管水、统一机收、统一收购、统一结算的"八统一"管理，切实让他们"农资有来源、生产有计划、技术有指导、质量有保证、销售有渠道、收入有增长"，改变了原来单家独户分散经营的市场弱势地位。春晖集团所属合作社对订单农户所有的统一性服务，都不收取现金，而待秋后收购粮食时统一扣除，并且所有服务的农资、农机价格都比市场优惠，而粮食收购价格则高于市场 5 分至 1 角钱。如果收购时粮食产量达不到最低标准，农民可以找合作社理赔；如果合作社收购粮食价格低于市场价，农民可以拒付生产开支、拒售粮食。这些规定让订单农户吃了"只赚不赔、风险全无、多头得好"的定心丸，农民对春晖集团及其所属合作社表示衷心欢迎（何红卫等，2011）。

（4）以自主科研实现技术保障

为及时解决农业生产中的技术问题、保证农业技术不断进步，春晖集团专门创建了春晖农科院从事农业科研开发，并聘请专家教授担任顾问，招聘农学专业毕业生进行技术指导。春晖集团首开全省民营企业创办综合性农业科研机构之先河，创建了湖北春晖农科院，设立粮食作物、经济作物、农业机械化、农业产业化、生态旅游及种子、米质、淀粉检测等"五所、一中心"，聘请省内外 20 余名专家作顾问，并同 10 多所高校和科研机构开展产学研协作，与美国约翰迪尔、加阳公司开展国际交流与合作，引进 30 余名高学历专业人才，着力打造中部农业科技研发"高地"。湖北春晖农科院拥有新品种展示基地1.1 万亩，试验基地 1000 亩，其中核心基地 500 亩。2010 年以来，湖北春晖农科院以"高产、优质、广适、多抗"为目标，分别在湖北、海南两地同时开始新型水稻品种的选育工作，努力实现良种"育、繁、推"一体化，为工厂化育秧和基地生产提供质量可靠的优质种子。春晖集团建设了育秧基地，保障了水稻机插育供秧；建设了大型谷物烘干厂，利用农作物秸秆和稻壳作燃料，每天可烘干谷物480吨，有效解决了收获季节数量大、无处晾晒的难题。此外，春晖农科院同中国移动孝感分公司合作，利用先进的通信设备、完善的服务网络和广泛的3G应用，从施肥到病虫害防治，从播种到收割，从田间到车间，加强全过程、全方位技术指导和服务，实现了从田间到餐桌无缝隙质量可追溯监控。近年来，春晖集团生产的"朱湖"牌珍珠糯米被认定为中国地理标志保护产品；"孝丰"牌大米先后获得第九届中国农产品交易博览会金奖、新中国60年湖北十大绿色食品品牌和第十二届湖北粮油精品展示交易会金奖；"黄香"牌糯米获得第九届中国国际农产品交易会金奖（何红卫等，2011）。2012年5月，春晖集团被湖北省科技厅表彰为全省农业领域产学研合作优秀企业。

### 6.5.3　取得的成效

2011年9月，中央农村工作领导小组副组长、办公室主任陈锡文在给湖北省委中心组人员的讲座中认为，"湖北春晖集团在孝感，通过土地股份合作制，通过农机专业合作社，通过农业生产管理合作社，核心地区搞了6000亩地，带动了几万亩地，在这些地上生产他们所需要的优质稻谷，生产的产品标准化了，质量好了，收益也高了。发展农民的专业合作组织，对我们这样一个在相当长时间内小规模经营的农户数量还比较多的国家，这是一条不可不走、不得不走的路"。具体而言，"春晖模式"在农业技术推广方面取得的成效主要表现在以下方面。

（1）破解了未来农村谁种田的难题

随着农村大量青壮年劳力外出打工，留守在家的妇女、儿童和老人干不了繁重的农活，加之农业比较效益低下、风险大，许多人不愿种田，造成土地抛荒现象严重。春晖介入规模种植之前，农民往往只种一季中稻。龙岗村党支部书记刘顺田介绍，龙岗村在土地流转前，耕地抛荒面积最多时超过40%，有相当一部分农户没有进行秋冬播（付文，2013）。同时，一些社会资本（企业）进军农业，需要大量土地发展规模经营，但很多农民持有"宁可抛荒、不愿失地"的观念，致使企业又没有田种（文斌，2012）。在春晖集团"粮安天下"的责任意识和"让利农民"的社会情怀下，在这一矛盾得到了较好解决。春晖集团根据地方实际，尊重农民意愿，采取土地股份合作、长期租赁、季节托管等方式，不断获得流转土地，壮大生产规模，现已累计流转土地12.3万亩，发展"订单农业"近40万亩。春晖集团不仅自身成为当地最大的种粮大户，而且积极培养农机能手、种田能手，并安排流转土地农户的518位村民到下属各公司和农业合作社打工，培育时代需求的新型农民。此外，春晖集团还帮助317位村民到外地务工经商，兴办"湖北春晖集团敬老院"对土地流转村75岁以上的老人全部实行免费供养，回报社会，解决农民的后顾之忧，深受当地群众欢迎（何红卫等，2011）。

（2）改变了传统的农作物经营方式

作为新时期现代农业发展与服务的典范，"春晖模式"的核心要素是"集约"。集团负责人谭伦蔚认为，春晖是在用高科技来种田，把农业基地当成工厂办。春晖集团彻底改变了一家一户、肩挑背扛的粗放式、传统式经营，在土地集中连片规模的基础上，实行以农机、科技、人才为主要内容的集约化生产。在湖北春晖农机合作社，占地80亩的春晖农机场院内停放着从德国、日本等国进口的数百台（套）大型收割机、插秧机、太阳能灭虫灯等各种农用机器。合作社理事长詹清卯介绍说，从翻田、播种、插秧、施肥、打药、收割等几乎全部生产环节都实现了机械化，大大地减少了对人力的依赖。为提升种田效率，春晖集团创建湖北春晖农科院专门研究和改进农业技术。为高水平地进行土地平整，春晖集团引进了美国激光平地仪。为节省人力，保证质量，春晖集团利用科技手段对田间实行信息化管理。在春晖农科院的一间工作室，科技人员通过安装在田野、育苗大棚里的高分辨率摄像头，轻松实现了对6000多亩土地的田间管理。科技人员介绍说："水头到田哪里，作物有什么虫害，都能从监控屏上发现，迅速做出处理。"借助集约化生产经营，春晖集团建立起"一条龙"的产业链，大大提高了农业生产力和生产效益。2011年，仅龙岗土地股份合作社就实现水稻总产359.5万千克，单产达到600千克，比2010年亩产提高了25千克（唐卫彬和黄艳，2012）。

（3）推动了科学种田的生态化发展

春晖集团在发展过程中不拘泥于眼前利益和得失，长远谋划农村和农业进步前景，将"两型农业"（即资源节约型和环境友好型农业）作为重要发展方向。春晖集团大量采用以节水、节肥、节种、节药、节油为重点的农机化技术，严格控制农作物秸秆堆放腐烂和任意焚烧对大气环境造成污染。集团积极探索生态乡村建设新模式，要求大力推行农作物秸秆粉碎还田，建设无公害绿色粮食生产基地。2013年，春晖集团投入500多万元，在部分土地上安装了700盏太阳能灭虫灯。装灯后，一亩地每年最多只需要打2次农药，既节省了农药开支，又大大降低了农作物的农药残留。目前，春晖集团正在规划建设大型农作物秸秆沼气池、生物质发电和生物肥料加工项目，努力打造以沼气为纽带，"猪—沼—果""猪—沼—菜""畜—沼—果"等循环生态农业，化害为利、变废为宝，力争未来3年内将三汊镇打造成为全国清洁能源、现代农业示范园和"两型"社会建设第一镇，促进农业可持续发展和农村生产生活环境得到根本改善（付文，2013）。

（4）开辟了农业技术推广服务的新渠道

在"春晖模式"下，农科院直接将农业技术提供给专业合作社，合作社则通过统一经营、统一服务或农业示范等方式把农业技术服务送到户头、田头。春晖集团建立农业信息服务平台，依托该平台及时为广大农户提供农机作业、机车调度、机具维修、农情预警、环境监测、农业技术推广和法律维权等多种服务，受到群众普遍好评。在春晖集团，4个合作社率先实现农业机械化，采用农业机械作业，机插率、机收率达到100%。为保证实现机插，春晖集团投资2800万元专门建设了一个占地15亩的大型智能化育秧工厂，7天出一茬秧，每个季节具备10万亩以上的水稻机插育供秧能力。为保障规模化生产，春晖集团投资7600多万元将所有整村流转和成片流转的土地予以改造，按照"水泥道路、畅通渠道、成方田块、水平土地、旱涝保收、进出方便、风景优美、生态良好"等标准进行建设；对土地没有流转但统一生产管理的合作社农田，集团也进行道路、水渠、泵站等重大基础设施的改造。通过建立4个合作社及其辐射带动作用，春晖集团粮食收储和大米加工有了稳固的粮源与优质率保障，产品销售市场也迅速扩大到省内外几十个大中城市。与此同时，由于粮食贸易量大幅增长，利润明显增加，春晖集团反过来对合作社建设的资金支持力度加大，形成了良性循环、互促共赢的可喜局面（何红卫等，2011）。

（5）促进了农民群众普遍增收致富

春晖集团在土地流转中，大胆创新土地流转利润分配方式，入股农民可得到入股土地的保底租金、盈余按股分红和在合作社的务工收入等，拓宽了农民增收和集体经济发展的渠道。在春晖集团，参加合作社的农民能够拿到"六金"，一是"租金"，每亩180千克中籼稻的价钱；二是"薪金"，一天100元的劳动报酬；三是"管理金"，田管员每月1500元；四是"股金"，年终按股分红，只进不出；五是"补贴金"，国家发的粮补和所有补贴都归农民；六是"机金"，有农机设备加入合作社的，收入更高（何红卫等，2011）。73岁的龙岗村农民李荣松在家里土地流转给龙岗合作社之前，每亩水稻产量不足500千克，17亩地每年只有5000多元利润，流转后2012年龙岗合作社下发给农户的每亩保底租金为 450 元、利润分红 45 元/亩，17 亩地纯收入 8415 元，特别是两个儿子、儿媳都能安心地常年在外打工，不用牵挂家里的活计。李荣松老人感慨地说，"原来辛苦一年才挣 5000 多元，现在不干活就能拿 8000 多元"（付文，2013）。2011 年，龙岗土地合作社经营收入 781.68 万元，分红金额48.27 万元，按股份结构，春晖集团分红 23.65 万元，农民分红 24.62 万元。入股农户每亩租金折合 385.2 元，每股分红 41 元，加上惠农补贴资金，亩均收入 541.61 元（唐卫彬和黄艳，2012）。不仅是农民收入增加，集体收入也大大增加。龙岗村以机动地入股合作社，2011 年负债多年的村集体收益约 5万元。

# 6.6 本章小结

在传统农业向现代农业转型的背景下，湖北省武穴市农业技术推广部门、华中农业大学、湖北省农科院、天门市华丰农业专业合作社和湖北春晖集团结合地方和自身实际，经过长年探索，创建了富有各自特色的农业技术推广模式，对我国多元化农业技术推广服务体系建设大有裨益。

湖北武穴市在全省推行的"以钱养事"机构改革中，因地制宜地重构农业技术推广体系，成功探索出了政府主导的农业技术推广服务体系——武穴模式。武穴市对农业技术推广人员科学定岗、定员、定编，严格落实资金，提升人员待遇，解决了农业技术推广人员的后顾之忧，稳定了农业技术推广队伍。改革之后，武穴市农业技术推广服务体系进一步完善，农业技术推广队伍更加精干、功能更加完备、管理更加规范、服务质效显著增强。

华中农业大学在 110 多年的办学历程中坚持为地方经济社会服务，围绕地方经济社会需求开展科学研究和人才培养，成功地走出了一条大专院校进行农业技术推广的社会服务之路。学校坚持"围绕一个领军人物，培植一个创新团队，支撑一个优势学科，促进一个富民产业"的"四个一"发展道路和服务模式，以"一枝花、一头猪、一张图、一枝苗、一棵树、一颗豆"等"六个一"成果为代表打造地方"富民产业"。近年来，学校实施"111"服务计划和"双百"行动计划，与乡村和企业对接，以人才和成果服务于农业生产一线。通过强化"四个一"服务模式，华中农业大学缩短了学校与农业产业的距离，一批领军人才及其团队在农业基础研究方面构筑了能够代表国家水平、具有国际竞争力的优势研究领域，取得了一批重大农业科技成果。学校为现代农业培养了大批科研、技术及推广人才，为生产一线直接提供技术支撑，促进了现代农业产业升级，推动了现代农村深化发展，取得了巨大的经济和社会效益。

　　湖北省农科院通过与各县（市、区）签订科技合作协议，建立以农科院科研成果为中心的新成果示范基地，整合院地双方在农业技术推广方面的资源和优势，探索出了农业技术推广的"专家大院"模式。在专家大院建设过程中，省农科院创建共同参与成果转化的利益共同体，强化对农民的农业技术推广服务功能，注重在基地示范中进行农业技术推广，为农民提供及时且权威的农业技术指导服务，将促进农民增收和培养新型农民有机结合，不仅有效地传播了自主研发的农业新技术和新产品，而且极大地促进了地方经济的发展，有力地改变了农业科技在农村运用的机制，实现了科农对接及其良性循环，推动了县（市）农村经济跨越式发展。

　　湖北天门市华丰农业专业合作社适应现代农业的要求，组建农机联合团队，实行农业机械化生产和服务，在短时间内走出了一条农民组织开展农业技术推广的服务之路——"华丰"模式。合作社通过建立生产能手的合作组织，实施责利分担的管理模式和市场营运的服务模式，构建面向农户的适应机制，以农业机械为手段，以土地流转为依托，打造了机械化生产与服务的推广模式，促进了农业现代化步伐和农户节支增收。合作社在进行自身机械化生产的同时，大力加强农业技术推广，不仅创造了基于流转土地的生产经营良好效益，而且促进了地方农业现代化发展和经济社会进步。

　　湖北春晖集团以"粮安天下，春晖有责"为己任，为从源头上保障企业产品质量，向社会输送优质农业加工产品，逐步介入农产品生产，开展先进农业技术推广与服务，走出了一条涉农企业进行农业技术推广的特色服务之路——"春晖"模式。春晖集团以股份合作实现规模经营，以农机合作实现机械生产，以管理合作实现订单发展，以自主科研实现技术保障，有效破解了未来农村谁种田的难题，改变了传统的农作物经营方式，推动了科学种田的生态化发展，开辟了农业技术推广服务的新渠道，促进了农民群众普遍增收致富，有力促进了现代农业发展和地方经济增长。

# 第7章
## 湖北多元化农业技术推广服务体系深化建设的政策建议

根据中国科学院中国现代化研究中心研究报告《中国现代化报告2012——农业现代化》，我国农业现代化面临着人口增长、土地资源不足、水资源缺乏、农业劳动力快速转移、土地制度改革、户籍制度改革、生态移民、生态安全、粮食安全、农村义务教育差异较大、农村基础设施建设薄弱等多项挑战，目前我国农业劳动生产率仅为发达国家的2%、美国的1%（何传启，2012）。作为加速农业现代化步伐的重要力量，农业技术推广也面临着面向农村开展以农业为中心的全方面服务的挑战和机遇。针对农业技术推广服务体系的现状和问题，借鉴发达国家经验，以湖北为代表的省份乃至我国都应努力建设"一主多辅"的多元化农业技术推广服务体系，促进农业技术推广服务体系对现代农业和农村发展形成最优支撑，发挥出最佳合力。

## 7.1 建设"一主多辅"的多元化农业技术推广体系

顺应现代科技服务业蓬勃发展的趋势，依据国内外农业技术推广的经验教训和我国新修《中华人民共和国农业技术推广法》的要求，湖北省要积极构建以政府公益性农业技术推广机构为主体，以大专院校、科研单位、农民专业合作组织和涉农企业为重要补充，互促共进、良性发展的"一主多辅"多元化农业技术推广服务体系，为现代农业发展提供科技支撑。在该体系中，政府公益性农业技术推广机构是主体，其他非政府农业技术推广组织是辅助，非政府农业技术推广组织要在政府公益性农业技术推广机构的领导下齐心协力、共同做好农业技术推广服务工作。

### 7.1.1 以政府公益性农业技术推广系统为主体和主导

农业是三大产业中最为基础的产业，在工业化进程中始终处于弱势地位，必须以公益性的农业技术推广来扶助。人类发展的历史告诉我们，无农不稳，无工不富，无商不活。在市场经济社会中，经济实体有自负盈亏的各类企业，有全额和部分拨款的事业单位，有全额财政拨款的政府单位，有靠自己经营的小商小贩。和各种经济实体相比，农业表现出与众不同的特性——非商品属性。作为国民经济的基础，农业为社会提供了粮、油、菜、肉、蛋等基本生活品，但由于这些农产品关系着国计民生，本质上不属于商品范畴，是非商品。如果农产品属于商品，那么粮、肉、蛋、菜等完全能够炒作成天价。从世界各地发生的灾害可以看出，农产品只有不具备商品的自由度，才能保证社会稳定的大局。农产品的非商品属性决定了农业和农民在市场竞争中将一直处于劣势，根本不能与自由竞争的企业和商贩同日而语。随着工业化的快速发展，农业越来越被边缘化了。在能源和材料短缺、交通运输成本增大的竞争格局下，工商企业不断提高产品售价，将抬升的成本转嫁到没有抗衡能力的农业之上，由农业——这一社会的基石来承载。与依靠效率制胜、依靠地球几亿年运动奉献的煤炭和石油进行运转的工业相比，农业依靠着植物慢慢吸收转化太阳能的方式生存，其效率基本是一个较为恒久的定值。由此可见，农业是性质脆弱而人们又离不开的行业，与教育、医疗的属性相似，我们可将其与教育、医疗并列为三大公益性事业。教育主要由财政拨款进行供给，医疗被要求不能过度赢利，农产品也被限制价格暴涨。我们只有充分认识到农业属于公益性行业的范畴，才会在今后对待农业的产业政策上予以倾斜，比照发展教育和医疗的方法进行财政反哺，支农援农。

在国家没有消亡之前，政府是公益性服务当仁不让的实施主体。政府管理着辖区内的人民，保障着辖区内民众生命财产的安全，代表着辖区内广大民众的利益，维护和促进着辖区内各项事业的发展。一国之中，政府一般拥有通过税收聚集起来的庞大集体资金，分配资金用于发展国家合理的公共事业是政府的主要职责。在我国，2013年全国财政收入129 142.9亿元，比2012年增长10.1%；财政支出139 744.26亿元，比2012年增长10.9%。我国政府财政2013年支出的公共事业项目包括农林水事务、社会保障和就业、医疗卫生、教育、科学技术等，其中农林水事务支出6005.4亿元，完成预算的96.9%，增长0.2%，主要是2012年预算执行中通过调整支出结构一次性增加了重大水利工程建设、农田水利设施建设、小型病险水库和中小河流治理等方面的投入；社会保障和就业支出6571.75亿元，完成预算的100.3%，增长14.2%；医疗卫生支出2588.12亿元，完成预算的99.4%，增长26.4%；教育支出3883.91亿元，完成预算的94%，增长2.7%，主要是据实结算的学生资助补助经费减少，以及高中教育债务纳入地方政府债务管理或由地方政府安排资金解决，相应减少了中央化债补助资金；科学技术支出 2460.59 亿元，完成预算的 97.3%，增长 7.4%；文化体育与传媒支出 531.55 亿元，完成预算的 98.3%，增长 7.5%；住房保障支出 2320.94 亿元，完成预算的 104.1%，下降 10.8%，主要是保障性安居工程建设任务比 2012 年减少；节能环保支出 1803.9 亿元，完成预算的 85.8%，下降 9.7%，主要是部分节能产品补贴政策到期后不再执行；交通运输支出 4138.5 亿元，完成预算的 104.1%，增长 4.2%。农林水事务的支出主要用于落实农业补贴政策，推进种粮大户补贴试点，开展农机报废更新补贴试点；支持改造中低产田、建设高标准农田 2795.4 万亩；继续推进小型农田水利重点县建设；支持北方地区规模化发展高效节水灌溉，开展东北四省区"节水增粮行动"；在 639 个县实施草原生态保护补助奖励机制，覆盖了全国 80% 以上的草原；开展财政支持农民专业合作组织发展创新试点和新型农业生产社会化服务体系建设试点；促进农业科技成果转化，基层农业技术推广体系改革示范县项目覆盖到所有的农业县（市、区、场）；进一步加大财政专项扶贫资金投入，新增部分主要用于连片特困地区；全面推进村级公益事业建设一事一议财政奖补工作，农村综合改革示范试点和国有农场社会职能改革试点进展顺利。2014 年，在公共财政预算方面，我国财政收入达到 139 530 亿元，增长 8%；全国财政支出达到 153 037 亿元，增长 9.5%。2014 年中央预算主要支出项目有：农林水支出 6487.47 亿元，增长 8.6%；社会保障和就业支出 7152.96 亿元，增长 9.8%；教育支出 4133.55 亿元，增长 9.1%；科学技术支出 2673.9 亿元，增长 8.9%；文化体育与传媒支出 512.29 亿元，增长 9.2%；医疗卫生与计划生育支出 3038.05 亿元，增长 15.1%；住房保障支出 2528.69 亿元，增长 9%；节能环保支出 2109.09 亿元，增长 7.1%；交通运输支出 4345.68 亿元，增长 5.1%；粮油物资储备支出 1393.96 亿元，增长 10.1%；国防支出 8082.3 亿元，增长 12.2%；公共安全支出 2050.65 亿元，增长 6.1%；一般公共服务支出 1245.15 亿元，增长 2.6%；资源勘探信息等支出 605.77 亿元，下降 20.7%；其中，基本建设支出减少；商业服务业等支出 366.69 亿元，下降 19.1%，家电下乡补贴政策到期后不再安排补贴资金，相应减少支出（国家发展和改革委员会，2014）。

政府在公益性服务中的特殊性决定了政府农业技术推广系统一定要在多元化农业技术推广服务体系中居于主体地位，发挥主导作用。政府的权力决定了政府农业技术推广系统必须在多元化农业技术推广服务体系中享有领导地位，能够对政府之外的农业技术推广组织发号施令；政府的财力决定了政府农业技术推广系统一直拥有开展全国农业技术推广的财政基础，能够进行政府之外农业技术推广机构无能为力的基础性和广泛性的农业技术推广工作；政府的影响力决定了政府农业技术推广系统必须处于多元化农业技术推广体系的最高地位，能够调节政府之外农业技术推广组织及其相互间的关系。在我国，政府的地位决定了政府农业技术推广系统的优势，使其他各种非政府农业技术推广系统无法比拟。其他非政府农业技术推广系统及其组织机构只能在完成本职第一工作的同时，兼做一些力所能及的农业技术推广工作。与政府农业技术推广系统相比，非政府农业技术推广系统及其组织机构开展的农业技术推广工作是零碎的、单一的、短期的和局部的。许多非政府农业技术推广系统及其组织机构开展农业技术推广的目的仅局限于本职利益的延伸，主要从自身团体利益出发谋划农业技术推广活动和行为，旨在求取自身工作的效益和社会反响，很少考虑推广对象的感受和地方经济社会的可持续发展。为此，我国在深化建设多元化农业技术推广服务体系中必须充分认识到这一现实状况和理论逻辑，不断巩固和加强政府公益性农业技术推广系统的主体地位，彰显政府公益性农业技术推广系统的主导作用。

## 7.1.2　强化政府公益性农业技术推广系统的统筹作用

统筹有利于凝聚起分散的各种力量，增强组织的效率。发挥在多元化农业技术推广服务体系中的主体和主导作用，政府公益性农业技术推广系统要做好五个方面的统筹工作，即组织统筹、资金统筹、项目统筹、内容统筹和考评统筹。

一是组织统筹。隶属关系是维系层级秩序的基础，明确隶属关系有利于基本秩序的建立和稳定。在多元化农业技术推广服务体系建设中，政府公益性农业技术推广系统要在部门统属关系上能够领导和统筹所有的农业技术推广组织机构。具体而言，政府公益性农业技术推广机构要能够领导同级的其他参与农业技术推广的各类组织，对同级及其以下参与农业技术推广的各类组织开展的农业技术推广工作进行统筹。例如，湖北省农业厅所辖的省农业技术推广总站应对所有参与全省农业技术推广的组织机构进行领导，对所有参与全省农业技术推广的组织机构开展的农业技术推广工作进行统筹。参与湖北省农业技术推广的所有组织机构应服从于湖北省农业技术推广总站的领导，各自开展的农业技术推广工作应服从于湖北省农业技术推广总站的统筹和调节。

二是资金统筹。资金是组织运行的血液，统筹资金有利于组织充分供血。鉴于农业技术推广的公益性，政府农业技术推广系统在多元化农业技术推广服务体系建设中要能够掌控和统筹所有的农业技术推广财政支出经费。具体而言，政府公益性农业技术推广机构要能够掌控同级及其以下所有参与农业技术推广的各类组织的财政经费，对同级及其以下参与农业技术推广的各类组织需要的农业技术推广各种经费进行统筹，这一功能对于省级及其以上政府农业技术推广机构尤为适合而有效。例如，湖北省农业技术推广总站应掌控全省所有参与农业技术推广的组织机构的各种经费，对所有参与全省农业技术推广的组织机构需要的农业技术推广经费进行统筹。参与湖北省农业技术推广的所有组织机构应利用各自优势积极从省农业技术推广总站争取开展农业技术推广活动的各种经费，服从省农业技术推广总站对于农业技术推广经费的统筹和分配。

三是项目统筹。项目是农业技术推广的纽带，是农业技术推广组织开展农业技术推广的依托。在多元化农业技术推广服务体系建设中，政府公益性农业技术推广系统要对整个地区的农业技术推广项目进行统筹，以保障多元农业技术推广组织进行农业技术推广的有序化。具体而言，政府公益性农业技术推广机构要能够对同级及其以下所属地区的农业技术推广项目进行设计，对辖区内各种农业技术推广组织开展的各类农业技术推广项目进行统筹，这一功能仍然对于省级及其以上政府农业技术推广机构尤为适合而有效。例如，湖北省农业技术推广总站应对全省的农业技术推广项目进行规划，对全省各种农业技术推广组织机构开展的各类农业技术推广项目进行统筹。参与湖北省农业技术推广的所有组织机构应利用各自优势积极从省农业技术推广总站争取开展农业技术推广活动的各种项目，服从省农业技术推广总站对于农业技术推广项目的统筹和配置。

四是内容统筹。推广什么是农业技术推广工作的核心，与农业技术推广工作的实际效果和长远影响密切相关。在多元化农业技术推广服务体系建设中，政府公益性农业技术推广系统要对整个地区的农业技术推广内容进行统筹，以保障农业技术推广组织进行农业技术推广的实效性和科学性。具体而言，政府公益性农业技术推广机构要能够对同级及其以下所属地区的农业技术推广内容进行计划和审查，对辖区内各种农业技术推广组织开展的各类农业技术推广内容进行统筹，这一功能对于县级及其以上政府农业技术推广机构普遍适合而有效。例如，湖北省农业技术推广总站应对全省的农业技术推广内容进行设计和审核，对全省各种农业技术推广组织机构开展的各类农业技术推广内容进行统筹。参与湖北省农业技术推广的所有组织机构应利用各自优势积极从事力所能及的农业技术推广活动，服从省农业技术推广总站对于农业技术推广内容的审查和统筹。

五是考评统筹。考评是农业技术推广工作的保障，有利于农业技术推广工作持续、有效地开展。在多元化农业技术推广服务体系建设中，政府公益性农业技术推广系统要对整个地区的农业技术推广活动进行考评，以保障多元农业技术推广组织进行农业技术推广的有效性和持续性。具体而言，政府公益性农业技术推广机构要能够对同级及其以下所属地区的农业技术推广活动进行考评，并通过考评对辖区内各种农业技术推广组织开展的各类农业技术推广工作进行统筹和调节，这一功能对于县级及其以上政府农业技术推广机构较为适合而有效。例如，湖北省农业技术推广总站应对全省的农业技术推广活动组织考评，并以考评来统筹和调节全省各种农业技术推广组织机构开展的各类农业技术推广工作。参与湖北省农业技术推广的所有组织机构应积极响应省农业技术推广总站开展的农业技术推广工作考评，服从省农业技术推广总站基于考评对农业技术推广工作的统筹和调节。

### 7.1.3 促进非政府农业技术推广机构成为辅助和补充

农业技术推广工作单靠政府农业技术推广系统很难完成，必须以非政府各种农业技术推广组织为辅助和补充。然而，我国非政府各种农业技术推广组织的农业技术推广力量普遍较弱，要想形成"一主多辅"的农业技术推广组织多元发展态势，就要促使非政府农业技术推广组织在农业技术推广的许多方面均能发挥重要作用。

第一，促进非政府农业技术推广机构成为农业技术在农村试验示范的重要力量。试验示范是农业技术推广的首要工作，也是农业技术能否推广开去的关键环节。在多元化农业技术推广服务体系建设中，非政府农业技术推广机构要充分发挥自身优势到农村生产一线开展农业技术的试验示范，辅助政府农业技术推广机构进行技术推广前的实地演示，让农民看到新技术的实效。具体而言，非政府农业技术推广机构要能够与政府农业技术推广机构相结合，选择适合的地区在农民中开展农业技术的试验示范，增强农业新技术对农民的吸引力。例如，湖北省农科院应主动与湖北省农业技术推广总站对接，在湖北省农业技术推广总站的统筹下，寻找适合的乡村，与基层政府农业技术推广站所一起，在农民中开展农业技术试验示范，让广大农民切实感受到农业新技术的力量。

第二，促进非政府农业技术推广机构成为农村一线指导农业技术应用的重要力量。技术指导是农业技术推广的中心工作，也是农业技术能否取得实效的主要环节。在多元化农业技术推广服务体系建设中，非政府农业技术推广机构要充分发挥自身优势到农村生产一线指导农业技术的具体运用，辅助政府农业技术推广机构进行技术推广中的实地观察和问题解决，让农民放心、大胆地使用新技术。具体而言，非政府农业技术推广机构要能够与政府农业技术推广机构相结合，选择适合的地区在农民中开展农业技术的具体指导，及时帮助农民处理农业新技术应用中的疑虑和困惑。例如，湖北省科协、农产品协会、农民专业技术协会等应主动与政府农业技术推广机构对接，在同级政府农业技术推广机构的统筹下，寻找适合的乡村，与基层政府农业技术推广站所一起，开展对农民的技术指导，使广大农民在有形的具体帮助下充分运用农业新技术。

第三，促进非政府农业技术推广机构成为农村一线帮助农民生产生活的重要力量。农民的生产生活水平是农业现代化的重要指标，也是农村稳定进步的主要源泉。农业技术推广工作除了针对农业解决具体技术问题外，也要把农民的整体生产生活状况作为重要方面予以改进，尤其是农民的文化素质和生活质量。在多元化农业技术推广服务体系建设中，非政府农业技术推广机构要充分发挥自身优势到农村生产一线开展农业文明的教育和指导，辅助政府农业技术推广机构进行技术推广过程中的对象素质提升和推广环境改善，促使农民自觉接受新技术。具体而言，非政府农业技术推广机构要与政府农业技术推广机构相结合，在政府农业技术推广机构的统筹下，选择适合的地区在农民中开展素质教育和生活指导，增强农民的科技文化修养和生活质量意识。例如，华中农业大学应主动与湖北省农业技术推广机构对接，在湖北省农业技术推广机构的统筹下，寻找适合的乡村，与基层政府农业技术推广站所一起，利用师生常年实践实习优势在农民中开展素质教育和生活指导，逐渐转变农民的传统观念，提升农民的科学文化素养和生活质量意识。

## 7.2 强化"一主多辅"推广体系的法律政策促进

在法治社会，事物的发展要依靠强有力的法律政策来维护和促进，多元化农业技术推广服务体系建设也不例外。我国"一主多辅"的多元化农业技术推广服务体系要想真正确立和深化发展，必须运用法律政策加以保障和促进。我国现代法制建设起步较晚，关于"一主多辅"多元化农业技术推广服务体系建设的法律政策亟须加强。

### 7.2.1 完善关于强化政府公益性农业技术推广机构主体地位的法律政策

"一主多辅"多元化农业技术推广服务体系建设的龙头是政府公益性农业技术推广系统，必须强化政府公益性农业技术推广机构的主体和主导地位。为巩固和加强政府公益性农业技术推广机构的主体地位，发挥其在多元化农业技术推广服务体系中的主导和统筹作用，国家和地方政府要在法规和政策方面予以建设和完善。

一是在法规上赋予政府公益性农业技术推广机构以主体地位和相应权力，保障政府系统农业技术推广机构有依据和底气来统筹多元化农业技术推广服务体系。我国要继续完善《中华人民共和国农业技术推广法》，明确规定政府公益性农业技术推广机构的主体和主导地位，明文指出政府公益性农业技术推广机构的统筹权力，使政府公益性农业技术推广机构能够真正统管和指导非政府农业技术推广机构开展服务，并能够对不法组织和个人的非正当农业技术推广行为进行及时干预。

二是在法规上加强政府公益性农业技术推广机构的工作条件建设，保证政府系统农业技术推广机构能够在现代化装备下从事农业技术推广。我国要继续完善农业技术推广法及相关的法律、法规和政策，明确规定政府公益性农业技术推广机构的办公条件标准及其建设经费来源，明文指出政府公益性农业技术推广机构办公条件建设的负责主体，使政府公益性农业技术推广机构能够改善办公设施、配备推广专车，与其他现代服务业的装备相接轨，利用高标准的先进办公工具开展农业技术推广工作，为非政府系统农业技术推广机构树立推广标杆，为广大农民提供更加便捷的高水平服务。

三是在法规上加大对政府公益性农业技术推广机构从事推广活动或项目的资金支持力度，使政府系统农业技术推广机构有力量做好农业技术推广工作。我国要继续完善农业技术推广法及相关的法律、法规和政策，明确规定政府公益性农业技术推广机构开展农业技术推广活动的资金来源和额度，明文指出政府公益性农业技术推广机构从事的农业技术推广项目的经费划拨主体，使政府公益性农业技术推广机构进行农业技术推广具有充足资金保障，为高质量开展农业技术推广打下良好的物质基础。

## 7.2.2 完善非政府推广机构成为农业技术推广体系有力辅助的法律政策

"一主多辅"多元化农业技术推广服务体系的形成除了政府农业技术推广系统的统领作用外，也离不开非政府推广机构的成长和贡献。为推进"政府统筹，多元并生"的农业技术推广局面出现，我国必须加强法律政策建设以大力促进非政府推广机构茁壮成长。

一是在法律政策上鼓励政府之外的农业技术推广机构开展农业技术推广服务，使其能够以合法身份在融洽的环境中进行推广工作。我国要继续完善农业技术推广法及相关的法律、法规和政策，明确规定非政府农业技术推广机构开展农业技术推广活动所应享有的社会条件和利益，明文指出非政府农业技术推广机构从事农业技术推广的社会条件支持及激励主体，使非政府农业技术推广机构进行农业技术推广能够享有较好的社会条件保障，为经常性开展农业技术推广创造良好的社会环境。

二是在法律政策上保证政府之外的农业技术推广机构拥有充足的推广经费，保障其农业技术推广活动能够持续、健康地开展下去。我国要继续完善农业技术推广法及相关的法律、法规和政策，明确规定非政府农业技术推广机构开展农业技术推广活动所需经费的社会来源和支持额度，明文指出非政府农业技术推广机构从事农业技术推广所需经费的拨付主体，使非政府农业技术推广机构进行农业技术推广能够拥有较为充足的经费支持，为做好农业技术推广工作提供资金保证。

三是在法律政策上支持政府之外的农业技术推广机构进行必要的条件建设，促使其农业技术推广人员能够沉下心来安扎当地做推广。我国要继续完善农业技术推广法及相关的法律、法规和政策，明确规定非政府农业技术推广机构开展农业技术推广活动所必备的工作条件和设施，明文指出非政府农业技术推广机构作为农业技术推广活动条件和设施的建设主体，使非政府农业技术推广机构能够在较好的工作条件下进行农业技术推广，保证面向更多农民的农业技术推广活动富有成效。

### 7.2.3 完善有关保障多元化农业技术推广体系健康发展的法律政策

建设"一主多辅"的多元化农业技术推广服务体系，除了推进政府推广机构成为主导主体和促使非政府推广机构成为重要辅体外，还要注重促进这一体系的健康和高效运行。为保障多元化农业技术推广服务体系健康发展，我国必须完善相关的法律、法规和政策。

第一，在组织协调方面，法律政策要保障各种农业科技服务组织内部与组织之间的有序、高效运行。我国要继续修订《农业技术推广法》及相关的法律、法规和政策，明确规定政府公益性农业技术推广机构与非政府农业技术推广机构之间的各种从属关系，明文指出政府公益性农业技术推广机构与非政府农业技术推广机构之间的各种利益分配原则、方式、方法和比例，使政府公益性农业技术推广机构与非政府农业技术推广机构能够依章开展农业技术推广活动，避免重复、混乱和低效。

第二，在人员供给方面，法律政策要保障各类农业科技服务组织所需人员的资格、地位和待遇。我国要继续修订《农业技术推广法》及相关的法律、法规和政策，明确规定政府公益性农业技术推广机构与非政府农业技术推广机构农业技术推广人员的来源渠道、应有资格、应具地位和应得待遇，明文指出政府公益性农业技术推广机构与非政府农业技术推广机构农业技术推广人员之间的权利和义务差异或界限，使政府公益性农业技术推广机构与非政府农业技术推广机构的农业技术推广人员能够依章推广，逐步提高人员素质，促进农业技术推广活动高效进行。

第三，在考核评价方面，法律政策要保障适宜主体对各级各类农业科技服务组织开展服务质量的科学监测。我国要继续修订《农业技术推广法》及相关的法律、法规和政策，明确规定政府公益性农业技术推广机构与非政府农业技术推广机构农业技术推广活动的评价主体、人员构成、评价方式和评价手段等，明文指出政府公益性农业技术推广机构与非政府农业技术推广机构农业技术推广活动之间的成效标准差异，使政府公益性农业技术推广机构与非政府农业技术推广机构的农业技术推广人员能够目标鲜明地依法行动，根据评价标准不断改进农业技术推广的方式方法，并在评价体系的激励下将农业技术推广活动开展得更加有声有色、成效卓著。

## 7.3 加大"一主多辅"推广体系的财政资金投入

财政支持是公益事业持续开展的必备条件，加大财政支持力度是公益事业快速健康发展的重要动力。农业技术推广是一项公益性极强、受惠面极大的公共事业，是农业现代化的重要支撑。开展农业技术推广，政府公益性农业技术推广机构与非政府农业技术推广机构都需要政府财政的大力支持。

### 7.3.1 加大农业技术推广活动项目的财政资金投入

计划经济条件下，农业技术推广活动被看成事业单位从事的一项整体工作；市场经济条件下，农业技术推广活动被分解为一个个具体的项目。推广单位落实每一个具体的推广项目，都需要一定的资金支持。在现行体制下，国家及各地要想推动农业技术推广富有成效地深入开展，必须给以农业技术推广活动项目充足的财政资金支持。

首先，各级政府要加大对政府公益性农业技术推广机构从事的农业技术推广活动项目的财政资金投入。由于面向的受众最多、范围最广，政府公益性农业技术推广机构从事的每一项农业技术推广活动都显示出资金不足；由于经历多次变迁、条件设施简陋，政府公益性农业技术推广机构获得的每一项农业技术推广活动经费都要贴补基础设备建设。所以，各级政府在对政府公益性农业技术推广机构从事的农业技术推广活动项目进行财政预算和投入时，一定要充分考虑农业技术推广项目面向的受众多少、范围大小和设备状况，将经费拨足，保障农业技术推广活动顺利开展并取得实效。

其次，各级政府要加大对社会团体性农业技术推广机构从事的农业技术推广活动项目的财政资金投入。社会事业单位和其他团体组织开展农业技术推广一般都不是专职行为，仅仅是本职工作的延伸和扩展，因而普遍缺乏农业技术推广的专业设施、前期基础和专项经费支持。要想使其承担专门的农业技术推广活动项目，各级政府一定要给予其相应的财政支持。为吸引社会团体性农业技术推广机构积极开展农业技术推广活动，各级政府必须加大对社会团体性农业技术推广机构从事的农业技术推广活动项目的财政资金投入力度，保证其资金充足地进行农业技术推广工作。

最后，各级政府要加大对农村自发性农业技术推广机构从事的农业技术推广活动项目的财政资金投入。近年来，农民专业合作社迅速兴起，围绕某一产业开展产前、产中和产后服务，成为农业技术推广不可或缺的一支新兴力量。然而，与政府公益性农业技术推广机构和社会团体性农业技术推广机构相比，农民专业合作社进行农业技术推广的基础更加薄弱，资金更加缺乏，它们基本上是在组织农民利用一家一户筹集的经费开展农业技术推广工作。为保护和发展农村自发性农业技术推广机构的农业技术推广力量，各级政府一定要加大对其从事的农业技术推广活动项目的财政资金投入力度，保证其在生产经营的过程中自觉主动地开展农业技术推广活动。

## 7.3.2 加大农业技术推广条件建设的财政资金投入

条件建设是农业技术推广的基础，是各级各类农业技术推广组织开展农业技术推广活动的依托。条件建设的优劣影响着农业技术推广的水平，决定着农业技术推广的效果。我国深化建设"一主多辅"的多元化农业技术推广服务体系，促进农业技术推广组织增强农业技术推广活动的成效，必须加大对基层农业技术推广组织农业技术推广条件建设的财政支持力度。

首先，各级政府要加大对政府公益性农业技术推广机构农业技术推广条件建设的财政资金投入。从当前农业技术推广的现状看，我国政府公益性农业技术推广机构普遍存在着办公条件简陋、办公设施落后的问题，很多没有独立的办公场所，即使与农村新兴的、经营性的农业专业合作社相比技术设施也相差很远。条件建设滞后制约着政府公益性农业技术推广机构农业技术推广作用的发挥，妨碍着政府公益性农业技术推广机构农业技术推广作用的成效，影响着政府公益性农业技术推广机构的形象和地位。为此，各级政府一定要加大对政府公益性农业技术推广机构条件建设的财政投入力度，将政府公益性农业技术推广机构建设成办公条件和推广设施最先进的农业技术推广组织，以便其在硬件支撑下充分发挥农业技术推广领头雁的作用。

其次，各级政府要加大对社会团体性农业技术推广机构农业技术推广条件建设的财政资金投入。社会事业单位和其他团体组织开展农业技术推广大都仅仅凭借机构自身的优势，要么想推广自发研制的技术成果，要么因为自身产品对原材料农产品有质量要求，要么欲使其内部人员在农业技术的实践应用中得到锻炼，或者兼有其他提升自我价值的意图。无论怎样，社会团体性农业技术推广机构开展农业技术推广基本上都是白手起家，没有农业技术推广的专门设施基础。为充分利用社会团体性农业技术推广机构的农业技术推广力量，在使其承担农业技术推广活动项目任务时，各级政府一定要考虑给予其农业技术推广条件建设的财政支持。针对常年开展农业技术推广的社会团体性农业技术推广机构，各级政府可以对其拨付专门的条件建设财政资金，激励其坚持不懈地从事农业技术推广活动。

最后，各级政府要加大对农村自发性农业技术推广机构农业技术推广条件建设的财政资金投入。农民专业合作社进行农业技术推广，没有任何专业基础可言。直接与农民接触，面向生产一线，拥有生产经验，是农民专业合作社进行农业技术推广的最大优势。与政府公益性农业技术推广机构和社会团体性农业技术推广机构相比，农民专业合作社势单力薄，开展农业技术推广很少或没有得到外部的资助。利用和发展农村自发性农业技术推广机构的农业技术推广力量，各级政府一定要加大对其从事农业技术推广的条件建设的财政资金投入力度，保障其有条件开展农业技术推广。

### 7.3.3 加大农业技术推广人员待遇的财政资金投入

人才是农业技术推广的根本力量，是农业技术推广取得成效的基本保障。能否吸引人才和留住人才关乎着农业技术推广的成败，影响着农业技术推广是否良性发展。在吸引人才和留住人才过程中，人员待遇至关重要。为使"一主多辅"多元化农业技术推广服务体系充盈人才，我国政府必须加大对农业技术推广人员待遇的财政资金投入力度。

首先，各级政府要加大对政府公益性农业技术推广机构农业技术推广人员的财政资金投入。从目前农业技术推广的现状看，政府公益性农业技术推广机构的人员待遇普遍较低，与同地、同职、同级、同龄的其他事业单位人员待遇相比差距甚大。由于人员待遇低，农业技术推广岗位没有吸引力，大学本科及其以上学历的毕业生不愿到相关岗位就职；即使就职了，这些高学历毕业生停不了多长时间就会自动离职，另寻他路。这种状况极大制约了政府公益性农业技术推广机构的农业技术推广水平，妨害着政府公益性农业技术推广机构的农业技术推广的健康发展。为此，各级政府一定要有加大对政府公益性农业技术推广机构农业技术推广人员财政投入力度，以高工资、高福利吸引和留住农业技术推广人才，保障政府农业技术推广活动高水平进行。

其次，各级政府要加大对社会团体性农业技术推广机构农业技术推广人员的财政资金投入。社会事业单位和其他团体组织开展农业技术推广也普遍缺乏专门人才，缺少对专门人才的资金倾斜支持。科研院所、大专院校、涉农企业等单位的农业技术推广人员大都为兼职，这些农业技术推广单位一般不愿意拿出专门的职位和薪金设立推广岗位。针对这种现状，为鼓励社会团体性农业技术推广机构的相关人员积极开展农业技术推广，各级政府一方面要拨付专项资金给参与农业技术推广单位支持推广人员的推广行为，落实到人；另一方面要设立专项资金用于社会团体性农业技术推广机构推广人员的下乡补助，政府核发。

最后，各级政府要加大对农村自发性农业技术推广机构农业技术推广人员的财政资金投入。农民专业合作社成立伊始主要借助外部指导、依靠自身力量进行农业技术推广。随着规模逐步扩大，农民专业合作社越来越感到力不从心，急需管理人才和技术人才介入和加盟。然而，与政府公益性农业技术推广机构和社会团体性农业技术推广机构相比，农民专业合作社吸引人才的方面更少，更加缺乏招徕人才和留住人才的资金。基于此，各级政府一定要加大对农村自发性农业技术推广机构农业技术推广人员的财政支持力度，通过专项资金、政府直补的形式保证在农村自发性农业技术推广机构从事农业技术推广活动的农业技术推广人员获得较高收入和待遇，促进农村自发性农业技术推广机构积极开展农业技术推广。

## 7.4 建立"一主多辅"推广体系的人才流动机制

人才流动是社会机构获得人才的重要条件，也是社会机构遴选人才的必然渠道。只有促使人才充分流动，社会机构才能选到符合要求的优秀人才，才能淘汰不合要求的多余人员。深化建设"一主多辅"的多元化农业技术推广服务体系，我国政府必须促进各级各类农业技术推广机构获得需要的优秀人才，将不符合要求的在岗人员逐步替代。为此，我国亟须在农业技术推广服务体系建立统一的人才准入机制、人才待遇机制和人才晋升机制，为各级各类农业技术推广机构推进农业技术推广工作集聚人才。

### 7.4.1 建立"一主多辅"推广体系的人才准入机制

农业技术推广工作并非人人可为，而是具备一定农业技术能力和农业技术推广才华的人员才能胜任。新中国成立之初，我国农业技术水平较低，农业技术推广要求不高，许多没有经过专门教育和训练的人员也进入到农业技术推广队伍，从事简单的农业技术推广工作。时至今日，不少地方仍然延续以往用人传统，将非专业人员安排进农业技术推广队伍，严重影响了农业技术推广的水平和效率。借鉴发达国家经验，我国政府应对农业技术推广建立专门的准入机制。

首先，实行农业技术推广专门教育制度。为保证农业技术推广人员都具备专门的知识和技能，我国要实行农业技术推广专门教育制度，对所有进入农业技术推广队伍、从事农业技术推广工作的人员全部进行专门化教育。对准备进入农业技术推广队伍、从事农业技术推广工作的人员，我国学校教育系统将分层次进行专业教育，包括中等专业学校教育、高等专科学校教育、大学本科层次教育、研究生学历教育等；对已经进入农业技术推广队伍、从事农业技术推广工作的人员，我国学校教育系统也要分层次进行专业培训或教育，包括中等专业学校培训或教育、高等专科学校培训或教育、大学本科层次培训或教育、研究生学历培训或教育等。通过专门化的专业教育和考核，我国可以确保进入农业技术推广队伍、从事农业技术推广工作的人员全部具有专业知识和技能。

其次，实行农业技术推广资格证书制度。为保证农业技术推广人员的专业知识和技能均能达到入职的标准，我国要实行农业技术推广资格证书制度，对所有进入农业技术推广队伍、从事农业技术推广工作的人员全部进行考试颁证。对准备进入农业技术推广队伍、从事农业技术推广工作的人员，我国政府将根据学校教育系统分层次进行专业教育的实际情况，分别对接受中等专业学校教育、高等专科学校教育、大学本科层次教育、研究生学历教育的人员组织资格证书考试，颁发相应的初级农业技术推广资格证书、中级农业技术推广资格证书（Ⅰ）、中级农业技术推广资格证书（Ⅱ）和高级农业技术推广资格证书（Ⅰ）、高级农业技术推广资格证书（Ⅱ）；对已经进入农业技术推广队伍、从事农业技术推广工作的人员，我国政府也将根据学校教育系统分层次进行专业培训或教育的实际情况，分别对接受中等专业学校培训或教育、高等专科学校培训或教育、大学本科层次培训或教育、研究生学历培训或教育的人员组织资格证书考试，颁发相应的初级农业技术推广资格证书、中级农业技术推广资格证书（Ⅰ）、中级农业技术推广资格证书（Ⅱ）和高级农业技术推广资格证书（Ⅰ）、高级农业技术推广资格证书（Ⅱ）。通过颁发资格证书和检验资格证书，我国可以确保进入农业技术推广队伍、从事农业技术推广工作的人员全部达到一定的专业知识水平和专业技能水平。

最后，实行农业技术推广岗前培训制度。为促使农业技术推广人员熟悉地方实际情况、增强实践动手能力，我国要实行农业技术推广岗前培训制度，对所有招录进入农业技术推广队伍、即将从事农业技术推广工作的人员全部进行专门化培训。我国农业技术推广系统对已经进入农业技术推广队伍、将要从事农业技术推广工作的人员主要进行三个方面的岗前培训：一要进行职业思想教育，通过典型介绍和前景分析，帮助初入职场的农业技术推广人员树立热爱职业、献身职业的崇高情怀和理想；二要进行区域农业发展教育，通过区域农业现状介绍和未来发展分析，帮助初入职场的农业技术推广人员熟悉地方农业发展状况和趋势；三要进行农业技术推广实训，通过专家介绍和实地演习，帮助初入职场的农业技术推广人员了解地方农业技术推广的程序和方法。

## 7.4.2 建立"一主多辅"推广体系的人才待遇机制

市场经济条件下，待遇是组织机构留用人才的重要砝码。待遇优厚，组织机构可以网罗天下大多英才；待遇寒碜，组织机构将会失去众多人才。作为一项公益性事业，农业技术推广本身很难为需要的人才提供丰厚的待遇。为此，我国政府要帮助农业技术推广服务体系建立人才待遇机制，吸引优秀人才持续加入农业技术推广队伍，为我国农业现代化技术水平提升搭建"资金—人事"一体化平台。

首先，实行农业技术推广人员"技术公务员"制度。所谓"技术公务员"制度是指国家对待已经获得农业技术推广人员资格条件并实际全职从事农业技术推广的人员，要给予政府事业单位人员或国家公务员的身份，使其享受政府拨付的不低于同地同职同级事业单位人员或公务员的工资待遇，使其拥有与其他事业单位人员或公务员一样的向上流动机会。各地尤其是县级以下基层农业技术推广单位只有真正实施和落实这一制度，才能使基层农业技术推广岗位具有较强的吸引力。同时，国家对于非政府系列的农业技术推广人员也要一视同仁，只有如此，才能促进基层农业技术推广人员忠实于本职工作，到农村需要自己的地方去踏实工作。

其次，实行农业技术推广人员"下乡津贴"制度。农业技术推广人员的主要工作在农村生产和生活一线，基本上整天与农民和泥土打交道。目前，我国农村生产生活的基础设施较为薄弱，生产生活条件仍然普遍较差，很多大学毕业生不愿意长期待在农村工作。为鼓励农业技术推广人员长期蹲点农村，坚守岗位，积极认真地开展本职工作，政府要对农业技术推广人员实行"下乡津贴"补助，补助金额不低于同地同职同级事业单位人员或公务员的下乡补贴。政府从经济上予以补偿，能够使农业技术推广人员在市场经济条件下人们大多致力于物质追求的环境中得到心灵的慰藉和生活的改善，从而激发他们坚守为农服务的理想、主动开展科技兴农服务。

最后，实行农业技术推广人员"岗位进修"制度。除了身份上的确认和物质上的满足外，大多农业技术推广人员仍然追求事业上的发展，追求不断提升自己的专业素质和专业技能。工作之后，专业素质和专业技能从哪里来？一方面来源于个人在岗位上的探索，另一方面来源于岗位进修和学习。在发达国家，政府和农业技术推广单位大都为农业技术推广人员提供了内容上丰富多彩、时间上长短不一的岗位进修，并以此作为农业技术推广人员的一种职业福利。学习发达国家经验，我国政府和农业技术推广单位要为各种农业技术推广人员提供入职后的多样化岗位进修。在进修次数和时间间隔上，国家要规定农业技术推广人员三年至少进修一次，一次进修不少于一周时间；在进修形式和时间长短上，我国政府和农业技术推广单位要为农业技术推广人员提供短期（1 周~3 个月）、中期（3~6 个月）和长期（半年以上）的国内外培训；在进修内容和制度设计上，我国要充分利用农业院校、优秀农业技术推广单位的优质资源，鼓励农业技术推广人员三年进行 1 次为期 3~6 个月的带薪进修，到农业高校和科技研发单位学习先进实用技术的培育、试验和推广技能。

### 7.4.3 建立"一主多辅"推广体系的人才晋升机制

晋升空间是有事业心的求职者普遍关注的方面和内容，晋升机制影响着入职者的选择和在职者的去留。如果一个单位给予求职者的晋升空间较大，晋升机会较多，晋升机制科学合理，他们将非常乐意选择并会坚持在该单位长期发展；相反，如果一个单位给予求职者的晋升空间不大，晋升机会不多，晋升机制僵化死板，他们将拒绝选择，即使选择了也很难在该单位坚持较长时间。为此，我国政府要协助农业技术推广服务体系建立人才晋升机制，吸引优秀人才加入农业技术推广队伍，并促使其在农业技术推广服务体系内长期发展。

首先，实行农业技术推广人员"职称晋升"制度。作为农业技术人员，农业技术推广者十分看重自己专业技术能力被单位或社会认可的程度，以及由此获得的岗位劳动报酬。用人单位或社会对农业技术推广人员的专业技术能力不予认可或者认可程度过低，都会极大地伤害他们的自尊心和工作积极性。政府组织在农业技术推广人员中开展专业技术职称评聘是有效解决这一问题的重要途径，必须坚持长期落实。对农业技术推广人员进行职称评聘，政府要组织由政府、用人单位和社会共同组成的评聘委员会，结合农业技术推广人员的科研水平、工作多少和成效等予以评定。本着激励人员高素质投入工作的原则，政府和用人单位要切实保证在农业技术推广人员的职称评聘中做到公开和公正，使农业技术推广人员看到通过自身努力可以获得技术职务晋升的希望。

其次，实行农业技术推广人员"干部选拔"制度。在我国推行公务员制度之前，基层党政干部很多都源自农业技术推广队伍。这些干部来自农村，熟悉农业，常年工作在农村生产一线，如今他们已经成为县乡基层干部队伍的中流砥柱。然而，近年来，由于"干部选拔"制度的改变和基层农业技术推广人员身份的变化，县乡基层干部队伍中再也看不到基层农业技术推广人员的身影。为转变这一局面，激励农业技术推广人员积极进取，我国要实行农业技术推广人员"干部选拔"制度。政府要规定基层农业技术推广人员等同于国家公务员，有权参与干部选拔，并且在同等条件下，服务基层 3～5 年以上的、拥有中级以上技术职务职称者比其他政、事、企单位人员优先考虑和录用。

最后，实行农业技术推广人员"定期轮岗"制度。农业技术推广人员长期在某一地区工作虽有许多好处，但也容易在熟悉环境后滋生懒惰情绪和厌烦心理。为盘活农业技术推广队伍，提高农业技术推广队伍的运行效率，政府要协助农业技术推广系统建立为期五年的"定期轮岗"机制。在职级和待遇不变的前提下，政府要鼓励部分农业技术推广人员同一地区（如同一县区）内的轮岗流动，推进部分农业技术推广人员跨地区（如跨县区）的轮岗流动。同时，政府要鼓励部分农业技术推广人员同一地区（如同一县区）内不同农业技术推广单位间的轮岗流动，推进部分农业技术推广人员跨地区（如跨县区）不同农业技术推广单位间的轮岗流动，如政府农业技术推广部门与科研院所农业技术推广部门之间、政府农业技术推广部门与涉农企业农业技术推广部门或农业专业合作社农业技术推广部门之间等。

## 7.5　构建以特色产业为核心的高效农业技术推广系统

适应农作物规模化种植和特色化发展的趋势，以产业为核心构建未来的农业技术推广系统是农业技术推广工作的必然选择。这就要求政府农业部门要提前谋划，按照地域经济特色，以市（县）为单位构建新型农业技术推广组织，调整农业技术推广服务的主要目标和对象，选择适合当地产业发展需求的技术人员和管理干部，在适应和促进地方产业的发展中重构农业技术推广队伍，使农业技术推广朝着专业化、职业化、现代化和专家化的方向发展。

### 7.5.1　以服务特色产业为核心构建农业技术推广组织

目前，我国政府公益性农业技术推广服务体系是按照为农村农业发展提供全方位服务来设计的，基层政府公益性农业技术推广机构在本意设计上是政府农业技术推广部门的派出机构和常设机构，具有"高"（代表政府，地位高）、"大"（机构庞大，人员多）、"全"（服务面广，功能全）的特点。现有的农业技术推广组织设置适应了改革开放后以家庭为农村经营单位的需要，发挥了积极的历史作用。然而，随着农村土地流转加快和农业新型经营主体涌现，农作物规模化种植和特色化发展已成定势，以服务特色产业为核心重构农业技术推广组织是大势所趋。

首先，以服务特色产业为核心构建新型农业技术推广组织。在农业规模化和产业化的发展趋势下，我国政府应以服务特色产业为核心构建新型农业技术推广组织。新型农业技术推广组织要突破传统农业技术推广组织的行政隶属关系，跳出每一乡镇都布点设站（所）的框架，以县（市）为单元围绕本县（市）主要产业设置若干个产业技术服务中心，开展对服务对象驻点服务。若服务区域不大，一县一业一中心则可；若服务区域过大，一业一中心可下设若干个服务站所。新型农业技术推广组织要求服务区域内产业的地理布局高度集中，农业技术推广服务活动完全实现专业化运行。

其次，以服务特色产业为核心确定农业技术推广的新目标。传统的农业技术推广机构由于面向千家万户，面对多种产品和产业，开展的服务内容庞杂，服务目标主要定位于新技术推广和农业生产维护。在传统体制下，农业技术推广人员更多的是做一些疫情预报、病虫防治、新产品介绍、防治技术培训等常规性工作，真正开展的实质性技术服务较少。而在以服务特色产业为核心构建的新型农业技术推广体制下，农业技术推广机构的目标是为地方特色产业发展提供及时的全方位技术支撑和保障，为地方产业发展开展技术服务。在以服务特色产业为核心构建的新型农业技术推广组织中，农业技术推广人员主要从事产前、产中、产后的技术服务，对地方产业发展进行专家性指导。

最后，以服务特色产业为核心设计农业技术推广的新制度。制度是组织得以运行的保障，是组织开展活动的文本依据。农业技术推广服务体系开展农业技术推广活动，不仅需要完整的制度予以保障，而且要求随着时代变迁和服务内容变化对相关制度进行不断的完善。政府公益性传统农业技术推广服务体系建设多年，拥有一整套开展农业技术推广服务的制度，保证了传统服务目标的达成。在以服务特色产业为核心构建的新型农业技术推广服务体系下，农业技术推广机构要制定一系列围绕实现组织"为地方特色产业发展提供及时的全方位技术支撑和保障"这一服务目标的各种制度，并在运行中不断完善，促进新型农业技术推广组织为地方产业发展开展完备的技术服务。

### 7.5.2 以服务特色产业为核心重组农业技术推广队伍

传统农业技术推广体制下，我国对农业技术推广人员的技术要求不高，农业技术推广人员大多从事着行政性的技术事务工作。然而，在以服务特色产业为核心构建的新型农业技术推广服务体系下，由于农业技术推广组织的目标是"为地方特色产业发展提供及时的全方位技术支撑和保障"，所以，新型农业技术推广服务组织必须以服务特色产业为中心选择农业技术推广人员和管理人员，重组农业技术推广队伍。

首先，以服务特色产业为核心调整农业技术推广人员的入职资格。传统农业技术推广体制下，我国农业技术推广机构一般要求农业技术推广人员熟悉农业、了解农业技术就行，农业技术推广人员大多扮演着农业技术应用的"中介"角色。在以服务特色产业为核心构建的新型农业技术推广服务体系下，农业技术推广人员将成为农业产业技术的直接指导者、改进者和问题解决者，必须拥有较为突出的技术运用和指导能力。为此，新型农业技术推广服务组织必须以服务特色产业为中心调整农业技术推广人员的入职资格，将具有优异农业技术应用和指导能力的人员招录进农业技术推广队伍，保证新型农业技术推广组织出色完成新的农业技术推广任务。

其次，以服务特色产业为核心重组农业技术推广技术与管理队伍。与传统农业技术推广机构不同，以服务特色产业为核心构建的新型农业技术推广服务组织主要从事技术指导和服务，这就要求新型农业技术推广组织要以技术服务为中心重组农业技术推广技术与管理队伍。就农业技术推广的管理队伍而言，管理者应具备农业技术的知识和技能，最好是从事过长期的农业技术推广服务，从优秀的农业技术推广者中选拔而来，以便能够迅速熟悉业务、开展领导和指导农业技术推广工作；就农业技术推广的技术队伍而言，技术人员应具备出色的农业技术运用和指导技能，最好是从事过长期农业技术推广的职业工作或志愿服务，从优秀的农业技术推广人员中遴选而出，以便能够胜任产业化发展背景下现代农业技术的示范和指导工作。

最后，以服务特色产业为核心强化农业技术推广人员的在职培训。为构建热爱农业、技能优良的专业化农业技术推广队伍，适应以服务特色产业为核心构建的新型农业技术推广服务体系及其组织的需求，政府和农业技术推广机构要以服务特色产业为中心强化农业技术推广人员的在职培训。一要加强思想教育，坚定农业技术推广人员对农业的热爱和追求，转变农业技术推广人员服务传统农业的观念，树立运用现代农业科技促进农业产业化发展的新理念；二要进行技术培训，帮助农业技术推广人员熟悉规模化、产业化背景下现代农业技术的操作和使用，促使农业技术推广人员增强运用和指导农业技术广的技能；三要组织系统学习，要求有条件的农业技术推广人员争取到大专院校或科研院所进修，促进农业技术推广人员在系统学习现代农业技术理论基础上到农业技术推广实践中多方面有所进步和大幅提高。

### 7.5.3 以服务特色产业为核心重构农业技术推广方式

现有农业技术推广体制下，我国政府农业技术推广人员以指令性服务为主，很少从服务对象——农民或农户出发考虑服务方式。然而，在以服务特色产业为核心构建的新型农业技术推广服务体系下，服务目标和服务对象的转变（更多地面向种养大户而不是一家一户服务）要求新型农业技术推广服务组织必须以服务特色产业为中心重构农业技术推广方式，增强农业技术推广人员为民提供直接技术服务的效果。

首先，以服务特色产业为核心添置新型的农业技术推广服务设施。我国传统农业技术推广机构的技术推广设施普遍不全，设备落后，基本无法为农民提供便捷的直接技术服务，大多以传达上级指令为主。与传统农业技术推广机构不同，以服务特色产业为核心构建的新型农业技术推广服务组织主要从事直接的技术服务，这就要求新型农业技术推广组织要以技术服务为中心添置农业技术推广设施和设备。每一个新型农业技术推广组织都要结合服务产业的地方特色，根据服务对象的需求，添置现代化办公设施，购置最新农业技术推广机具和仪器，并且随着时间推移和技术更新，不断购换推广机具和仪器，以满足农业技术日新月异的变化需要。

其次，以服务特色产业为核心转变传统的农业技术推广服务方式。传统农业技术推广体制下，我国政府农业技术推广机构一般高高在上，农业技术推广人员大多以发布上级命令或公布上级决定的形式，将农业技术推广的内容传达给农民，然后由农民自行其是、农业技术推广人员不再管问；或者农业技术推广人员代替政府，强制要求农民按规定施行。在以服务特色产业为核心构建的新型农业技术推广服务体系下，为实现既定的直接技术服务目标，新型农业技术推广服务组织必须以服务特色产业为中心重构农业技术推广服务方式。农业技术推广人员要为农户规划生产布局，提供及时的上门服务，并自始至终跟踪农户生产过程的产前、产中、产后各个时段，随时为农户提供技术指导，解决技术问题。

最后，以服务特色产业为核心重视农业技术推广服务的产业效果。传统农业技术推广体制下，我国政府农业技术推广机构的农业技术推广人员注重将日常工作一一落实，至于农业技术推广工作的效果很少有人计算，甚至有人以基础性工作无法衡量效果来搪塞，或以农民态度和评价取代推广效果。在以服务特色产业为核心构建的新型农业技术推广服务体系下，由于农业技术推广人员主要开展直接的技术服务，新型农业技术推广服务组织必须高度重视以服务特色产业为中心的农业技术推广服务效果。农业技术推广人员要主动与服务对象一起比较服务前后的农业产量、质量和收入等，衡量农业技术推广服务的效果，并邀请所在单位和社会人士共同评价农业技术推广服务的效果，以求不断改进推广工作。

## 7.6　引导多元农业技术推广机构开展多样化为农服务

无论国内还是国外，农业技术推广组织最初开展的都是以种植业和养殖业为主的纯粹农业技术服务，几乎不涉及农业技术之外的其他方面。至今，纯粹的农业技术服务仍是农业技术推广人员开展农业技术推广服务的主体内容。然而，在发达国家，农业技术推广组织除了开展纯粹的农业技术推广服务之外，大多开辟了对农村发展和农民生活等进行指导的服务新天地，不断拓展着农业技术推广的内容和范畴。顺应城乡一体化趋势和农民需求，我国要引导和鼓励多元农业技术推广机构在开展农业技术推广服务中注重与正在蓬勃发展的科技服务业相融合，积极从事多样化为农服务。

### 7.6.1　引导多元农业技术推广机构开展涉农企业服务

农村城镇化是农村发展的历史趋势，也是我国农村正在推进的重要工作。农村城镇化不仅是建筑的城镇化，而且是发展方式的城镇化。其中，创办涉农企业是农村城镇化的重要选择和支撑，也是农业产业化发展的必然趋势和应然环节。我国农业技术推广机构开展为农服务，理应选择和拓展为农村企业进行服务。

首先，引导多元农业技术推广机构开展涉农企业的产前技术服务。农村以农业为主，农、林、牧、副、渔产品丰富。农村创办企业应以涉农企业为主，充分利用当地农产品资源，转化农产品直销形式，提升农产品价值。适应农村涉农企业发展的需要，我国农业技术推广机构要积极配合企业开展涉农企业的产前技术服务，解决好涉农企业的生产原材料供应质量问题。政府要在法规中将农业技术推广机构为涉农企业服务作为农业技术推广的重要内容和发展方向，鼓励企业向为自己服务的农业技术推广人员提供便利工作条件，支付一定的加班补助；农业技术推广人员要主动做好农产品质量保障和监测，对农户收获的农产品进行等级鉴定，为涉农企业收购农产品原料把好质量关。

其次，引导多元农业技术推广机构开展涉农企业的产中技术服务。在保障涉农企业原材料质量的同时，多元农业技术推广机构还应为涉农企业提供生产过程中的技术服务。对于涉农企业生产过程的技术问题，多元农业技术推广机构应主要承担农产品加工中的原始元素成分维护和品质保鲜技术工作，这也是农产品加工生产过程中普遍存在的、需要重点解决的技术关键。政府要鼓励农业技术推广机构与涉农企业合作，为涉农企业进行加工生产过程中农产品保鲜的技术研发和推广工作；农业技术推广人员要将为涉农企业服务作为自己的分内职责，自觉监督涉农企业生产过程中的农产品质量问题，积极指导涉农企业开展生产过程中的农产品质量维持和提升。

最后，引导多元农业技术推广机构开展涉农企业的产后技术服务。涉农企业完成农产品的加工生产后，还面临着一系列的技术跟进问题，需要农业技术推广机构介入推进，政府也要鼓励农业技术推广机构发挥优势做好产后技术服务。一是产品营销中的质量宣传问题。对于产品营销中的质量宣传，农业技术推广机构要指导涉农企业做出较为客观的产品介绍，既不扩大也不缩小，并对企业的所有质量宣传进行监督。二是产品营销后的质量跟踪问题。农业技术推广机构在涉农企业营销产品后，要自觉进行客户消费的质量跟踪，努力收集农产品消费中的各种反映，发现质量问题。三是产品消费后的质量改进问题。针对收集到的农产品消费质量问题，农业技术推广机构要指导涉农企业、与涉农企业一起进行农产品质量改进，帮助企业生产出更加优质的产品。

此外，农业技术推广机构要顺应农村和涉农企业的发展形势，主动拓展业务，扩大服务范围，逐步承揽涉农企业的一切技术指导工作。这是农业技术推广机构与科技服务业融合的必然选择，意味着服务内容和服务理念的全面转型。

## 7.6.2 引导多元农业技术推广机构开展农民生活服务

为农民提供生活服务是农业技术推广开展的重要保障，也是农业技术推广活动的内容延伸。在国外，许多发达国家已将为农民进行生活服务纳入了农业技术推广活动的范畴和内容。在我国，政府也在积极指导探索农业技术推广机构为农民开展生活服务的有效形式。2014年，国务院批准河北、浙江、山东、广东4省供销社进行综合改革试点，为农民提供"保姆式""菜单式"服务。全国供销合作社系统2014年计划完成100家大型骨干批发市场的现代化改造，完善农产品批发市场的质量检测、包装加工及标准化集配功能，提升市场运营管理水平；鼓励骨干农产品批发市场构建产销一体化流通链条，开展冷藏储存、物流配送、终端直销网点建设。试点供销社将按照改造自我、服务农民的要求，大力推进供销合作社组织创新、服务创新、经营创新，完善体制机制；通过健全基层组织，激发内在活力，进一步密切与农民利益联系，拓展服务领域、提高服务质量，推进服务规模化、流通现代化，促进实体性合作经济组织建设，努力将供销合作社打造成为农民生产生活服务的生力军和综合平台。根据自身优势和当前实际，农业技术推广机构应主要在农村社区规划、生活环境监测、生活品位提高等方面为农民生活提供技术服务。

首先，引导多元农业技术推广机构开展农民生活社区规划服务。新农村社区规划是新农村建设的顶层设计之一，涉及村镇格局和产业布局等方方面面的未来设计。农业技术推广机构是农村基层的常设组织，具有指导农村发展的技术优势，应积极承揽新农村社区规划工作，自觉参与农民生活社区规划活动。政府要主动将新农村社区规划、农民生活社区规划的工作交付农业技术推广机构承担，吸引农业技术推广人员参与到农村发展大计的谋划中来；农业技术推广机构也要认清形势，瞄准需求，及时拓展服务范围，增强服务农民生活社区规划的知识和技能，将为农业、农村、农民的服务有效集成起来，在农村村镇格局和产业布局的未来设计上享有一定的地位。

其次，引导多元农业技术推广机构开展农民生活环境监测服务。目前，我国农民生活环境污染日趋严重，影响着农民生活质量，威胁着农民生活安全。造成严重环境污染的因素很多，但大多来自于涉农科技的过度使用或不当运用。由于熟悉农业技术和涉农科技，农业技术推广机构在控制和解决农民生活环境污染方面具有独特优势。政府要支持农业技术推广机构开展农民生活环境监测和指导，给予专项经费大力扶植这一业务运行；农业技术推广机构要积极调研服务区域内化肥、农药、地膜造成的污染情况，畜禽规模养殖造成的污染情况，农村加工企业造成的污染情况，农村生活污水和垃圾造成的污染情况等，进行常年农村环境观测，宣传指导农民和涉农组织科学使用科技产品、养成处理污水和垃圾的良好习惯。

最后，引导多元农业技术推广机构开展农民生活品位提高服务。当前，我国农村的广大农民在赚取足够金钱后，一般满足于自娱自乐地消费，打牌、闲聊仍是农村的一道重要风景。为改变农民"小富即安"、不思进取的小农意识，帮助农民过上有品位的生活，政府要组织专门力量对农民生活进行适时指导和服务。农业技术推广机构深入农村，农业技术推广人员知识丰富，了解农民，与农民接触最多，是承担这一工作的最佳候选者。政府要明确赋予农业技术推广机构指导农民生活的职责，并责令农业技术推广机构将农业技术推广人员的薪金待遇与其指导农民生活的效果相联系；农业技术推广机构要注重培养提高农业技术推广人员指导农民生活的技能，激励农业技术推广人员将农业技术推广与指导农民生活并重，增强农业技术推广人员指导农民生活的成效。

此外，在科技服务业迅速发展的时代，农业技术推广机构要面向农民生活的各个方面开展服务，积极承揽一切通过努力就可以做好的业务，打造为民服务的科技复合体。在科技复合体内部，农业技术推广人员进行专业化服务，形成农村科技服务的最庞大、最基础、最有效的方阵和体系，服务于从家电、农业到涉农企业的所有科技应用。

### 7.6.3 引导多元农业技术推广机构开展农民成长服务

农民是农村和农业发展的内源性力量，是新农村建设和农业产业化的根本动力。推动农村和农业发展，我国必须想方设法提高农民素质，调动农民建设家园的积极性和热情，促进农村和农业获得源源不断的内部力量。为此，政府需要大力推进农民成长教育和服务。农业技术推广机构与农民有着天然的联系，是开展农民成长教育和服务的最佳主体。美国农业技术推广机构重点开展了对农村青年和妇女的培训及指导，为农村培育和留住了大量有文化、懂技术、会经营的人才。借鉴国外经验，我国政府积极引导农业技术推广机构开展农民成长教育和服务，可以收到事半而功倍的效果。

首先，引导多元农业技术推广机构开展农民素质教育服务。目前我国农村留守农民多为老人和妇女，文化素质不高，严重制约了农业发展和乡村建设。适应土地流转成长起来的新一代农民文化素质和科技水平仍然十分有限，已经成为他们进一步发展的瓶颈因素。政府引导农业技术推广机构开展农民素质教育服务，可以帮助农民有效突破这一瓶颈。针对服务区域内的农村农民实际，农业技术推广机构要为农民开展文化知识培训，提高农民的知识水平和文化修养；开展科学技术培训，使农民大都能够做到懂得身边科学、掌握一门技术；开展域外视野教育，让农民了解外面世界的真实变化、感受时代进步的脉搏。

其次，引导多元农业技术推广机构开展农民经营计划服务。农民致富是农村稳定的重要条件，是农村发展的有机组成部分。目前我国大多农村还不富裕，帮助农民致富的任务还很重；即使已经致富的农村，农民进一步发展经济仍然任重道远，尚需要继续对其进行服务和指导。政府引导农业技术推广机构开展农民经营计划服务，可以帮助农民有效解决这一问题。针对服务区域内的农村经济社会实际，农业技术推广机构要帮助农民制定经济经营计划，围绕地方产业和家庭主业提高农民经营收入；制订文化辅修计划，促使农民在生产劳动之余有步骤地学习科学文化知识，不断提升自身修养，积累致富资本；制订家庭发展计划，促使农民家庭成员整体发展、和谐发展，实现可持续发展。

最后，引导多元农业技术推广机构开展农民子女指导服务。农民子女是农民的未来，也是农村和农业发展的希望。美国农业技术推广机构中专门设立四健会推广工作组，以"教授农村孩子以有用技能"为宗旨，教导农场子弟学习简易的家禽饲养、罐头制作等技能，锻炼农村孩子的"4-H"，即"手"（hand）、脑（head）、身（health）、心（heart）协调发展能力，发掘农村孩子的发展潜能，帮助他们成为有益于社会的人，深受美国社会和农村家庭欢迎。借鉴美国农业技术推广中"4-H"教育的经验，我国政府要引导农业技术推广机构开展农民子女指导服务，大力培养农村、农业发展和社会建设需要的未来人力资本。针对服务区域内的农村孩子成长实际，农业技术推广机构要帮助农民子女树立远大的理想信念，自觉成为对农村社会或整个国家社会发展大有裨益的栋梁之才；帮助他们掌握一项种植、养殖或机械制作技术，及早享有自食其力、独立生存的生活优越感，不断增强他们探索改善生存环境的创新能力；帮助他们规划人生和发展，促使他们在一步一个目标中进取，为农村、农业或整个社会发展贡献力量和智慧。

# 7.7 本章小结

农业技术推广服务体系建设是一项极其复杂的工作，各国因国情不同而具有巨大差异，但也存在着共同之处。在城乡一体化和科技服务一体化的趋势下，借鉴发达国家经验，我国及各地（省）应努力建设以政府公益性农业技术推广机构为主体、其他非政府农业技术推广组织为辅助的"一主多辅"多元化农业技术推广服务体系，不断拓展服务内容，改进服务方式，促进农业技术推广服务体系对现代农业和农村发展形成最优支撑，发挥最佳合力，实现最大促进。

在"一主多辅"的多元化农业技术推广服务体系中，政府公益性农业技术推广系统居于主体地位，发挥主导作用。我国在深化建设多元化农业技术推广服务体系中必须充分认识到这一现状和逻辑，不断巩固和加强政府公益性农业技术推广系统的主体地位，彰显政府公益性农业技术推广系统的主导作用。发挥在多元化农业技术推广服务体系中的主体和主导作用，政府公益性农业技术推广系统要做好对农业技术推广机构的组织统筹、资金统筹、项目统筹、内容统筹和考评统筹。同时，我国政府要促进非政府农业技术推广机构成为农业技术在农村中试验示范的重要力量，成为农村一线指导农业技术应用的重要力量，成为农村一线帮助农民生产生活的重要力量，使其成为政府农业技术推广机构的重要辅助和补充，形成"一主多辅"的农业技术推广组织多元发展态势。

为真正确立和深化发展"一主多辅"的多元化农业技术推广服务体系，我国必须运用法律政策加以保障和促进。一要完善关于强化政府公益性农业技术推广机构主体地位的法律政策，在法规上赋予政府公益性农业技术推广机构以主体地位和相应权力，加强政府公益性农业技术推广机构的工作条件建设，加大对政府公益性农业技术推广机构从事推广活动或项目的资金支持力度；二要完善非政府推广机构成为农业技术推广体系有力辅助的法律政策，在法律政策上鼓励政府之外的农业技术推广机构开展农业技术推广服务，保证政府之外的农业技术推广机构拥有充足的推广经费，支持政府之外的农业技术推广机构进行必要的条件建设；三要完善有关保障多元化农业技术推广服务体系健康发展的法律政策，在组织协调方面保障各种农业科技服务组织内部与组织之间的有序、高效运行，在人员供给方面保障各类农业科技服务组织所需人员的资格、地位和待遇，在考核评价方面保障适宜主体对各级各类农业科技服务组织开展服务质量的科学监测。

开展农业技术推广，政府公益性农业技术推广机构与非政府农业技术推广机构都需要政府财政的大力支持。一要加大农业技术推广活动项目的财政资金投入，二要加大农业技术推广条件建设的财政资金投入，三要加大农业技术推广人员待遇的财政资金投入。深化建设"一主多辅"的多元化农业技术推广服务体系，我国政府还要大力促进各级各类农业技术推广机构获得需要的优秀人才，将不符合要求的在岗人员逐步替代。为此，政府要帮助农业技术推广服务体系建立统一的人才准入机制、人才待遇机制和人才晋升机制，为各级各类农业技术推广机构推进农业技术推广工作集聚人才。

适应农作物规模化种植和特色化发展的趋势，我国未来农业技术推广服务体系要以产业为核心进行重构。这要求政府农业部门要提前谋划，按照农业经济的地域特色，以市（县）为单位构建新型农业技术推广组织，调整农业技术推广服务的主要目标和对象，选择适合当地产业发展需求的技术人员和管理干部，在适应和促进地方产业发展中重组农业技术推广队伍，转变传统农业技术推广方式，促进农业技术推广朝着专业化、职业化、现代化和专家化的方向发展。

顺应城乡一体化和科技服务一体化的时代要求，我国政府要引导和鼓励多元农业技术推广机构与当前蓬勃发展的科技服务业融合，扩大服务内容和范围，开展多样化为农服务。一要引导多元农业技术推广机构开展涉农企业服务，积极利用技术优势，为涉农企业提供产前、产中和产后技术服务，成为涉农企业发展的技术支撑和强力助手；二要引导多元农业技术推广机构开展农民生活服务，根据农村和农民发展实际，为农民生活提供农村社区规划、生活环境监测、生活品位提高等方面的技术服务，改善农民生活质量；三要引导多元农业技术推广机构开展农民成长服务，按照农民大众需求和个性要求，为农民提供素质教育服务、经营计划服务和子女指导服务，培育农村、农业发展的内源性动力。

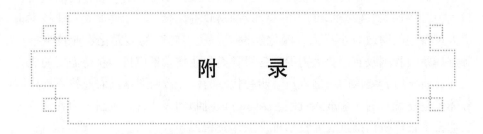

# 附　　录

## 附录一　中华人民共和国农业技术推广法 (1993 年)[①]

(1993 年 7 月 2 日第八届全国人民代表大会常务委员会第二次会议通过；1993 年 7 月 2 日中华人民共和国主席令第五号公布施行。)

### 第一章　总则

第一条　为了加强农业技术推广工作，促使农业科研成果和实用技术尽快应用于农业生产，保障农业的发展，实现农业现代化，制定本法。

第二条　本法所称农业技术，是指应用于种植业、林业、畜牧业、渔业的科研成果和实用技术，包括良种繁育、施用肥料、病虫害防治、栽培和养殖技术，农副产品加工、保鲜、贮运技术，农业机械技术和农用航空技术，农田水利、土壤改良与水土保持技术，农村供水、农村能源利用和农业环境保护技术，农业气象技术以及农业经营管理技术等。

本法所称农业技术推广，是指通过试验、示范、培训、指导以及咨询服务等，把农业技术普及应用于农业生产产前、产中、产后全过程的活动。

第三条　国家依靠科学技术进步和发展教育，振兴农村经济，加快农业技术的普及应用，发展高产、优质、高效益的农业。

第四条　农业技术推广应当遵循下列原则：

(一) 有利于农业的发展；

(二) 尊重农业劳动者的意愿；

(三) 因地制宜，经过试验、示范；

(四) 国家、农村集体经济组织扶持；

(五) 实行科研单位、有关学校、推广机构与群众性科技组织、科技人员、农业劳动者相结合；

---

① http://www.people.com.cn/item/flfgk/rdlf/1993/111701199322.html.

（六）讲求农业生产的经济效益、社会效益和生态效益。

第五条 国家鼓励和支持科技人员开发、推广应用先进的农业技术，鼓励和支持农业劳动者和农业生产经营组织应用先进的农业技术。

第六条 国家鼓励和支持引进国外先进的农业技术，促进农业技术推广的国际合作与交流。

第七条 各级人民政府应当加强对农业技术推广工作的领导，组织有关部门和单位采取措施，促进农业技术推广事业的发展。

第八条 对在农业技术推广工作中做出贡献的单位和个人，给予奖励。

第九条 国务院农业、林业、畜牧、渔业、水利等行政部门（以下统称农业技术推广行政部门）按照各自的职责，负责全国范围内有关的农业技术推广工作。县级以上地方各级人民政府农业技术推广行政部门在同级人民政府的领导下，按照各自的职责，负责本行政区域内有关的农业技术推广工作。同级人民政府科学技术行政部门对农业技术推广工作进行指导。

## 第二章 农业技术推广体系

第十条 农业技术推广，实行农业技术推广机构与农业科研单位、有关学校以及群众性科技组织、农民技术人员相结合的推广体系。

国家鼓励和支持供销合作社、其他企业事业单位、社会团体以及社会各界的科技人员，到农村开展农业技术推广服务活动。

第十一条 乡、民族乡、镇以上各级国家农业技术推广机构的职责是：

（一）参与制订农业技术推广计划并组织实施；

（二）组织农业技术的专业培训；

（三）提供农业技术、信息服务；

（四）对确定推广的农业技术进行试验、示范；

（五）指导下级农业技术推广机构、群众性科技组织和农民技术人员的农业技术推广活动。

第十二条 农业技术推广机构的专业科技人员，应当具有中等以上有关专业学历，或者经县级以上人民政府有关部门主持的专业考核培训，达到相应的专业技术水平。

第十三条 村农业技术推广服务组织和农民技术人员，在农业技术推广机构的指导下，宣传农业技术知识，落实农业技术推广措施，为农业劳动者提供技术服务。

推广农业技术应当选择有条件的农户，进行应用示范。

国家采取措施，培训农民技术人员。农民技术人员经考核符合条件的，可以按照有关规定授予相应的技术职称，并发给证书。

村民委员会和村集体经济组织，应当推动、帮助村农业技术推广服务组织和农民技术人员开展工作。

第十四条　农场、林场、牧场、渔场除做好本场的农业技术推广工作外，应当向社会开展农业技术推广服务活动。

第十五条　农业科研单位和有关学校应当适应农村经济建设发展的需要，开展农业技术开发和推广工作，加快先进技术在农业生产中的普及应用。

教育部门应当在农村开展有关农业技术推广的职业技术教育和农业技术培训，提高农业技术推广人员和农业劳动者的技术素质。国家鼓励农业集体经济组织、企业事业单位和其他社会力量在农村开展农业技术教育。

农业科研单位和有关学校的科技人员从事农业技术推广工作的，在评定职称时，应当将他们从事农业技术推广工作的实绩作为考核的重要内容。

第十六条　国家鼓励和支持发展农村中的群众性科技组织，发挥它们在推广农业技术中的作用。

### 第三章　农业技术的推广与应用

第十七条　推广农业技术应当制定农业技术推广项目。重点农业技术推广项目应当列入国家和地方有关科技发展的计划，由农业技术推广行政部门和科学技术行政部门按照各自的职责，相互配合，组织实施。

第十八条　农业科研单位和有关学校应当把农业生产中需要解决的技术问题列为研究课题，其科研成果可以通过农业技术推广机构推广，也可以由该农业科研单位、该学校直接向农业劳动者和农业生产经营组织推广。

第十九条　向农业劳动者推广的农业技术，必须在推广地区经过试验证明具有先进性和适用性。

向农业劳动者推广未在推广地区经过试验证明具有先进性和适用性的农业技术，给农业劳动者造成损失的，应当承担民事赔偿责任，直接负责的主管人员和其他直接责任人员可以由其所在单位或者上级机关给予行政处分。

第二十条　农业劳动者根据自愿的原则应用农业技术。

任何组织和个人不得强制农业劳动者应用农业技术。强制农业劳动者应用农业技术，给农业劳动者造成损失的，应当承担民事赔偿责任，直接负责的主管人员和其他直接责任人员可以由其所在单位或者上级机关给予行政处分。

第二十一条　县、乡农业技术推广机构应当组织农业劳动者学习农业科学技术知识，提高他们应用农业技术的能力。

农业劳动者在生产中应用先进的农业技术，有关部门和单位应当在技术培训、资金、物资和销售等方面给予扶持。

国家鼓励和支持农业劳动者参与农业技术推广活动。

第二十二条　国家农业技术推广机构向农业劳动者推广农业技术，除本条第二款另有规定外，实行无偿服务。

农业技术推广机构、农业科研单位、有关学校以及科技人员，以技术转让、技术服务和技术承包等形式提供农业技术的，可以实行有偿服务，其合法收入受法律保护。进行农业技术转让、技术服务和技术承包，当事人各方应当订立合同，约定各自的权利和义务。

国家农业技术推广机构推广农业技术所需的经费，由政府财政拨给。

## 第四章　农业技术推广的保障措施

第二十三条　国家逐步提高对农业技术推广的投入。各级人民政府在财政预算内应当保障用于农业技术推广的资金，并应当使该资金逐年增长。

各级人民政府通过财政拨款以及从农业发展基金中提取一定比例的资金的渠道，筹集农业技术推广专项资金，用于实施农业技术推广项目。

任何机关或者单位不得截留或者挪用用于农业技术推广的资金。

第二十四条　各级人民政府应当采取措施，保障和改善从事农业技术推广工作的专业科技人员的工作条件和生活条件，改善他们的待遇，依照国家规定给予补贴，保持农业技术推广机构和专业科技人员的稳定。对在乡、村从事农业技术推广工作的专业科技人员的职称评定应当以考核其推广工作的业务技术水平和实绩为主。

第二十五条　乡、村集体经济组织从其举办的企业的以工补农、建农的资金中提取一定数额，用于本乡、本村农业技术推广的投入。

第二十六条　农业技术推广机构、农业科研单位和有关学校根据农村经济发展的需要，可以开展技术指导与物资供应相结合等多种形式的经营服务。对农业技术推广机构、农业科研单位和有关学校举办的为农业服务的企业，国家在税收、信贷等方面给予优惠。

第二十七条　农业技术推广行政部门和县以上农业技术推广机构，应当有计划地对农业技术推广人员进行技术培训，组织专业进修，使其不断更新知识、提高业务水平。

第二十八条　地方各级人民政府应当采取措施，保障农业技术推广机构获得必需的试验基地和生产资料，进行农业技术的试验、示范。

地方各级人民政府应当保障农业技术推广机构有开展农业技术推广工作必要的条件。

地方各级人民政府应当保障农业技术推广机构的试验基地、生产资料和其他财产不受侵占。

## 第五章 附则

第二十九条 国务院根据本法制定实施条例。

省、自治区、直辖市人民代表大会常务委员会可以根据本法和本地区的实际情况制定实施办法。

第三十条 本法自公布之日起施行。

# 附录二 中华人民共和国农业技术推广法（2012年）①

（1993年7月2日第八届全国人民代表大会常务委员会第二次会议通过；根据2012年8月31日第十一届全国人民代表大会常务委员会第二十八次会议《关于修改〈中华人民共和国农业技术推广法〉的决定》修正。）

## 第一章 总则

第一条 为了加强农业技术推广工作，促使农业科研成果和实用技术尽快应用于农业生产，增强科技支撑保障能力，促进农业和农村经济可持续发展，实现农业现代化，制定本法。

第二条 本法所称农业技术，是指应用于种植业、林业、畜牧业、渔业的科研成果和实用技术，包括：

（一）良种繁育、栽培、肥料施用和养殖技术；

（二）植物病虫害、动物疫病和其他有害生物防治技术；

（三）农产品收获、加工、包装、贮藏、运输技术；

（四）农业投入品安全使用、农产品质量安全技术；

（五）农田水利、农村供排水、土壤改良与水土保持技术；

（六）农业机械化、农用航空、农业气象和农业信息技术；

（七）农业防灾减灾、农业资源与农业生态安全和农村能源开发利用技术；

（八）其他农业技术。

本法所称农业技术推广，是指通过试验、示范、培训、指导以及咨询服务等，把农业技术普及应用于农业产前、产中、产后全过程的活动。

第三条 国家扶持农业技术推广事业，加快农业技术的普及应用，发展高产、优质、高效、生态、安全农业。

第四条 农业技术推广应当遵循下列原则：

（一）有利于农业、农村经济可持续发展和增加农民收入；

（二）尊重农业劳动者和农业生产经营组织的意愿；

① http://www.npc.gov.cn/npc/xinwen/2012-09/01/content_ 1735970. html.

（三）因地制宜，经过试验、示范；

（四）公益性推广与经营性推广分类管理；

（五）兼顾经济效益、社会效益，注重生态效益。

第五条　国家鼓励和支持科技人员开发、推广应用先进的农业技术，鼓励和支持农业劳动者和农业生产经营组织应用先进的农业技术。

国家鼓励运用现代信息技术等先进传播手段，普及农业科学技术知识，创新农业技术推广方式方法，提高推广效率。

第六条　国家鼓励和支持引进国外先进的农业技术，促进农业技术推广的国际合作与交流。

第七条　各级人民政府应当加强对农业技术推广工作的领导，组织有关部门和单位采取措施，提高农业技术推广服务水平，促进农业技术推广事业的发展。

第八条　对在农业技术推广工作中作出贡献的单位和个人，给予奖励。

第九条　国务院农业、林业、水利等部门（以下统称农业技术推广部门）按照各自的职责，负责全国范围内有关的农业技术推广工作。县级以上地方各级人民政府农业技术推广部门在同级人民政府的领导下，按照各自的职责，负责本行政区域内有关的农业技术推广工作。同级人民政府科学技术部门对农业技术推广工作进行指导。同级人民政府其他有关部门按照各自的职责，负责农业技术推广的有关工作。

### 第二章　农业技术推广体系

第十条　农业技术推广，实行国家农业技术推广机构与农业科研单位、有关学校、农民专业合作社、涉农企业、群众性科技组织、农民技术人员等相结合的推广体系。

国家鼓励和支持供销合作社、其他企业事业单位、社会团体以及社会各界的科技人员，开展农业技术推广服务。

第十一条　各级国家农业技术推广机构属于公共服务机构，履行下列公益性职责：

（一）各级人民政府确定的关键农业技术的引进、试验、示范；

（二）植物病虫害、动物疫病及农业灾害的监测、预报和预防；

（三）农产品生产过程中的检验、检测、监测咨询技术服务；

（四）农业资源、森林资源、农业生态安全和农业投入品使用的监测服务；

（五）水资源管理、防汛抗旱和农田水利建设技术服务；

（六）农业公共信息和农业技术宣传教育、培训服务；

（七）法律、法规规定的其他职责。

第十二条　根据科学合理、集中力量的原则以及县域农业特色、森林资源、水系和水利设施分布等情况，因地制宜设置县、乡镇或者区域国家农业技术推广机构。

乡镇国家农业技术推广机构，可以实行县级人民政府农业技术推广部门管理为主或者乡镇人民政府管理为主、县级人民政府农业技术推广部门业务指导的体制，具体由省、自治区、直辖市人民政府确定。

第十三条　国家农业技术推广机构的人员编制应当根据所服务区域的种养规模、服务范围和工作任务等合理确定，保证公益性职责的履行。

国家农业技术推广机构的岗位设置应当以专业技术岗位为主。乡镇国家农业技术推广机构的岗位应当全部为专业技术岗位，县级国家农业技术推广机构的专业技术岗位不得低于机构岗位总量的百分之八十，其他国家农业技术推广机构的专业技术岗位不得低于机构岗位总量的百分之七十。

第十四条　国家农业技术推广机构的专业技术人员应当具有相应的专业技术水平，符合岗位职责要求。

国家农业技术推广机构聘用的新进专业技术人员，应当具有大专以上有关专业学历，并通过县级以上人民政府有关部门组织的专业技术水平考核。自治县、民族乡和国家确定的连片特困地区，经省、自治区、直辖市人民政府有关部门批准，可以聘用具有中专有关专业学历的人员或者其他具有相应专业技术水平的人员。

国家鼓励和支持高等学校毕业生和科技人员到基层从事农业技术推广工作。各级人民政府应当采取措施，吸引人才，充实和加强基层农业技术推广队伍。

第十五条　国家鼓励和支持村农业技术服务站点和农民技术人员开展农业技术推广。对农民技术人员协助开展公益性农业技术推广活动，按照规定给予补助。

农民技术人员经考核符合条件的，可以按照有关规定授予相应的技术职称，并发给证书。

国家农业技术推广机构应当加强对村农业技术服务站点和农民技术人员的指导。

村民委员会和村集体经济组织，应当推动、帮助村农业技术服务站点和农民技术人员开展工作。

第十六条　农业科研单位和有关学校应当适应农村经济建设发展的需要，开展农业技术开发和推广工作，加快先进技术在农业生产中的普及应用。

农业科研单位和有关学校应当将其科技人员从事农业技术推广工作的实绩作为工作考核和职称评定的重要内容。

第十七条　国家鼓励农场、林场、牧场、渔场、水利工程管理单位面向社会开展农业技术推广服务。

第十八条　国家鼓励和支持发展农村专业技术协会等群众性科技组织，发挥其在农业技术推广中的作用。

### 第三章　农业技术的推广与应用

第十九条　重大农业技术的推广应当列入国家和地方相关发展规划、计划，由农业技术推广部门会同科学技术等相关部门按照各自的职责，相互配合，组织实施。

第二十条　农业科研单位和有关学校应当把农业生产中需要解决的技术问题列为研究课题，其科研成果可以通过有关农业技术推广单位进行推广或者直接向农业劳动者和农业生产经营组织推广。

国家引导农业科研单位和有关学校开展公益性农业技术推广服务。

第二十一条　向农业劳动者和农业生产经营组织推广的农业技术，必须在推广地区经过试验证明具有先进性、适用性和安全性。

第二十二条　国家鼓励和支持农业劳动者和农业生产经营组织参与农业技术推广。

农业劳动者和农业生产经营组织在生产中应用先进的农业技术，有关部门和单位应当在技术培训、资金、物资和销售等方面给予扶持。

农业劳动者和农业生产经营组织根据自愿的原则应用农业技术，任何单位或者个人不得强迫。

推广农业技术，应当选择有条件的农户、区域或者工程项目，进行应用示范。

第二十三条　县、乡镇国家农业技术推广机构应当组织农业劳动者学习农业科学技术知识，提高其应用农业技术的能力。

教育、人力资源和社会保障、农业、林业、水利、科学技术等部门应当支持农业科研单位、有关学校开展有关农业技术推广的职业技术教育和技术培训，提高农业技术推广人员和农业劳动者的技术素质。

国家鼓励社会力量开展农业技术培训。

第二十四条　各级国家农业技术推广机构应当认真履行本法第十一条规定的公益性职责，向农业劳动者和农业生产经营组织推广农业技术，实行无偿服务。

国家农业技术推广机构以外的单位及科技人员以技术转让、技术服务、技术承包、技术咨询和技术入股等形式提供农业技术的，可以实行有偿服务，其合法收入和植物新品种、农业技术专利等知识产权受法律保护。进行农业技术转让、技术服务、技术承包、技术咨询和技术入股，当事人各方应当订立合同，约定各自的权利和义务。

第二十五条　国家鼓励和支持农民专业合作社、涉农企业，采取多种形式，为农民应用先进农业技术提供有关的技术服务。

第二十六条　国家鼓励和支持以大宗农产品和优势特色农产品生产为重点的农业示范区建设，发挥示范区对农业技术推广的引领作用，促进农业产业化发展和现代农业建设。

第二十七条　各级人民政府可以采取购买服务等方式，引导社会力量参与公益性农业技术推广服务。

## 第四章　农业技术推广的保障措施

第二十八条　国家逐步提高对农业技术推广的投入。各级人民政府在财政预算内应当保障用于农业技术推广的资金，并按规定使该资金逐年增长。

各级人民政府通过财政拨款以及从农业发展基金中提取一定比例的资金的渠道，筹集农业技术推广专项资金，用于实施农业技术推广项目。中央财政对重大农业技术推广给予补助。县、乡镇国家农业技术推广机构的工作经费根据当地服务规模和绩效确定，由各级财政共同承担。

任何单位或者个人不得截留或者挪用用于农业技术推广的资金。

第二十九条　各级人民政府应当采取措施，保障和改善县、乡镇国家农业技术推广机构的专业技术人员的工作条件、生活条件和待遇，并按照国家规定给予补贴，保持国家农业技术推广队伍的稳定。

对在县、乡镇、村从事农业技术推广工作的专业技术人员的职称评定，应当以考核其推广工作的业务技术水平和实绩为主。

第三十条　各级人民政府应当采取措施，保障国家农业技术推广机构获得必需的试验示范场所、办公场所、推广和培训设施设备等工作条件。

地方各级人民政府应当保障国家农业技术推广机构的试验示范场所、生产资料和其他财产不受侵害。

第三十一条　农业技术推广部门和县级以上国家农业技术推广机构，应当有计划地对农业技术推广人员进行技术培训，组织专业进修，使其不断更新知识、提高业务水平。

第三十二条　县级以上农业技术推广部门、乡镇人民政府应当对其管理的国家农业技术推广机构履行公益性职责的情况进行监督、考评。

各级农业技术推广部门和国家农业技术推广机构，应当建立国家农业技推广机构的专业技术人员工作责任制度和考评制度。

县级人民政府农业技术推广部门管理为主的乡镇国家农业技术推广机构的人员，其业务考核、岗位聘用以及晋升，应当充分听取所服务区域的乡镇人民政府和服务对象的意见。

乡镇人民政府管理为主、县级人民政府农业技术推广部门业务指导的乡镇国家农业技术推广机构的人员，其业务考核、岗位聘用以及晋升，应当充分听取所在地的县级人民政府农业技术推广部门和服务对象的意见。

第三十三条　从事农业技术推广服务的，可以享受国家规定的税收、信贷等方面的优惠。

### 第五章　法律责任

第三十四条　各级人民政府有关部门及其工作人员未依照本法规定履行职责的，对直接负责的主管人员和其他直接责任人员依法给予处分。

第三十五条　国家农业技术推广机构及其工作人员未依照本法规定履行职责的，由主管机关责令限期改正，通报批评；对直接负责的主管人员和其他直接责任人员依法给予处分。

第三十六条　违反本法规定，向农业劳动者、农业生产经营组织推广未经试验证明具有先进性、适用性或者安全性的农业技术，造成损失的，应当承担赔偿责任。

第三十七条　违反本法规定，强迫农业劳动者、农业生产经营组织应用农业技术，造成损失的，依法承担赔偿责任。

第三十八条　违反本法规定，截留或者挪用用于农业技术推广的资金的，对直接负责的主管人员和其他直接责任人员依法给予处分；构成犯罪的，依法追究刑事责任。

### 第六章　附则

第三十九条　本法自公布之日起施行。

# 附录三　湖北省多元化农业技术推广服务<br>体系建设调研报告[①]

摘要：通过对当前湖北农业技术推广服务体系的调查，较为全面地阐述了农业技术推广服务体系的现状与问题，总结了发达国家多元化农业技术推广服务体系建设的经验，结合湖北省农业技术推广的实际情况，提出了构建"一

---

①　陈新忠，李国英，李水彬，等 . 2013. 多元化农业技术推广服务体系建设调查研究 . 武汉：华中农业大学 .

主多元"服务体系的政策建议。

关键词：农业技术推广；服务体系；一主多元

农业技术推广是连接科技与农民的桥梁，是打通农业科技"最后一公里"的重要渠道，是粮食增产、农民增收的重要依托和手段。与世界发达国家相比，我国农业科技转化率较低，农业现代化水平不高；与国内发达省份相比，我省农业技术推广力量不强，现代农业产业化程度较低。在中共中央连发10个"一号文件"加强农业发展的背景下，以新的《中华人民共和国农业技术推广法》颁布和《农业部关于贯彻实施〈中华人民共和国农业技术推广法〉的意见》出台为契机，为建设有力、高效的农业技术推广服务组织及队伍，课题组调研了黄冈、天门、孝感等地的农业技术推广现状，以期构建湖北省公益性农业技术推广机构为主体的多元化农业技术推广服务体系，提升农业科技创新对农业发展的支撑力，推动湖北由农业大省向农业强省跨越。

## 一、湖北省农业技术推广服务体系建设的现状与问题

目前，湖北省农业技术推广服务组织呈现出多元化发展的态势，有效促进了粮食产量"十连增"、农民增收"十连快"，但推广队伍建设还存在着诸多问题，严重妨碍了全省农业技术推广的健康发展。

### 1. 湖北省农业技术推广服务体系建设的主要成效

（1）多元化农业技术推广服务体系初具格局

调研发现，目前湖北省农业技术推广服务组织既有政府系统的农业技术推广机构，也有农业高校和农业科研单位，还有新兴的农民专业合作组织、龙头企业等，多元化农业技术推广服务体系初具形态。例如，黄冈武穴市除乡镇农业技术推广服务中心外，另有华中农业大学、武汉大学、湖北省农科院、黄冈市农科院，以及中国油料、水稻、棉花研究所和湖北省老科技工作者协会等在为当地进行农业科技推广服务，且有武穴市天诚植保专业化合作社、英山县宏业中药材种植专业合作社等农村新兴组织在当地开展农业科技推广服务。

（2）政府公益性农业技术推广机构居于主体地位

无论从组织的健全程度还是发挥的作用看，政府公益性农业技术推广机构都居于主体地位。一是政府公益性农业技术推广组织建设较好，布局广泛。各市（县）政府基本形成了"以市（县）为主，以镇（乡）村为辅，市（县）

乡（镇）村联通"的市（县）、乡（镇）、村三级农业技术推广工作系统。例如，武穴市现有市农业技术推广中心和市植保站、市土肥站、市环保站5个市级农业技术推广机构，12个乡镇农业技术推广服务中心和1000个农业科技示范户，市农业技术中心内设办公室、粮油站、棉麻站和科教站等5个业务站室。二是政府公益性农业技术推广机构对三农的服务较为全面，效益明显。政府公益性农业技术推广机构的服务包括科技入户、新型农民培训、测土配方施肥、植保技术服务、信息服务、办点示范等，其组织及人员的工作对农业增效、农民增收发挥了重要的基础性作用。三是政府公益性农业技术推广机构帮助其他农业技术推广组织联系农田农户上地位特殊，作用关键。大专院校、科研单位等开展农业技术推广，主要通过政府公益性农业技术推广机构联系到农田、农户，并依托其进行技术推广服务。

（3）政府之外的农业技术推广机构各具特色

政府之外的农业技术推广机构具有独特的功能，在农业技术推广中发挥着独特的作用。大专院校和科研单位一般有自己研发的农业科研成果，他们可以直接指导自身科研成果的推广和应用。例如，华中农业大学就将自主研发的杂交油菜、绿色水稻、优质种猪、动物疫苗、优质柑橘、试管种薯等在省内推广。新兴的农民专业合作组织、龙头企业等则利用自身的主营业务和专长，在农业相关的某一方面开展技术推广服务。例如，武穴市天诚植保专业化合作社利用自身经营农药的优势，在粮食作物的病虫害防治方面为农民进行科技服务。

（4）新兴农业技术推广机构的作用日益增强

在当前多元的农业技术推广服务组织中，新兴农业技术推广组织的作用日益突出。综合性的农业和农民专业合作社、种植大户等新型农业经营主体随着流转种植土地面积的不断增大，承揽的农业技术推广工作、发挥的农业技术推广作用尤为突出。例如，天门市华丰农业专业合作社、湖北春晖集团下属的土地股份合作社就是这样。天门市华丰农业专业合作社流转种植6.5万亩土地，湖北春晖集团流转种植10多万亩土地，他们在种植与经营过程中，开展各种农业技术推广，促进了大面积土地种植粮食的增收。

## 2. 湖北省农业技术推广服务体系建设的主要问题

（1）多元化农业技术推广服务体系统筹乏力

尽管农业技术推广中推广机构和组织越来越多，呈现多元化发展态势，但整体缺乏统筹，没有形成应有的合力。大专院校、科研机构和社会科技组织独自进行农业科技推广仍然较为普遍，农民专业合作组织、龙头企业等新兴农业经营主体更是多自我行事、自主推广。他们大多按照自己的需求开展活动，很少考虑农业科技推广的计划性、统一性、整体性和长远性。甚至有的不法组织和个人浑水摸鱼，趁机推销假种子、假技术等。

（2）政府公益性农业技术推广机构主导作用不强

政府公益性农业技术推广机构虽然是官方组织，在农业技术推广中一定程度地扮演着纽带和桥梁的角色，但主导作用发挥不强。一是统筹力不强。对于多元发展的农业技术推广组织，政府公益性农业技术推广机构没有主动协调，将其纳入自己的农业技术推广体系，并予以指导。二是战斗力不强。政府公益性农业技术推广机构基本上每年都在做一些农业技术服务的常规性工作，被动开展的活动多，主动进行农业科技示范、试点推广的较少。三是先进性不强。面对农民专业合作组织、龙头企业等新兴农业经营主体，政府公益性农业技术推广机构大多没有积极适应，在服务内容和形式上实现自我超越，对其发挥好引导作用。

（3）政府之外的农业技术推广机构力量不均

当前农业技术推广机构和组织尽管很多，但自成体系的很少，力量不均现象凸显。在农业高校中，华中农业大学的农业科技推广力量较强，与其相匹配的农业院校极少；在农业科研单位中，湖北省农科院的农业科技推广发挥的作用较大，能与其相当的科研单位较少；在新兴的农业经营主体中，天门市华丰农业专业合作社、湖北春晖集团等开展农业技术推广较为有力，但与其实力相当的农业和农民专业合作社明显不多。

（4）新兴农业技术推广机构的服务目标狭窄

新兴农业技术推广机构进行农业技术推广主要是为了追求经济效益，仅局限于自己擅长或需要的某方面技术，很少考虑社会长远发展利益。例如，武穴市天诚植保专业化合作社仅限于为农民提供病虫害防治方面的技术和服务，其他技术和影响不予关心；天门市华丰农业专业合作社仅限于自己流转种植的土地范围内的作物高产技术和服务，其他范围的技术和服务不予考虑。

### 3. 湖北省农业技术推广服务体系建设的症因分析

（1）短缺协同服务的法律和法规

政府公益性农业技术推广机构之所以没有发挥好统筹各农业技术推广组织的领导作用，主要是因为我国、我省没有相应的法律和法规赋予其相应的地位和权力。不少农业技术推广组织没有主动联系地方政府农业部门开展农业技术推广，政府公益性农业技术推广机构也没有法律和法规依据强行将其纳入自己的农业技术推广体系。对于不法组织和个人推销假种子、假技术等，因涉及工商、质检、科研等较多部门管理，政府公益性农业技术推广机构不便于强行干预。

（2）缺少吸引人才的待遇和岗位

2005年全省乡镇农业技术推广机构改革以后，"以钱养事"尽管精简了人员、提高了效率，但也使得部分地区农业技术推广"线断、网破、人散"，农业技术人员成为社会人，无安全感和归属感，待遇也比同地同职同级的其他单位人员较差；农业技术队伍萎缩，大学毕业生不愿加盟。例如，2005年前，黄冈全市乡镇政府公益性农业技术推广人员1786人，现仅599人，少了2/3，每个乡镇仅3~5人，且近10~15年没引进新人，人才更替难以为继（附表3-1）。新兴的农业和农民专业合作社更是缺少管理人员和技术人员，也不能为相应岗位的人员提供优厚的待遇。这在很大程度上制约了在岗人员的积极性发挥，妨害了农业技术推广的健康发展。

附表 3-1　黄冈市基层公益性农业技术推广服务人员情况调查表

单位：人

| 县市区 | 公益人员数量 | 年龄结构 | | | 学历结构 | | | | 职称结构 | | | |
|---|---|---|---|---|---|---|---|---|---|---|---|---|
| | | 35岁及以下 | 36~49岁 | 50岁及以上 | 高中及以下 | 中专 | 大专 | 本科及以上 | 无职称 | 初级 | 中级 | 高级 |
| 黄州区 | 28 | 0 | 13 | 15 | 0 | 21 | 7 | 0 | 0 | 24 | 4 | 0 |
| 团风县 | 32 | 6 | 20 | 6 | 1 | 24 | 5 | 2 | 14 | 11 | 7 | 0 |
| 红安县 | 84 | 25 | 37 | 22 | 13 | 21 | 35 | 15 | 19 | 41 | 24 | 0 |
| 罗田县 | 52 | 9 | 36 | 7 | 8 | 38 | 4 | 2 | 3 | 25 | 23 | 1 |
| 英山县 | 55 | 8 | 37 | 10 | 0 | 40 | 11 | 4 | 35 | 16 | 2 | 2 |
| 浠水县 | 44 | 7 | 33 | 4 | 0 | 21 | 16 | 7 | 0 | 15 | 27 | 2 |
| 蕲春县 | 50 | 4 | 36 | 10 | 4 | 36 | 9 | 1 | 0 | 39 | 11 | 0 |
| 黄梅县 | 72 | 2 | 57 | 13 | 4 | 38 | 24 | 6 | 0 | 36 | 34 | 2 |
| 武穴市 | 56 | 13 | 38 | 5 | 2 | 18 | 31 | 5 | 2 | 16 | 35 | 3 |
| 麻城市 | 100 | 30 | 64 | 6 | 12 | 60 | 22 | 6 | 2 | 59 | 36 | 3 |
| 龙感湖管理区 | 26 | 12 | 14 | 0 | 0 | 9 | 17 | 0 | 0 | 12 | 14 | 0 |
| 全市 | 599 | 116 | 385 | 98 | 44 | 326 | 181 | 48 | 75 | 294 | 217 | 13 |

资料来源：黄冈市农业局

（3）欠缺配套的建设资金和政策

从2006年开始，湖北省财政安排的政府公益性农业技术推广服务资金，省县两级加起来有 5.5 亿，至 2010 年累计达到 24.57 亿元，但根本无法满足农业技术推广的需求。乡镇农业技术推广资金有的被一些部门分割，农业技术人员办公条件差，岗位缺乏吸引力，农业技术推广进一步发展缺少项目和经费。大专院校和科研单位更是依靠自己掏钱来从事农业科技推广。例如，湖北省农业科学研究院从 2007 年起，每年拿出 300 万元左右以项目形式建设专家大院，目前已发展到 20 个；华中农业大学一直以来，自觉服务三农，近年来投入数千万元大力实施"111"计划和"双百"计划，得到省委、省政府肯定和称赞。但这种自觉自主的行为，一旦自身单位经费紧张，势必搁浅而难以持续。对于新兴的农民专业合作社、涉农龙头企业等，政府配套的农业技术推广建设资金和政策也较少。

（4）缺乏服务三农的观念和追求

在服务三农方面，湖北自上至下的兴农强农思想观念从根本上都不到位，缺乏坚忍不拔的追求。湖北部分领导干部重农兴农意识不强、科技强农意识不够，在相当长的时期缺少主动的战略谋划和设计。对于农业技术推广人员来说，由于经济待遇低、政治待遇差、职业发展前景渺茫，受市场经济社会"效益优先"思想影响，他们大多仅把农业技术推广工作看成是自己谋生的饭碗，缺少热爱三农的情怀、献身三农的心志、做强三农的愿望、任劳任怨的行动。新兴的农民专业合作社、涉农龙头企业等更是把经济利益放在首位，缺乏服务三农的大局观、利益观和价值观。

## 二、发达国家多元化农业技术推广服务体系建设的经验

发达国家的农业技术推广一般都呈现出多元发展的格局，但政府始终扮演着重要角色。政府和各农业技术推广主体协同为农业服务，有效推动了本国农业生产发展，加快了农业现代化步伐。

### 1. 推广主体多元化

在发达国家农业技术推广体系中，政府、社会、农民都可以成为推广主体。政府主导型农业技术推广服务体系以加拿大、澳大利亚等英联邦成员国为代表，埃及、泰国等许多发展中国家也属此类。这类服务组织的特点是以政府系统的农业技术推广服务组织作为整个服务体系的骨干，发挥主导作用；政府农业技术推广服务组织直属于政府相关部门，按行政或自然区划设置机构并实行垂直管理，运行经费主要由政府提供。社会主导型农业技术推广服务体系包括农业院校主导型、农业科研院所主导型、农村合作组织主导型、私人企业主

导型等农业技术推广服务体系。其中，农业院校主导型农业技术推广服务体系以美国教育、研究、推广"三位一体"的合作推广体系最为典型，其特点是以农业院校作为整个农业技术推广服务体系的骨干，充分利用农业院校的人才、成果等优势，发挥其在促进科研、教育和推广结合方面的独特作用；农业科研院所主导型农业技术推广服务体系以阿根廷等为代表，其特点是农业科研院所在整个农业技术推广服务体系中发挥骨干作用，通过科研优势将科研与推广有机结合起来，形成融科研与推广服务于一体的服务体系。农民主导型农业技术推广服务体系以丹麦、法国等国家为代表，其特点是以农民相关组织作为整个农业技术推广服务体系的骨干。这些国家或地区一般具有历史悠久的农民合作传统，各类农民合作组织比较发达，在农业和农村发展中扮演着举足轻重的角色，是农业技术推广服务的主要力量。丹麦农业技术推广服务体系主要包括农业咨询与推广系统、农民合作推广系统、私营农业技术推广系统三个部分；法国农业科技推广服务主要由农会组织承担，农会在全国有116个分支机构，雇员7750人，其中农业技术顾问和农业工程师约5000名。

## 2. 推广形式多样化

发达国家的农业技术推广形式多样，注重实效。一是推广员主导式，即推广员根据政府的要求进行推广，年初、月初有计划，月末、年末有汇报，主要由农户评价推广员工作状况；二是农民参与式，即推广者充分动员和组织农民参与推广过程，调动和发挥农民的积极性，从而实现推广目标；三是培训和访问结合式，即通过专家培训推广员、推广员访问和服务农民，达到农业技术推广目的；四是费用共担式，即推广经费由中央、地方各级政府和农民共同分担，促使推广员积极推广技术、农民珍惜技术运用，以提高推广效果；五是专业化商品带动式，即针对少数高效益的出口农产品，以公司为龙头兴办推广机构，实行专项推广服务和产品包销；六是项目带动式，即在重大项目的支持下，在特定项目区实行特殊的推广机制；七是农作系统开发式，即以农户或农场为服务对象，开发适合当地自然、经济、文化条件的技术系统。

## 3. 政府居于主导地位

在发达国家的各种推广力量中，政府始终是主导力量，居于主导地位。一是许多国家成立了由政府主导的中央、省、县级农村发展相关组织，与农民组织、涉农企业等共同研究决定农业和农村发展的重大问题；二是大多政府公益性农业技术推广机构担负着向农民传达国家农业政策、向政府反馈农民意见和协调农业、农村各种服务的职能；三是政府公益性农业技术推广机构直接指导基层农民及其组织，二者之间形成了密不可分的联系；四是政府公益性农业技术推广机构与农资生产与经销企业、农村信贷机构关系密切，为它们提供技术咨询和审议意见。

### 4. 政府扶持多主体发展

发达国家多元化农业技术推广体系的良好发展，得益于政府的大力扶持。一是政策上予以扶持。美国以高等院校为主体的农业技术推广体系的建立离不开政府的系列法案支持，1862 年国会通过的"莫里尔法案"、1887 年国会通过的"哈奇法案"、1914 年国会通过的《史密斯-利弗法》等促进了以州立大学为依托，农业教育、科研、推广有机结合的"三位一体"的推广模式形成。二是经费上予以支持。美国农业技术推广经费由联邦、州、县三级共同负担，一般联邦拨款占 30% ~ 35%，州级拨款占 40% ~ 45%，县级拨款占 15% ~ 20%，其余 3% ~5% 为社会捐助。例如，1986 年美国农业合作推广的资金总额约为 10.42 亿美元，其中联邦政府为 3.3 亿美元，占 32%；各州政府提供 4.87 亿美元，占 47%；地方政府提供约 1.93 亿美元，占 18%；私人投资约 0.32 亿美元，占 3%。三是关系上协调。每当农业技术推广面临重大矛盾和问题时，政府总是出面进行疏导，保障了农业技术推广体系的良好运行。

## 三、湖北省多元化农业技术推广服务体系建设的政策建议

针对湖北省农业技术推广体系的现状和问题，借鉴发达国家经验，我们要努力建设"一主多辅"的多元化农业技术推广体系，促进农业技术推广体系对现代农业发发展形成最优支撑，发挥出最佳合力。

### 1. 建设"一主多辅"的多元化农业技术推广体系

依据新修订的《中华人民共和国农业技术推广法》的新要求，积极构建以政府公益性农业技术推广机构为主体，以大专院校、科研单位、农民专业合作组织和龙头企业为重要补充，互促共进、良性发展的"一主多辅"多元化农业技术推广服务体系，为现代农业发展提供科技支撑。在该体系中，政府公益性农业技术推广机构是主体，其他非政府性农业技术推广组织是辅助，非政府性农业技术推广组织要在政府公益性农业技术推广机构的领导下齐心协力、共同做好农业技术推广服务工作。

**2. 做强公益政府主体，加强政府统筹作用**

为巩固政府公益性农业技术推广机构的主体地位、发挥其主导和统筹作用，要从法规、政策、资金等方面予以大力支持。一要在法规上赋予政府公益性农业技术推广机构以主体地位和相应权力，使其能够真正统筹和指导非政府农业技术推广机构开展服务，并能够对不法组织和个人的非正当农业技术推广行为进行及时干预。二要给予政府公益性农业技术推广人员以"国家公务员"或"事业单位人"身份，使其工资、待遇、福利等同或略高于同地、同职、同级的公办单位人员，并拥有与其他公办单位人员一样的晋升机会，同时盘活政府公益性农业技术推广机构人员入口和出口，使优秀大学生、研究生人能够流入、留驻和流出。三要加强工作条件建设和推广项目建设，为政府系统农业技术推广机构改善办公设施、配备推广专车、设立推广专项，使农业技术推广人员有事可做、有法做事、能做好事。

**3. 大力扶持政府之外的农业技术推广机构发展**

欲使政府之外的农业技术推广机构成为政府公益性农业技术推广机构的重要补充力量，湖北省必须从政策、资金等方面予以大力扶持。一要在政策上允许和鼓励政府之外的农业技术推广机构开展农业技术推广服务，使其能够以合法身份在融洽的环境中进行工作。二要给予政府之外的农业技术推广机构以项目推广经费，保障其农业技术推广活动能够持续、健康地开展下去。三要帮助政府之外的农业技术推广机构进行必要的条件建设，保证它们的农业技术推广人员能够安扎当地，沉下心来做推广。

**4. 积极引导非政府农业技术推广机构开展服务**

为确保农业技术推广的服务质量和持续发展，湖北省要对非政府农业技术推广机构的推广工作积极引导。一要规范非政府农业技术推广机构及其人员的推广行为，使其能够按照农业技术推广的要求和标准开展服务。二要奖励非政府农业技术推广机构及其人员的阶段性推广成就，使其他的社会推广组织和个人能够以他们为榜样开展服务。三要惩处非政府农业技术推广机构及其人员的不当行为和后果，使其他的社会推广组织和个人能够警钟长鸣、引以为戒。

**5. 以产业为核心构建未来的农业技术推广系统**

适应农作物规模化种植和特色化发展的趋势，以产业为核心构建未来的农业技术推广系统是农业技术推广工作的必然选择。这就要求政府农业部门提前谋划，按照地域经济特色，以市（县）为单位调整农业技术推广服务的主要目标和对象，选择适合当地产业发展需求的技术人员和管理干部，在适应和促进地方产业的发展中重构农业技术推广队伍，使农业技术推广朝着专业化、职业化、现代化和专家化的方向发展。

# 附录四　高等教育分流打通流向农村渠道的思考与建议[①]

摘要：高等教育人才匮乏是农业和农村发展的致命"短板"，农业和农村现代化成为我国现代化建设中最艰巨的部分。城乡二元体制下，大学生不愿到农村建功立业既有传统社会价值观和现代社会功利化环境的影响，也有农村及农业苦、累、脏、差等现实的作用，更有高校知识传授僵板和思想教育误导的妨害。促进高等教育分流畅通流向农村，政府应为大学生在农村扎根提供就业岗位、工作环境和发展前景等方面的政策支持，高等教育应为大学生到农村发展进行传授内容及方式的调整和就业创业的思想引导，社会各界应为大学生到农村开创新局面在人才评判、相互合作等方面营造优良环境，大学生也应为自己到农村开拓事业而加强学习各种涉农本领，增强自信心和意志力。

关键词：高等教育分流；大学生；农业现代化；农村现代化

农业和农村现代化是我国现代化的有机组成部分，也是最基本、最重要的建设部分。没有农业和农村的现代化，其他方面的现代化将失去基础性支撑，我国现代化就不能称为完全意义上的现代化。目前我国农业经济水平与英国相差约150年，与美国相差108年，农业现代化指数仅达35%，农业现代化水平仅为发达国家的1/3（中国社会科学院城市发展与环境研究所，2011）。城乡收入差距比为3.23，远远超过了美、英等西方发达国家城乡收入差距之比1.5和国际劳工组织公布的绝大多数国家城乡人均收入之比1.6，成为世界上城乡收入差距最大的国家之一（中国科学院现代化研究中心，2012）。历史规律表明，国以才立，政以才治，业以才兴，民以才富。现代化是人的现代化，新农村贵在人"新"（李忠云和陈新忠，2008）。我国有13.4亿人口，其中近7亿在农村（中华人民共和国统计局，2011）。然而，我国农业和农村的高等教育人才匮乏，内源性发展动力不足，严重制约了现代化步伐。在社会转型背景下，探讨农业和农村发展对高等教育人才的现实需求，揭示农业和农村高等教

① 资料来源：陈新忠. 2013. 高等教育分流打通流向农村渠道的思考与建议. 中国高教研究，(3)：36-41.

育人才匮乏的深层原因，明确高等教育分流畅通流向农村的促进策略，是当前"三农"和高等教育共同面临的重大课题。

## 一、农业和农村现代化建设亟须高等教育人才流入

美国经济学家西奥多·舒尔茨（Thodore W. Schults）和加里·贝克尔（GaryS. Becker）创立的人力资本理论认为，教育投资是人力资本投资中效益最佳的投资，教育投资增长的收益占劳动收入增长的70%；人力资本比物质、货币等"硬资本"具有更大的增值空间，高等教育因注重创新训练而使人力资本这种"活资本"有着更大的增值潜力。高等教育人才是学历最高的人力资本，也是最富活力的人力资本。农业和农村现代化以科技为依托，高等教育人才的多少决定着其现代化的程度和速度。

### 1. 我国农业和农村现代化建设面临着发展方式转型

竺可桢于1950年指出，"中国之有近代科学，不过近四十年来的事"（竺可桢，1979）。清朝大臣、洋务派代表张之洞在呈报皇帝的奏折中认为，"近年工商皆间有进益，惟农事最疲，有退无进。大凡农家率皆谨愿愚拙、不读书识字之人。其所种之物，种植之法，止系本乡所见，故老所传，断不能考究物产，别悟新理新法，惰陋自安，积成贫困"（杨直民，1990）。作为后发追赶型现代农业，我国农业现代化缘起于19世纪末对国外农业技术的引进，这些现代先进科学技术主要是西方世界人民的创造（费孝通，1981）。在100余年的求索中，我国农业现代化既经历了新中国建立前京师大学堂农科大学的筹建和农业科技的初步研究及推广，也经历了新中国建立后传统农业向农业现代化的全面推进（张法瑞和杨直民，2012）。与此同时，我国以农业为主体的农村现代化也艰难起步。从新中国成立到1978年改革开放前，我国农村将个体农民组织起来，进行大规模的农田水利基本建设，为农村现代化准备了有利条件。改革开放30多年来，我国农村呈现出乡村工业化、农业产业化、村庄城镇化、城乡一体化等现代化趋势。尽管新中国成立60余年我国以占世界7%的耕地养活了占世界22%的人口，实现了2004年以来粮食产量和农民收入两个"八连增"，但从发展状况看，我国农业和农村现代化不仅明显滞后于西方发达国家，而且国内农业劳动生产率比工业劳动生产率低约10倍，农业现代化水平比国家现代化水平低约10%。在诸多影响因素中，农业劳动生产率偏低（仅为发达国家的2%，美国的1%）是制约我国农业和农村现代化水平提升的最大瓶颈（何传启，2012）。提高以科技为核心的农业劳动生产率，提升

农业和农村现代化水平，我国农业和农村现代化建设必须进行发展方式的转型，即由部分机械操作向全面现代装备转变、由依赖资源投入向依靠创新驱动转变、由重抓产品产业向重抓品牌精品转变、由小农粗放经营向规模集约经营转变，推动我国农业从初级现代农业向高级现代农业、从工业化农业向知识化农业转变。

**2. 高等教育人才匮乏成为农业和农村发展的"短板"**

农业和农村现代化的核心是科技，科技的创新、推广和应用需要高层次的专门人才。然而，目前我国农村农业面临着农村劳动力大规模转移与农业劳动力素质结构性下降的矛盾。据国家统计局抽样调查结果推算，2011 年全国农民工总量达到 25 278 万人，比上年增加 1055 万人，增长 4.4%。随着农村劳动力转移加快，从事农业生产的劳动力总体上呈结构性下降趋势。在年龄结构上，留乡务农的劳动力以老年居多，平均年龄 49 岁以上；在性别结构上，留乡务农的劳动力以妇女居多，65.8% 的是女性；在文化结构上，留乡劳动力中高中以上文化程度的仅占 8% 左右，其中从事农业为主的劳动力只有 5%；在科技素质上，留乡劳动力懂得基本农业知识和技能的仅有 30% 左右，11.7% 的根本不能正确处理养殖过程当中的最常见的疾病。湖北省农业厅对部分村庄逐户调查发现，务农人员中 60 岁以上的占 25%，小学文化和文盲占 55%（杨伟鸣和程良友，2011）。在湖北黄冈市乡镇农业技术推广队伍中，45 岁以上的占到了 69%，大专及其以下学历的达 92%。时任农业部部长韩长赋（2011）在全国农业农村人才工作会议上指出，我国农业和农村人才总量不足，农村实用人才占农村劳动力的比重仅为 1.6%；整体素质偏低，农村实用人才中受过中等及以上农业职业教育的比例不足 4%，农业科技人才中大专以上学历的比例不足 50%；人才是强国的根本，农业农村人才是强农的根本；解决农业和农村现代化水平过低的问题，出路在科技，关键在人才，基础在教育。当前，高等教育人才匮乏妨碍了农业和农村科技成果的产出质，农业技术推广人员的胜任力和农业劳动力对于新技术的接受力，成为农业和农村发展的致命"短板"。

**3. 发展农业和农村亟须具备高等教育素质的新型农民**

面对越来越多的农村青壮年劳动力进城务工、留乡劳动力日益老龄化和低素质的趋势，我国必须思考和解决未来靠谁种田、谁建农村的严峻问题。中国农业科学院农业经济与发展研究所研究员《经济之声》特约评论员胡定寰认为，我国农业种植规模太小，正式从事农业种地的都是老年人，文化程度比较低的人，而发达国家从事农业的大都是年轻人，知识化的人，这正是我国家与发达国家的根本差异。赶上发达国家，关键要在制度上要进行改革，让年轻的、知识化的、有管理能力的人进行大面积的种植。中国人民政治协商会议全国委员会委员、河南绿色中原集团董事长宋丰强调研认为，我国目前每百亩耕地平均拥有科技人员 0.0491 人，每百名农业劳动者中只有科技人员 0.023 人；而发达国家每百亩耕地平均拥有 1 名农业技术员，农业从业人口中接受过正规高等农业教育的达到 45% ~ 65%，差距非常显著；实现科技兴农，我国必须造就成千上万有文化、懂技术、会经营的新型农民。全国人民代表大会常务委员会委员、华中农业大学校长邓秀新认为，大量农村人口流向城市，从事农业生产的人口缺乏新陈代谢，给农业科技的推广和农业生产效率的提高造成掣肘；随着农业基础设施的不断改善、农业机械化率的不断提升以及农业生产的集约化发展，农民应该向专业化、职业化发展，这就需要"培养出'农业工人'才能适应现代农业发展的需要"。韩长赋部长在 2012 年全国农业科技教育工作会议上指出，解决将来"谁来种地"问题，必须加快转变农业发展方式，大力发展农业教育，着力培养新型职业农民，"关键是培养适应发展现代农业需要的职业农民"；"如果今后我国有一亿专业技能和经营能力比较高的职业农民，农业现代化必将呈现一片新面貌"。因此，培养具有高等教育素质的新型职业农民成为我国农业和农村现代化建设的迫切任务。

## 二、高等教育分流流向农村渠道不畅的原因分析

新中国成立 60 多年来，高等教育培养了数百万计的农科大学生，现在每年有 10 多万农科大学生走出高校、走向工作岗位。然而，目前到县以下农村服务的农科大学生不到 20%（曹茸和邓秀新，2012），毕业后真正从事农学专业工作的学生比例仅为 10% 左右（韩士德，2009）。高等教育分流流向农村的渠道不畅既有大学生的主观因素影响，也有社会客观现实的作用。

### 1. 传统社会价值观的影响

传统社会价值观认为，农业、农村和"泥巴""土气"等混为一体，与先进的工业、信息产业无法相比，与城市富裕生活相去甚远，向现代文明迈进艰难而漫长。在传统社会价值观支配下，不少学生和家长认为农业就是种地，农民都会，没什么学问；学农后还要侍弄农业，不体面，没前途。于是，大学生务农为很多人所不齿，脱离"农"字成为一代又一代农民的梦想。"朝为田舍郎，暮登天子堂"是封建社会农民子弟地位大幅转变的写照，从侧面也反映了人们对脱离农民身份的向往。受传统社会价值观影响，大多高中毕业生不愿

意报考农业院校，不把农业院校作为第一志愿进行选择；一些学生出于对自己分数的考虑和对未来文凭的追求，不得已才选择了农业大学。这样的观念造成了农业院校招生难、招优秀生源更难的局面，在同层次的不同科类中农业院校的招生分数基本处于"垫底"位置。据调查，1999～2005年，南京农业大学、华中农业大学等农林大学的本科新生实际录取分数线基本上与各省确定的所在批次录取分数底线持平，与同一层次的综合性大学、理工科大学相比，一般相差30～60分，省属农业大学新生录取分数线一直在省（市）确定的分数底线上下徘徊，并且第一志愿平均投档率仅有35%。近年来，农业院校的新生录取分数线虽有较大提高，但仍处于同层次大学的最末位置。基于"心非所愿、另有他图"的初衷，农科大学生毕业后很少主动选择农业尤其基层乡村就业。

### 2. 农村与农业现实的影响

除了传统社会价值观的因素外，农村和农业"苦、累、脏、差"的现实状况是大学生对"农"望而却步的主要原因。首先，农业生产劳动强度大。农业劳动苦，农业劳动累，这是不争的事实。唐朝诗人李绅的诗句"锄禾日当午，汗滴禾下土。谁知盘中餐，粒粒皆辛苦"就是对农村和农业劳动的生动写照。现在，随着农业机械的推广，虽然农业生产方式有所改变，劳动强度有了很大缓解，但体力劳动并没有根本转变。起早贪黑抢季节，插秧割谷挑草头，肩挑背驮晒日头，让年轻人望而生畏。其次，农业比较效益低。改革开放以来，我国农资涨价25倍，而粮价只涨了5～6倍。欧洲农民生产5000千克蔬菜和水果可以换回一辆轿车，中国农民生产5万千克蔬菜或水果也很难换回一辆轿车，农业生产价值在工业品面前还不及欧洲的1/10。我国一个农民种五六亩水稻，毛收入仅七八千元，除掉投入成本和劳动力成本，几乎得不到纯利润。农业市场不稳定、风险多，农业效益低，务农不划算，洗脚上岸奔它业，这是人之常情。再次，农村环境脏乱差。我国农村地域辽阔，尽管不少地方改变了"晴天一身土，雨天一身泥"的面貌，但整体建设仍普遍落后于城市。农村的基础设施、居住环境、社会治安、文化氛围、用工制度、工资待遇等都比城市差了许多，一些在城市读过大学又到农村去工作的大学生感觉自己完全成了与泥土打交道的农民，异地工作的大学生尤其觉得到了农村没有优越感甚至安全感。最后，涉农专业技术岗位少。以乡镇基层农业技术推广队伍为例，很多地区的农业技术推广"线断、网破、人散"，农业技术队伍萎缩，大学毕业生难以加盟。2005年前，湖北黄冈市有乡镇农业技术推广人员1786人，现仅599人，少了2/3，每个乡镇仅3～5人，且近10～15年没引进新人；即使农业科技推广做得较好的武穴，农业技术推广队伍近10年也未进新人，没有新进人员编制，人员退休也不能补岗。

### 3. 现代社会功利化环境的影响

改革开放带来了社会经济的巨大发展和人民生活的显著进步，但也使人们对物质利益强烈追求的功利化思想过度滋长。社会上芸芸众生中的大多数将人生的奋斗目标定位到能挣多少票子、买多大的房子、购什么牌子的车子，过上舒适安逸的生活；部分"社会精英"则将目标定向能够最大限度地攫取更多的财富，过上豪华奢侈的生活。于是，从20世纪90年代开始，各种各样的富豪榜应运而生，我国先后有10多家机构发布了不同类型的中国富豪榜。如今，流行在国内的福布斯中国富豪榜、胡润中国富豪榜、南方周末中国人物创富榜、新财富500富人榜、江南都市富豪榜、阳光财富排行榜等颇受人们关注，就连一向以清贫著称的作家群体和以育人而备受敬重的大学也被人们推出了中国作家富豪榜和中国造富大学排行榜。在社会功利化环境的影响下，大多数人变得心浮气躁，更多地考虑去追逐物质利益，而将事业、社会、他人、奉献等置于其次。据本人主持的课题调查，20世纪80年代以来就业的从业人员，以事业成就为终身奋斗目标的人明显低于20世纪50~70年代就业的从业人员，并且呈逐渐递减的趋势；相反，以富足生活为终身奋斗目标的人大大高于20世纪50~70年代就业的从业人员，并且呈逐渐递增的趋势。生长在这样的环境中，大学毕业生对于自己的工作去向大多首先考虑工作条件、工资待遇等物质享受问题，然后才会思考事业发展和事业成就，一般不会草莽轻率地把赌注押到条件差、待遇低的农业和农村上。

### 4. 高校传授内容与教育引导的影响

大学生是心智仍未定型的学子，高等教育是对大学生再塑造的提升成型教育。在高等学校中，传授内容与教育引导都对大学生发挥着重大作用，影响着大学生的就业选择和人生理想。然而，高等院校尤其农业院校的教学讲授和教育引导对大学生围"农"就业与为"农"献身的积极作用并不显著。其一，教学内容陈旧。现在农业院校教给学生的仍以书本知识为主，教学内容远离科技前沿。书本呈现的内容本来就是过时的，在成书和出版过程中历时较久；而作为教材的课本一版再版，内容更为陈旧。再加上不少农学教师观念陈旧，抱残守缺，不愿意轻易更换教材，所教内容要落后时代十年、甚至几十年或上百年。其二，教学方式单一。农业院校一般教学设施较差，实验条件落后，校外实习、实践经费短缺。为此，农科教学方式主要以课堂教学为主，实验教学为辅。实验教学主要是重复书上的案例，创新性实验极少。大多农业院校的校外实习和实践一般简化，有的院校甚至将实习和实践课程交给学生自己，让他们各自回家乡联系单位来完成。其三，教育引导不力。为追求就业率，农业院校大多鼓励学生利用文凭而不是专业去选择工作，很少动员学生立足农学去谋划事业。另外，由于农业院校的大多教师忙于争取科研项目和经费，或者通过其他渠道搞活搞好自己的生计，没有树立良好的献身事业形象，个别教师对学生虽有相关的思想教育，也显得苍白无力。所以，经过多年的大学教育，大多农科大学生并没有觉得自己有到农业和农村去的知识优势、技术优势与良好的心理和思想准备；相反，不少大学生脱离"三农"的愿望倒更加迫切。农科大学生尚且如此，非农科大学生更不愿将自己的终身托付农村。

## 三、促进高等教育分流畅通流向农村的对策建议

高等教育分流是指高等教育分专业、分层次、分类型、分地域地将成学习的输送到不同的高等学校分类施教，待学生完成学业后再推动他们进入相应行业或职业领域发挥专长的活动（陈新忠和董泽芳，2010）。高等教育分流的目的是因材施教、分类培养，以便每位学生都能结合所长发展自己、完善自我，学有所用、立己立业。我国大学生不愿到农村发展是社会转型时期的阶段性反应和现象，促进高等教育分流畅通流向农村需要政府、高等教育、社会各界与大学生共同努力。

### 1. 政府要为大学生在农村扎根提供就业岗位、工作环境和发展前景等方面的政策支持

在国家仍是人类社会最大实体组织的当今时代，政府是公共行政权力的最高象征和行施机关。大学生尤其农科大学生作为国家依托高等院校培养的高级专门人才，政府有责任、有义务、有权利促使他们人尽其才、才尽其用。首先，政府要为大学生到农村发展提供就业岗位和创业机会方面的政策支持，使他们"能够去"。针对目前农村适合大学生发展的岗位较少这一状况，政府应出台相关政策，扩大乡镇基层涉农业技术术人员队伍，增加技术岗位职数；禁止非技术人员补充进技术人员队伍，留给农科大学生以上岗机会；有计划地渐次整合县、乡、村涉农业技术术岗位，将技术素质低、能力差的在编人员分流到其他部门，空出技术岗位招聘农科大学生上岗；优先录用农科大学生担任农村基层公务员，或任职村官。针对当下大学生不愿到农村去创业的状况，政府应设立"大学生农村创业启动奖"，延长银行无息贷款时限，鼓励大学生到农村去自谋事业；给有志于到农村创业的大学生以 3 ~ 6 个月的实地考察时间，期间由政府发放基本生活保障费；放宽农村企业创办门槛，降低农村土地流转

条件，促使大学生成为农村企业家或新型职业农民。其次，政府要为大学生到农村发展提供工作环境和创业环境方面的政策支持，使他们"过得好"。凡有大学生工作的乡、村，政府要出台政策，逐年提高他们的工资待遇，使他们获得等同甚至优于城市同龄同级大学毕业生的薪金；在住房方面给予货币化补贴，或兴建专门的人才公寓；在生活休闲方面配备健身娱乐设施，让他们享受良好的社区文化；在子女教育方面保障就近入学，并逐渐建设高水平学校；对创业人员还要予以减税、免税的照顾，在更新经营许可证、解决企业问题等方面加强周到服务。最后，政府要为大学生到农村发展提供岗位晋升和扩大创业方面的政策支持，使他们"前程美"。为让每一位在农村工作的大学生都怀揣一个通过奋斗可以在事业上和政治上不断进步的美好梦想，政府要出台政策，改革城乡二元化的户籍制，消除城乡岗位可以相互自由竞聘的障碍，打通城乡岗位自由流通的渠道，创造一个较为彻底的"能者上、庸者下"的政策氛围，使在农村就业的大学生一直拥有晋升的空间，在农村创业的大学生一生拥有扩大业绩的天地。

**2. 高等教育要为大学生到农村发展进行传授内容及方式的调整和就业创业的思想引导**

高等教育不仅是大学生知识、技能的传授方，而且是他们思想、品德的引导者。对涉农大学生而言，高等教育既要赋予他们丰富、先进的农科知识和技能，又要指导他们主动地将建设农村、兴农强国的专业意旨内化为自觉行动。首先，高等教育要为大学生到农村发展进行传授内容的调整。在科学技术日新月异的今天，农业生物技术、农业信息技术、设施农业技术、绿色农业技术、移植组装技术等农业高新技术方兴未艾，农业机械越来越发达，农产品加工方法日益多样，涉农企业正在成为企业龙头。面对这些变化，高等教育要调整课程和学时，设立新的专业方向，压缩传统知识，多讲前沿科技，使涉农大学生毕业后能够站在更高的起点上、运用最新科技发展农业、建设农村。针对"农科院校培养农民"的误解，中国农业大学校长柯炳生认为，现代农业集生物技术、信息技术、材料科学于一体，农科院校培养的是农业科技人员、农业管理人员、政府官员和涉农企业家；即使"培养种地的农民，那也一定是新型农民，是通过自己的技术和市场头脑，发展农业企业的农民企业家"（赖红英和刘慧婵，2009）。其次，高等教育要为大学生到农村发展进行传授方式的调整。农业是实用性极强的产业，农民最讲究实惠，农村的欣欣向荣也要靠实际行动来创造，因此到农村去的大学生一定要有实打实的科学知识和专业技能。为使涉农大学生掌握真正的知识和技术，高等教育要改革以课堂讲授为主的传统教学方式，采取大量使用校内实验和校外实践的新方式，让大学生在动手中增强未来应用的实际本领。最后，高等教育要为大学生到农村发展进行就业创业的思想引导。大学生不愿到农村去谋划事业是现阶段我国城乡差距较大的一种现实反应，也是对未来社会发展趋势认识模糊的一种直观选择。高等教育要帮助大学生认清世界农业、农村和农民发展的规律，了解发达国家农业、农村和农民发展的现状，分析我国农业、农村和农民发展的走势，使他们坚定从农强农的决心。

**3. 社会各界要为大学生到农村开创新局面在人才评判、相互合作等方面营造优良环境**

社会环境是大学毕业生生存的现实条件和基本依托，社会各界对大学毕业生的态度直接影响着他们的选择和发展。对待大学生到农村工作或创业，社会各界要以积极的心态面对他们、以关切的行动支持他们，使他们不觉得因到农村去而有异样的冷遇，相反却总能感受到特别力量的助推。首先，社会各界要为大学生到农村开创新局面在人才评判上一视同仁。农村相对于城市比较偏僻，大学生到农村后不能被社会各界淡出视野。新闻媒体要对到农村就业、创业取得成就的大学生大力宣传，使他们成为社会公众关注的人物；社会各界在评价到农村就业、创业的大学生时要客观公正，充分考虑他们工作、进取的艰难性；用人单位在招聘人才时，要对在农村工作过的大学生予以关照。其次，社会各界要为大学生到农村开创新局面在相互合作上勇于接纳。农村和城市虽有差别，但唇齿相依，不可割裂。到农村就业、创业的大学生必然要与农村之外的世界发生联系，进行物质、能量和信息的交往。在与社会各界合作时，社会人士对他们不能拒之千里，袖手旁观，而要勇于接纳，积极合作，自觉帮助，敢于吃亏，扶持他们的事业走上健康之道。最后，社会各界要为大学生到农村开创新局面在资金扶助上主动出手。"农村真穷，农民真苦，农业真危险"是时任基层农村干部的李昌平2000年对"三农"的描绘，10多年后的今天"三农"面貌虽有较大改观，但"贫穷"仍与大部分农村相伴。为支持大学生在农村的事业发展，社会各界要筹建多种农村专用基金会，募集社会资金，给陷入困境的大学生伸出援手。

**4. 大学生要为自己到农村开拓事业而加强学习各种涉农本领，增强自信心和意志力**

大学生是自我立身成业的主体，立身成业的程度主要取决于其自身的素质、能力和志向。要到农村去建功立业，大学生必须做好扎根农村、吃苦耐劳的思想准备、知识储备和能力训练。首先，大学生要为自己到农村开拓事业进行思想武装。农村现为不少大学生争相脱离的地方，自己只身前往，一定要能够坚定自我。凡到农村就业、创业的大学生都应有热爱"三农"的情怀，振兴"三农"的壮志，相信农村大有作为；不因风言风语而反悔，也不因暂时的困难和挫折而退却。其次，大学生要为自己到农村开拓事业做足知识储备。农村是一个简单而复杂的社会，融入其中并引领其行需要广泛的知识积淀。大学生不仅要掌握来自书本和教师讲义的农业专业知识，还要了解现实的种植养殖过程和农业延伸链条；不仅要研究农村积贫的原因和兴起的支点，还要了解农民的真实需求和行为习惯。只有如此，大学生农村工作才能游刃有余。最后，大学生要为自己到农村开拓事业加强能力训练。"眼高手低"是现代大学生的通病，是想到农村开拓事业的大学生亟须克服的弊端。到理论水平不高、特别讲求务实的农民中去谋求事业发展，大学生要利用实验和实习的时间强化技术操作能力、语言沟通能力、经营管理能力、科学研究能力等方面的训练，以便自己很快适应"三农"并在创造中快速成长。

# 附录五　农业技术推广人才的演进历程与成才规律①

摘要　历史嬗变视野下，农业技术推广人才经历了个体行为、农官系统、兴农学者和技术人员4个演进时期，逐渐向科技专家时期转型。其数量由少到多，正在向精英群过渡；技术由低到高，正在向尖端化过渡；能力由单一到综合，正在向复合型过渡。农业技术推广人才并非每名农业技术推广人员可以担当和练就，而是需要具备爱农强农的思想素质、熟谙三农的知识素质、术有专攻的技术素质、奔波不倦的身体素质以及感染民心的宣讲素质。促进有志于农业技术推广的人员成为农业技术推广人才要因势利导，遵循内源发生规律、政府推动规律、群众需求规律、技术适用规律、教育塑造规律和技企合作规律。

关键词　农业技术推广人才；演进历程；素质结构；成才规律；农业生产管理

人才是强农的根本，作为科学技术与农业农民连接桥梁的农业技术推广人才是农业科技人才队伍不可或缺的组成部分。目前，我国省部级以上农业科技创新成果每年有6 000多项，但真正投入生产使用的不到1/3，远远低于发达国家70% ~80%的水平（高兴明，2012）。除了科技成果本身的因素外，这一现象的存在与农业技术推广人才匮乏密切相关。据统计，我国现有农业技术推广人员56万，不仅总量不足，而且整体素质偏低（朝长赋，2011）。在科学技

① 资料来源：陈新忠，李名家 . 2013. 农业技术推广人才的演进历程与成才规律 . 华中农业大学学报，(3)：96-103.

术日新月异的信息社会，培养大批农业技术推广人才有利于解决农业科技棚架、农产品科技含量不高、农民农业收入低下等问题，有助于加快农村实现产业化和现代化的步伐。然而，农业技术推广人才的成长有自身规律，不同于科研人才的研究训练，与农村干部的遴选锻炼也有很大区别。本附录从农业技术推广的历史出发，在历史纵览和现实横观中探析农业技术推广人才的演进特点、素质结构与成才规律，找寻快速培养农业技术推广人才的最基本起点，为造就更多优秀农业技术推广人才提供理论基础。

## 一、农业技术推广人才的演进历程

农业技术推广源自3个方面的驱动：一是技术持有者的爱心与惠施；二是技术受施者的生存与经营；三是社会组织或政府组织管理者的统筹与谋划。在农业技术推广活动中，农业技术推广人才脱颖而生，并不断推陈出新。依据农业技术推广人才的身份地位和行为表现，农业技术推广人才的发展可划分为5个演进时期，即个体行为时期、农官系统时期、兴农学者时期、技术人员时期和科技专家时期。

### 1. 个体行为时期

作为以农业立国的文明古国，我国农业技术推广人才的出现可以追溯至七八千年前的原始农业社会。在由"食物采集"向"食物生产"转变过程中，一些拥有农业技术的原始能人向社会民众或部落氏族传播和扩散生产技艺和诀窍，成为早期的农业技术推广人才（徐森富，2011）。传说中的神农、黄帝、颛顼、舜帝等都有推广农业技术、发展农业生产的经历，是有历史记载以来农业技术推广中的杰出人才。"炎帝神农氏长于姜水，始教天下耕种五谷而食之，以省杀生"（皇甫谧，1997）；他曾"斫木为耜，揉木为耒"（黄寿祺和张善文，1989），为先民发明了最早的木制启土工具，提高了原始社会的农业生产水平。之后，黄帝"时播百谷草木，淳化鸟兽虫蛾"；颛顼种植稼禾，养育牲畜，"养材以任地，载时以象天"（司马迁，1997）；到了舜帝，他"作室、筑墙、辟地、树谷，令民皆知去岩穴，各有家室"（刘安，1989）。这些普通的氏族成员因为在农业技术推广方面的特殊社会贡献，被部落先民们拥立为氏族首领。国家形成之前，原始农耕文明中的农业技术推广者是农业技术的继承者、改造者和发明者，他们集创新和推广于一身，向家庭和周围人群传授技术，进行义务性公益服务，属于个体行为时期。这一时期的农业技术推广人才从数量上看，能人缺乏，人数较少；从技术上看，科技含量不高，技术水平较低；从能力上看，推广要求不多，推广技术单一；从行为上看，身教胜于言传，示范演示较多；从目标上看，注重群体幸福，乐意为民服务；从影响上看，辐射带动较广，民众普遍受惠。

## 2. 农官系统时期

农官是指负责土地垦殖和分配、农业生产管理和督促、农业赋税征收和仓储管理等方面的官吏（王彦飞，2006）。夏启建立我国历史上第一个国家后，设置农官专门管理当时起决定作用的农业经济，拉开了农业技术推广官员化的序幕。夏商之后，统治者更加认为"夫民之大事在农，上帝之粢盛于是乎出，民之蕃庶于是乎生，事之供给于是乎在，和协辑睦于是乎兴，财用蕃殖于是乎始，敦庞纯固于是乎成……王事唯农是务，无有求利于其官，以干农功，三时务农而一时讲武"（左丘明，2005），大都把农业放在理政之首，重视农官的选任和绩效。夏朝的农官有稷、啬人等，商朝的农官有啬、小藉臣、小刈臣、小众人臣等，西周的农官有司徒、田畯、甸人、农师、农大夫、保介等，春秋时期的农官有司徒、甸人、司空、大田等（王勇，2010），战国时期的农官有内史、大田、都田啬夫、田啬夫、田典、为皂者、牛长、见牛者、皂啬夫等（李权，2008），两汉的农官有治粟内史、大农令、大司农及太仓、均输、平准、都内、籍田五令丞等（黄富成，2001），魏晋南北朝的农官有大司农、尚书、劝农官、都水使者等，隋唐五代的农官有户部、工部、劝农使、营田使等，宋辽夏金时期的农官有户部、工部、劝农使、屯田使等，元明清的农官有司农司、劝农使、屯田使、里长、粮长等。自夏至清，农官从中央到地方形成了庞大的农官系统。他们管理土地和人民，推广农业新技术、新工具，组织农业生产，促进农业收益最大化，扮演着农业技术推广的角色，是政府系统的农业技术推广人才。例如，西周农官教民灌溉、排水、除草、施肥，预测四时节气，预防水旱灾害（吴佳琳，2009）；战国农官编写《任地》《辨土》《审时》等篇目，教民识别土性、改造土壤、因地制宜、合理种植（刘太祥，2000）；西汉搜粟都尉赵过创造代田法，发明和改进新式铁制农具，推广牛耕；西汉议郎氾胜之编著《氾胜之书》，教民区田法和溲种法；东汉尚书崔寔撰写《四民月令》，教民稻田绿肥的种植和秧苗移栽技术；唐朝农官编成《兆人本业记》颁发全国，教民农俗和四时种莳之法；元朝农官编纂《农桑辑要》劝课农桑，推广农业知识和技术；明朝农官李衍创制坐犁、推犁、抬犁、抗犁、肩犁五种木牛在陕西应用，解决了当地牲畜缺乏、地貌多样带来的生产难题。民国之前，历代政府将农业技术看成推动农业发展的利器，把农业技术推广揽为国家行为，有效壮大了农业技术推广队伍，推动了农业技术普及，提高了农业产量。然而，由于没有专门的农业技术研究机构和人才队伍，并且农业技术推广属于政府官员的兼职行为，近 4000 年农业技术推广人才的推广成效增进不大。这一时期的农业技术推广人才从数量上看，人数众多，优秀较少；从技术上看，科技含量增长，水平提高缓慢；从能力上看，行政能力较强，技术推广弱化；从行为上看，言传多于身教，示范演示稀少；从目标上看，注重国家利益，极少考虑百姓；从影响上看，技术普及较广，历史印痕不深。

### 3. 兴农学者时期

1911 年辛亥革命推翻帝制后，相继登上历史舞台的北洋政府、国民政府尽管在中央和各省设有农官，但军阀割据，基层空虚，官僚体系并不健全，加上连绵战争的干扰，农官系统没有发挥出推动农业技术进步的应有作用。新兴的中国共产党虽然在革命根据地、解放区实施了农业技术推广，但目的主要在于恢复生产，创新技术极少，不能代表这一时期农业技术推广的主流。相反，一些激进的民主学者为振兴我国农村、农业而勇敢地鼓与呼，成为农业技术推广的领袖，开启了农业技术推广史上兴农学者时期。在兴农学者中，薛仙舟被誉为"中国合作运动的导师"。他认为合作制度是帮助贫民走出贫困的有效途径，大力倡导合作运动，创办现代合作金融组织，以期带动农村科技和经济发展（胡振华，2010）。20 世纪二三十年代，一批知识分子在全国各地纷纷组织乡村建设团体，进行乡村建设实验，企图以发展农村合作事业达到"复兴农村、恢复经济"的社会建设目标。其中，影响最大是晏阳初主持的河北定县实验和梁漱溟主持的山东邹平实验。晏阳初认为，扭转国民"愚、贫、弱、私"的落后局面，合作社是教育兼经济的最好自救办法；搞好农民生计教育，发展农业生产，必须应用农业科学（章元善和许士廉，1935）。他在河北定县成立中华平民教育促进会、县政建设研究院和高头村消费合作社，以"政教合一"的力量促进农村科技、经济和社会进步，使定县成为当时闻名世界的乡村建设实验区（章元善，1934）。梁漱溟认为，乡村建设的首要任务是发展农业生产，增强农村经济；发展农业生产要通过"技术的改进和经济的改进"，完成这一"改进"就必须举办各项合作；从组织农民入手建设合作社，合乎以家庭为社会组织细胞的"伦理本位、职业分殊"国情，既有利于发展农业也有利于抵抗外侵（梁漱溟，1989）。梁漱溟在山东邹平成立乡村建设研究院，培训干部和技术骨干，开展乡村建设实验，使实验区很快扩大到整个鲁西南地区，在推广美棉、提倡造林、指导养蚕等方面做出了突出成就（罗子为，1937）。1937 年，因抗日战争爆发，乡村建设实验被迫中止。整体而言，民国时期兴农学者复兴农村的倡导给农业科技进步带来了新的生机和方式，产生了一定效果，但由于战争频发，农业科技推广基本处于停滞状态。这一时期的农业技术推广人才从数量上看，人数较少，优者更少；从技术上看，传统集成为主，引进国外为辅；从能力上看，宣传能力较强，技术指导较弱；从行为上看，注重思想教育，缺乏科技传教；从目标上看，动员群众自救，以强农来强国；从影响上看，兴农观念得到强化，兴农科技传播不多。

### 4. 技术人员时期

新中国成立后，为迅速改变农业和农村的落后面貌，大幅提高农业生产力，我国逐步建立政府领导、自上而下的农村科技服务组织，选拔和安排大批专职人员从事农业技术推广工作，推动农业技术推广人才迈入技术人员时期。1953 年，农业部颁布《农业技术推广方案》（草案），要求各级政府设立专业机构，配备专职人员，开展农业技术推广工作。据统计，1954 年年底全国55% 的县和 10% 的区建立了农业技术推广站，共建站 4549 个，配备人员32740 人；1956 年，全国建站达 16 466 个，配备人员 94 219 人（农业部科技教育司，2006）。1958～1977 年，农业技术推广人员虽然多次被精简、裁并、改编、下放，基本队伍大大萎缩，但仍是农业技术推广的主力军。1978 年党的十一届三中全会后，我国恢复和健全各级农业技术推广机构，充实加强技术力量，鼓励农业技术推广人员直接面向广大农户开展服务。据统计，1984～1986 年，全国共推广农业新技术 15 947 项次，推广应用面积达 1.1 亿公顷，增加经济效益 163.3 亿元；农业试验示范项目 38 851 项次，获县以上成果奖4 914 项；举办各种类型技术培训班 73 504 期，受训人员达 127 万人次（陈晓华，2003）。截至 2000 年年底，我国农业技术推广机构达到 21.4 万个，实有农业技术人员 126.7 万人；其中乡镇农业技术推广机构 18.7 万个，实有农业技术人员 88 万人（陈晓华，2003）。21 世纪以来，我国深化农业技术推广体系改革，稳定和加强基层农业技术推广力量，农业技术推广队伍精干化，推广人员向乡镇集中；同时，民间农业技术人员在实践中崛起，成为农业技术推广的有益补充。这一时期的农业技术推广人才从数量上看，队伍庞大，能人辈出；从技术上看，科技含量较高，技术创新较多；从能力上看，行政驱动渐弱，服务能力增强；从行为上看，注重试验示范，重视说服引导；从目标上看，由履行职责到发挥才智，由振兴国家到服务群众；从影响上看，产量质量明显提高，现代农业渐露端倪。

### 5. 科技专家时期

经过数千年的农业技术推广，尤其近 30 余年政府领导下农业技术推广人员的共同努力，我国科技进步对农业增长的贡献率提高到53%，农业科技发展达到了一个新的历史水平（蒋建科，2012）。随着农业科技含量的增加，农业生产将逐渐难以为传统农民所从事，只有经过系统培训的职业农民才能进行。同样，在未来的农业和农村发展中，农业技术推广也将非一般农业技术推广人员所能为，只有具备一定科技基础的科技专家才能胜任。面向未来农业，我国农业领域需要一大批科技专家从事农业技术推广，促进农业科技迈上新台阶，这昭示着农业技术推广人才正在向"科技专家化"方向演进。从农业产出的地位看，第一产业增加值占国内生产总值的比重已由1952的51.0%减至2011年的10.1%（国家统计局，2009；2012），并且仍在呈递减趋势，这表明我国经济已由新中国成立初期的农业主导向现代社会的非农主导转变。在这一转变中，拥有一定技术基础的第一产业将不再需要80%以上的劳动力和数百万计的农业技术推广人员，而需要以一项百的科技专家指导农业走向技术化、产业化、工业化和服务化，使农业变得日益强大。从务农对象的变化和耕地集中的趋势看，一家一户闲散种植较多依赖于农村留守老人和妇女，他们在业务上依靠各种农业合作组织的帮助；越来越多的农民工将家庭承包耕地转包给种田能手，农村土地逐渐向种田大户手中流转。在这一趋势下，农业技术推广对象由千家万户的农民向种田能手、种田大户、农业合作组织和涉农合作企业转变，农业技术推广工作也要求由科技专家而非技术人员来承担，以指导农业生产的规模化、集约化、综合化和生态化。科技专家时期的农业技术推广人才从数量上看，队伍精干，精英荟萃；从技术上看，科技含量世界一流，科技推广国际接轨；从能力上看，科研水平学界较高，推广能力业内较强；从行为上看，研究与推广有机结合，示范与服务兼行并重；从目标上看，服务国家战略需求，献身社会公益事业；从影响上看，促进现代农业全球一体化，维护人类粮食安全。

## 二、农业技术推广人才的素质结构

农业技术推广人才是指在农业技术推广方面做出重要贡献、取得突出成绩的科技人员，是把农业先进科研成果转化为农业生产力、推动农业现代化步伐快速迈进的杰出农业科技工作者。一般农业科技人员和农业技术推广人员并非想当然的农业技术推广人才，要想成为农业技术推广人才必须具备相关的思想素质、知识素质、科技素质、身体素质及宣讲素质。

### 1. 思想素质——爱农强农的情怀

在社会工业化的进程中，我国农村、农业、农民变成了社会的弱势区域、弱势产业和弱势群体，许多人想摆脱农民身份、脱离涉农产业、跳出农村天地，以图挣大钱、更体面、更舒适。的确，由于历史的原因，我国农村曾经是最苦最累的地方，农业曾经是最不赚钱的产业，农民曾经是贫困的代名词。然而，经过60余年的发展，我国城市开始反哺农村，农业产量大幅提高，农民种地有利可图，农村现已变成富有生机和活力的地方。要想成为农业技术推广人才，农业科技人员和农业技术推广人员必须爱农、信农和强农。爱农，即要有热爱三农的情怀。农业科技人员和农业技术推广人员不能因农村的相对贫弱而自惭形秽，满足于自娱自乐，仅把农业技术推广当成一项养家糊口的工作来完成；也不能因农业生产和技术推广的相对苦累而怨天尤人，自我懈怠，对工作交差应付；更不能因农户暂时不理解、言语行为有所冒犯而冤冤相报，将应做工作打折扣，甚至自动放弃；而要以振兴农业、致富群众、富裕一方的理想和壮志，以保障地方农民、全国人民乃至整个人类粮食安全的责任和爱心，满怀激情地投入到农业技术推广中去。信农，即坚信农业和农村大有作为。农业科技人员和农业技术推广人员不能仅仅看到农业的比较效益低、农村各种配套建设差、农民种田积极性不高就对农业技术推广失去信心，而要看到薄弱的农村中现代化建设的空间更大，较低的农业水平上技术推广大有作为，利用国际信息化优势赶超世界农业发达国家指日可待。强农，即振兴和强大农业及农村。农业科技人员和农业技术推广人员要在爱农、信农的基础上，正视我国与发达国家在农业技术上的差距，树立兴农强农的志向，并坚定地以此指导自己终生的农业技术推广行动。

**2. 知识素质——熟谙三农的储备**

农业技术推广的对象是农民，针对的目标是农业和涉农产业，所处的环境是农村。农业技术推广人才如果不熟悉三农，将寸步难行；只有熟谙三农，才能游刃有余。首先，农业技术推广人才要了解农民。经过改革开放30多年的影响，农民已经发生了深刻变化。他们不再是一味听从上级政府政策，让种啥就种啥，死守三分地，只知道土里刨金的旧式农民。面对越来越严峻的生存压力，他们慢慢地学会了选择经营，讲求效益，甚至放弃土地，外出务工。农业技术推广人才要调查农民的行为状况，了解农民的思想和需求，以便针对性地开展农业技术推广工作。其次，农业技术推广人才要精通农业。农业不仅是粮食生产，种植、养殖及其加工业都属于农业，近年来农村出现的观光业也是农业。农业是一个庞大的有机系统，科技推广要促进这个有机系统健康发展。由于地域辽阔，我国各地农业特色不同，技术水平也有较大差异。只有精确地了解了农业各个有机组成部分之间的关系，以及地方农业的增值空间，农业技术推广人才才能对症下药。最后,农业技术推广人才要通晓农村。党的十一届三中全会以来,我国农村呈现多样化的发展趋势——有的建成了企业强村,有的建成了粮食大村,有的村多业并举,有的村一业独秀,也有不少村靠种田吃饭,凭外出务工挣钱。农业技术推广人才要时常关注农村,研究农村,看到其致贫和积弱的软肋,发现其兴起和强大的支点。

### 3. 科技素质——术有专攻的技艺

身为科技工作者,科技素质是农业技术推广人才的核心素质。随着农业科技水平的提高,农业技术推广工作对农业技术推广人才的科技素质要求越来越高。适应未来农村发展的需求,农业技术推广人才应"会科研""擅技术""长试验"。首先,农业技术推广人才应能够独立从事农业科研。农业科研是农业技术推广的源头和保障,是优秀农业技术推广人才的必备素质和较高要求。农业技术推广人才应能够围绕自己推广的对象自主地开展基本的科学研究,以便较为清晰地了解技术产生的来龙去脉,更好地指导推广行为趋利避害;或能够围绕自己的推广活动开展科研,以便掌握推广效果,不断改进推广方式;甚至能够开展主推对象的产生机理研究和技术创新研究,做到"理""用"并重,"研""推"合一。其次,农业技术推广人才应擅长农业技术应用。科研成果"棚架"、研究与应用脱节是科技领域的突出问题,解决"农业科技最后一公里"是农业技术推广人才的主要使命和责任。为真正让农民群众认识技术、接受技术、学会技术、运用技术,农业技术推广人才应熟悉技术的应用原理,能够熟练地进行技术操作,并能够简洁地将技术手把手地传授给普通村民。最后,农业技术推广人才应长于科技试验示范。试验示范是验证科研成果的直接途径,也是动员农民群众应用新技术最为有效的方法之一。农业技术推广人才应能够自己主持开展主推产品的试验示范,让农民群众参观学习;或能够指导农户开展主推产品的试验示范,让周边群众感受到新技术应用的成效。

### 4. 身体素质——奔波不倦的体能

身体是载知之舟,强健的体魄是承载知识的基本依托。作为第一产业的一线工作者,农业技术推广人才的身体素质尤为重要。没有良好的身体状况,农业技术推广人才很难长期在农村指导农民;没有良好的身体支撑,农业技术推广人才很难坚持进行农业科研及其试验示范;没有良好的身体保证,农业技术推广人才很难在广泛而深入的农业技术推广中取得成就。良好的身体素质对于农业技术推广人才而言,就是要"下得到农村""蹲得住农田""串得惯农户"。首先，农业技术推广人才要有能够经常到农村调研的体质。只有到农村调研，才能了解农村、农业的科技需求和农民的科技素质，才能有针对性地开展科技研究、选取适合技术。农业技术推广人才要具备经常到农村去的身体素质，这是最为基本的体质要求，否则其科研成果只能是不切实际的空中楼阁，其科技推广也只能是凭空想象的遥控指挥。其次，农业技术推广人才要有能够经常在农田蹲守的体质。只有在农田蹲守，才会有农业科技实践问题的深刻思考和重要发现，才能真切地观察和判断农业科技的应用效果。农业技术推广人才要具备经常在农田蹲守的身体素质，坚守职业习惯，力戒虚华浮躁，为农业科技的原始创新和重大进展做出艰苦努力。最后，农业技术推广人才要有能够经常为农民服务的体质。农业技术推广是一项较为复杂的工作，并非一蹴而就，需要农业技术推广人才付出耐心细致的技术服务。特别是在技术实施以后、未见成效之前的较为漫长时间中，农业技术推广人才需要与农民紧密接触，活跃在农民当中，积极主动、不厌其烦地为农民解决期间产生的一切困惑和问题，以保障技术推广的最终效果。

**5. 宣讲素质——感染民心的言语**

相对于工人、知识分子和新兴社会阶层而言，农民是接受外来影响较慢、思想相对保守的群体。尤其在上当受骗之后，脆弱经济支撑的农民一般不敢轻易相信外界新生事物的迷惑。面对这样的群体和阶层，农业技术推广人才只有具备"讲得清""讲得好""讲得实"的较高宣讲素质，才能取得技术推广的优势和成功。首先，农业技术推广人才要具备通俗简洁的讲话风格。由于各个地区的农民喜好有别，语言差异较大，农业技术推广人才在与农民的沟通中一定要让农民听得懂、听得清、听得明，不能拿腔作势，也不能套话连篇。特别是在面向较多农民的讲话或讲座中，农业技术推广人才的语言一定要符合地方口味和习惯，通俗亲切，要言不烦。其次，农业技术推广人才要具备形象动人的演讲素质。让农民接受一种新产品，农业技术推广人才充当着游说的角色，一定要想方设法在演讲中吸引人、打动人、感染人、说服人。农业技术推广人才要在熟悉演讲材料的基础上，精心准备和设计，将科学知识、技术成分、试验案例、实效数据等运用得恰到好处，使演讲跌宕起伏，高潮连连。最后，农业技术推广人才要具备逻辑缜密的语言水平。演讲前及其进行中，农业技术推广人才要认真推敲表达的词句，斟酌语段的关系，既不夸大其辞，也不保守贬低，使语言无可挑剔，令人信服。

## 三、农业技术推广人才的成才规律

农业技术推广人才的出现和形成既有农业技术推广人员或农业科技人员自身内在因素的力量，也有政府、社会等外部因素的影响，是内外部因素共同作用的结果。由于各种因素在不同时代、不同环境、不同个体身上发挥作用的大小不同，农业技术推广人才的形成各有特色。然而，总结历史，审视现实，存异求同，展望未来，我们可以发现农业技术推广人才成长的相似轨迹，揭示农业技术推广人才成才的共性规律。

### 1. 内源生发规律

内因是事物变化的根据，是农业技术推广人才成才的根本动力。从古至今，农业技术推广人才的形成都源于自己对三农的兴趣和激情，源于对农业技术推广带来三农变化和改善的成就感和幸福感。对农业技术热爱、对农民群众关切是农业技术推广人才的共同品格，正是这种心智品格驱使其献身于农业技术推广工作，并取得重大成绩。原始社会的神农、黄帝、颛顼、舜帝等从事农业技术推广，本意就在于改变自己及原始人群所处的恶劣环境，增强生存能力，提高生活水平；生存的压力和对美好生活的憧憬促使他们开发农业技术，自觉进行农业技术推广，让更多的同伴、同族、同类掌握技艺，形成强大的氏族部落群体。奴隶社会和封建社会时期的农官虽然受命于君王，农业技术推广是被动行为，但是其中做出突出贡献的农业技术推广人才都是情系农业、主动而为的，大多本人对农业技术还深有研究，且有创新；这一时期民间或社会的农业技术推广人士更是自发而起，努力以此推动自下而上的农村社会变革。新中国的农业技术推广人员虽然隶属政府，但已形成相对独立和完整的体系，其中涌现的优秀人才也都源自他们富民强农的壮志和热爱三农的坚守。放眼未来，三农在社会发展中仍将长期处于弱势地位，对三农的热爱和对农业技术创新及其推广的激情仍是农业技术推广人员取得伟大成就的重要品质，是农业技术推广人才成才的核心因素。

### 2. 政府推动规律

自人类进入阶级社会以来，统治阶级便把农业作为国家的第一产业管理起来，农业技术推广由此深深地打上了政府的烙印。农业技术推广人才的成才既与自己的主观努力密不可分，也是不同时代国家政府涉农路线、方针、政策和法律共同推动的结果。在奴隶社会，夏、商、周及春秋各国的君王设置农官管理农业，将民间事务上升为国家事务，统一推广先进的农业技术，促进了农业技术推广人才的官员化。由于对人身自由严加管制，奴隶社会的农业技术推广人才很少在民间出现，大都集中在官场，农业经济的管理政绩代表着农业技术推广人才的社会贡献。在封建社会，历代君王更加重视农业，农官设置也更加细化，从中央到乡村普遍建立起严密的农官系统，并且注重对其农业政绩的考察和奖惩。封建君王的重农政策不仅促使众多官吏献身农业技术推广，产生了一批官员型农业技术推广人才，而且由于逐渐将农业技术推广的重心下移到乡村，也促进产生了一批民间型农业技术推广人才。到了社会主义时期，我国政府十分重视农业生产和农村建设，除设置自中央至地方的农官系统外，还健全相关法律，建立起专门而庞大的农业技术推广人员队伍。尤其20世纪80年代以来，中共中央先后出台了14个"一号文件"，均对农业技术推广人才队伍建设进行了具体安排和明确要求（於忠祥，2012）。在政府推动下，我国农业技术推广战线涌现出谷天明、麻晶莉等一大批农业技术推广先进工作者和农业技术推广先进工作者标兵。未来社会发展中，政府仍是农业科技推广的主要倡导者、组织者、管理者和资助者，推动农业技术推广人才向更高的标准进取。

### 3. 群众需求规律

农业技术推广是一项多方参与才能达成的活动，涉及技术发明者、技术推广者、技术接受者等多重主体。农民群众是农业技术推广的受施者，是农业技术的购买者和应用者。作为买方市场，农民群众的需求决定着农业技术推广的天地，是农业技术推广人才成才的时势条件。在遥远的原始社会，面对随时可能危及人类生存的自然环境，人民群众才欣然接受构木为巢、钻燧取火、制网捕鱼、播种五谷等基本生存技术和农业技术，并广泛传播；在漫长的封建社会，农民群众希冀衣暖食饱、渴望粮谷满仓，他们才自觉地接受铁制农具的改造和种植方法的改进，推动农业生产力逐渐提高；在社会主义初级阶段，追求农业增产、家庭增收、农村富裕的愿望使得广大农民群众主动采用现代农业技术，积极推进农业现代化建设。在农民群众对农业技术的需求、接受和应用中，农业技术推广人才应运而生。如果没有农民群众的需求，农业技术不管多么高超，国家政府不管怎么号召，农业技术推广人员不管如何努力，农业技术推广都难以取得良好效果，农业技术推广人才都难以产生和形成。未来社会发展中，群众需求仍是农业技术推广的重要方向，是农业技术推广人才成才的必要土壤。

### 4. 技术适用规律

农业技术是农业技术推广的主要内容，其适用与否决定着农业技术推广的成败，影响着农业技术推广人才的产生。农业技术的适用包括生产适用、地区适用、经济适用、农户适用和长远适用。生产适用是指农业技术能够从实验室走向户外，在批量生产中达到甚至超过实验效果；地区适用是指农业技术能够适应推广地区的水土状况和气候环境，在生产过程中保持各项实验指标仍然最佳；经济适用是指农业技术能够满足当地农民群众的经济利益追求，技术经济效益与农户使用技术的期望基本吻合；农户适用是指农业技术能够适合农户操作，技术难度与农户的文化素质基本一致；长远适用是指农业技术能够保持较为长久的竞争优势，在使用中充分考虑生态发展而避免负面效应。古代的农业技术虽然相对较少，但大多产生于生产实践，技术适用性较强，农业技术推广较为便利，由此诞生了相应领域的农业技术推广人才。现代社会，农业技术日新月异，但大多产生于实验室中，技术推广成为技术应用的必需环节。改革开放以来，面对农村农业技术匮乏、农民需求旺盛的局面，农业技术推广人员纷纷携带各种农业技术空降农村，从而涌现出一批成绩卓著的农业技术推广人才。但是，因为技术适用性问题，一些农业技术不仅没有给农民带来利益，而且引发了一系列负面反应，因此也贻误了农业技术推广人才的成长佳期。面向未来，因地制宜仍是农业技术推广遵循的主要原则，技术适用仍是农业技术推广人才形成的必备条件。

### 5. 教育塑造规律

创新是农业技术的生命，是农业技术推广的重要价值。农业技术的发展是传承和创新融合的过程，是阶梯式向前迈进的技术变化。如果说原始社会的农业技术完全源于人民群众的实践探索，那么随着时代发展和科技进步，现代社会的农业技术必须由一定技术积累和知识储备的科研人员来改进和创造（王建明等，2011；李春香和闫国庆，2012；中国农业技术推广协会，2007）。相应地，农业技术推广人才也要懂得农业技术，熟悉相关知识，进行过系统地学习或培训。在农业技术从古至今的递进转变中，教育扮演了极其重要的角色，对农业科研人员和技术推广人员发挥了引导、激励和塑造的作用（陈新忠，2013）。凡是开展农业技术推广取得成就的人才，必然不同程度地接受过各种各样的教育；农业技术尖端化和农业技术推广专业化趋势下，教育在造就农业技术推广人才中的地位日益突出（王宏杰，2011；陈建军等，2012；黄和文和吴丹，2010）。18 世纪 60 年代，美国通过《莫里尔法案》建立赠地学院，大学农学院的教师直接从事农业技术推广工作；20 世纪初，密歇根大学创办推广教育系，专门培养农业技术推广人才（Eddy，1957）。我国历史上，不论是各个朝代的农官还是民间农业技术推广人员，大都接受过良好的传统教育或学校教育，具备一定的文化基础。新中国成立后，我国加强农业技术推广队伍建设，十分重视人员培训；20 世纪 80 年代以来，注重选拔大学生担任农业技术推广干部；2001 年起，开始培养农业推广硕士（徐家良，2012）。目前，我国农业技术推广人员 63.8% 具有大专以上学历，其中研究生学历占 1.4%，大学本科学历占 22.9%，大学专科学历占 39.5%。未来知识经济社会中，没有接受高等教育的人很难跻身农业技术推广队伍，从事农业技术推广工作；高等教育将致力于培养农业技术推广的高端人才，使其在农业技术推广中研推合一、大显身手。

### 6. 技企合作规律

实现农业的科技化和产业化、促进农村的城镇化和现代化是农业技术推广活动追求的社会目标，是基于农民富足的社会理想。为实现这一目标和理想，农业技术推广人员必须做好对农村涉农企业、合作组织和种粮大户的农业技术推广，最大限度地发挥科技引领作用（田维波和邓宗兵，2010）。农村涉农企业是改革开放的副产品，是农村利用自身资源尝试工业建设、迈向现代化的重要载体（余庆来和肖扬书，2011；王鸦鹏，2011）。农业技术与涉农企业结合不仅有利于直接将成果性技术转化为现实生产力，在生产中不断改进现技术、孵化新技术，而且有助于增强农业技术推广的针对性，按照企业标准要求农户进行生产，形成"产—供—加—销"的产业链。我国农村合作组织于 20 世纪初期兴起，现已在农村普遍建立。作为经济利益的结合体，各种农村合作组织具有明显的企业经营性质（朱雅玲等，2010）。种粮大户是土地流转的产物，由于雇佣经营，也具有个体工商户或私营企业的性质。涉农企业、合作组织和种粮大户是现代农村的主要力量，依托它们开展农业技术推广是农业技术推广人才的最佳选择和成才捷径。鉴于推广人员较少、服务面积较广，近年来成功的农业技术推广人才大都选择了抓大带小、典型示范的方法，以技企合作的方式取得了巨大成效。在未来新农村建设中，随着土地流转的加速和产业化、企业化程度的不断提高，技企合作仍是农业技术推广人才成才的最优选择。

农业技术推广人才的成长和培育是一项复杂的系统工程，既要激发农业技术推广人员的内在热情和责任之心，又要创造有利于他们发展的外部条件和优良环境。2010 年，我国第一个中长期人才发展规划——《国家中长期人才发展规划纲要（2010–2020 年）》提出了现代农业人才支撑计划，拟将支持发展

1 万名有突出贡献的农业技术推广人才；2011 年，中央组织部、农业部、教育部和科学技术部等部委联合发布了《农村实用人才和农业科技人才队伍建设中长期规划（2010—2020 年)》与《现代农业人才支撑计划实施方案》，对农业技术推广人才支撑计划分三个阶段进行了任务部署。在国家政府的大力倡导和支持下，研究和遵从农业技术推广人才的成才规律，积极促进农业技术推广人员强素质、长本领、帮农民、出实效，势必带来农业技术推广人才的繁荣，推动我国农业现代化向纵深挺进。

# 参 考 文 献

A·W·范登班，H·S·霍金斯.1990.农技推广.张宏爱译.北京：北京农业大学出版社.

阿尔福雷德·马歇尔.1964.经济学原理（上卷）.朱志泰译.北京：商务印书馆.

阿瑟·刘易斯.1983.经济增长理论.周师铭等译.北京：商务印书馆.

埃弗雷特.M.罗杰斯.2002.创新的扩散.辛欣译.北京：中央编译出版社.

埃哈尔·费埃德伯格.2005.权力与规则——组织行动的动力.张月译.上海：上海人民出版社.

伯顿·克拉克.2003.高等教育学新论——多学科的研究.王承绪，徐辉，郑继伟，等译.杭州：浙江教育出版社.

曹丽娟.2011.基于层次分析法的农业技术推广评价指标体系研究.地域研究与开发，（3）：144-148.

曹茸.2012.邓秀新：培养"留得住"的农村人才至关重要.http：//news. xinhuanet. com/edu/2008-03/19/content_ 7820027. html［2012-03-19］.

陈建军，严林俊，夏龙珠.2012.农科教结合示范基地的建设与思考——以南通市农科教结合示范基地建设为例.成人教育，（9）：92-94.

陈劲，杨晓慧，郑贤榕，等.2009.知识聚集——科技服务业产学研战略联盟模式.高等工程教育研究，（4）：31-36.

陈磊，曲文俏.2006.解读日本的造村运动.当代亚太，（6）：29-36.

陈锡文.2009.09 年存在农业生产滑坡、收入徘徊、发展逆转风险.http：//www. china. com. cn/economic/txt/2009-02/02/content_ 17209937. html［2009-02-02］.

陈晓华.2003.我国农技推广体系的建设与改革（农业行政管理体制改革国际研讨会）.

陈晓华.2012.充分发挥龙头企业作用推动农业科技进步.http：//www. gov. cn/gzdt/2012-02/08/content_ 2061264. html［2012-02-08］.

陈新忠，董泽芳.2010.我国高等教育分流与社会分层流动研究的回溯和展望.华中师范大学学报（人文社会科学版），（3）：149-155.

陈新忠，李名家.2013a.农业技术推广人才的演进历程与成才规律.华中农业大学学报（社会科学版），（2）：95-103.

陈新忠.2013b.分层与流动：高等教育分流的社会影响研究.武汉：华中师范大学出版社.

陈新忠.2013c.高等教育分流打通流向农村渠道的思考与建议.中国高教研究，（3）：36-41.

陈新忠.2008.新农村建设背景下高等院校的使命探析.国家教育行政学院学报，（5）：9-12.

陈新忠.2009a.国外高等教育分流与社会分层流动研究的特点及启示.清华大学教育研究，

（4）：59-66.

陈新忠．2009-09-18．服务新农村建设高等院校需要功能重构．湖北日报，11.

陈新忠．2010．高等教育分流对社会分层流动的影响研究．武汉：华中师范大学．

陈岩峰，吕一尘．2011．促进广东科技服务业发展政策支持体系研究．科技管理研究，
（14）：28-32.

陈岩峰，于文静．2009．基于因子分析法的广东科技服务业能力研究．科技管理研究，（9）：
4-7.

陈岩峰，余剑璋，周虹．2010．香港科技服务业发展特征及对广东的启示．科技管理研究，
（15）：19-23.

陈岩峰．2011．促进科技服务业发展政策支持体系研究．广州：暨南大学出版社．

程梅青，杨冬梅，李春成．2003．天津市科技服务业的现状和发展对策．中国科技论坛，
（3）：70-75.

辞海编辑委员会．2002．辞海．上海：上海辞书出版社．

邓楠，万宝瑞．2001. 21 世纪中国农业科技发展战略．北京：中国农业出版社．

邓秀新等．2012-03-10．粮食"八连增"背后，"三农"新问题引起关注．成都日报，4.

邓正华，杨新荣，张俊飚，等．2012．农户对高产农业技术扩散的生态环境影响感知实
证——西部地区农业技术扩散速度测定及发展策略．中国人口·资源与环境，（7）：
138-144.

刁伍钧，扈文秀，张根能．2012．科技服务业研究综述．科技管理研究，（14）：44-47.

丁楠，周明海．2010．科技非政府组织参与农业科技服务问题研究．中国科技论坛，（5）：
133-138.

丁自立，焦春海，郭英．2011．国外农业推广体系建设经验借鉴及启示．科技管理研究，
（5）：55-57.

董永．2009．国外农业技术推广模式及对我国的启示．山东省农业管理干部学院学报，（6）：
39-40.

董之学．1930．世界农业史．上海：昆仑书店．

杜振华．2008．科技服务业发展的制度约束与政策建议．宏观经济管理，（12）：30-32.

恩格斯．1965．家庭、私有制和国家的起源（1884 年）．见：马克思，恩格斯．马克思恩格
斯全集（第 21 卷）．北京：人民出版社．

樊志民．2002．战国农业发展与战国社会变革．西北农林科技大学学报（社会科学版），
（4）：106-108.

樊志民．2003．战国秦汉农官制度研究．史学月刊，（5）：13-20.

费孝通．1981．民族与社会．北京：人民出版社．

封岩．1997．荷兰农技推广的变化．世界农业，（10）：48-49.

弗莱蒙特·E. 卡斯特，詹姆斯·E. 罗森茨韦克．2000．组织与管理：系统方法与权变方法.
4 版．傅严，李柱流，等译．北京：中国社会科学出版社．

付文．2013-11-10．"春晖模式"助力现代农业．人民日报，9.

盖玉杰 . 2006. 美国农业推广体制对我国的启示 . 中国林业经济，（5）：29-31.

高本泉 . 1995. 威海市科技服务业发展的思考 . 科学与管理，（1）：36-37.

高启杰 . 2004. 澳大利亚农业推广发展的趋势与问题 . 世界农业，（6）：33-35.

高启杰 . 2011. 农业推广理论与实践 . 北京：中国农业大学出版社 .

高强，孔祥智 . 2013. 我国农业社会化服务体系演进轨迹与政策匹配：1978～2013 年 . 改革，（4）：5-18.

高兴明 . 2012-02-07. 以科技创新促进农业大发展 . 农民日报，3.

高岩，王森啸，束睿，等 . 2013. 全球背景下关于我国农业技术推广的探讨 . 上海交通大学学报（农业科学版），（2）：65-70.

高云才 . 2013. 农业部：全国农民专业合作社超 68.9 万家成员超 5300 万户 . http：//www. gov. cn/jrzg/2013-06/02/content_ 2416969. html ［2013-06-02］.

工商总局 . 2013. 农民专业合作社已达 68.9 万家 . http：//finance. sina. com. cn/nongye/nyhgjj/20130110/141614247100. html ［2013-01-10］.

关峻 . 2013. 北京市科技服务业发展状况研究与前景分析 . 北京：科学出版社 .

郭嘉 . 2011. 明天我们靠什么种田 . http：//society. people. com. cn/GB/13816185. html ［2011-01-26］.

郭铁民，林善浪 . 1998. 中国合作经济发展史（上）. 北京：当代中国出版社 .

郭作玉 . 2000. 法国的农业信息服务 . 世界农业，（3）：9-11.

国家发展和改革委员会 . 2014-03-16. 关于 2013 年国民经济和社会发展计划执行情况与 2014 年国民经济和社会发展计划草案的报告——2014 年 3 月 5 日在第十二届全国人民代表大会第二次会议上 . 人民日报，5.

国家统计局 . 2009. 经济结构不断优化升级 重大比例日趋协调 . http：//www. stats. gov. cn/tjfx/ztfx/qzxzgcl60zn/t20090909_ 402585583. html ［2009-09-09］.

国家统计局 . 2012. 中华人民共和国 2011 年国民经济和社会发展统计公报 . http：//www. stats. gov. cn/tjgb/ndtjgb/qgndtjgb/t20120222_ 402786440. html ［2012-02-22］.

韩长赋 . 2011. 在全国农业农村人才工作会议上的讲话 . http：//www. moa. gov. cn/sjzz/rss/zhuanlan/nyrcdwjs/201105/t20110506_ 1987363. html ［2011-05-06］.

韩长赋 . 2012. 在全国农业科技教育工作会议上的讲话 . http：//www. natesc. gov. cn/html/2012_ 08_ 21/28278_ 50737_ 2012_ 08_ 21_ 279300. html ［2012-08-21］.

韩长赋 . 2011. 在全国农业农村人才工作会议上的讲话 . http：//www. moa. gov. cn/sjzz/rss/zhuanlan/nyrcdwjs/201105/t20110506_ 1987363. html ［2011-05-06］.

韩常灿 . 2009. 农业科研院所科技推广策略研究 . 杭州：浙江大学 .

韩鲁南，关峻，白玉，等 . 2013. 北京市科技服务业发展环境分析及对策研究 . 科技进步与对策，（6）：25-29.

韩士德 . 2009-11-20. 培养农业人才，免费就行了吗 . 科技日报，7.

杭燕 . 2006. 苏州市现代服务业的现状和发展对策 . 市场周刊（理论研究），（10）：44-45.

何传启 . 2012. 中国现代化报告 2012——农业现代化研究 . 北京：北京大学出版社 .

何传启 . 2012-06-04. 中国农业现代化的政策重点 . 中国科学报, 05.

何红卫, 等 . 2011-09-06. 现代农业一面旗——湖北春晖集团农民专业合作社群调查（上）. 农民日报, 1.

何红卫, 等 . 2013-10-28. 农业合作社的"华丰样板"——湖北天门市华丰农业专业合作社调查与思考（上）. 农民日报, 1.

何盘伟, 陈艳芬 . 2003. 高等农业院校科技产业化发展的条件与措施 . 农业科研经济管理, (1)：35-36.

侯俊东, 吕军, 尹伟峰 . 2012. 农户经营行为对农村生态环境影响研究 . 中国人口·资源与环境, (3)：26-31.

胡虹文 . 2003. 农业技术创新与农业技术扩散研究 . 科技进步与对策 . (5)：73-75.

胡熳华 . 2010. 贫困地区农业科技服务体系示范建设 . 北京：中国农业科学技术出版社 .

胡振华 . 2010. 中国农村合作组织分析：回顾与创新 . 北京：知识产权出版社 .

湖北省天门市华丰农机专业合作社 . 2011. 整合农机服务 发展现代农业——天门市华丰农机专业合作社 . http：//www. hbagri. gov. cn/tabid/64/InfoID/33030/frtid/131/Default. aspx ［2011-12-08］.

皇甫谧 . 1997. 帝王世纪 . 沈阳：辽宁教育出版社 .

黄步军 . 2006. "赴法国农业服务体系培训"团培训考察报告 . http：//www. agricoop. net/news_ view. asp？id=55 ［2006-07-03］.

黄富成 . 2007. 汉代农业生产管理研究 . 南京：南京农业大学 .

黄和文, 吴丹 . 2010. 现代农业发展的科教促进 . 科学经济社会, (4)：5-8.

黄季焜, 胡瑞法, 智华勇 . 2009. 基层农业技术推广体系 30 年发展与改革：政策评估和建议 . 农业技术经济, (1)：4-10.

黄锦龙 . 2005. 日本农业推广体系改革新动向 . 农机科技推广, (9)：22-23.

黄寿祺, 张善文 . 1989. 周易译注 . 上海：上海古籍出版社 .

黄天柱 . 2007. 我国农业科技推广体系创新研究 . 杨凌：西北农林科技大学 .

黄祖辉, 陈龙 . 2010. 新型农业经营主体与政策研究 . 杭州：浙江大学出版社 .

简小鹰 . 2006. 农业技术推广体系以市场为导向的运行框架 . 科学管理研究, (3)：79-82.

姜绍静, 罗洋 . 2010. 以农民专业合作社为核心的农业科技服务体系构建研究 . 中国科技论坛, (6)：126-131.

蒋建科 . 2012. 科技进步对农业的贡献率提高到 53% . http：//finance. people. com. cn/GB/17728701. html ［2012-05-12］.

蒋有康, 梅强, 李文远 . 2010. 关于科技服务业内涵和外延的界定 . 商业时代, (8)：111-112.

鞠芳 . 2012. 新时期农业技术推广体系建设研究 . 合肥：合肥工业大学 .

赖红英, 刘慧婵 . 2009-11-24. 农科院校如何突破发展瓶颈 . 中国教育报, 2.

兰建英 . 2009. "赠地学院"的创建对美国农业经济发展的影响及其启示 . 农村经济, (10)：126-129.

雷切尔·卡逊.1997.寂静的春天.吕瑞兰,李长生译.杭州:吉林人民出版社.

李春香,闫国庆.2012.我国农业技术创新成效研究.农业经济问题,(2):32-37.

李冬梅,陈超等.2009.乡镇农技人员推广效率影响因素分析——基于四川省水稻主产区238户农户调查.农业技术经济,(4):34-41.

李立秋,胡瑞法,刘健,等.2003.建立国家公共农业技术推广服务体系.中国科技论坛,(6):125-128.

李权.2008.战国简牍所见秦国农官制度初探.长春:吉林大学.

李素敏.2004.美国赠地学院发展研究.保定:河北大学出版社.

李维生.2007.多元化农业技术推广体系研究.农业系统科学与综合研究,(4):447-451.

李雪奇.2008.澳大利亚农业推广政策的变化及启示.世界农业,(12):27-29.

李忠云,陈新忠.2008.新农村建设背景下高等院校的使命探析.国家教育行政学院学报,(5):9-12.

李忠云,聂坪,孟娜.2011.农业科技人员胜任力实证分析.农业技术经济,(12):53-60.

李忠云.2005.立足"三农"需要推进农业高校自主科技创新.中国高等教育,(7):9-10.

李忠云等.2013.湖北省农科教结合研究.北京:中国农业科学技术出版社.

联合国粮农组织.1973.农业推广参考手册.北京:中国农业出版社.

联合国粮农组织.1984.农业推广.2版.北京:中国农业出版社.

梁镜财,侯春生,徐志宏,等.2011.新型农业科技推广体系构建与成效践行研究.科技管理研究,(24):39-43.

梁漱溟.1989.梁漱溟全集(第1卷).济南:山东人民出版社.

梁小民.1981.刘易斯经济增长理论简介.世界经济,(4):72-75.

廖西元,申红芳,朱述斌,等.2012.中国农业技术推广管理体制与运行机制对推广行为和绩效影响的实证——基于中国14省42县的数据.中国科技论坛,(8):131-138.

林毅夫.1994.制度、技术与中国农业发展.上海:上海三联书店.

林毅夫.2008.中国经济专题.北京:北京大学出版社.

刘安.1989.淮南子.上海:上海古籍出版社.

刘东.2009.新型农村科技服务体系的探索与创新.北京:化学工业出版社.

刘光哲.2012.多元化农业推广理论与实践的研究.杨凌:西北农林科技大学.

刘贵川.2006.法国的农业政策.山西财税,(8):32-34.

刘惠.2014.关于农产品行业协会的几个基本问题.http://gxs. huaian. gov. cn/jsp/common/content. jsp？articleId＝257304&facolumnId＝9097[2014-02-15].

刘寿林.1995.民国职官年表.北京:中华书局.

刘树林.2010.天津科技服务业发展战略研究.天津:天津大学.

刘太祥.2000.秦汉时期的农业和农村经济管理措施.史学月刊,(5):19-25.

刘振伟.2012.农业技术推广法修改解读.农村经济与科技:农业产业化,(9):25-27.

鲁培宏.2012.影响农业技术推广相关因素分析——以河北二市为例.呼和浩特:内蒙古农业大学.

罗子为.1937.《邹平各种合作社二十五年概况报告》绪言.乡村建设,（6）：16-17.

马克思.1972.剩余价值理论（1861～1863年）.见：马克思,恩格斯.马克思恩格斯全集（第26卷Ⅰ）.北京：人民出版社.

马克思.1979.1844年经济学哲学手稿（1844年）.见：马克思,恩格斯.马克思恩格斯全集（第42卷）.北京：人民出版社.

马克斯·韦伯.1999.社会科学方法论.杨富斌译.北京：华夏出版社.

毛泽东.1991.毛泽东选集（卷1）.北京：人民出版社.

梅强,赵晓伟.2009.江苏省科技服务业集聚发展问题研究.科技进步与对策,（22）：74-76.

孟庆敏,梅强.2010.科技服务业在区域创新系统中的功能定位与运行机理研究.科技管理研究,（8）：74-78.

孟庆敏,梅强.2011.科技服务业与制造企业互动创新的机理研究与对策研究.中国科技论坛,（5）：38-42.

莫顿·亨特.1989.社会研究方法新论.郑建宏,等译.武汉：华中理工大学出版社.

聂闯.2000.世界农业推广体系现状.世界农业,（1）：50-51.

聂海.2007.大学农业科技推广模式研究.杨凌：西北农林科技大学.

宁启文.2012.加快构建公益性农技推广体系推动现代农业实现跨越式发展——访全国人大常委、农业与农村委员会副主任委员尹成杰.http：//www.agri.gov.cn/V20/ZX/nyyw/201203/t20120308_2498827.html［2012-03-08］.

牛若峰.2012.当代农业产业化一体化经营.南昌：江西人民出版社.

农业部,教育部.2011.现代农业人才支撑计划实施方案.http：//www.moa.gov.cn/zwllm/tzgg/tz/201111/t20111101_2391062.html［2011-11-01］.

农业部.2005.关于表彰全国农业技术推广先进工作者和先进工作者标兵的决定.http：//www.caein.com/index.asp?xAction=xReadNews&NewsID=1318［2005-12-25］.

农业部科技教育司.2004.澳大利亚农业概况.http：//www.stee.agri.gov.cn/zcqzl/hwxx/t20040223_169297.html［2004-02-23］.

农业部科技教育司.2006.2005农业科技推广报告.北京：中国农业出版社.

农业部科技教育司.2008.2007农业科技推广报告.北京：中国农业出版社.

农业部农村经济研究中心课题组.2005.我国农业技术推广体系调查与改革思路.中国农村经济,（2）：46-54.

欧继中,张晓红.2009.荷兰和日本农业合作组织模式比较与启示.中州学刊,（5）：76-78.

潘劲.2007.农产品行业协会：现状、问题与发展思路.中国农村经济,（4）：53-59.

潘宪生,王培志.1995.中国农业科技推广体系的历史演变及特征.中国农史,（3）：94-99.

平培元.2002.法国的农业教育［J］.世界农业,（11）：35-37.

乔金亮.2013.粮食"十连增"是如何实现的.http：//www.ce.cn/xwzx/gnsz/gdxw/201311/

23/t20131123_ 1795473. html［2013-11-23］.

秦孝仪.1981. 抗战前国家建设史料——合作运动. 革命文献，（22）：241.

邱小强.2010. 农业技术推广体系现状分析与建设对策. 农业科技管理，（4）：72-74.

荣孟源.1985. 中国国民党历次代表大会及中央全会资料. 北京：光明日报出版社.

沙宁.1982. 中华民国职官概述. 内蒙古民族大学学报（社会科学版），（1）：38-41.

邵法焕.2005. 我国农业技术推广绩效评价若干问题初探. 科学管理研究，（3）：80-82.

邵喜武，徐世艳，郭庆海.2013. 政府农技推广机构推广问题研究. 社会科学战线，（4）：
69-74.

申红芳，王志刚，王磊.2012. 基层农业技术推广人员的考核激励机制与其推广行为和推广
绩效——基于全国 14 个省 42 个县的数据. 中国农村观察，（1）：65-79.

沈翀.2006. 湖北建设省级区域农业科技创新中心. http：//www. gov. cn/fwxx/kp/2006-08/
15/content_ 362532. html［2006-08-15］.

沈志忠.2014. 世界农业史. http：//www. icac. edu. cn/historytype. asp？id = 222［2014-03-
04］.

石绍宾，邵文珑.2013. 农业科技服务的需求特征及农户支付意愿分析. 统计与决策，
（16）：83-86.

石绍宾.2009. 农民专业合作社与农业科技服务提供. 经济体制改革，（3）：94-98.

史敬棠，等.1959. 中国农业合作化史料（上册）. 北京：生活·读书·新知三联书店.

寿勉成，郑厚博.1937. 中国合作运动史. 南京：正中书局.

司马迁.1997. 史记. 北京：中华书局.

宋丙洛.2003. 全球化和知识时代的经济学. 金东日译. 北京：商务印书馆.

速水佑次郎，弗农·拉坦.2000. 农业发展的国际比较. 郭熙保，张进铭译. 北京：中国社
会科学出版社.

孙联辉.2003. 中国农业技术推广运行机制研究. 杨凌：西北农林科技大学.

孙振玉，李昌建，王德平，等.1996. 加大农业技术投入稳定队伍的对策研究. 中国农技推
广，（1）：37-51.

汤国辉，王兵.2006. 关于农业高校服务现代农业产业的研究与思考. 研究与发展管理，
（2）：135-139.

唐施华.2013. 农业部：农民专业合作社已达 82.8 万家约是 2007 年底的 32 倍. http：//
www. yicai. com/news/2013/08/2969950. html［2013-08-28］.

唐守廉，徐嘉玮.2013. 中美科技服务业发展现状比较研究. 科技进步与对策，（9）：
41-47.

唐卫彬，黄艳.2012. 三问土地流转春晖模式——资本下乡可走多远. http：//
jjckb. xinhuanet. com/2012-07/09/content_ 386007. html［2012-07-09］.

田北海，李名家，杨少波.2010. 基于农户视角的农村产业发展技术支撑体系建设研究. 科
技进步与对策，（11）：88-92.

田维波，邓宗兵.2010. 我国农业科技发展的主要问题及对策. 生态经济，（6）：132-136.

汪发元，刘在洲.2012.农业技术人员数量与农业 GDP 关系分析——以湖北省 39 年发展情况为例.科技进步与对策，(24)：84-87.

王川.2004.清末、民国时期西康地区的农业改进及其实际成效.民国档案，(4)：54-59.

王方红.2008.产业链视角下我国现代农业科技服务体系建设与完善的路径分析.科学管理研究，(6)：98-101.

王宏杰.2011.菇农采纳农业技术的影响因素分析——基于对我国食用菌主产区省 292 位菇农的调查.华中农业大学学报（社会科学版），(3)：20-23.

王慧军.2002.农业推广学.北京：中国农业出版社.

王建明，李光泗，张蕾.2011.基层农业技术推广制度对农技员技术推广行为影响的实证分析.中国农村经济，(3)：4-14.

王建明，周宁，张蕾.2011.基于因子分析法的农技员技术推广行为综合评价.科技进步与对策，(3)：120-123.

王建明.2010.发达国家农业科研与推广模式及启示.农业科技管理，(2)：48-51.

王晶，谭清美，黄西川.2006.科技服务业系统功能分析.科学学与科学技术管理，(6)：37-40.

王晶，于建宇，刘会宁，等.2006.南京科技服务业发展问题研究.科技进步与对策，(3)：94-97.

王凯学.2004.韩国的农业植保现状及思考.广西农学报，(1)：55-59.

王青，于冷，王英萍.2011.上海农业科技社会化服务需求的调查分析.农业经济问题，(7)：67-72.

王任远，来尧静，姚山季.2013.科技服务业研究综述.科技管理研究，(7)：114-118.

王武科，李同升，张建忠.2008.市场机制下的农业技术推广体系构建.科技进步与对策，(7)：102-105.

王雅鹏.2011.推进湖北省现代农业发展的思考.华中农业大学学报（社会科学版），(4)：1-5.

王彦飞.2006.西周春秋农官考.长春：吉林大学.

王永顺.2005.加快发展科技服务业提升创新创业服务水平.江苏科技信息，(8)：1-2.

王勇.2010.中国古代农官制度.北京：中国三峡出版社.

王志学，信乃诠.2004.世界农业和农业科技发展概况.北京：中国农业出版社.

罔部守，章政.2004.日本农业概论.北京：中国农业出版社.

魏永康.2010.秦及汉初的农田管理制度——以简牍材料为中心的研究.长春：吉林大学.

文斌.2012-08-09.大力转变发展方式加快建设现代农业——湖北春晖集团"春晖模式"的实践与探索.农民日报，4.

吴佳琳.2009.《周礼》中农业管理制度探讨.长春：吉林大学.

吴淼，杨震林.2008.现代农业的科技服务体系创新.科技管理研究，(6)：41-42.

吴泗.2012.科技服务业发展生态研究.北京：光明日报出版社.

吴松.2007.日本科技发展综述.全球科技经济瞭望，(6)：20-28.

吴亚宏.2012.基于农户需求的农业推广体系建设对策研究——以湖北省武穴市为例.北京：中国农业科学院.

吴志雄，等.2003.中国农产品行业协会调查.北京：中共中央党校出版社.

武英耀.2003.美国合作农业推广体制及对我国的启示.山西农业大学学报（社会科学版），（4）：371-374.

西奥多·W.舒尔茨.1987.改造传统农业.梁小民译.北京：商务印书馆.

西奥多·W.舒尔茨.1991.经济增长与农业.郭熙保，周开年译.北京：北京经济学院出版社.

夏敬源.2010.发展多元农技推广？服务现代农业建设.http：//feilao.aweb.cn/2010/1019/7439102011640.html［2010-10-19］.

夏英.2012.农村科技创业与科技服务体系建设创新研究——以科技特派员为例.北京：中国农业大学出版社.

信乃诠，许世卫.2006.国内外农业科技体制调研报告.北京：中国农业出版社.

信乃诠.2010.国外农业（技术）推广体制的调查报告.农业科技管理，（5）：1-5.

熊鹰.2010.基于不同属性的农业科技服务供给博弈研究.科技进步与杜策，（11）：29-32.

熊鹰.2010.基于农户支付能力与支付意愿的农业科技服务需求分析.科技管理研究，（10）：97-100.

徐国彬.2009.日本农业体系对中国江苏省现代农业发展的启示.世界农业，（7）：20-23.

徐家良.2001.我国培养首批农业推广硕士.http：//www.people.com.cn/GB/kejiao/39/20010509/460132.html［2001-05-09］.

徐金海.2010.农民农业科技服务需求意愿与评价分析.科技进步与对策，（9）：115-118.

徐森富.2011.现代农业技术推广.杭州：浙江大学出版社.

许可，肖德云.2013.科技服务业创新发展与湖北实证研究.科技进步与对策，（8）：47-52.

许世卫，李哲敏.2005.荷兰、法国农业科研体制及对我国的启示.科学管理研究，（6）：97-101.

许无惧.1989.农业推广学.北京：北京农业大学出版社.

杨敬华，蒋和平.2005.农业专家大院与农民进行科技对接的运行模式分析.经济问题，（7）：45-47.

杨讷，罗永泰.2006.面向新农村建设的农业社会化服务体系.科学管理研究，（6）：118-121.

杨伟鸣，程良友.2011."明天谁来种田"引出话题：鱼米乡的美丽与隐忧.http：//www.hb.xinhuanet.com/newscenter/2011-07/09/content_23197948.html［2011-07-09］.

杨雄年.2008.中国农民平均受教育年限7.8年 就业培训不到20%.http：//www.china.com.cn/news/2008-04/25/content_15015953.html［2008-04-25］.

杨炎生，应存山，娄希祉，等.1995.韩国农业科研推广.世界农业，（10）：53-54.

杨直民.1990.中国近代农业技术体系的形成与发展.古今农业，（2）：1-9.

姚江林.2013.制度变迁背景下基层农业科技推广队伍建设研究.科技进步与对策,（13）：119-122.

余庆来,肖扬书.2011.农业企业自主技术创新能力评价体系的构建与评价方法探索.科技管理研究,（13）：52-55.

余维祥.2009.农村生态环境状况与农业可持续发展.生态经济,（9）：150-153.

於忠祥.2011.完善农业技术推广人才队伍建设,促进现代农业发展.http：//www. minge. gov. cn/txt/2011-11/11/content_ 4617324. html ［2011-11-11］.

俞家宝.1995.农村合作经济与管理.北京：人民出版社.

俞玮.2009.湖北省乡镇综合配套改革的实践和成效.http：//news. xinhuanet. com/politics/2009-04-28/content_ 11274041. html ［2009-04-28］.

苑鹏,李人庆.2005.影响农业技术变迁和农民接受新技术的制度性障碍分析.http：//rdi. cass. cn/show_ news. asp？id=6171 ［2005-09-06］.

苑鹏.2001.中国农村市场化进程中的农民合作组织研究.中国社会科学,（6）：63-73.

查斯虎.2005.多元化农业技术推广模式研究.杨凌：西北农林科技大学.

展进涛,陈超.2009.劳动力转移对农户农业技术选择的影响——基于全国农户微观数据的分析.中国农村经济,（3）：75-84.

张法瑞,杨直民.2012.中国农业现代化进程中的科学和教育因素.农业考古,（1）：329-338.

张海燕,邓刚.2012.西部地区农业技术扩散速度测定及发展策略.统计与决策,（10）：142-144.

张开云,张兴杰,张沁洁.2012.优化农业科技服务供给体系的策略分析.贵州社会科学,（3）：53-58.

张克英,郭伟,姜铸.2013.创新型服务业与总部经济发展研究.北京：科学出版社.

张克云,王德海,刘燕丽.2005.农村专业技术协会的农业科技推广机制——对河北省国欣农研会的案例分析.农业技术经济,（5）：55-60.

张蕾.2013.国外农业推广体系运行机制研究与启示.安徽农学通报,（4）：2-3.

张萍.2003.中国农业推广体系改革研究.沈阳：沈阳农业大学,24-25.

张术茂.2011.基于因子分析法的沈阳科技服务业发展水平研究.科技管理研究,（14）：81-84.

张雅光.2012.提升农业技术推广能力的措施.中国国情国力,（5）：23-24.

张玉强,宁凌.2011.科技服务业激励政策的多元分析框架.科技进步与对策,（6）：106-111.

张媛.2012-04-25.农业技术推广法修正案草案总结正反两方面经验 确立国家农技推广机构公益性定位.法制日报,3.

张振刚,李云健,陈志明.2013.科技服务业对区域创新能力提升的影响——基于珠三角地区的实证研究.中国科技论坛,（12）：45-51.

章世明.2011.中美农业推广模式比较研究——中国"政府主导型"与美国"三位一体"

型模式的比较 . 南京：南京农业大学 .

章元善，许士廉 . 1935. 乡村建设实验（第一辑）. 北京：中华书局 .

章元善 . 1934. 从定县回来 . 大公报·乡村建设，（7）：9-10.

赵卫东，李志军，李守勇，等 . 2007. 赴韩国农业推广服务体系考察报告 . 北京农业职业学院学报，（2）：28-32.

赵晓伟 . 2009. 科技服务业发展问题研究——以江苏省为例 . 镇江：江苏大学 .

赵肖柯，周波 . 2012. 种稻大户对农业新技术认知的影响因素分析——基于江西省 1077 户农户的调查 . 中国农村观察，（4）：29-36.

郑家喜，宋彪 . 2013. 基层公益性农业科技推广的困境与对策 . 科技进步与对策，（12）：78-80.

郑江波，崔和瑞 . 2009. 中外农业科技成果转化的推广模式比较及借鉴 . 科技进步与对策，（1）：14-16.

知钟书 . 2013. 美国农业技术推广的经验分析 . 基层农技推广，（8）：45.

中共农业部党校调研组 . 2011. 充分发挥农民专业合作社在农业技术推广中的作用 . http：// www. agri. gov. cn/V20/SC/jjps/201109/t20110927_ 2312049. html［2011-09-27］.

中共中央，国务院 . 2010-6-7. 国家中长期人才发展规划纲要（2010～2020 年）. 光明日报，10.

中国科学院现代化研究中心 . 2012. 中科院《中国现代化报告 2012：农业现代化研究》发布会文字实录 . http：//www. china. com. cn/zhibo/2012- 05/13/content_ 25338904. html［2012-05-13］.

中国农村发展研究中心，中国农业科学院农业经济研究所选编组 . 1983. 马克思、恩格斯、列宁、斯大林、毛泽东关于农业若干问题的部分论述 . 北京：农业出版社 .

中国农村专业技术协会 . 2014. 中国农村专业技术协会的发展历程及组织建设 . http：// www. nongjixie. org/_ d275132547. html［2014-04-08］.

中国农业技术推广体制改革研究课题组 . 2004. 中国农技推广：现状、问题及解决对策 . 管理世界，（5）：50-57.

中国农业技术推广协会 . 2007. 中国基层农业推广体系改革与建设 . 北京：中国农业科学技术出版社，63-95.

中国农业新闻网 . 人才培养举措：加快推进农业科技人才培养 . http：//www. farmer. com. cn/zt/nykjhg/sftg/201112/t20111223_ 688016. html［2012-05-23］.

中国社会科学院城市发展与环境研究所 . 2011. 中国成世界城乡收入差距最大国家之一 . http：//money. 163. com/11/0920/01/7EBV0K7800252G50. html［2011-09-20］.

中国统计年鉴 . 2011：各地区农村居民家庭人均纯收入 . http：//www. stats. gov. cn/tjsj/ndsj/ 2011/indexch. html［2012-07-01］.

中华人民共和国国家统计局 . 2000. 中国统计年鉴 2000 年 . 北京：中国统计出版社 .

中华人民共和国国家统计局 . 2011. 中国统计年鉴 2011 年 . 北京：中国统计出版社 .

中华人民共和国国家统计局 . 2013. 2012 年全国农民工监测调查报告 . http：//

www. stats. gov. cn/tjsj/zxfb/201305/t20130527_ 12978. html ［2013-05-27］.

中华人民共和国国家统计局 . 2013. 国家统计局关于 2013 年粮食产量的公告 . http：//
www. stats. gov. cn/tjsj/zxfb/201311/t20131129_ 475486. html ［2013-11-29］.

中华人民共和国国家统计局 . 2013. 中华人民共和国 2012 年国民经济和社会发展统计公报.
http：//www. stats. gov. cn/tjsj/tjgb/ndtjgb/qgndtjgb/201302/t20130221_ 30027. html ［2013-
02-22］.

中组部，农业部 . 2011. 农村实用人才和农业科技人才队伍建设中长期规划（2010～2020
年）. http：//www. moa. gov. cn/sjzz/rss/fagui/201110/t20111021_ 2380075. html ［2011-10-
21］.

钟秋波 . 2013. 我国农业科技推广体制创新研究 . 成都：西南财经大学 .

周梅华，徐杰，王晓珍 . 2010. 地区科技服务业竞争水平综合评价及实证研究 . 科技进步与
对策，（4）：137-140.

周曙东，吴沛良，赵西华，等 . 2003. 市场经济条件下多元化农技推广体系建设 . 中国农村
经济，（4）：57-62.

周衍平，陈会英 . 1998. 中国农户采用新技术内在需求机制的形成与培育——农业踏板原理
及其应用 . 农业经济问题，（8）：9-12.

朱雅玲，李继承，余朝晖，等 . 2010. 农村合作经济组织发展与创新 . 长沙：湖南科学技术
出版社 .

竺可桢 . 1979. 竺可桢文集 . 北京：科学出版社 .

宗成峰，鞠荣华 . 2007. 对我国发展农产品行业协会的思考 . 北京工商大学学报（社会科学
版），（2）：109-112.

左丘明 . 1995. 虢文公谏宣王不籍千亩 . 见：黄永堂 . 国语全译 . 贵阳：贵州人民出版社 .

左丘明 . 2005. 国语 . 济南：齐鲁书社 .

Akino Masakatsu, Yujiro Hayami. 1975. Efficiency and Equity in Public Research：Rice Breeding
in Japan's Economic Develop-ment. American Journal of Agricultural Economics, （57）：1-10.

Anthony Glendinning, Ajay Maha Patra, Paul Mitchell. 2001. Model of communication and
Effectiveness of agrof ores try extension in eastern India. New York, （29）：283-305.

Ariel Dinar. 1996. Extension commercialization：how much to charge for extension services.
American Agricultural Economics Association, （2）：1-12.

Barras R. 1990. Interactive innovation in financial and business services：The vanguard of the
service revolution. Res Policy, （19）：215-237.

Burton E Swanson, Robert P Bentz, Andrew J. 1997. Sofranko. Improving Agricultural Extension：
A Reference Manual. Rome：FAO, 176-184.

Chapman R, Tripp R. 2003. Changing Incentives for Agricultural Extension：A Review of Privatized
Extension in Practice. Agricultural Research and Extension Network, （7）：132.

Chatterjee R, Eliashberg J. 1990. The innovation diffusion process in a heterogeneous population：a
micromodeling approach. Manage-ment Science, （36）：1057-1079.

多元化农业技术推广服务体系建设研究

Clarke L J. 2000. Strategies for Agricultural Mechanization Development: The Roles of the Private Sectore and the Government. Rome: International Commission of Agricultural Engineering, 135-155.

Cooper A W, Graham D. L. 2001. Competencies Needed to be Successful County Agents and county SuPervisors. Journal of Extension, (39): 38-49.

Daniel Bell. 1974. The coming of post-industrial society. New York: American Educational Bookltd, 18-20.

Daniel Horna J, Melinda Smale, Matthias von Oppen. 2007. Farmer willingness to pay for seed-related information rice varieties in Nigeria and Benin. Environment and Development Economics, (12): 799-826.

Davis F D. 1989. Perceived usefulness, perceived ease of use, and user acceptance of information technology. MIS Quarterly, (3): 319-339.

Dina L Umali, Lisa Schwartz. 1994. Public and Private Agricultural Extension: Beyond Traditional Frontiers. World Bank Discussion Paper, 5-55.

Duranton G, Puga D. 2002. Micro-foundations of urban agglomeration economics. Cambridge: National Bureau of Economic Research, 9931.

Eddyed. 1957. College for our land and time-the land-grand idea in American education. New York: Harper & Brothers Publishers.

Emmanuel Muller, David Doloreux. 2009. What we should know about knowledge-intensive business services. Technology in Society, (31): 64-72.

Eric Hershberg. 2007. Opening the ivory tower to business: University-industry linkages and the development of knowledge-intensive clusters in Asian cities. World Development, (6): 931-940.

Evenson R E. 1997. Economic Impact Studies of Agricultural Research and Extension. Working Paper, Yale University, 26-31.

FAO. 1985. Report of the Expert Consultation on Linkages of Agricultural Extension with Research and Agricultural Education, Bangkok: FAO/ RAPA, 26-27.

Francesco Goletti, Elise Pinners, Timothy Purcell, etal. 2007. Integrating and Institutionalizing Lessons Learned: Reorganizing Agricultural Research and Extension. Agricultural Education and Extension, (3): 227-244.

Freel M. 2006. Patterns of technological innovation in knowledge-intensive business services. In novation, (3): 335-358.

George Honadle. 1982. Supervising Agricultural Extension: Practices and Procedures for Improving Field Performance. Agricultural Administration, (9): 29-45.

Griliches Z. 1957. Hybrid Corn: An Exploration in the Economics of Tecnonlogical Change. Economitric, (4): 501-522.

Griliches Z. 1960. Hybrid Corn and economics of innovation. Science, (132): 275-280.

Hagestrand T. 1967. Innovation as a spatial process. Chicago: University of Press, 12-14.

Hayami Yujiro, Vernon W Ruttan. 1985. Agricultural Development: An International Perspective. Baltimore: Johns Hopkins University Press, 124-129.

Henderson V J. 2003. Marshall scale economies. Journal of Urban Economics, (1): 1-28.

James A Larson, Rebecca L Collins, Roland K Roberts, etal. 1999. Factors Influencing West Tennessee Farmers' Willingness To Pay For A Boll Weevil Eradication Program. American Agricultural Economics Association, (8): 1-16.

Jin S Q, Huang J K, Hu R F. 2002. The Creation and Spread of Technology and Total Factor Productivity in China's Agriculture. American Journal of Agricultural Economics, (4): 916-930.

Joseph Kipiang, Kennis N Ovholla. 2005. Diffusion of Information and Communication Technologies in Communication of Agricultural Information among Agricultural Researchers and Extension Workers in Kenya. South African journal of library & Information Science, (12): 234-246.

Kaliba A R, Featherstone A M, Norman D W. 1997. A Stall-feeding Management for Improved Cattle in Semiarid Central Tanzania: Factors Influencing Adoption. Agricultural Economics, (17): 2-3.

Karshenas M, Stoneman P. 1993. Rank, stock, order an epidemic effect in the diffusion of new process technologies: an empirical model. Rand Journal of Economics, (24): 503-528.

Kelly Maryellen R, Harvey Bookds. 1991. External learning opportunities and the diffusion of process innovation to small firms: the case of programmable automation. Technological Forecasting and Social Change, (39): 103-125.

Kelsey L. D. and Hearne C. C. 1949. Cooperative extension work. New York (Ithaca): Comstock Publishing Associate, a Division of Cornell University Press, 31-119.

Landon Lane, Powell A P. 1996. Participatory Rural Appraisal Concepts Applied to Agricultural Extension: a Case Study in Sumatra. Quarterly Bulletin of IAALD, (1): 100-103.

Leggesse David, Michael Burton, Adam Ozanne. 2004. Duration Analysis of Technological Adoption in Ethiopian Agriculture. Journal of Agricultural Economics, (3): 613-631.

Lindner R, Gibbs M. 1990. A test of Bgyesian learning from trails of new wheat varieties. Australian Journal of Agricultural Economics, (1): 21-38.

Mahajan Vijay Eitan Muller, Rajendre K Shrivastava. 1990. Determination of adopter categories by using innovation diffu-sion models. Journal of Marketing Research, (27): 37-50.

Marsh S P, Pannell D J, Lindner R K. 1998. The Changing Relationship between Private-and Public-sector Agricultural Extension in Australia, Rural Society, (3): 133-151.

Marsh Sally P, Pannell David J Lindner, Robert K. 2004. Does Agricultural Extension Pay? A Case Study for a New Crop, Lupins, in Western Australia, Agricultural Economics, (1): 17-30.

Miles I, Kastrinos N, Bilderbeek R. 1995. Knowledge-intensive business services: Their role as users, carriers and sources of innovation. Report to the EC DG XIII, Luxembourg: Sprint EIMS Programme, 14-15.

Moore L L, Rudd R D. 2004. Extension Leader's Self-Evaluation of Leadership Skill Areas. Journal of Agricultural Education, (46): 68-78.

Muller E, Zenker A. 2001. Business services as actors of knowledge transformation: The role of KIBS in regional and national innovation systems. Research Policy, (9): 1501-1506.

Neuchatel Group. 1999. Common Framework on Agricultural Extension. Neuchatel Group, Anthony Glendinn, 176-183.

Nicoletta Corrocher, Lucir Cusmano, Andrea Morrison. 2009. Modes of innovation in knowledge-intensive business services evidence from Lombardy. J Evol Econ, (9): 173-196.

Onyang C A. 1987. Making Extension Effective in Kenya: The Districts Focus for Rural Development, in Rivera, W. H. and Schramm, S. G. (eds.): Agricultural Extension Worldwide: Issues, Practices, and Emerging Priorities. New York: Croom Helm, 341-352.

Rao Hanumanth C H. 1976. Factor Endowments, Technology and Farm Employment: Comparison of East Uttar Pradesh with West Uttar Pradesh and Punjab. Economic and Political Weekly, (9): 117-123.

Rasmussen W D. 1989. Taking the University to the People-Seventy-five Years of Cooperative Extension. Ames: Iowa State University Press, 48.

Richard Grabowski. 1979. The Implication of an Induced Innovation Model. Economic Development and Cultural Change, (7): 723-724.

Rivera W M. 2001. Agriculture and Rural Extension Worldwide: Options for Institutional Reform in the Developing Countries. Rome: FAO, 3-39.

Rogers E M. 1995. Diffusion of innovation. New York: The Free Press, 186-263.

Sharif M N, Ramanthan. 1981. Binomial innovation diffusion models with dynamic potential adopter population. Tecnologial Forecasting and Social Change, (20): 63-87.

Singh I J, Squire L, Strauss J. 1986. Agricultural household models: Extension, application and policy. Johns Hopkins University Press, Baltimore, MD, 334-335.

Skiadas Christors H. 1986. Innovation diffusion models expressing asymmetry and positively or negatively influencing forces. Techno-logical Forecasting and Social Change, (30): 313-330.

Sundbo J, Gallouj F. 2000. Innovation as a loosely coupled system in services. Boston: Kluwer Academic Publishers, 43-68.

Tarde G. 1903. The Law of Imitation, Translated by E. C. Parsons with Introduction F, Giddings. New York: Henry Holt and Co, 382.

Tether B S, Hipp C, Miles I. 2001. Standardization and specialization in services: Evidence from Germany. Research Policy, (9): 1115-1138.

Tether B S. 2005. Do services innovate differently? Insights from the European inno barometer survey. Innovation (2): 153-184.

Tripathi C, Adhikari J G, Duxbury J M etal. 2006. Assessment of Farmer Adoption of Surface Seeded Wheat in the Nepal Terai. Rice-Wheat Consortium Paper, (19): 47-61.

Ullah M W, Anad S. 2007. Current status, constraints and potentiality of agricultural mechanization in Fiji. Ama-Agricultural mechanization in Asia Africa and Latin America, (1): 39-45.

Vander Aa W, Elfring T. 2002. Realizing innovation in service. Scandinavian Journal of Management, (2): 155-171.

Venkatesh V, Morris M G, Davis G B etal. 2003. User acceptance of information technology: toward a unified view. MIS Quarterly, (3): 425-478.

Vijayaragavan K, Singh Y P. 1992. Pay Administration in Agricultural Departments. Indian Journal of Extension Education, (28): 60-64.

Willianm M Rivera. 1991. Worldwide Policy Trends inAgricultural Extension. Technology Transfer, (1): 13-18.

Windrum P, Tomlinson M. 1999. Knowledge-intensive services and international competitiveness: A four country comparison. Technology Analysis and Strategic Management, (6): 391-408.

Wong Poh Kam. 2007. Annette Singh the pattern of innovation in the knowledge-intensive business services sector of Singapore. World Development, (6): 21-44.

Wozniak G D. 1987. Human Capital, Information and the Early Adoption of New Technology. Journal of Human Resources, (22): 101-112.

Wozniak G D. 1993. Joint Information Acquisition and New Technology Adoption: Later Versus Early Adoption. The Review of Economics and Statistics, (75): 438-445.

Yujiro Hayami. 1981. Induced Innovation, Green Revolution, and Income Distribution: Comment. Economic Development and Cultural Change, (30): 169-176.

# 后 记

本书是在笔者主持的湖北省农业厅、湖北省农学会委托项目"多元化农业技术推广服务体系建设调查研究"（13NXH01）的基础上完成的，也是李忠云教授主持、笔者协助主持的中央高校基本科研业务费人文社科重大项目"湖北省农科教结合研究"（2013RW037）、笔者主持的湖北省高等学校教改项目"农林领域拔尖创新人才的成长规律与培养改革研究"（2011A06）等系列课题的研究成果。

笔者20余年来一直关注和研究农村、农业与农民问题，力图对我国的"三农"发展贡献自己的绵薄之力。近年来，笔者协助中共湖北省委决策咨询顾问、华中农业大学党委书记李忠云教授主持湖北省农科教结合领导小组委托项目"湖北省农科教结合运行机制研究"等课题，研究视野进一步开阔，研究能力不断提升。在研究中，农业技术推广体系的现状和问题促使笔者萌生了写一部研究农业技术推广专著的想法，以期扭转人们对待我国农业技术推广的传统看法，促进新型农业技术推广体系诞生，增强农业技术推广的实效。2013年，湖北省农业厅、湖北省农学会委托笔者主持"多元化农业技术推广服务体系建设调查研究"课题，使笔者更加深入、全面地了解了农业技术推广的困境和希望；李忠云教授主持的中央高校基本科研业务费人文社科重大项目的经费支持，使我出版此书得以梦想成真。

能够取得本书中的研究成果，首先感谢李忠云教授的指导和资助。李忠云书记虽然百事缠身，却为我撰写此书花费了大量时间和精力，本书从选题、谋篇到调研、写作，无不凝聚着他的心血。其次，感谢一起调研和写作的领导及同事。武穴市农业局副局长郭治成、天门市农业局科长熊远军、湖北春晖集团总经理助理李文斌等积极配合项目调研，提供调研资料；华中农业大学科学技术发展研究院副处长李国英、科长杨成才等参与课题调研，撰写调研报告；湖北省农业厅科教处原处长李水彬、副处长杨朝新等积极指导项目调研，修改调研报告。再次，感谢参与调研和整理资料的研究生们。我的研究生李芳芳、郭雯、张文璟、荫海龙、金笑阳、未增阳等都参加了本课题的全程调研，并积极为书稿整理资料、提供素材。最后，感谢相关领域学者前辈的研究和实践经验的积累。没有刘东、李维生等学者前辈的探索和湖北省农科院、湖北春晖集团等单位的经验总结，我的研究就不能站在巨人的肩膀上审视和思考，可能会仍然停留在他们探足的起点之上。此外，感谢我的妻子郭玉梅女士，以及岳母和子女，正是他们默默承担家务，关照于我，才使我在长达近半年的时间内能够专注于撰写书稿；感谢华中农业大学公共管理学院的同事们，正是与他们的研讨与交流，使我获得了思想的火花、智慧的启迪。

本书的出版得到中央高校基本科研业务费人文社科重大项目"湖北省农科教结合研究"（2013RW037）、湖北省农业厅、湖北省农学会委托项目"多元化农业技术推广服务体系建设调查研究"（13NXH01）和湖北省高等学校教改项目"农林领域拔尖创新人才的成长规律与培养改革研究"（2011A06）的资助，在此一并表示诚挚谢意！

陈新忠

2014 年 4 月 20 日